Naturkräfte.

26. und 27. Band.

Die
menschliche Arbeitskraft.

Von

Dr. Gustav Jäger,
Professor der Zoologie, Physiologie und Anthropologie in Stuttgart.

Mit 12 Holzschnitten.

München.
Druck und Verlag von R. Oldenbourg.
1878.

Inhalt.

1. Vorbemerkung.

Man war früher der Ansicht, daß die chemischen und physikalischen Vorgänge, auf welchen der Wechsel von Stoffen und Kräften in lebendigen Körpern besteht, wesentlich anderer Natur seien als die in den leblosen Körpern, namentlich daß sie unter dem Einfluß einer eigentlichen sogenannten „Lebenskraft" vor sich gehen. Die Forschung hat diese Annahme von Schritt zu Schritt eingeengt, indem sie einen Vorgang um den andern als die Wirkung der auch in der unorganischen Natur thätigen Kräfte erkannte. Nur für die spezifische Formung des Körpers und die spezifischen Triebe der Organismen muß sie sich gegenwärtig mit der sogenannten „Vererbungskraft" begnügen, für welche bis jetzt noch kaum eine solide Fühlung mit den bekannten Naturkräften gefunden worden ist. Ein ähnlicher Rest unaufgelöster und somit unverständlicher Kräfte ist auf dem Gebiet der Seelenthätigkeiten übrig geblieben, obwohl ein großer Theil derselben ohne Zwang auf die bekannten Naturkräfte zurückgeführt werden kann.

Bei unserer Schilderung lassen wir die eben genannten dunkeln Gebiete bei Seite liegen und beschränken uns auf das, was sicher ermittelt ist, indem schon aus diesem allein sich ein hinreichendes Verständniß für das Wesen und die Bedingungen der menschlichen Arbeitskräfte gewinnen läßt.

Man hat den Leib des Menschen mit Rücksicht darauf, daß von ihm Kraftleistungen ausgehen, vielfach mit einer Maschine verglichen und ihn eine Kraftmaschine genannt. Dieser Vergleich ist ein sehr nützlicher, das Verständniß erleichternder und wir werden im Folgenden gleichfalls von ihm Gebrauch machen, allein wir müssen gleich von vornherein auch auf die wesentlichen Umstände aufmerksam machen, durch welche sich der Menschenleib von einer Maschine unterscheidet.

Beide, Menschenleib und Maschine, haben das gemein, daß sie aus einer großen Zahl einzelner Theile zusammengesetzt sind, welche ihre Bewegungen auf einander übertragen und welche im Verhältniß der Leistung und Gegenleistung zu einander stehen. Aber der wesentliche Unterschied besteht darin:

Die einzelnen Stücke einer Maschine sind todte Gebilde, welche nichts anderes zu leisten vermögen, als eine ihnen von außen zugeführte Bewegung fortzuleiten und auf andere Theile zu übertragen, und in der ganzen Maschine gibt es nur einen einzigen Theil, der wirklich Kräfte erzeugt d. h. freie Bewegungen entbindet: z. B. bei einer Dampfmaschine der Dampfkessel mit seiner Feuerung.

Beim Thierkörper gehen nun wohl in den Aufbau der Maschine auch todte oder wenigstens solche Theile ein, welche als todt betrachtet werden können, aber das sind nur sehr wenige und untergeordnete, die meisten Bestandtheile der Körpermaschine sind lebendig d. h. erzeugen in sich neue lebendige freie Bewegungen, so daß wir zu einem andern Vergleich hingedrängt werden, nämlich zu dem mit einem Staatswesen, in welchem ja auch jeder einzelne Theil für sich selbst lebendig ist und Kräfte erzeugt und wo die Gesammtarbeit nur das Resultat der Einzelnthätigkeiten ist, die nach den Prinzipien der Arbeitstheilung und Cooperation zusammenwirken. Der Körper eines höheren Geschöpfes, wie es der Mensch ist, ist nicht eine Maschine sondern ein Staatswesen aus Maschinen, ein Maschinenstaat.

Daraus folgt, daß die Grundlage eines richtigen Einblicks in das Getriebe des Menschenleibs eine Kenntniß derjenigen Lebensvorgänge ist, welche sich in jedem einzelnen Theil des großen Maschinencomplexes abwickeln. Bei dem Wort Theil darf man aber nicht an die groben mit bloßem Auge sichtbaren Stücke, wie Muskeln, Gefäße, Drüsen rc. denken, sondern an die sogenannten Elementarorganismen oder Elementarmaschinen, die so klein sind, daß die meisten derselben dem bloßen Auge gar nicht oder nur als Pünktchen oder feinste Fäserchen sichtbar sind. Denn erst aus diesen werden die größeren Formbestandtheile aufgebaut und ihrer persönlichen Lebensthätigkeit verdanken die letzteren, daß sie einer Leistung fähig sind.

Diese Elementarorganismen sind nicht alle einander gleich, die einen haben die Form von Kügelchen, Scheibchen, vieleckigen Körpern, Cylindern rc., die andern die Form von langen Fasern und Bändern, und auch in dem innern Bau und der chemischen Zusammensetzung sind sie sehr mannigfach verschieden; gemeinschaftlich ist ihnen aber allen, daß sie aus einer Substanz bestehen, die wir „lebendig" nennen müssen.

Ueber den Bau der lebendigen Substanz läßt sich das Folgende sagen: So verschieden sie bei den verschiedenartigen Elementarorganismen aussieht, immer besteht sie mehr oder weniger deutlich aus einer festweichen zusammenhängenden Grundmasse und feinen unzusammenhängenden Körnchen, die bald regelmäßig bald unregelmäßig gelagert, bald größer bald kleiner, bald kuglich bald eckig geformt sind. Diese Substanz, die man auch Protoplasma nennt, ist der Träger des Lebens, und der Versuch das Leben mit seinen Kräften, Erscheinungen und Bedingungen zu erklären, hat sich zu allererst an sie zu halten.

Fassen wir die an jeder lebendigen Substanz zu beobachtenden Erscheinungen kurz zusammen.

Während die todten Naturkörper in chemischer und physikalischer Beziehung ein stabiles Gleichgewicht haben, d. h. den chemischen und physikalischen Existenzbedingungen sich zwar anbequemen, allein nach gewonnener Anbequemung im Gleichgewicht verharren, zeigt die lebendige Substanz ein auffallend labiles, rhythmischen Störungen unterworfenes Gleichgewicht in chemischer und physikalischer Beziehung, d. h. sie ändert bei gleichbleibenden äußeren Umständen ihre chemische Zusammensetzung durch rhythmische Aufnahme, Umwandlung und Absonderung von Stoffen (Stoffwechsel), und ihren physikalischen Zustand durch rhythmische Aufnahme, Umwandlung und Absonderung von Bewegungen und Spannkräften (Kraftwechsel).

Das ist wie der Leser sieht eine ganze Reihenfolge ziemlich verwickelter Vorgänge, und es ist unerläßlich, jeden derselben zunächst für sich allein der Betrachtung zu unterwerfen und dann zu sehen, in welchen Beziehungen sie zu einander stehen.

2. Der Stoffwechsel der lebendigen Substanz.

Wie schon angedeutet, besteht derselbe darin, daß in die lebendige Substanz Stoffe eindringen, dort chemisch umgewandelt werden und nun in veränderter Zusammensetzung wieder austreten. Dieser Vorgang setzt gewisse Beschaffenheiten und Fähigkeiten der lebendigen Substanz und gewisse äußere Umstände voraus, ohne die derselbe nicht möglich ist: wir nennen das erstere die Stoffwechselfähigkeit, und das letztere die Stoffwechselbedingungen.

Um mit letzteren zu beginnen, so bestehen dieselben der Hauptsache nach darin, daß die lebendige Substanz von einer tropfbaren Flüssigkeit umgeben ist, an welche folgende Anforderungen zu stellen sind.

Die Flüssigkeit muß eine wässrige sein, denn in keiner andern tropfbaren Flüssigkeit (Alkohol, Aether, Oelen ꝛc.) kann die lebendige Substanz arbeiten. Andererseits aber darf dieselbe auch kein chemisch reines, destillirtes Wasser sein und zwar aus mehrfachen Gründen:

1. entzieht chemisch reines Wasser der lebendigen Substanz gewisse für ihre Thätigkeit unentbehrliche Bestandtheile z. B. ihre Salze;

2. ruft es eine so hochgradige Quellung hervor, daß die Regulationsverrichtungen, von denen der Rhythmus der Lebensthätigkeit abhängig ist, schon mechanisch zerstört werden und Lösungen fester Theile erfolgen, die nothwendig zur Funktion sind;

3. fehlen dem chemisch reinen Wasser die unten zu erwähnenden Stoffe, die das Protoplasma unausgesetzt haben muß, wenn es funktioniren soll.

Das destillirte Wasser ist demgemäß als Gift und zwar als ein sehr heftiges zu bezeichnen.

Unter den Stoffen, welche das Wasser enthalten muß, wenn es das Leben ermöglichen soll, muß in erster Linie als absolut unerläßlich freier d. h. auspumpbarer Sauerstoff genannt werden. In jedem sauerstofflosen Wasser erlischt das Leben des Protoplasma's in verhältnißmäßig kurzer Zeit, wie begreiflich ist, wenn wir wissen, daß die Lebenserscheinungen auf Oxydationen im Innern des Protoplasma's beruhen. So sicher das Feuer erstickt, wenn ihm nicht stets freier Sauerstoff zugeführt wird, erlischt auch das Leben ohne steten Nachschub dieses Elementes.

In zweiter Linie stehen gelöste feste Stoffe, über die etwas ausführlicher gesprochen werden muß. Wie wir später sehen werden, ist einer der wichtigsten Faktoren nicht blos für das Leben überhaupt, sondern für die Eigenartigkeit des Lebens verschiedener Gewebe und die Energie dieses Lebens ein für jede Protoplasma-Art bestimmter Quellungsgrad. Jedes Stückchen Protoplasma hat einen eigenen Mechanismus, von dessen Unversehrtheit seine rhythmischen Funktionen abhängig sind und dieser Mechanismus ist einem bestimmten Volumen des Protoplasma's angepaßt (wovon später). Sobald durch höhere Quellung das Volumen über ein gewisses Maß hinaus vergrößert wird, zerreißt dieser Mechanismus. Wir müssen uns das Protoplasma dabei etwa vorstellen wie ein Uhrwerk, das in eine Hülle von Gummi festgemacht ist; blasen wir die Hülle über ein gewisses Volumen auf oder pressen wir sie zusammen, so wird der Mechanismus zerstört. Die umspülende Flüssigkeit muß also so zusammengesetzt sein, daß sie diese Quellung nicht hervorbringt, eine Eigenschaft, welche der Physiologe als Indifferenz bezeichnet.

Fest steht, daß Zusatz einer bestimmten Menge von Kochsalz zum Wasser demselben die Eigenschaft der Indifferenz verleiht und dasselbe gilt auch von den andern neutralen Natronsalzen, und es wird uns jetzt begreiflich, warum alle zur Ernährung der Gewebe bestimmten Körpersäfte Kochsalz und nebstbei andere neutrale Natronsalze enthalten.

In letzteren betheiligt sich übrigens an der Herstellung der Indifferenz auch noch ein Theil der Stoffe, deren hervorragendere Bedeutung darin besteht, daß sie die Nahrung für die lebendige Substanz sind.

Es gibt — und zwar auch im menschlichen Körper — Elementarorganismen, welche in stofflicher Beziehung an die umspülende Flüssigkeit keine anderen Anforderungen als die obengenannten stellen, weil sie im Stande sind, körperliche Gebilde zu verschlingen und sich so Nahrung zu verschaffen. Dessen sind aber die meisten und wichtigsten Elementarorganismen des Menschenleibs nicht fähig, sie können nur Flüssigkeiten in sich eindringen lassen und für diese ist nun erforderlich, daß die umspülende Flüssigkeit außer den Salzen noch andere feste Stoffe in Lösung enthält, welche die Rolle von Nahrungsstoffen spielen können und zwar darum:

Das Leben besteht darin, daß von der lebendigen Substanz fortwährend Leistungen ausgehen in Form von stofflichen Absonderungen und freien Bewegungen, ohne daß die Substanz selbst weniger wird. Da aus Nichts auch Nichts wird, so erfordert die Produktion der Leistungen einen steten Materialnachschub und in dem Stück vergleicht sich die lebendige Substanz mit dem Dampfkessel einer Maschine, der ebensowenig Leistungen erzeugen kann, wenn ihm nicht fortwährend neues Heizmaterial zugeführt wird.

Man kann die Nothwendigkeit der Zufuhr auch von anderem Standpunkt aus begründen.

1. Bewirkt der aus dem umspülenden Medium eindringende Sauerstoff eine fortdauernde oxydative Zerstörung der die lebendige Substanz bildenden Stoffe (Gewebsbildner), und dieser Abgang muß ersetzt werden.

2. Bedarf das Protoplasma gegen die zerstörende Einwirkung des Sauerstoffes auf seine Gewebsbildner eines gewissen Schutzes, der dadurch geleistet wird, daß demselben stets Stoffe zugeführt werden, welche leichter oxydirbar sind als die Gewebsbildner und deshalb den Sauerstoff (natürlich nicht allen) neutralisiren (Brennstoffe).

3. Werden bei dem Vorgang der Absonderung nicht nur die Zerfallprodukte der Gewebsbildner und Brennstoffe fortgeführt, sondern mit ihnen auch gewisse Stoffe, ins-

besondere Salze, welche ersetzt werden müssen, weil sie für die Aufrechterhaltung des Mischungszustandes der Quellungsflüssigkeit des Protoplasma's und der Mechanik und Chemik des Protoplasma's erforderlich sind.

Im einzelnen handelt es sich bei diesem Nachschub um folgende Stoffe:

1. Eiweißstoffe (Albuminate) oder eiweißähnliche Stoffe (Albuminoide), die man auch zusammenfassend stickstoffhaltige Nährstoffe nennt, weil in ihrem Molekularaufbau der Stickstoff eine grundlegende Rolle spielt. Ihre Zufuhr ist hauptsächlich erforderlich, weil die festen mechanisch arbeitenden Bestandtheile der lebendigen Substanz Eiweißstoffe sind (Organ-Eiweiß).

2. Kohlenhydrate und zwar die löslichen Formen derselben, die wir Zuckerarten nennen. Als sehr leicht verbrennbare Substanzen sind sie besonders bestimmt die lebendige Substanz vor den zu heftigen Einwirkungen des Sauerstoffs zu beschützen und eine andere Seite derselben ist, daß sie bei ihrer Verbrennung große Mengen lebendiger Kräfte entwickeln, also in hohem Maße zu den Kraftleistungen beisteuern, welche von der lebendigen Substanz ausgehen.

3. Neutralfette oder deren Seifen. Ihre Bedeutung ist eine ähnliche wie die der Kohlenhydrate: sie haben eine große Verwandtschaft zum Sauerstoff und entbinden bei ihrer Oxydation bedeutende Mengen von freien Kräften, betheiligen sich also sowohl an der Erzeugung der Kraftleistungen als an der Beschützung der Gewebsbildner vor den zerstörenden Einwirkungen des Sauerstoffs. Sie unterscheiden sich aber von den Kohlenhydraten darin: einmal geht ihre Oxydation viel langsamer von Statten, sie leisten mithin viel nachhaltigere Dienste als die rasch verpuffenden Zuckerarten. Dann entbinden sie fast 1,7 mal so viel Kräfte als letztere, wodurch die Langsamkeit der Verbrennung reich-

lich ersetzt wird. Endlich haben sie den Vorzug, daß ihre Verbrennungsprodukte die Erregbarkeit der lebendigen Substanz nicht so stark beeinträchtigen, wie es die aus dem Zucker in erster Linie entstehende Milchsäure thut. Insofern aber steht das Fett in seiner Bedeutung den Zuckerarten nach, als es nicht so rasch und in solcher Menge in die lebendige Substanz eindringen kann, wie die leicht diffundirbaren Zuckerarten und daß es deshalb weder bei der Abstumpfung des Sauerstoffs noch bei der Krafterzeugung so prompt wirkt. Diese Umstände bedingen, daß Zucker und Fett als Nahrung für die lebendige Substanz sich zwar eine Zeit lang vertreten können, aber nicht für die Dauer und nicht unter allen Verhältnissen. Soll die umspülende Flüssigkeit allen Anforderungen des Lebens entsprechen, so muß sie *beide* Stoffe enthalten und das ist auch bei den Gewebssäften der Fall.

4. Betreffs der Salze haben wir schon früher solche erwähnt, die der Indifferenz halb in der Flüssigkeit enthalten sein müssen (Kochsalz und andere Natronsalze); hinzu kommen noch gewisse Salze, die man als *Nährsalze* zu bezeichnen hat, weil sie eine nicht unwichtige später zu beschreibende Rolle zu spielen haben, es sind das insbesondere die Kalisalze.

5. Eine weitere Stoffgruppe, die dem umspülenden Medium nicht abgehen darf, sind gewisse spezifische d. h. für die verschiedenen Thierarten verschiedene, chemisch reizende organische Stoffe, die man als Schmeck- oder Riechstoffe bezeichnen kann, weil sie auf die beiden chemischen Sinne ganz besonders einwirken. Welche Bedeutung ihnen zukommt, dafür Näheres bei der Mechanik der Stoffaufnahme.

Haben wir im bisherigen kurz aufgeführt, was die Flüssigkeit an Stoffen enthalten muß, wenn sie das Leben der lebendigen Substanz erhalten soll können, so muß nun auch kurz gesagt werden, was sie *nicht* enthalten darf. Das ist nun zwar sehr mannigerlei, allein doch läßt es sich unter einige Gesichtspunkte bringen.

1. Darf die umspülende Flüssigkeit von denjenigen Stoffen, welche in der lebendigen Substanz durch den chemischen Umsatz der Nahrungsstoffe und des Sauerstoffes gebildet werden, also von den sog. Exkretstoffen nur sehr geringe Mengen enthalten, denn dieselben sind nicht nur nicht im Stande das Leben zu erhalten, sondern sie wirken theils geradezu giftig, theils wenigstens lähmend oder einmüdend. Diese Stoffe sind Kohlensäure, verschiedene organische Säuren und zwar theils flüchtige (riechende, sog. Ausdünstungsstoffe) theils fixe wie die Milchsäure, saure Salze, insbesondere saures phosphorsaures Kali und von stickstoffhaltigen Verbindungen insbesondere der Harnstoff. Sobald diese Stoffe sich in größerem Betrag in der Ernährungsflüssigkeit aufhäufen, so nimmt die Energie der Lebenserscheinungen ab und hört schließlich ganz auf.

2. Muß die Flüssigkeit frei sein von gewissen Stoffen, die man wegen ihrer verderblichen Wirkungen auf die lebendige Substanz Gifte nennt. Ihre Aufzählung würde uns hier zu weit führen.

Endlich ist für die stoffliche Zusammensetzung der Flüssigkeit auch die Menge, in welche die Stoffe in ihr gelöst sind, ihr Concentrationsgrad von großer Wichtigkeit, denn auch von ihm hängt es ab, ob sie die Eigenschaft der Indifferenz besitzt oder nicht.

Außer den genannten stofflichen Erfordernissen sind auch einige physikalische anzuführen.

1. Muß die umspülende Flüssigkeit einen gewissen Wärmegrad besitzen, welcher beim Menschen und den sog. warmblütigen Thieren einen sehr engen Spielraum besitzt. Nach den gemachten Versuchen stirbt ein warmblütiges Thier, wenn seine Temperatur auf + 15° C. gefallen oder auf

+ 45° C. gestiegen ist. Die zuträglichste Wärme ist 37,5° C., die wir denn auch im gesunden Zustand überall im menschlichen Körper finden mit der Ausnahme, daß die Oberfläche etwas kühler ist.

2. Muß die Flüssigkeit unter so großem Druck stehen, daß sie den absolut nöthigen Sauerstoff festhalten kann. Deshalb hat das Leben eine Grenze in Bezug auf die Meereshöhe, und bei Versuchen sich über diese zu erheben, erlischt das Leben.

3. Ein entschieden wichtiger Faktor ist der Bewegungszustand des umspülenden Mediums. Absolute Ruhe desselben scheint für alle lebendigen Substanzen auf die Dauer verhängnißvoll zu sein und zwar aus verschiedenen Gründen:

a) weil die chemischen Verbindungen, die das Protoplasma in seinem Innern erzeugt und an das umspülende Medium abgibt, ohne Bewegung dieses Mediums nicht rasch genug durch bloße Diffusion weggeführt werden können, und die Abfuhr ist nöthig, weil diesen Stoffen die Eigenschaft der Indifferenz nicht zukommt, sie sind, wie schon oben gesagt, Gifte oder Ermüdungsstoffe; b) weil das Protoplasma dem umspülenden Medium den freien Sauerstoff entzieht und die Diffusionsgeschwindigkeit des letzteren nicht groß genug ist, um bei absoluter Stagnation den nöthigen Nachschub zu liefern; c) weil die lebendige Substanz der Flüssigkeit auch die Nährstoffe nach und nach entzieht und diese ebenfalls auf dem Wege der Diffusion allein nicht in genügender Menge herangeschafft werden können.

Aus diesen Gründen ist es nöthig, daß stets neue Portionen des Mediums mit dem Protoplasma in Berührung kommen, was allerdings auf zweifache Weise geschehen kann: wenn das Protoplasma ruht, so muß sich das Medium bewegen, oder wenn letzteres ruht, so muß das Protoplasma in ihm sich fortbewegen.

Für die Elementarorganismen, welche den menschlichen Leib aufbauen, ist die eben geschilderte Flüssigkeit das Blut, sowie der aus ihm durch Abfiltration gebildete Gewebssaft und die Lymphe, aber mit der Einschränkung, daß das Blut als Vermittler zwischen den verschiedenartigen Bedürfnissen aller den Körper belebenden Elementarorganismen noch einige andere Erfordernisse erfüllen muß, die wir erst dann besprechen werden, wenn wir an die Wechselbeziehungen der Körpertheile kommen.

Fassen wir das Gesagte kurz zusammen, so ist die Aufrechterhaltung der Lebensthätigkeit der lebendigen Substanz davon abhängig, daß dieselbe in einem fortgesetzten Stoffverkehr mit einer sie umspülenden wässrigen Flüssigkeit stehen kann, die ihr alle Stoffe, welche sie braucht, liefert und alle Stoffe, die sie durch ihren Chemismus gebildet, auch wieder abnimmt. Diese Stoffe sind theils Gase theils fixe in Lösung befindliche chemische Verbindungen. Den Stoffwechsel der Gase nennt man die Athmung und zwar speziell die Gewebsathmung (im Gegensatz zu der Blutathmung und äußeren Athmung, die beide sociologische später zu schildernde Vorgänge sind). Beim Stoffwechsel der festen Stoffe unterscheidet man die Aufnahme als Ernährung von der Abgabe, die man Absonderung nennt.

Wie aus dem Vorigen ersichtlich, beruht der Stoffwechsel auf dem Verkehr der lebendigen Substanz mit einer wässerigen Flüssigkeit beziehungsweise den in derselben gelösten Stoffen. Dieser Verkehr ist nur verständlich, wenn wir diejenigen Gesetze kennen, von denen der Stoffverkehr auch außerhalb des Körpers beherrscht wird.

Die wichtigsten derselben sind die Gesetze der Diffusion, die eine Consequenz der allgemeinen Anziehung sind, welche alle Stoffe auf einander ausüben und sich in folgenden Erscheinungen äußern:

1. Zwei Flüssigkeiten (tropfbare oder gasförmige) durchdringen sich, vorausgesetzt, daß sie überhaupt mischungsfähig sind, auch ohne Vermittelung der chemischen Verwandtschaft und mechanischer Erschütterung und ohne daß dabei eine chemische Verbindung vor sich geht, gegenseitig so innig, daß schließlich der ursprünglich nur von einer derselben eingenommene Raum von einer gleichmäßigen Mischung beider erfüllt wird: Diffusion im engeren Sinne des Wortes.

2. Bei den Beziehungen zwischen einer Flüssigkeit und einem festen Körper sind zwei Fälle aus einander zu halten:

a) Ueberwiegt die Adhäsion der Moleküle der Flüssigkeit an die des festen Stoffes über die Cohäsion, mit welcher sich die Moleküle des festen Körpers festhalten, so diffundirt der feste Körper in die Flüssigkeit: Lösung.

b) Ist der Körper in der Flüssigkeit nicht löslich, so ist zweierlei möglich: entweder verhalten sie sich ganz indifferent, oder es findet ein einseitiger Austausch statt, d. h. es dringt Flüssigkeit zwischen die Moleküle des festen Körpers, so daß dieser sein Volumen vergrößert: Quellung.

Wir müssen uns diese dreierlei Diffusionsvorgänge — die Diffusion im engeren Sinn, die Lösung und die Quellung — noch im einzelnen besprechen.

Bei der ersteren sind zwei Fälle zu unterscheiden: a) entweder sind beide Flüssigkeiten im tropfbaren Zustand: den Verkehr solcher heißt man die Hydrodiffussion; b) oder die eine Flüssigkeit ist im tropfbaren Zustand, die andere im gasförmigen. Hier bezeichnet man das Eindringen des Gases in die Flüssigkeit als Gasabsorption, den Wiederaustritt als Gasaushauchung, während der Uebertritt von Wasser in das Gas als Verdunstung bezeichnet wird.

Für die Gasabsorption gilt Folgendes: Jede tropfbare Flüssigkeit nimmt unter sonst gleichen Verhältnissen von jedem Gase, mit dem sie in Berührung steht, ein ganz bestimmtes Volumen auf. Allein dieses ist je nach der Natur des Gases oder der Flüssigkeit verschieden groß und für ein und dasselbe Paar von Gas und Flüssigkeit nimmt die absorbirte Menge mit steigender Temperatur ab, mit steigendem Drucke zu. Hat eine Flüssigkeit unter bestimmten Verhältnissen Gase absorbirt und ändert sich Druck und Temperatur derart, daß unter diesen Verhältnissen nur ein geringeres Gasquantum absorbirt werden könnte, so entweicht dieser Ueberschuß aus der tropfbaren Flüssigkeit in die darüber stehende Gasschicht: Gasaushauchung. Da mit dem Druck das Volumen eines Gases in geradem Verhältniß steht, so kann man den Satz auch so formuliren: Bei gleicher Temperatur nimmt eine bestimmte Flüssigkeit von einer bestimmten darüber stehenden Gasart stets gleiche Volumina auf und die Ziffer, welche dieses Verhältniß bezeichnet, wird der Absorptionscoëfficient genannt. Z. B. der Absorptionscoëffizient für Wasser und Kohlensäure ist bei 0° Temperatur 1,7967, bei 20° Temperatur 0,9; für Wasser und Sauerstoff bei 0° 0,041, bei 20° 0,02838. Sobald eine Flüssigkeit die ihrem Absorptionscoëfficienten und der gegebenen Temperatur entsprechende Gasmenge aufgenommen hat, heißt sie gesättigt. Diese Sättigung ist sofort aufgehoben, sobald ein Theil des Gases in der Flüssigkeit chemisch gebunden wird; sie nimmt dann für jedes gebundene Volum ein neues auf, sofern nicht durch die neu entstandene chemische Verbindung der Absorptionscoëfficient der Flüssigkeit verändert worden ist. Die Gasabsorption und Gasaushauchung spielt bei der äußeren Athmung des Gesammtkörpers eine wichtige Rolle; bei der Gewebsathmung dagegen kommt das Gesetz in Betracht, daß zwei sich berührende Flüssigkeiten ihre Gase gegen einander austauschen. Sobald in der Flüssigkeit a die Gasmenge geringer wird als in b, diffundirt Gas von b in a; steigt dagegen in a die Gasmenge höher, als sie in b ist, so diffundirt Gas von a in b.

Die Diffusion tropfbarer Flüssigkeiten in Gasarten heißt Verdunstung. Der Betrag derselben, der für ein und dasselbe Paar von Gas und Flüssigkeit unter gleichen Umständen gleich, für verschiedene Gas- und Flüssigkeitscombinationen verschieden ist, nimmt bei einer und derselben Combination mit der Temperatur zu und ab mit zunehmendem Sättigungsgrade des Gases mit Dampf, so daß dieser Betrag in einem bestimmten Punkte gleich Null wird: Sättigungspunkt. Man sagt jetzt auch: die Dampfspannung, die durch den Druck einer Quecksilbersäule gemessen werden kann, habe ihr Maximum erreicht. Jede Flüssigkeit besitzt eine bestimmte Dampfspannug, von der es abhängt, wie viel Flüssigkeit nöthig ist, um eine bestimmte Gasart bei bestimmter Temperatur mit Dampf zu sättigen. Der Druck, unter dem die Gasart selbst steht, wirkt in so fern auf die Verdunstung, als deren Geschwindigkeit bei steigendem Druck abnimmt. Bei der Verdunstung wird Wärme gebunden.

Der Verdunstung ist der Körper des Menschen im ganzen zwar nicht immer aber doch meistens ausgesetzt, da die ihn umgebende Luft in der Regel nicht mit Wasserdampf gesättigt ist.

Unter Lösung versteht man die Diffusion fester Stoffe in tropfbare Flüssigkeiten, wobei der feste Körper zergeht, seine Moleküle sich von einander entfernen und sich zwischen die Moleküle der Flüssigkeit lagern. Lösung tritt ein, wenn die Cohäsion der Moleküle des festen Körpers von der Adhäsion derselben an die Flüssigkeitsmoleküle übertroffen wird. Die Lösung erfolgt ebenfalls in bestimmten Verhältnissen, welche mit der Natur der Flüssigkeit und des festen Stoffes wechseln. Von weiterem Einfluß ist die Temperatur, indem im allgemeinen mit steigender Temperatur die Löslichkeit eines bestimmten festen Körpers steigt; manche Stoffe dagegen lösen sich bei allen Temperaturen in gleichen Mengen, manche andere sind sogar bei niedriger Temperatur löslicher als bei höherer. Bei jeder Lösung wird Wärme gebunden und zwar mehr als bei der Schmelzung des festen Stoffes, und um so mehr, je größer die Verdünnung ist. Da das spezifische Gewicht einer Lösung stets höher ist als das aus der Flüssigkeit und dem festen Stoff berechnete mittlere, und da der Gefrierpunkt und Siedepunkt der Flüssigkeit erniedrigt beziehungsweise erhöht wird, so hat man es mit einer innigeren Bindung zwischen den Molekülen des Lösungsmittels und des gelösten Stoffes zu thun.

Die Löslichkeit eines Stoffes in einer Flüssigkeit wird bald erhöht bald erniedrigt, wenn in der letzteren bereits ein anderer Stoff gelöst ist; sie kann aber auch unverändert bleiben.

Ein Mittelding zwischen Lösung und Quellung zeigen die sogenannten colloiden Stoffe, zu denen die wichtigsten organischen Verbindungen (Albuminate ꝛc.) gehören; hier ist die Cohäsion der Moleküle des festen Stoffes nicht völlig überwunden. Die Stoffe, welche echte Lösungen geben, nennt man im Gegensatze hiezu Krystalloide.

Diffusion von Flüssigkeiten in feste Stoffe heißt Quellung, Imbibition, und es ist eine charakteristische Eigenschaft aller die thierischen und pflanzlichen Gewebe bildenden Stoffe, daß sie besonders quellungsfähig sind. Jeder quellungsfähige Stoff nimmt aus einer bestimmten Flüssigkeit eine endliche Menge in sich auf (Quellungsmaximum), wodurch ein bestimmtes Quellungsverhältniß gegeben ist. Dieses Quellungsverhältniß wechselt je nach der Natur der Flüssigkeit und des quellbaren Stoffes, ferner mit der Temperatur und dem Grade, sowie der Dauer der Austrocknung, in der der feste Stoff vor dem Beginn der Quellung sich befand.

Quellungsfähige Körper sind auch hygroskopisch, d. h. sie ziehen den in der Luft vorhandenen Wasserdampf an und verwenden ihn zur Quellung. Alle thierischen Stoffe sind in hohem Grade hygroskopisch.

Von der Quellungsflüssigkeit kann ein Theil durch Druck leicht ausgepreßt werden, ein anderer widersteht den kräftigsten Druckwirkungen. Dasselbe Verhalten besteht gegenüber der Entwässerung durch Wärme: Ein Theil entweicht sehr leicht schon bei gewöhnlicher Temperatur, während ein anderer erst bei hoher Temperatur verdrängt werden kann.

Wenn die Quellungsflüssigkeit eine Lösung ist, so ändern sich die Quellungsmaxima sowohl mit der Natur als mit dem Prozentgehalt des gelösten Stoffes. Z. B. wenn trockene Harnblase von Wasser 3,1 Theile aufnimmt, so nimmt sie von einer 9%gen Kochsalzlösung 2,88 und von einer 13,5%gen nur 2,35 Theile auf; getrockneter Herzbeutel nimmt von einer 5,5%gen Kochsalzlösung 1,35, von einer eben solchen Glaubersalzlösung 1,15 Theile auf.

Weiter zeigt sich, daß der in den gequollenen Körper aufgenommene Theil der Lösung stets eine geringere Concentration besitzt als die zurückbleibende, umspülende Flüssigkeit; zwar ist dieses Verhältniß entweder ein constantes, oder es wechselt mit dem Prozentgehalt der Lösung. Dies gilt jedoch nur von demjenigen Theil der aufgenommenen Lösung, welcher sich durch Auspressen nicht entfernen läßt; der auspreßbare Theil hat den gleichen Prozentgehalt wie die umspülende Flüssigkeit.

Diffundiren gleichzeitig zwei Lösungen in einen quellbaren Körper, so werden die Quellungsverhältnisse der einen durch die der andern alterirt, wenn beide Lösungen mischbar sind. Sind dagegen zwei Lösungen oder Flüssigkeiten nicht mischbar, so ist zweierlei möglich:

a) die zuerst eingedrungene Flüssigkeit verhindert die andere am Eindringen, z. B. ein wässrig imbibirter Stoff verhindert die Imbibition durch Oel und umgekehrt;

b) es wird die zuerst imbibirte Flüssigkeit durch eine nachfolgende verdrängt, z. B. Alkohol durch ätherische Oele (wovon man in der Conservirungstechnik Gebrauch macht).

Unter Hydrodiffusion versteht man die gegenseitige Diffusion zweier tropfbarer Flüssigkeiten oder Lösungen in einander, unabhängig von Erschütterung, spezifischem Gewicht ꝛc. Der Endeffekt, der eine völlige Ausgleichung der Unterschiede ist, hängt in seiner Geschwindigkeit ab:

1. von der Natur des gelösten Stoffes und der bezüglichen Flüssigkeiten,

2. von der Temperatur, indem die Geschwindigkeit mit der Temperatur steigt.

Der einfachste Fall ist Diffusion einer wässrigen Lösung in Wasser. Hier ist die Geschwindigkeit einmal abhängig von der Natur des gelösten Stoffes. In dieser Beziehung besteht ein höchst bemerkenswerther Gegensatz zwischen den sogenannten colloiden und krystalloiden Substanzen, indem die ersteren eine viel geringere Diffusionsgeschwindigkeit haben als die letzteren. Z. B. wenn die des colloiden Eiweißes gleich 1 gesetzt wird, so ist die von dem ebenfalls noch colloiden Gummi = 4,30, die des krystalloiden Rohrzuckers = 8,68, die des krystalloiden Kochsalzes = 19,05. Concentrirtere Lösungen diffundiren rascher als verdünntere.

Aus einem Lösungsgemenge diffundirt jeder Stoff für sich, d. h. als wäre er für sich allein gelöst.

Die für die Lebensvorgänge wichtigste Hydrodiffusion ist die Osmose, d. h. die Diffusion zweier Lösungen oder

Flüssigkeiten, die durch eine Membran geschieden sind, in der nur intramolekulare Poren vorkommen.

Bedingung der Osmose ist: a) daß die beiden Flüssigkeiten verschiedenartig sind, b) daß dieselben die Membran imbibiren können; c) für die Osmose eines gelösten Stoffes ist Bedingung, daß jenseits der Membran eine ihn lösende Flüssigkeit sich befindet, die eine Anziehung auf ihn ausübt und daß seine Moleküle nicht größer sind als die Poren der Membran. Hierbei fand Traube, daß die Poren einer Membran stets etwas kleiner sind als die Moleküle des Membranbildners; daß die Größe des Moleküls eines Körpers in geradem Verhältniß steht zu seinem Atomgewicht; daß also kein Stoff durch eine Membran diffundirt, der ein gleiches oder höheres Atomgewicht hat als der Membranbildner; daß der Membranbildner durch die von ihm selbst gebildete Membran nicht diffundiren kann; daß endlich ein Stoff um so leichter diffundirt, je kleiner seine Moleküle im Verhältniß zu denen des Membranbildners sind. Da die thierischen Membranen aus colloiden Verbindungen bestehen, so diffundiren colloide Lösungen schwer oder gar nicht, dagegen die niederatomigen Krystalloide leicht. Hierauf beruht die Scheidung beider aus Lösungsgemischen mittelst der Dialyse.

Sind die Bedingungen zur Osmose vorhanden, so sind die Erscheinungen folgende:

1. Die beiden Flüssigkeiten mischen sich durch die Membran hindurch ganz unabhängig von hydrostatischem Druck, ja sogar gegen denselben, bis zu völliger Gleichheit vermittelst sich kreuzender Ströme.

2. Die sich kreuzenden Ströme sind in ihrer Stärke meist nicht gleich. Hat man z. B. einerseits eine Lösung eines festen Stoffes, andrerseits nur dessen Lösungsmittel, so sind die Mengen, welche von dem Stoff in das Lösungs-

mittel und von diesem zurück in die Lösung gehen, nicht gleich und das Gewichtsverhältniß wird das *endosmotische Aequivalent* des betreffenden gelösten Stoffes genannt.

3. Das endosmotische Aequivalent ist um so größer, je größer die Differenz im Atomgewicht zwischen Membranbildner und gelöstem Stoff und je größer die Anziehung ist, welche zwischen Lösungsmittel und gelöstem Stoff besteht.

4. Die Zeit, welche bis zu völliger Ausgleichung beider Ströme verstreicht, steigt mit der Dicke der Membran und verkürzt sich mit steigender Temperatur und steigendem endosmotischen Aequivalent.

5. Die Geschwindigkeit der Diffusionsströme ist um so größer, je größer die quantitative chemische Differenz ist; dieselbe nimmt also im Verlauf der Osmose gradatim ab. Außerdem ist sie um so größer, je größer das endosmotische Aequivalent.

Die osmotischen Erscheinungen spielen eine äußerst wichtige Rolle beim Stoffwechsel der Organismen, sind aber, wie wir später sehen werden, beim lebenden Protoplasma ganz erheblich modificirt.

Membranen, welche außer den intramolekularen Poren auch noch gröbere, sogenannte *Strukturporen* besitzen (und die meisten thierischen Membranen sind solche), zeigen außer der Osmose noch die Erscheinungen der *Filtration*, d. h. sie lassen eine Flüssigkeit auch dann durch, wenn auf der andern Seite kein anziehend wirkendes Lösungsmittel sich befindet, vorausgesetzt, daß die Flüssigkeit unter einem *gewissen Druck* sich befindet, der nicht durch Gegendruck völlig aufgehoben ist. Die Menge der filtrirenden Flüssigkeit steigt a) mit der Größe des Spannungsunterschiedes, was natürlich sowohl durch Steigerung des inneren Druckes als durch Minderung des Gegendruckes hervorgebracht wird, b) mit der Porosität der Membran.

Echte Lösungen (als solche sind die von krystalloiden Stoffen zu betrachten) gehen in der Regel unverändert durch die Membran; bei unechten Lösungen (als solche sind die von colloiden Stoffen zu betrachten) filtrirten entweder, bei geringem Druck, nur das Lösungsmittel und die etwa beigemischten krystalloiden Stoffe, während von dem colloiden Stoffe gar nichts durchgeht; oder, bei stärkerem Druck, ein der Drucksteigerung parallel gehendes Quantum des colloiden Stoffes, allein so, daß die zurückbleibende Lösung stets gesättigter ist als die filtrirte. So läßt die Blutgefäßwand bei schwächerem Druck nur das Wasser und die Krystalloide (Salze, Extraktivstoffe rc.) des Blutes durch, und erst bei höherem geringe Mengen von Eiweis, Fibrinogen rc.

Nach diesen Vorbemerkungen können wir an die Betrachtung der Stoffwechselmechanik der lebendigen Substanz gehen, bei welcher die obigen Gesetze mitwirken, aber mannigfach verändert durch die eigenthümlichen Fähigkeiten der lebendigen Substanz. Besprechen wir zuerst die Athmung.

Gegenstand der Gasaufnahme ist, wie schon früher gesagt, der Sauerstoff. Nach den Gesetzen der Gasabsorption muß überall da Sauerstoff eindringen, wo keiner oder zu wenig ist, und da die lebendige Substanz den Sauerstoff, der in sie eingedrungen ist, als solchen verschwinden läßt, indem sie ihn zu Oxydationen verwendet, so muß stets Sauerstoff nachdringen. Allein das ist nur zum geringsten Theil das Motiv der Sauerstoffaufnahme, das weit stärkere ist, daß die lebendige Substanz eine von den gewöhnlichen Absorptionsgesetzen unabhängige sehr starke Anziehungskraft für den freien Sauerstoff hat und zwar so, daß es der umspülenden Flüssigkeit auch den letzten Rest davon zu entziehen vermag.

Bei der Gewebsathmung sind dafür zwei Etappen gegeben: die gefärbten Blutzellen besitzen bereits diese starke Anziehungskraft, die einem bestimmten Bestandtheil derselben, dem rothen Farbstoff (Hämoglobin), zukommt, und damit entziehen sie der Athemluft den Sauerstoff. Die lebendige Substanz der Gewebe übertrifft aber das Blutroth an Anziehungskraft und nimmt ihm den Sauerstoff zu eigenen Gunsten ab. Derselbe wird jedoch hier nicht sofort völlig verbraucht, sondern es findet, namentlich wenn die Substanz im Zustand der Ruhe bleibt, eine Aufspeicherung des Sauerstoffes statt.

Im Gegensatz zu der Aktivität der lebendigen Substanz gegenüber dem Sauerstoff steht die Passivität desselben gegenüber der Kohlensäure; diese unterliegt deshalb völlig den oben erörterten Gesetzen der Gasdiffusion: Da in der lebendigen Substanz fortwährend Kohlensäure entsteht, so wird anhaltend solche an das umgebende Medium abgegeben, sofern in diesem der Druck der Kohlensäure geringer ist als in der lebendigen Substanz (Ausathmung).

Bei dem Verkehr der festen Stoffe, den die lebendige Substanz der Körpergewebe mit den nährstoffhaltigen Flüssigkeiten des Körpers unterhält, wird die Stoffaufnahme, auf der die Gewebsernährung beruht, Aufsaugung (Resorption) genannt. Hiebei denkt man natürlich zunächst an die oben beschriebenen Vorgänge der Osmose und Quellung. Diese sind deshalb möglich, weil das Protoplasma eine poröse, von wässriger Lösung imbibirte Membran ist, also in sich eine Quellungsflüssigkeit enthält, deren Zunahme durch endosmotischen Verkehr mit dem umspülenden Medium nichts im Wege zu stehen scheint. Der Versuch lehrt jedoch sogleich, daß dieser Verkehr sich im lebenden Protoplasma völlig anders gestaltet als in todten Membranen: J. Ranke hat nachgewiesen, daß das Protoplasma nur dann durch Quellung gelöste Stoffe in sich aufnimmt, wenn seine Lebensenergie geschwächt oder ganz vernichtet ist. Hierbei ist es nach ihm gleichgültig, ob diese Schwächung der Lebensenergie durch die zur Imbibition dargebotenen, von außen eindringenden Stoffe erzeugt wird, oder ob innere physiologische Zustände die Lebensenergie alteriren. (J. Ranke's Imbibitionsgesetz.)

Die erste Art der Imbibitionsursachen ist also eine bestimmte Beschaffenheit des umspülenden Mediums. Wir verlangten von demselben früher Indifferenz. Dies muß nun des Näheren dahin erläutert werden: Sobald diese Indifferenz durch Beimengung von Stoffen, welche die Lebensenergie des Protoplasma's herabsetzen, vermindert wird, tritt Resorption ein. Solche Beimengungen sind alle, welche einen schwachen sauren oder einen stärkeren alkalischen Zustand des Mediums veranlassen, ferner die Kalisalze, und wahrscheinlich gehören auch dahin die zahlreichen Geschmacks- und Geruchstoffe, die ein Nahrungsmittel enthalten muß, wenn es von einem Thiere aufgenommen werden soll, obwohl bei diesen noch die Wirkung auf die Absonderung der Verdauungssäfte hinzukommt (wovon später).

Die zweite Art der Auffsaugungsursachen, die inneren, sind vor allem die durch die Lebensreize erzeugten Stoffwechselvorgänge, die, wie im folgenden Abschnitt gezeigt wird, das Auftreten von schwachen Säuren und sauren Salzen im Innern der Protoplasma's zur Folge haben. Ihre Anwesenheit vermehrt sofort die Quellbarkeit des Protoplasmas's, so daß dasselbe jetzt auch aus einer indifferenten Flüssigkeit neue Mengen aufnimmt. Daraus erhellt die absolute Nothwendigkeit der rhythmischen Einwirkung der Lebensreize für die Stoffwechselvorgänge, wovon später gesprochen werden soll.

Die Kehrseite dieser Stoffaufnahme durch Quelluug in Folge einer Schwächung der Lebensenergie des Protoplasma's ist die parallel damit gehende Stoffabgabe oder Absonderung. Die Stoffe, deren Entfernung aus dem Protoplasma stattfinden muß, wenn es weiter funktioniren soll, sind eben diejenigen, deren Anwesenheit seine Lebensenergie schwächt und es in den Zustand der Ermüdung versetzt, also die bei der Protoplasma-Arbeit entstehenden Säuren und sauren Salzen, die J. Ranke deshalb als Ermüdungsstoffe bezeichnet. Indem sie jenen der Aufsaugung günstigen Zustand des Protoplasma's herbeiführen, entwickeln sie zugleich einen lebhafteren osmotischen Verkehr, durch welchen die Ermüdungsstoffe nach außen in das umspülende Medium austreten. Hierdurch wird die Lebensenergie wieder hergestellt und kehrt das Protoplasma in den Zustand der Indifferenz gegen das umspülende Medium zurück.

Bei der Absonderung kommt jedoch nicht nur die Diffusion während des Zustandes gelähmter Lebensenergie in Betracht, sondern auch, daß mit der Wiederkehr der Lebensenergie eine Zusammenziehung des Protoplasma's unter Auspressung einer gewissen Flüssigkeitsmenge erfolgt.

Hieraus ergibt sich, daß das Protoplasma in Bezug auf seine Stoffwechselfähigkeit zweierlei Zustände zeigt: 1. den Sättigungszustand, in welchem es weder aufnimmt noch abgibt, 2. den Hungerzustand, in welchem es leicht aufnimmt und abgibt. Weiter ergibt sich daraus, daß der Stoffwechsel des Protoplasma's ein rhythmischer ist, indem dieses abwechselnd aus dem Sättigungszustand in den Hungerzustand und umgekehrt übergeht.

Die Ursache, daß das Protoplasma nicht in einem dieser Zustände dauernd verharrt, ist wohl in folgenden Verhältnissen zu suchen:

Das Protoplasma besteht aus leicht oxydablen chemischen Verbindungen und hat ein großes Absorptionsvermögen für Sauerstoff. Zugleich steht es fortwährend unter dem Einfluß der chemischen und physikalischen Lebensreize, welche das auslösende Moment für die Oxydation bilden. Als letzteres wirken sie jedoch, gleiche Reizstärke vorausgesetzt, nur unter zwei Umständen: 1. wenn genügend freier Sauerstoff im Protoplasma aufgespeichert ist, 2. wenn in dem Protoplasma keine Stoffe enthalten sind, welche die Wirkung des Sauerstoffs auf die oxydablen Theile beeinträchtigen; solche Stoffe sind die Ermüdungsstoffe.

Befindet sich das Protoplasma im Zustande der Sättigung und Ruhe, so findet während dessen kein Verbrauch von Sauerstoff und doch eine stete Zufuhr, also eine Sauerstoffaufspeicherung statt. Sobald diese die Höhe erreicht hat, welche nöthig ist, damit die stets vorhandenen Lebensreize wirken können, gelangt das Protoplasma in den Zustand der Thätigkeit durch Entbindung freier Kräfte, während Sauerstoff verbraucht wird und ermüdend wirkende Oxydationsprodukte auftreten. Durch den Einfluß der letzteren hören die Lebensreize, trotzdem daß sie möglicherweise in ungestörter Stärke vorhanden sind, auf zu wirken, das Protoplasma tritt in einen neuen Ruhezustand, der aber nicht der der Sättigung sondern der des Hungers ist. Während dieses Zustands findet der oben geschilderte Stoffaustausch mit dem umspülenden Medium statt. Das Ergebniß des letzteren ist die Aufnahme neuer gelöster Nährstoffe und die Absonderung der Ermüdungsstoffe. Das Protoplasma kehrt somit in den Zustand der Sättigung d. h. der Beladung mit neuen Nährstoffen zurück. Dieser Zustand ist zuerst ein Ruhezustand, weil während der Thätigkeitsperiode der freie Sauerstoff zu Oxydationen verbraucht, also verloren gegangen ist. Erst wenn die Sauerstoffaufspeicherung, die allmählich vor sich geht, die genügende Höhe erreicht hat, fangen die Lebensreize wieder an zu wirken und dem Zustande der Ruhe folgt der der Thätigkeit.

Es ist klar, daß diese Rhythmik des Stoffwechsels einen Mechanismus im Protoplasma voraussetzt, welchem die Fähigkeit einer Art von Selbststeuerung zukommt.

J. Ranke gibt von demselben (S. 117 seines Lehrbuches) folgende Vorstellung: Man muß von der Voraussetzung ausgehen, das die Oberfläche des Protoplasma's von Poren senkrecht durchsetzt ist und daß es eine Struktur aus contraktilen Theilen besitzt, die das Protoplasmastück so durchsetzen, daß sie alle Punkte der Grenzschicht diametral mit einander in Verbindung bringen und so einen Zug auf die peripherischen Theile in der Richtung des Centrums ausüben können. Von der Stärke dieses Zuges muß nothwendig die Durchgängigkeit der Poren der Oberfläche abhängen. Der Sättigungszustand des Protoplasma's wäre der, bei welchem der Zug so stark ist, daß die Poren völlig verschlossen sind. Jede Verminderung der Lebensenergie des Protoplasma's vermindert diesen Zug, die Poren öffnen sich und der Diffusions- und Imbibitionsverkehr findet statt. Hebt sich die Lebensenergie, so gewinnt der Zug seine ursprüngliche Stärke, der Porenverschluß kehrt zurück.

Hierbei haben wir es begreiflicherweise auch mit Schwankungen des Volumens zu thun. Das Aufhören des Porenverschlusses führt zu einer Volumzunahme durch Quellung. Die Rückkehr desselben ist von einer vorgängigen Volumverminderung abhängig und diese wird dadurch bewirkt, daß der verstärkte Zug der contraktilen Theile einen Theil der eingedrungenen Flüssigkeit wieder auspreßt. Findet keine Rückkehr zum normalen Leben statt, wenn z. B. die aufgenommene Flüssigkeit das Protoplasma tödtet, so wird so lange Flüssigkeit in die Zelle eintreten können, als der dadurch in der Zelle steigende Druck noch die Widerstand leistenden Theile des Protoplasma's zu dehnen vermag, was je nach der Elasticität dieser Gebilde verschieden sein wird.

Fassen wir das Gesagte kurz zusammen, so sehen wir, daß die eigenthümlichen Erscheinungen eines rhythmischen Stoffwechsels hauptsächlich zurückzuführen sind auf die große

Labilität des chemischen und physikalischen Gleichgewichts des Protoplasma's und seine Absorptionsfähigkeit für den freien Sauerstoff. Sobald die Sauerstoffaufspeicherung eine gewisse Höhe erreicht hat, bewirken die stets vorhandenen Lebensreize eine Störung des chemischen Gleichgewichts, indem sie Oxydationen auslösen. Dieser Vorgang stört das physikalische Gleichgewicht, d. h. vermindert die Elastizität der festen Protoplasmatheile und in Folge davon wird auch das Diffussions- und Filtrationsgleichgewicht zwischen Protoplasma und umspülendem Medium gestört. Die Folge dieser letzteren Störung ist eine Veränderung der Mischungsverhältnisse des Protoplasma's, in Folge deren es zu dem ursprünglichen chemischen und physikalischen Gleichgewichtszustand zurückkehrt.

Als der eigentliche Störenfried ist also von chemischer Seite der Sauerstoff, von physikalischer Seite das zu bezeichnen, was wir Lebensreize nennen und bei der Besprechung der Kraftwechselvorgänge seine Schilderung finden wird.

3. Allgemeines über den Kräftewechsel.

Wenn wir uns über die Erzeugung der menschlichen Arbeitskraft klar werden wollen, so ist eine Orientirung über die Kräfte, ihre verschiedenen Formen und den zwischen ihnen stattfindenden Wechsel unerläßlich und ich fasse deshalb in Folgendem das nöthigste aus der allgemeinen Physik und Chemie kurz zusammen.

Bei den Vorgängen des Kraftwechsels kommt zuerst das Verhältniß von Spannkraft und freier Bewegung (lebendiger Kraft) in Betracht. Ursache der betreffenden Erscheinungen sind die Anziehungsverhältnisse, welche zwischen den Stoffen bestehen und die wir allgemein als Centralkräfte bezeichnen. Diese Anziehungen befinden sich entweder in gesättigtem oder ungesättigtem Zustand, letzteres sobald die im Anziehungsverhältniß bestehenden Stoffe sich nicht vereinigt haben, weil ein Hinderniß dieser Vereinigung entgegensteht. Ungesättigten Zustand einer Anziehung nennt man Spannkraft, auch verfügbare Arbeit. Dieselbe geht in eine freie Bewegung, lebendige Kraft oder Arbeit, über, sobald das Hinderniß, welches sich der Vereinigung der im Anziehungsverhältniß stehenden Körper entgegenstellt, beseitigt wird. Die Wegräumung des Hindernisses nennt man die Auslösung der Spannkraft.

Das Resultat der Auslösung ist, daß die im Anziehungsverhältniß stehenden Körper diesem folgen und mit einer bestimmten Kraft und Geschwindigkeit gegen einander stürzen, was ein zu Tage Treten freier Bewegung im Gegensatz zu der vorhergehenden Ruhe ist. Diese freien Bewegungen äußern sich in verschiedener Weise (wovon später) und haben die Eigenthümlichkeit, daß sie sich auf ihre Umgebung fortpflanzen d. h. von dem Ort, wo sie entstanden sind, fortgeleitet werden. Das Ergebniß der Fortleitung für die Körper, welche die freie Bewegung erzeugt haben, ist, daß sie zur Ruhe kommen, d. h. sie befinden sich jetzt im Zustand gesättigter Anziehung. Wir können also sagen: Spannkraft ist der Zustand ungesättigter Anziehung zwischen verschiedenen Körpern, und freie Bewegung (lebendige Kraft) entsteht, während sie in den Zustand der ganz oder relativ gesättigten Anziehung übergehen. Die Menge freier Bewegung, die erscheint, steht in mathematisch genauem Verhältniß zur Stärke der Anziehung, die im ungesättigten Zustand vorhanden war.

Betrachten wir nun die verschiedenen Anziehungsverhältnisse, deren es dreierlei gibt: Anziehung der Masse, Anziehung der Moleküle, Anziehung der Atome.

Die Masseanziehung tritt in zwei Formen, einer polarisirten und unpolarisirten, auf. In letzterer wird sie Schwere oder Schwerkraft geheißen und ist dadurch charakterisirt, daß sie nach allen Richtungen des Raumes wirkt. Die polarisirte Masseanziehung ist die magnetische Kraft, sie wirkt nur in Einer Richtung des Raumes, in der entgegengesetzten Richtung abstoßend. Da die magnetische Kraft nur eine Eigenschaft eines uns hier in dem Stück nicht interessirenden Körpers, des Magneteisens, ist, so ignoriren wir sie im Folgenden.

Das Charakteristische der Masseanziehung ist, daß ihr eine Fernwirkung zukommt und zwar im umgekehrten Quadrat der Entfernung. Sie befindet sich im ungesättigten Zustand, solange sich die im Anziehungsverhältniß stehenden Körper nicht berühren. Im latenten Zustand d. h. als Spannkraft äußert sie sich durch einen mittelst Gewichtseinheiten zu bestimmenden Druck auf die Körper, welche die Sättigung der Anziehung hindern, als Druckkraft oder Gewicht. Beim Uebergang aus dem ungesättigten in den ganz oder relativ gesättigten äußert sie sich als mechanische Bewegung, Massebewegung oder mechanische Arbeit. Sie wird gemessen nach dem Gewicht der sich bewegenden Masse und dem Weg, den sie in der Zeiteinheit (Sekunde) zurücklegt: der Geschwindigkeit. Mit andern Worten: die Krafteinheit ist das halbe Produkt aus den Masse und dem Quadrat der Geschwindigkeit. Als große Krafteinheit bezeichnet man den Kilogrammmeter, als kleine den Grammmeter.

Will man die Masseanziehung aus dem gesättigten Zustand in den der Spannkraft überführen, also die sich anziehenden Körper von einander entfernen, so ist die Anwendung einer der Masseanziehung entgegen wirkenden freien Bewegung, einer mechanischen Arbeit, erforderlich, die hierbei verschwindet d. h. in eine Spannkraft übergeht, die bei ihrer Auslösung gerade so viel mechanische Arbeit verrichtet, als zu ihrer Erzeugung verwendet wurde.

Bei der Anziehung der Moleküle eines Körpers hat man zu unterscheiden: a) die Cohäsion, die Anziehung gleichartiger Moleküle, und b) die Adhäsion, die Anziehung verschiedenartiger Moleküle. Diese beiden Centralkräfte haben keine Fernwirkung, sondern wirken nur innerhalb kurzer Distanzen. Hier ist die Sache etwas complicirter. Im gesättigten Zustand befindet sich die Cohäsion nur, wenn die Moleküle vollkommen ruhen; das ist zugleich der Zustand, in welchem der Körper den denkbar kleinsten Raum einnimmt. In den ungesättigten Zustand geht sie über, sobald die Moleküle in die nachher zu schildernden molekularen Bewegungen gerathen, weil diese distanzirend auf die Moleküle, also der Cohäsion entgegen wirken.

Bei dieser Distanzirung sind zweierlei Phasen zu unterscheiden:

Ueberschreitet dieselbe die Wirkungssphäre der Cohäsion nicht, so hat der Körper eine endliche Ausdehnung und es nimmt mit der Distanzirung das Volum des Körpers zu und seine Festigkeit ab; wird die Wirkungssphäre überschritten, so hört die Cohäsion auf und die Moleküle fallen aus einander, der Körper hat keine endliche Ausdehnung mehr. Den ersteren Fall nennt man die Lockerung der Cohäsion, den letzteren ihre Aufhebung. Die Distanzirung der Moleküle erfordert, ebenso wie die Distanzirung bei der Masseanziehung, Kraftaufwand d. h. Arbeit und zwar in Form der sogenannten molekularen Bewegungen, als deren wichtigste und allgemeinste die Wärme fungirt (molekulare Arbeit)*). Diese Wärme verschwindet bei der Distanzirung, wird latent, während sie wieder frei wird, sobald die Distanzirung ganz oder theilweise aufgehoben wird. Eine Distanzirung, bei der Wärme latent wird, ist jede Ausdehnung eines Körpers, erfolge sie mit oder ohne Aenderung des Aggregatzustandes (Schmelzung, Verdampfung, Lösung). Aufhebung bezw. Verminderung der Distanzirung, die mit Freiwerden von latenter Wärme verläuft, ist jede Volumabnahme, erfolge sie mit oder ohne Aenderung des Aggregatzustandes (Dampfcondensirung, Erstarrung, Auskrystallisirung aus Lösungen).

Aehnliche Verhältnisse walten bei der Adhäsion ob, und wo, wie bei Lösung und Auskrystallisirung, ein Kampf zwischen Adhäsion und Cohäsion stattfindet, ergeben sich complicirtere Verhältnisse, deren Erörterung uns hier zu weit führen würde.

Die chemische Affinität ist das auch nur in sehr kurzer Distanz wirksame Anziehungsverhältniß, in welchem die Atome zu einander stehen und das sie veranlaßt, sich zu Molekülen zu vereinigen. Hierbei ist gerade so wie bei der molekularen Anziehung die Affinität gleichartiger Atome (chemische Cohäsion) und die verschiedenartiger Atome (chemische Adhäsion) zu unterscheiden. Auf der absoluten und relativen Stärke dieser beiderlei Affinitäten beruhen die chemischen Eigenschaften eines Körpers. Ueberwiegt die chemische Cohäsion über die chemische Adhäsion, so wird ein solcher Körper schwer chemische Verbindungen eingehen und bestehende werden leicht zerfallen. Umgekehrt: Ist die chemische Adhäsion stärker entwickelt als

*) Ueber das Maß für diese Arbeit und die Natur der Wärmebewegung siehe unten.

die Cohäsion, so werden solche Stoffe leicht chemische Verbindungen eingehen und diese werden sehr dauerhaft sein.

In praxi unterscheidet man diese beiderlei Affinitäten vorläufig nicht, sondern versteht unter chemischer Affinität nur die nach außen d. h. anderartigen Atomen gegenüber wirksame chemische Adhäsion, die natürlich gleich ist der Differenz zwischen der Cohäsion und wirklichen Adhäsion.

Das Eigenthümliche der chemischen Affinität ist:

1. daß es sich hierbei um bestimmte Gewichtseinheiten handelt, die wir gleich näher bezeichnen werden;

2. daß sie nicht nach allen Richtungen des Raumes, sondern nur nach einer oder einigen bestimmten Richtungen des Raumes thätig ist.

Aus diesen Gründen kommen folgende technische Ausdrücke in Betracht: a) Unter Atom versteht man die kleinste Gewichtsmenge eines Körpers, welche in einer chemischen Verbindung vorkommt. Ein Atom kann nicht für sich allein bestehen, sondern tritt immer mit einem oder mehreren anderen (gleichartigen oder verschiedenen) zu einem Molekül zusammen. b) Ein chemisches Molekül ist eine Vereinigung von (gleichartigen oder differenten) Atomen und ist die kleinste Gewichtsmenge eines Körpers, welche im freien Zustand existiren kann und in Dampfform bei 0° und 760 mm Barometerstand den Raum von 2 Atomen Wasserstoff einnimmt. c) Das chemische Aequivalent ist diejenige Menge eines Körpers, welche eine bestimmte Gewichtsmenge eines andern in einer chemischen Verbindung zu ersetzen vermag. d) Chemische Valenz ist diejenige Gewichtsmenge eines Körpers, welche ein Atom Wasserstoff in einer chemischen Verbindung zu ersetzen vermag. Wie viel valent oder wie viel werthig ein Atom eines Körpers sei, ergibt sich aus der Zahl von Wasserstoffatomen, welche dasselbe unter den möglichst günstigen Bedingungen zu binden im Stande ist. Wir unterscheiden deshalb 1, 2, 3, 4 und 5werthige Atome, sowohl bei chemischen Elementen (d. h. Körpern, welche mit den heutigen Hilfsmitteln der Chemie nicht weiter in verschiedenartige Bestandtheile zerlegt werden können), als auch bei chemisch ungesättigten Verbindungen, sogenannten Radikalen (d. h. Atomcomplexen, welche sich ähnlich den Element-Atomen unverändert von einer chemischen Verbindung in eine andere überschieben lassen und dort vermöge der Valenzen, welche noch ungesättigt in ihnen vorhanden sind, haften).

Aus dem über die chemische Valenz Gesagten ergibt sich, daß die chemische Anziehung nicht wie die Schwere nach allen Richtungen des Raumes wirkt, sondern nach einer oder mehreren bestimmten d. h. nach so vielen, als der Körper Valenzen hat; deshalb kommen den Molekülen bestimmte Formen zu.

Ein weiterer Punkt bei der chemischen Affinität ist, daß die Stärke der Anziehung zwischen den Atomen (oder Radikalen) mit der chemischen Natur der Stoffe wechselt, so daß wir zwischen stärkeren und schwächeren Affinitäten zu unterscheiden haben.

Die wichtigsten Affinitäten, mit denen es die Physiologie zu thun hat, sind die, welche zwischen Sauerstoff (2werthig), Stickstoff (3 oder 5werthig), Kohlenstoff (4werthig) und Wasserstoff (1werthig) bestehen. Starke Affinitäten sind die zwischen Sauerstoff einerseits, Kohlenstoff und Wasserstoff andrerseits; schwächer sind die Affinitäten zwischen Kohlenstoff einerseits, Wasserstoff und Stickstoff andrerseits, sowie die Affinität zwischen Stickstoff und Wasserstoff; am schwächsten ist die zwischen Kohlenstoff und Stickstoff.

Der Uebergang einer chemischen Affinität aus dem ungesättigten in den gesättigten Zustand heißt chemische Verbindung (bei Sauerstoff speziell Oxydation). Der Effekt der Bewegung, mit welcher die Atome zusammenstürzen, ist eine eigenartige freie d. h. leitbare Bewegung des so entstandenen Moleküls, also eine Molekularbewegung, die sich entweder nur als Wärme, oder auch noch als Licht äußert. Tritt außer Wärme noch Licht auf, so nennen wir den Prozeß Verbrennung und die entstandene Wärme Verbrennungswärme.

Hat sich eine chemische Affinität gesättigt, so ist jetzt umgekehrt auch ihre Ueberführung in den ungesättigten Zustand durch Trennung der im Anziehungsverhältniß stehenden Atome möglich. Diesen Vorgang nennt man die chemische Zersetzung (wo es sich um den Sauerstoff handelt, Desoxydation). Genau so wie bei der Masseanziehung und der molekularen Anziehung ist auch hier zur Trennung ein Aufwand freier Kraft oder die Einsetzung einer stärkeren Centralkraft d. h. einer stärkeren Affinität nöthig. Wenn man es mit der stärksten Affinität zu thun hat, z. B. der zwischen Sauerstoff und Wasserstoff oder der zwischen Sauerstoff und Kohlenstoff, so gelingt die Zersetzung nur durch Aufwand einer freien Kraft und zwar einer Molekularbewegung (besonders Wärme, auch Licht), die hiebei latent wird. Will man eine schwächere Affinität aus dem gesättigten Zustand in den ungesättigten überführen, so kann man hiezu außer einer Molekulararbeit auch eine stärkere Affinität anwenden (z. B. um eine Verbindung von Kohlenstoff und Wasserstoff zu zersetzen, die des Sauerstoffs zu den genannten Elementen), indem jetzt die schwächere durch die stärkere ersetzt wird. Hiebei tritt eine Molekularbewegung auf (Wärme ꝛc. wird frei); aber da ein Theil der mit der stärkeren Affinität gegebenen Kraft zur Lösung der schwächeren Affinität verbraucht wird, also verschwindet, so ist die freiwerdende Molekularbewegung nur der unverbrauchte Rest der in der stärkeren Affinität enthaltenen Kraft.

Fassen wir kurz zusammen, bei welchen durch die chemische Affinität beherrschten Vorgängen freie Bewegung entsteht resp. verschwindet.

1. Freie Bewegung entsteht unter Verschwinden von Spannkraft: a) wenn eine ungesättigte Affinität gesättigt wird; b) wenn eine schwächere Affinität durch eine stärkere ersetzt wird; c) wenn eine Verbindung, in welcher nur ein Theil der Valenzen gesättigt ist, die übrigen sättigt. d) Eine allmähliche Entbindung freier Bewegung, die in der Physiologie eine so große Rolle spielt, findet statt, wenn hochatomige Verbindungen, welche durch schwache Affinitäten verhängt sind, successive in niederatomige und zwar solche, bei denen stärkere Affinitäten gesättigt sind, übergehen.

2. Umgekehrt verschwindet freie Bewegung und entsteht Spannkraft: a) wenn eine chemische Verbindung völlig zersetzt wird; b) wenn aus einer durch starke Affinität zusammengehaltenen chemischen Verbindung eine solche gemacht wird, in der nur schwächere Affinitäten gesättigt sind; c) wenn aus einer chemischen Verbindung, in welcher alle Affinitäten gesättigt sind, eine solche wird, in der nicht alle gesättigt sind. d) Ein allmähliches Verschwinden freier Bewegung tritt dann ein, wenn eine niederatomige Verbindung, in der starke Affinitäten gesättigt sind, allmählich in eine hochatomige, in der schwache Affinitäten herrschen, übergeführt wird; dieser Vorgang spielt eine große Rolle bei der Assimilationsthätigkeit der Pflanzen.

Nachdem wir das Verhältniß von freier Bewegung und Spannkraft an den wichtigsten Fällen besprochen, müssen wir uns noch mit den freien Bewegungen gesondert beschäftigen. Wie theilweise aus dem obigen schon ersichtlich, handelt es sich um mehrere Arten von Bewegung: 1. Mechanische Bewegung oder Massebewegung, wobei sich ein Körper im Ganzen durch den Raum bewegt, ohne daß dabei nothwendig die einzelnen Moleküle des Körpers ihre Stellung zu einander verändern, z. B. die Bewegung eines fallenden Steines, eines sich drehenden Rades ꝛc. Diese Bewegung ist schon S. 29 zur Genüge besprochen worden. 2. Molekulare Bewegungen, d. h. Bewegungen, bei denen die einzelnen Moleküle eines Körpers innerhalb desselben durch Veränderung ihrer Stellung sich gegen einander bewegen. Da sie zum Theil ganz verschieden auf unsere Sinne wirken, müssen sie unten speziell erläutert werden. 3. Intramolekulare Bewegungen, d. h. solche, welche die Moleküle um ihre eigene Achse ausführen. Auch diese erfordern eingehendere Besprechung.

Die molekularen Bewegungen sind nur verständlich, wenn man annimmt, jeder Körper bestehe aus stofflichen Theilen und dazwischen befindlichen leeren Räumen, so daß sich die stofflichen Theile innerhalb des Körpers gegen einander bewegen können. Solcher Molekularbewegungen gibt es nun zweierlei resp. dreierlei, die gleichzeitig möglich sind:

1. Bewegungen, die jedes Molekül für sich, unabhängig von seinen Nachbarn, ausführt. Diese äußern sich als „geleitete Wärme“ und von ihrer Stärke und Form hängt die Temperatur, der Aggregatzustand und die Ausdehnung des gesammten Körpers ab. Wir können uns die Erscheinungen, welche diese Molekularbewegung hervorbringt, am besten erklären, wenn wir annehmen, sie gleiche der Bahnbewegung der Himmelskörper im Weltenraum, repräsentire also eine kreisende Bewegung um einen Schwerpunkt, die mit einer gewissen Centrifugalkraft erfolgt, also der Cohäsion der Moleküle entgegen d. h. distanzirend wirkt (siehe S. 30). Gehen wir hiebei vom festen Aggregatzustand aus und nehmen wir an, daß die genannte Molekularbewegung erst stillstehen würde, wenn man einen festen Körper auf 273° unter seinen Gefrierpunkt abkühlen könnte.

Von hier an aufwärts beginnt die kreisende Bewegung, und man kann sich jetzt die Erscheinungen bei steigender Temperatur so vorstellen, als wirke die Erwärmung gleich einem tangentialen Stoß auf das rotirende Molekül, wodurch dessen Centrifugalkraft gesteigert wird. Das Resultat ist eine Vergrößerung des Bahndurchmessers, was zu Gesammtausdehnung des Körpers und, mit der Entfernung der Schwerpunkte der Moleküle von einander, zu einer Lockerung des Zusammenhalts führt (Lockerung der Cohäsion durch Erwärmung).

Nimmt man an, die Bewegung sei ursprünglich kreisförmig, so werden fortgesetzte Tangentialstöße, die stets aus einer Richtung kommen, die Bahn allmählich in eine elliptische von immer größerer Streckung verwandeln. Die elliptische Bahn und die Lockerung des Zusammenhalts durch größere Entfernung der Bahnmittelpunkte führt zur ersten Aenderung des Aggregatzustandes, nämlich zu Uebergang aus dem festen Aggregatzustand in den flüssigen. Im ersteren behaupteten die Schwerpunkte der Molekülbahnen ihre Winkelstellung zu einander und so behauptete der Gesammtkörper eine bestimmte, von der Einwirkung der Massenanziehung (Schwerkraft) unabhängige Gestalt. Sobald nun die Distanz der Schwerpunkte groß und die Ellipse der Bahn gestreckt genug geworden ist, hat sich die Verschieblichkeit der kreisenden Moleküle so weit gesteigert, daß die Schwerkraft über die Cohäsion überwiegt und die Moleküle der ersteren folgen, so daß der Körper keine bestimmte Gestalt mehr besitzt; das ist der flüssige Aggregatzustand. Suspendirt man in einer Flüssigkeit sehr feinvertheilte feste Stoffe, z. B. Tusche, so gibt das unter dem Namen Brown'sche Molekularbewegung bekannte Phänomen ein Bild der molekularen Wärmebewegung: die Moleküle bewegen sich rotirend um einen fortschreitenden Mittelpunkt. Bei steigender Temperatur wird diese Bewegung immer heftiger.

Zur Erklärung des dritten Aggregatzustandes, des gasförmigen, kann man Folgendes annehmen: Im festen und flüssigen Aggregatzustand bewegen sich die Moleküle in geschlossenen Bahnen, was zur Folge hat, daß der Gesammtkörper eine endliche Größe d. h. ein bestimmtes Volumen besitzt, über welches hinaus er bei gleichbleibender Temperatur sich nicht auszudehnen strebt, weil die Cohäsion noch wirksam ist. Dem gegenüber ist der gasförmige Zustand durch das unendliche Ausdehnungsbestreben charakterisirt, d. h. der Körper hat kein bestimmtes Volumen mehr, die Cohäsion hat aufgehört zu wirken. Dies läßt sich so erklären: Durch die mit der steigenden Erwärmung gegebenen, fortgesetzten, in einer Richtung erfolgenden Tangentialstöße ist die Bahn zuerst zu einer immer gestreckteren Ellipse geworden und hat sich endlich, bei noch größerer Steigerung der Centrifugalkraft, in eine Parabel oder Hyperbel geöffnet; das Kreisen ist also zu einer ins Unendliche fortschreitenden Bewegung geworden.

Um die Wärmebewegungen zu messen, bedienen wir uns der durch sie bewirkten Ausdehnung der Körper, indem wir graduirte Thermometer anwenden, und nennen eine Wärmeeinheit (Calorie) diejenige Wärmemenge, welche nöthig ist, um ein bestimmtes Volumen destillirten Wassers von 0° C. um einen Thermometergrad zu erwärmen. Bei der großen Calorie ist das Volumen ein Kilogramm, bei der kleinen ein Gramm; also ist eine große Calorie gleich 1000 kleinen Calorien.

Nach ihrer Herkunft unterscheidet man hauptsächlich Reibungswärme, welche durch Hemmung von Massenbewegung entsteht, und Verbrennungswärme, die bei Sättigung chemischer Affinitäten entsteht.

2. Die zweite Art molekularer Bewegungen sind solche, bei denen die Moleküle gemeinschaftliche, schichtweise übereinstimmende Lageveränderungen ausführen, und zwar oscil-

lirende, d. h. Schwingungen, die sich von einer Stelle geradlinig nach allen Richtungen des Raumes hin fortpflanzen. Die Bewegung der Moleküle erfolgt entweder senkrecht zur Achse der Fortpflanzung: stehende oder transversale Schwingungen, auch Strahlen genannt, oder in der Richtung der Achse: Verdichtungs- oder longitudinale Wellen. Schwingungen von geringer Schwingungszahl (zwischen 16 und 38000 pro Sekunde, mithin etwa 11 Oktaven) rufen die Empfindung von Schall in uns hervor. Schwingungen von höherer Schwingungszahl machen auf unsere Empfindungswerkzeuge zunächst einen ähnlichen Eindruck wie die oben geschilderten Wärmebewegungen und werden deshalb als Wärmestrahlen bezeichnet. Erst wenn die Zahl der Schwingungen in der Sekunde etwa 400 Billionen geworden, fangen sie an Lichtempfindung (zuerst rothes Licht) hervorzurufen: Lichtstrahlen. Die Lichtempfindung hält an bis zu der Schwingungszahl von 7—800 Billionen pro Sekunde. Noch schnellere Schwingungen wirken auf unsere Sinnesorgane nicht mehr, verrathen sich aber dadurch, daß sie noch chemische Zersetzungen hervorrufen: chemische Strahlen. Abgesehen von den Schallschwingungen haben also diejenigen Strahlen, welche blos Wärmewirkung äußern, die niedrigsten Schwingungszahlen (38000—400 Billionen), die, welche blos chemisch wirken, die höchsten (von 7—800 Billionen aufwärts); die Strahlen, die in der Mitte liegen, haben combinirte Wirkung.

Schallschwingungen d. h. Schwingungen von einer geringeren Schwingungszahl als 38000 pro Sekunde können nur Stoffe ausführen, welche eine gewisse Dichtigkeit haben; die rascheren, immer transversal erfolgenden Schwingungen, die wir als Wärmestrahlen, Lichtstrahlen und chemische Strahlen unterscheiden, setzen eine geringe Dichtigkeit des

des Stoffes voraus und werden, da sie selbst noch bei der äußersten uns möglichen Verdünnung der wägbaren Materie fortdauern, als Schwingungen eines hypothetischen Stoffes, der alle wägbare Materie durchdringen soll und Aether genannt wird, betrachtet.

3. Eine eigenthümliche Art von molekularer Bewegung ist die elektrische. Sie ist weder eine kreisende noch eine oscillirende, sondern eine geradlinig fortschreitende, fließende (elektrischer Strom), bei welcher zwei entgegengesetzt (polar) sich verhaltende Richtungen, die negative, von welcher der Strom sich entfernt, und die positive, gegen welchen er sich bewegt, zu unterscheiden sind. Diese Bewegung kann natürlich nur dann eine continuirliche sein, wenn ein Kreislauf möglich ist (d. h. in einer geschlossenen Kette), andernfalls ähnelt sie einem geradlinigen Stoß. Ob die Moleküle des Leiters diese Bewegung selbst ausführen oder ob dies, nach der bisherigen Annahme, seitens eines eigenen (imponderablen) elektrischen Fluidums geschieht, wird erst die Zukunft, voraussichtlich aber im Sinne der ersteren Alternative, entscheiden.

Hier ist noch ergänzend hinzuzufügen, daß diese Art von Bewegung nicht nur als freie Bewegung (elektrischer Strom), sondern auch als Spannkraft (elektrische Spannung) auftreten kann.

Nach ihrer Entstehungsursache unterscheiden wir Reibungselektricität, die durch Hemmung von Massebewegung entsteht, Thermoelektricität, die durch Hemmung von Wärmebewegung sich bildet, und den galvanischen Strom, der entsteht, wenn zwischen zwei im sog. elektromotorischen Spannungsverhältniß stehenden Körpern (Elektromotoren) eine doppelte (Kreis-) Leitung so hergestellt ist, daß die eine dieser Verbindungen die Möglichkeit einer Sättigung chemischer Affinität d. h. einer Entbindung chemischer Spannkräfte bietet; man könnte sie deshalb auch *chemische Elektricität* nennen. Letztere Art von elektrischer Bewegung ist die für die Physiologie wichtigste. *Induktionselektricität* ist die, welche durch einen Strom in einem benachbarten Leiter hervorgerufen wird, *Magnetelektricität* die, welche ein magnetischer Körper in einem benachbarten Leiter erzeugt.

Die letzte Art von Bewegungen, die ich oben als *intramolekulare* bezeichnet habe, können wir uns am bequemsten wieder als Rotation denken, und zwar weil auch hier ein Gegensatz zwischen einer centripetalen Anziehung und einer distanzirenden Centrifugalkraft in Erscheinung tritt. Zugleich wird erst hierdurch die Analogie zwischen den Bewegungen der Himmelskörper und der Moleküle vollständig. Wie erstere außer ihrer Zirkelbewegung um den Centralkörper (Bahnbewegung) noch eine Rotation um ihre eigene Achse haben, so werden die genannten intramolekularen Bewegungen eine Rotation des Moleküls um seine eigene Achse sein. Die Annahme einer solchen Bewegung, die mit der S. 36 geschilderten fortschreitenden Bahnbewegung in innigen Intensitätszusammenhang steht, erklärt uns die Erscheinungen der *Dissociation* von chemischen Verbindungen, bei denen also das Molekül ein Compositum aus verschiedenartigen Atomen ist, die durch eine central wirkende Anziehungskraft, die chemische Affinität, zusammengehalten werden. Denken wir uns diese rotirend um einen gemeinschaftlichen Schwerpunkt, so haben wir in der Rotationsgeschwindigkeit jene der chemischen Affinität entgegenwirkende Centrifugalkraft, welche, wenn sie stark genug geworden ist, die Affinität überwindet und die Dissociation herbeiführt. Nehmen wir an, daß bei der steigenden Erwärmung eines Körpers nicht blos die Rotation des Moleküls auf seiner Bahn um einen Schwerpunkt (siehe oben) an Geschwindigkeit zunimmt, sondern auch die Rotation des Moleküls um seine eigene Achse, so erklärt sich hieraus, daß bei fortschreitender Erwärmung die Kraft, mit der sich die verschiedenartigen Atome im Molekül einer chemischen Verbindung festhalten, abnimmt, und der Moment der Dissociation, in welchem die Atome auseinanderfahren, wäre dann ähnlich aufzufassen, wie der Uebergang der elliptischen Bahnbewegung in die parabolische oder hyperbolische bei dem Uebergang eines Körpers aus dem flüssigen Aggregatzustand in den gasförmigen. Mithin wären diese intramolekularen Bewegungen nur eine Theilerscheinung der auf S. 36 geschilderten Wärmebewegung und zwar so:

Erwärmen wir einen Körper auf irgend eine Weise (durch Zuleitung von Wärme, Reibung, Verbrennung 2c.), so vermehren wir sowohl die Geschwindigkeit der Bahnbewegung, als die der Rotationsbewegung des Moleküls. Nun reagirt von diesen beiden Bewegungen auf unsere Wärmemesser *nur die erstere*, die *letztere nicht*, deshalb ist letztere der *latent* werdende Theil der zugeführten Wärme. Da nun das Verhältniß, in welchem die zugeführte Wärmebewegung sich in diese beiderlei Bewegungsarten des Moleküls (die für Meßinstrumente wahrnehmbare Bahnbewegung und die unmerkliche Achsendrehung) theilt, mit der chemischen Natur des Körpers wechselt, so ist die Wärmemenge, die man einem Körper zuführen muß, um ihn von 0° auf 1° zu erwärmen, nicht für alle Stoffe gleich groß. Daraus ergibt sich für jeden Körper eine sogenannte *spezifische Wärme*.

Alle freien Bewegungen können nicht nur in Spannkräfte übergeführt werden, sondern es läßt sich auch die eine in die andere umwandeln, und beides geschieht nach dem Gesetz von der Erhaltung der Kraft in stets sich gleichbleibenden mathematischen Verhältnissen, sogen. *Aequivalenten*. Das wichtigste der bis jetzt festgestellten Aequivalente ist das zwischen der Wärme (einer molekularen Bewegung) und der mechanischen Bewegung (Massebewegung): das mechanische Aequivalent der Wärme. Dasselbe ist gegeben durch die Zahl 424, d. h. eine große Wärmeeinheit (gr. Calorie) ist = 424 Kilogrammmeter, die kleine = 424 Grammmeter. Das besagt: Wenn eine Wärmebewegung in mechanische Bewegung umgewandelt wird, so gibt die große Calorie 424 Kilogrammmeter, und umgekehrt, wenn mechanische Bewegung in Wärmebewegung umgewandelt wird, so geben je 424 Kilogrammmeter eine große Wärmeeinheit, d. h. so viel Wärme, als nöthig ist, um 1 Kilogramm Wasser von 0° auf 1° C. zu erwärmen.

Für das Licht hat man gefunden: Wenn die Sonnenstrahlen eine Minute lang auf einen Quadratdecimeter irdischer absorbirender Oberfläche fallen, so werden ungefähr 0,4 Wärmeeinheiten erzeugt. Für elektrische Bewegung ist das Aequivalent noch nicht genau festgestellt.

Die Umwandlung einer freien Bewegung in eine andere bedingt, daß die erste als solche verschwindet; wenn z. B. Licht in Wärme umgewandelt wird, so hat es aufgehört, Licht zu sein, und wenn mechanische Bewegung in Wärme umgewandelt wird, so ist die Massebewegung verschwunden.

Die Umwandlung einer freien Bewegung in eine andere oder in Spannkraft ist selten eine totale, sondern meist nur eine theilweise; dabei verschwindet von der ersteren Bewegung nur derjenige Theil, der umgewandelt worden ist.

Die Ursache, wodurch eine freie Bewegung in eine andere umgewandelt wird, ist allgemein das Auftauchen eines Hindernisses, welches sich dem Fortschreiten der ersteren entgegenstellt. Wenn z. B. Licht auf einen undurchsichtigen Körper trifft (der es nicht reflektirt, wovon nachher), so wird es, weil es an seinem Fortschreiten gehindert ist, sich in Wärme umwandeln. Wenn ein fallender Körper an seiner Fortbewegung durch den Erdboden gehindert wird, so verwandelt sich die Massebewegung in Wärmebewegung. Wenn die Moleküle des Dampfes in einem Dampfkessel an der Ausführung ihrer Wärmebewegung gehindert werden, so verwandelt sich die Wärmebewegung in eine mechanische Bewegung des Dampfkolbens. Wenn wir der Massebewegung eines sich drehenden Rades ein Hinderniß entgegenstellen, so verwandelt sich dieselbe in Wärmebewegung (Reibungswärme).

Das Hinderniß, das die Umwandlung erzwingt, geht von den wägbaren Stoffen, die außerhalb der sich bewegenden Stoffe liegen und ihn begrenzen, den *begrenzenden Medien* aus, so daß wir sagen können, eine Umwandlung finde statt, wenn eine freie Bewegung aus einem Medium in ein anderes übergeht, jedoch nicht mit Nothwendigkeit, und zwar aus folgenden Gründen:

Ein Medium kann sich den freien Bewegungen eines angrenzenden Mediums gegenüber in *dreifach verschiedener* Weise verhalten:

1. Die Bewegung wird an dem Eindringen in das Medium verhindert, also zurückgeworfen, *reflektirt*. Ob dies geschieht, hängt von der Natur und der Beschaffenheit der Oberfläche des getroffenen Mediums, der Art der freien Bewegung, um die es sich handelt, und dem Winkel, unter welchem die Bewegung die Oberfläche trifft, ab. Diese Eigenschaft eines Mediums nennen wir dessen *Reflexionsfähigkeit*, z. B. für Licht, Schallwellen ꝛc.

2. Das Medium gestattet der freien Bewegung einzudringen, *ohne sie umzuwandeln*. Die Bewegung schreitet jetzt in dem neuen Medium als solche fort, wird *geleitet*. Diese Eigenschaft nennen wir die *Leitungsfähigkeit* eines Mediums, z. B. für Wärme, Elektricität, Licht ꝛc.

3. Das Medium gestattet der Bewegung, in dasselbe einzudringen, aber nur indem es dieselbe in eine andersartige umwandelt, nicht als solche fortleitet. Diese Eigenschaft nenne ich die Empfindlichkeit.

Es ist klar, daß die drei genannten Eigenschaften eines Mediums oder sagen wir jetzt Körpers gegenüber freien Bewegungen in dem angrenzenden Medium im Verhältniß der zwar nicht absoluten, aber relativen Ausschließung zu einander stehen, was folgende Erwägung zeigt.

Ein Körper, der eine Bewegung stark und leicht reflektirt, wird ein schlechter Leiter und natürlich auch wenig empfindlich sein. Andrerseits: Ein Körper, der eine Bewegung in sich eindringen läßt, sie absorbirt, wird sie nicht reflektiren. In ebensolchem Verhältniß der Ausschließung steht Leitungsfähigkeit und Empfindlichkeit: Ein guter Leiter wird die Bewegung nicht umwandeln, und einer, der sie umwandelt, wird sie schlecht leiten. Betrachten wir einige der wichtigsten Bewegungen in diesem dreifachen Verhalten der Medien zu ihnen, weil dies für das Verständniß der Lebenserscheinungen von großer Wichtigkeit ist:

1. Das Licht. Ein Körper, der das Licht als solches leitet d. h. ohne Umwandlung, ist durchsichtig (diaphan). Ein durchsichtiger Körper ist nun ein schlechterer Reflektor als ein undurchsichtiger und wird Licht schlecht in Wärme umwandeln, also wenig gegen Licht empfindlich sein. Ist ein Körper undurchsichtig, ein schlechter Lichtleiter, so wird er, was auf seine Oberflächenbeschaffenheit ankommt, entweder gut reflektiren oder das Licht gut absorbiren d. h. in Wärme oder chemische Bewegung umsetzen, empfindlich gegen Licht sein.

Wollen wir z. B. einen Thermometer empfindlich für Licht machen, so überziehen wir ihn mit einer matten, nicht reflektirenden und undurchsichtigen Schicht, z. B. Ruß. Durchsichtige Stöffe, welche Lichtbewegung leicht in Dissociationsbewegung (intramolekulare) umwandeln, also besonders empfindlich gegen die sog. chemisch wirkenden Lichtstrahlen sind, verlieren in demselben Moment ihre Durchsichtigkeit. (Photographie.) Das Umgekehrte ist beim Sehroth der Fall.

2. Wärme. Ein guter Wärmeleiter wird wenig empfindlich gegen Wärme sein, d. h. er wird, weil er die Wärme nicht in sich aufhäuft, schwer schmelzen, und weil er sie nicht in Dissotiationsbewegung umwandelt, schwer verbrennen. Umgekehrt, ein schlechter Wärmeleiter wird, weil er dieselbe in sich aufhäuft und leicht in Dissociationsbewegung umwandelt, leicht schmelzen und leicht verbrennen.

3. Elektricität. Ein guter Leiter für Elektricität wird unter ihrem Einfluß sich weder stark erwärmen, noch sich leicht zersetzen. Setzen wir dagegen dem elektrischen Strom ein Hinderniß in Gestalt eines schlechten Leiters entgegen, so wird sich eine starke Umwandlung in Wärme oder Dissociationsbewegung vollziehen oder elektrische Spannung entstehen.

4. Mechanische Bewegung. Bei ihr handelt es sich um zweierlei Verhältnisse: 1. um die Eigenschaften des Körpers, den eine mechanische Bewegung trifft, d. h. um die Cohäsionsverhältnisse seiner Massetheilchen; 2. um das Maß seiner Verschieblichkeit als Ganzes. Hiedurch wird die Sache ziemlich complicirt. Fassen wir das Maß seiner Verschieblichkeit als Ganzes für sich allein ins Auge, so wird er um so vollständiger den mechanischen Stoß reflektiren können, je weniger er geeignet ist ihn zu leiten, oder je weniger er sich durch ihn verschieben läßt, und umgekehrt wird er um so schlechter reflektiren, je besser er die Bewegung leitet, oder je leichter er sich verschieben läßt.

Setzen wir seine Verschieblichkeit als Ganzes gleich Null, so kommt nur die Cohäsion seiner Massetheile in Betracht. Diese zeigt sich in zweierlei Eigenschaften: 1. in seiner Festigkeit, d. h. dem Widerstand, welche die Massetheilchen einer gegenseitigen Lageveränderung entgegensetzen; wir unterscheiden danach weiche und feste Körper; 2. in seiner Elasticität: Diese besitzt ein Körper, wenn seine Massetheilchen, aus ihrer ursprünglichen gegenseitigen Lage gerückt, wieder in dieselbe zurückzukehren streben. In dieser Beziehung unterscheidet man eine vollkommene Elasticität, bei welcher die Massetheilchen nach Aufhören der mechanischen Einwirkung wieder vollkommen in ihre ursprüngliche Lagerung zurückkehren, von einer unvollkommenen, in welcher diese Rückkehr entweder gar nicht oder nur in sehr geringem Grade stattfindet.

Diese beiden Eigenschaften können sich in folgender Weise combiniren: 1. Ein Körper kann sehr fest sein, der Verschiebung seiner Theile einen großen Widerstand entgegensetzen, allein dabei eine unvollkommene Elasticität besitzen, d. h. die Theile kehren nach der Verschiebung nicht oder nur wenig in ihre alte Lage zurück. 2. Ein Körper hat eine geringe Festigkeit, er leistet der Verschiebung seiner Massetheilchen einen geringen Widerstand, aber seine Elasticität ist sehr vollkommen, d. h. sie kehren nach Aufhören der verschiebenden mechanischen Kraft vollkommen in die alte Lage zurück; dahin gehört im allgemeinen die lebendige Substanz. 3. Ein Körper ist sehr fest und besitzt eine vollkommene Elasticität; dahin gehören z. B. die meisten Hartgebilde des thierischen Körpers, wie die Knochen. 4. Die Festigkeit ist gering und die Elasticität sehr unvollkommen; dahin gehören die Substanzen, die wir teigig und flüssig nennen.

Betrachten wir nun das Verhalten dieser verschiedenen Eigenschaften gegenüber einer mechanischen Bewegung, z. B.

einem mechanischen Stoß: so besteht die Reflexionsfähigkeit darin, daß derselbe zurückgeworfen wird; die Leitungsfähigkeit darin, daß kein Zurückwerfen, sondern eine Verschiebung der Massetheilchen des getroffenen Körpers erfolgt, die nach Maß, Masse und Geschwindigkeit möglichst der des stoßenden Körpers gleicht; die Empfindlichkeit darin, daß die mechanische Bewegung in eine molekulare, z. B. Wärme, umgewandelt wird.

Das Verhältniß der Ausschließung zwischen den drei genannten Eigenschaften zeigt sich in folgender Weise:

Ein fester Körper, vorausgesetzt daß er sich als Ganzes nicht verschieben läßt, ist ein schlechter Leiter für mechanische Bewegung, weil er der Verschiebung seiner Massetheilchen großen Widerstand entgegensetzt; er wird also, gleiche Elasticität vorausgesetzt, besser reflektiren, einen Stoß zurückwerfen, als ein weicher, der die mechanische Bewegung leicht in eine mechanische Verschiebung seiner Massetheilchen überführt d. h. mechanische Bewegung weiter leitet.

Ein vollkommen elastischer Körper wird besser einen mechanischen Stoß reflektiren als ein unvollkommen elastischer, weil seine Fähigkeit zur mechanischen Verschiebung der Massetheilchen d. h. zur Leitung einer mechanischen Bewegung in hohem Grade dadurch beeinträchtigt ist, daß die Theilchen nach ihrer Verschiebung mit einer der verschiebenden Kraft ebenbürtigen die alte Lage einzunehmen streben. Wir verwenden deshalb überall da, wo es sich um Verhinderung der Fortleitung, also um die möglichst vollständige Reflexion einer mechanischen Bewegung, namentlich des mechanischen Stoßes handelt, Stoffe, die eine vollkommene Elasticität besitzen; die gleiche Rolle spielen die vollkommen elastischen Substanzen in der Mechanik des Thierkörpers.

Das Verhältniß der Ausschließung zwischen Empfindlichkeit einerseits, Leitungs- und Reflexionsfähigkeit andrerseits zeigt sich bei der mechanischen Bewegung in folgendem: Ein fester Körper, der eine Bewegung schlecht leitet, wird sich stärker erwärmen d. h. einen größeren Theil der ihn treffenden mechanischen Bewegung in Wärme umwandeln als ein weicher, der die mechanische Bewegung leicht leitet. Ein eine mechanische Bewegung gut reflektirender oder vollkommen elastischer Körper wird sich nicht so leicht erwärmen als einer, der sie schlecht reflektirt. Combiniren wir beides, so wird ein Körper von geringer Festigkeit, aber vollkommener Elasticität (und dahin gehören viele Stoffe des Thierkörpers) am wenigsten empfindlich gegen mechanische Bewegung sein d. h. am wenigsten Reibungswärme erzeugen, während feste und sehr unvollkomnten elastische Körper am empfindlichsten sind.

Diese Verhältnisse sind für das Verständniß der Physiologie von entscheidender Bedeutung, da die lebendige Substanz und die von ihr gebildeten Gerüstsubstanzen sich von den leblosen Stoffen dadurch unterscheiden, daß sie molekulare Bewegungen schlecht leiten und reflektiren und demgemäß gegen sie in hohem Grade empfindlich sind, während sie umgekehrt gegen mechanische Bewegung in ausgesprochenem Maße wenig empfindlich sind d. h. sie leicht leiten oder reflektiren und wenig Reibungswärme produciren.

---

4. Quelle der Lebenskräfte.

Haben wir im vorigen Kapitel die allgemeinen Verhältnisse des Kraftwechsels kennen gelernt, so erhebt sich jetzt die Frage: Welcher Art sind die Kraftwechselvorgänge in der lebendigen Substanz? Die zusammenfassende Antwort lautet: Sie nimmt Kräfte und zwar sehr ansehnliche in der

Form von Spannkräften in sich auf und die freien Bewegungen, welche unaufhörlich die ganze Natur durchziehen, wirken wegen der großen Empfindlichkeit der Substanz als Reize auslösend auf die im Innern befindlichen Spannkräfte, d. h. setzen sie in freie lebendige Kräfte um. Wir müssen uns das jedoch genauer besehen.

Wir sagten früher, unter die festen Stoffe, welche eine zur Ernährung der lebendigen Substanz taugliche Flüssigkeit enthalten müsse, gehören Eiweißkörper, Zuckerarten und Neutralfette oder deren Seifen. Betrachtet man nun deren chemische Zusammensetzung, so ergibt sich, daß in dem Molekül aller dieser Stoffe sehr wenig Sauerstoff enthalten ist, der Zusammenhang der Atome somit nur auf der Sättigung der schwachen Affinitäten zwischen Kohlenstoff einerseits und Wasserstoff oder Stickstoff andrerseits beruht. Nehmen wir ein Beispiel:

In einem der bekanntesten Neutralfette, dem Stearin, enthält die Stearinsäure 18 Atome Kohlenstoff, 36 Atome Wasserstoff und nur 2 Atome Sauerstoff. Nun reichen die letzteren nur zur Sättigung der Affinitäten eines einzigen Atoms von Kohlenstoff aus; es bleiben mithin 17 Atome Kohlenstoff und 36 Atome Wasserstoff übrig, die stets bereit sind, die schwache Affinität, die zwischen diesen beiden Elementen besteht, durch die starke Affinität zwischen Sauerstoff einerseits, Kohlenstoff und Wasserstoff andrerseits zu vertauschen und so zu Kohlensäure und Wasser zu verbrennen, wozu die 17 Kohlenstoffatome 34 Atome Sauerstoff, die 36 Wasserstoffatome 18 Sauerstoffatome gebrauchen. Auch das mit der Stearinsäure verbundene Glycerin hat nur 3 Sauerstoffatome auf 3 Atome Kohlenstoff und 8 Atome Wasserstoff, so daß es ebenfalls noch 7 Atome Sauerstoff aufzunehmen vermag.

Wir haben nun im vorigen Abschnitt gesehen, daß jedesmal lebendige Kräfte frei werden, wenn eine schwache chemische Affinität durch eine starke ersetzt wird. Wenn also das in die lebendige Substanz eingedrungene Fett in ihr zu Kohlensäure und Wasser verbrannt wird, so müssen ganz bedeutende lebendige Kräfte entstehen. Daß diese Verbrennung wirklich stattfindet, ist durch die Versuche außer allen Zweifel gesetzt, und ganz dasselbe gilt auch für die Zuckerarten und die Eiweißstoffe. Bei den letzteren erscheint, da sie stickstoffhaltig sind, als Verbrennungsprodukt neben Kohlensäure und Wasser noch Harnstoff.

Man kann nun die Kräfte, welche bei der Verbrennung der genannten Stoffe frei werden, theils durch Rechnung bestimmen, theils durch direkten Versuch, indem man bestimmt, wie viele Wärmeeinheiten sich bilden, wenn ein bestimmtes Gewicht (ein Gramm) derselben mit chlorsaurem Kali und Manganüberoxyd verpufft wird. Frankland, der diese Versuche anstellte, fand für ein Gramm Zucker rund 3300, für ein Gramm Eiweiß rund 5000 und für ein Gramm Ochsenfett rund 9000 Wärmeeinheiten, woraus sich ergibt, daß es sich hiebei um höchst bedeutende Kraftmengen handelt und daß von den drei genannten Stoffen das Fett als Krafterzeuger die zwei andern weitaus übertrifft; übrigens drücken die obigen Ziffern das Verhältniß von Fett und Kohlenhydraten nicht richtig aus, sie verhalten sich wie 17 : 10.

Berechnet man aus diesen Ziffern, wie viel Kräfte durch die Nahrungsmenge, die ein erwachsener Mensch durchschnittlich pro Tag zu sich nimmt, dem Körper zugeführt und dort auch wirklich entbunden werden, so gelangt man zu der erstaunlichen Ziffer von 2,3—2,7 Millionen kleinen Wärmeeinheiten. Da nach dem früheren eine kleine Wärmeeinheit einer mechanischen Arbeit von 424 Grammmetern gleich kommt, so entspricht obiger Summe von Wärmeeinheiten eine mechanische Arbeit, welche in 24 Stunden ein Gewicht von 1 Kilo auf rund 1,15 Millionen Meter Höhe oder — das Körpergewicht eines Menschen zu 75 Kilo gesetzt — einen Menschen auf eine Höhe von 15333 Meter, also etwa doppelt so hoch als der höchste Berggipfel der Erde erheben könnte, natürlich vorausgesetzt, daß alle diese Verbrennungswärme in mechanische Arbeit umgesetzt werden könnte, was natürlich nie möglich ist, denn weitaus der größte Theil derselben wird als Wärme an die Luft durch Leitung, Strahlung und Verdunstung abgegeben.

Um sich zu vergewissern, ob die Quelle der menschlichen Arbeitskraft wirklich nur die im Körper stattfindende Verbrennung der Nahrungsstoffe ist, hat man zwei sich controlirende Wege einzuschlagen: Einerseits hat man sie aus der Menge der aufgenommenen Nahrung berechnet und andrerseits hat man sie unmittelbar gemessen, indem man die Größe der pro Tag geleisteten mechanischen Arbeit und die Menge der in dieser Zeit abgegebenen Wärme bestimmte. Das Ergebniß der Rechnung und das der Messung stimmen in so hohem Grade mit einander überein, daß die frühere Annahme, es gäbe für die menschliche Arbeitskraft noch eine andere Quelle als die obige, völlig unhaltbar geworden ist.

Nachdem das unzweifelhaft festgestellt war, hat sich die Wissenschaft daran gemacht, zu bestimmen, welchen Antheil an der Krafterzeugung jede der drei schon mehrfach genannten Stoffgruppen nehme, da diese Frage von hohem praktischen Werth für die Frage nach der zweckmäßigsten Ernährung ist. Der langjährige Streit, den die namhaftesten Gelehrten darüber führten, hat bis jetzt das folgende kaum mehr anfechtbare Ergebniß gehabt.

An der Erzeugung der Arbeitskräfte der lebendigen Substanz betheiligen sich stets alle drei Stoffgruppen, aber nicht in ganz gleicher Weise. Diese Verschiedenheit bezieht sich zunächst auf die quantitative Betheiligung: Es ist durch Versuche völlig sicher gestellt, daß bei Erhöhung der Leistungen der lebendigen Substanz der Verbrauch der stickstofflosen Substanzen (Zucker und Fett) eine sehr beträchtliche Steigerung erfährt, während der Verbrauch von Eiweißstoffen zwar nicht, wie man eine Zeit lang annahm, gar nicht, sondern nur um einen überraschend geringen Betrag gesteigert wird. Dies ist wohl einfach so zu verstehen, daß eben die Fette und die Zuckerarten wegen ihrer viel leichteren Oxydirbarkeit bei einer Steigerung der Verbrennungsvorgänge in der lebendigen Substanz in hervorragendem Maße angegriffen werden, während die Eiweißkörper eben dadurch vor der Zerstörung beschützt sind, daß der Sauerstoff sich stets auf die leichter oxydirbaren Stoffe wirft.

Die Rolle, welche die Eiweißstoffe bei der Arbeitsleistung spielen, ist eine mehrfache:

1. Sind sie es, welche für die Herbeischaffung des Sauerstoffs sorgen; denn darüber lassen die Versuche kaum einen Zweifel, daß die Sauerstoffaufspeicherung das Werk der Eiweißstoffe ist und daß diese um so reichlicher ausfällt, je reicher an Eiweiß die lebendige Substanz ist. Wir werden auf diesen für die menschliche Arbeitskraft so wichtigen Punkt noch später zurückkommen.

2. Hängt von der Menge des Eiweißes ab, wie viel von den bei der Oxydation frei werdenden Kraftmengen in mechanische Arbeit umgesetzt wird; denn die Zug- und Druckkräfte, die von der lebendigen Substanz geleistet werden, gehen von den festen Theilen derselben aus und diese sind Eiweißstoffe. Ich will ein zwar nicht ganz treffendes aber doch anschauliches Beispiel heben: Wenn wir Schießpulver offen an der Luft abbrennen, so wird damit sehr wenig mechanische Arbeit geleistet; es verpufft unter vorzugsweiser

Entwicklung von Wärme. Schließen wir es dagegen in eine feste Hülle ein, welche Widerstand zu leisten vermag, so wird ein großer Theil der frei werdenden Kraft in mechanische Triebkraft umgesetzt. Deshalb ergibt sich auch von dieser Seite der Satz: Je reicher an Eiweißstoffen, insbesondere an festem Eiweiß oder, wie es andere nennen, Organeiweiß eine lebendige Substanz ist, um so höhere mechanische Kräfte kann sie entwickeln.

3. Die zwei eben erwähnten Verrichtungen der Eiweißstoffe haben eine gewisse Abnützung zur Folge, die eine Oxydation derselben ist, und insofern auch hiebei, wie oben gezeigt wird, Spannkräfte frei gemacht werden, spielt das Eiweiß dieselbe Rolle wie die stickstofflosen Nährstoffe. Dieser Abnützungsbetrag hält sich jedoch in sehr mäßigen, auch durch angestrengtere Arbeit nicht erheblich gesteigerten Grenzen, solange noch genügender Vorrath von leicht oxydirbaren Stoffen (Fett und Zucker) vorhanden ist. Ist jedoch dieser aufgebraucht, dann greift der Sauerstoff auch das Eiweiß an, das jetzt völlig die Rolle der stickstofffreien Stoffe übernimmt, aber zum Schaden für die lebendige Substanz, deren Struktur dabei nothleidet. Darauf beruht der nachtheilige Einfluß der Ueberarbeitung. Bei einem Dampfkessel wäre das allenfalls so, wie wenn man, falls das Holz zur Feuerung ausgegangen ist, das die Kesselwände bildende Eisen zur Heizung verwenden würde, wobei diese natürlich bleibenden Schaden nehmen.

Ueber den Unterschied in der Krafterzeugung zwischen Zucker und Fett wurde schon gesprochen, es soll aber hier die Sache noch genauer präzisirt werden. Als Heizmaterial verhalten sich Zucker und Fett etwa wie Stroh und Holz. Der rasch und leicht verbrennbare Zucker ist vorzüglich zum Anheizen der Arbeitsmaschine, das schwerer verbrennbare und fast doppelt so viel Wärme liefernde Fett eignet sich zur andauernden intensiven Inganghaltung der Maschine. Auch in dem Stück trifft der Vergleich zu: Wie man auch in schlecht ventilirtem Ofen Stroh verbrennen kann, so genügt für die Erzeugung von Arbeit aus Zucker auch eine mäßigere Sauerstoffzufuhr, also, da diese von der Eiweißmenge abhängt, auch eine an Eiweiß ärmere lebendige Substanz und eine geringere Einwirkung der Lebensreize. Das schwerer oxydirbare Fett verlangt aber gleich dem schwerer brennbaren dichten Holz lebhafte Ventilation, einen gut ziehenden Ofen d. h. eine sehr eiweißreiche, viel Sauerstoff herbeiführende lebendige Substanz und eine lebhaftere Einwirkung der Lebensreize.

Dem entspricht auch wirklich der Gebrauch, den der Mensch von diesen beiderlei Nahrungsstoffen macht. Das Fett bevorzugen Leute, die schwer und angestrengt arbeiten müssen, und dann ziehen wir es im Winter und im kalten Klima vor, weil hier die größere Luftdichtigkeit eine energischere Sauerstoffzufuhr zur Folge hat. Im heißen Klima dagegen und im Sommer sowie bei sitzender Lebensweise besteht eine durchaus sachlich begründete und zweckentsprechende Abneigung gegen das Fett, während unter diesen Verhältnissen gerade der Zucker bevorzugt wird.

Knüpfen wir daran noch eine rückläufige Erörterung, um die menschliche Arbeitskraft bis in ihre letzte Quelle zu verfolgen.

Die mit Spannkraft geladenen und deshalb Kräfte entbindenden Nahrungsstoffe verdanken ihre Entstehung der Assimilationsthätigkeit der Pflanzen. Diese nehmen ihrerseits als Nahrung K o h l e n s ä u r e, W a s s e r und A m m o n i a k, also drei Stoffe auf, in welchen die stärksten Affinitäten, die zwischen Kohlenstoff, Wasserstoff, Sauerstoff und Stickstoff bestehen, vollständig gesättigt, mithin lediglich keine Spannkräfte vorhanden sind. Die Aufgabe der Pflanze ist, diese starken Affinitäten successive zu lösen und durch die schwächeren Affinitäten zu ersetzen, welche zwischen Kohlenstoff und Wasserstoff sowie zwischen Kohlenstoff und Stickstoff bestehen. Das geschieht, indem die Pflanze dem Wasser und der Kohlensäure successive Sauerstoff entzieht. Thut man das, so verbinden sich der restirende Wasserstoff und der restirende Kohlenstoff zu Kohlenwasserstoffen, die noch freie Affinitäten haben (CH_2 oder CH_3), und indem diese an schon vorhandene Atomketten sich außen anschließen (wenn sie nur noch eine Affinität frei haben) oder in sie sich einschalten (wenn noch zwei Affinitäten frei sind) und indem das fort und fort geschieht, bilden sich allmählich immer complicirtere und successive sauerstoffärmere Verbindungen, zuerst die bekannten Pflanzensäuren, dann die Fettsäuren und endlich die Kohlenhydrate (Stärke, Zucker, Holzfaser) und Neutralfette. Fassen wir z. B. die aufsteigenden Reihen ins Auge, deren eine mit der Oxalsäure, deren andere mit der Essigsäure beginnt, so besteht die fortschreitende Complicirung und Ladung mit Spannkräften darin, daß Zug um Zug die weitere Atomgruppe CH_2 in das Molekül eintritt.

Die Bildung der Eiweißstoffe können wir zwar noch so wenig übersehen, als wir ihre Molekularstruktur kennen; allein so viel ist gewiß, daß der Ausgangspunkt für sie das Ammoniak ist und daß es sich hier um die Ersetzung der starken Affinität zwischen Stickstoff und Wasserstoff durch die schwache Affinität zwischen Stickstoff und Kohlenstoff handelt.

Wir sahen im vorigen Kapitel, daß zur Ersetzung starker Affinitäten durch schwache ein Kraftaufwand gehört, also die Anwendung freier Kräfte, die dabei verschwinden. Das ist in der That der Fall; die Pflanze besitzt aber nicht selbst diese Kräfte, sondern die arbeitende Kraft ist, wie Versuche auf das unwiderleglichste dargethan haben, das Sonnenlicht, das von den grünen Pflanzentheilen zu diesem Zweck absorbirt wird. Wenn also schon gesagt worden, die Steinkohle, das Brennholz, kurz alle unsere Heizmaterialien seien eigentlich kondensirter Sonnenschein, so gilt das gleiche von unseren Nahrungsmitteln: die menschliche Arbeitskraft entstammt in letzter Instanz der Sonne.

---

5. Die Reizung.

Wir haben schon im vorigen Abschnitt erfahren, daß die Umwandlung der Spannkräfte in freie lebendige Kraft nicht blos von der Anwesenheit der nöthigen Materialien, also im vorliegenden Fall der Nahrungsstoffe und des Sauerstoffs abhängt, sondern daß hiezu noch das sogenannte auslösende Moment gehört, das also dem Funken gleicht, der das Pulver entzündet. Diese Rolle übernehmen bei der lebendigen Substanz zweierlei Dinge:

1. die freien Bewegungen, welche die Umgebung der Thierkörper und diese selbst bald vorübergehend bald mehr oder weniger stetig durchziehen oder treffen, also mechanische Stöße und die verschiedenen molekularen und intramolekularen Bewegungen, die wir im letzten Abschnitt geschildert haben: die Licht- und Schallschwingungen, die elektrischen Ströme.

2. Spielen eine Reihe chemischer Stoffe die Rolle des auslösenden Momentes und zwar theils solche, welche diese Wirkung ihrer Beimischung zur Nahrung verdanken (Geschmackstoffe), theils solche, welche der Luft beigemischt sind (Riechstoffe).

Mit Rücksicht auf diese Rolle nennen wir alle die angegebenen Dinge Reize und unterscheiden die ersteren als physikalische Reize von den letzteren, die wir chemische nennen. Für ihre Wirkung sind mehrere Umstände maßgebend. Einmal handelt es sich dabei um bestimmte Qualitäten und Quantitäten der Bewegungen der Stoffe, wenn sie als Reize wirken sollen, und dann auch um bestimmte Qualitäten der lebendigen Substanz. Besprechen wir zuvörderst das erstere.

Als allgemeinster und erster Satz gilt hier: Als Reize dienen alle diejenigen Einwirkungen, welche eine plötzliche Störung des chemischen oder physikalischen Gleichgewichtes im Aufbau der lebendigen Substanz hervorrufen. Solche Störungen sind: a) chemische Zersetzungen, insbesondere Oxydationen; b) Störungen des Aggregatzustandes, also Gerinnung flüssiger Stoffe und Verflüssigung fester; c) Störung des mechanischen Gleichgewichts durch Druck, Zerrung, Quellung oder Schrumpfung; d) Störung des elektrischen Gleichgewichts, worüber Näheres bei Schilderung der thierischen Elektricität.

Aus der Thatsache, daß die Erregung die Störung einer Gleichgewichtslage ist und daß jede Störung einer solchen mit der Annahme einer neuen Gleichgewichtslage endet, die Ruhe ist, geht hervor, daß stetige d. h. in ihrer Intensität sich gleichbleibende Einwirkungen nur im Moment ihres Auftreffens erregend einwirken, diese Eigenschaft aber sofort verlieren, sobald die neue Gleichgewichtslage gefunden ist. Daraus folgt, daß die Erregung nur durch einzelne Stöße zu Stande kommt, welche gegen das labile chemisch-physikalische Gebäude des Protoplasma's geführt werden. Für die einzelnen Reize ergibt sich demnach folgendes:

Massenbewegungen wirken nur, insofern sie Stöße oder Druckschwankungen sind. Von den molekularen

Bewegungen wirken am nachhaltigsten die, welche aus Schwingungen bestehen, weil jeder Schwingung ein Stoß entspricht; dahin gehören die Schall-, Licht- und Wärmeschwingungen. Die elektrische Bewegung, welche keine Oscillation, sondern eine stetig fließende ist, wirkt nur bei ihrem Eintritt in das Protoplasma (Schließungsreiz), bei ihrem Aufhören (Oeffnungsreiz) und dann, wenn und so oft der elektrische Strom Dichtigkeitsschwankungen ausführt. Weiter ist für alle diese als Reiz wirkende Stöße erforderlich, daß sie mit einer gewissen Plötzlichkeit d. h. ruckweise erfolgen; langsam sich vollziehende Zustandsveränderungen wirken nicht erregend.

Von den chemischen Reizen gilt dasselbe: Als Reize wirken nur solche, welche plötzliche Gleichgewichtsstörungen und zwar Störungen des chemischen Gleichgewichts, Störungen des Aggregatzustandes oder Störungen des mechanischen Gleichgewichtes hervorrufen. Dahin gehören vor allem Säuren, organische wie unorganische, viele Metallsalze, unter diesen besonders die Kalisalze, die Natronsalze erst in hoher Concentration, dann alle Stoffe, die dem Protoplasma rasch Wasser entziehen (z. B. Kochsalz in fester Form, Alkohol, heiße Körper rc.) oder rasch stärkere Quellung hervorrufen, wie destillirtes Wasser.

Ein weiterer Punkt sind die quantitativen Verhältnisse der Reize. Hier ist zuerst zu sagen, daß ein Reiz, um eine Erregung zu erzeugen, eine gewisse Stärke haben muß. Dieses Minimalmaß bezeichnet man als den Schwellenwerth des Reizes, von der Vorstellung ausgehend, daß ein Reiz, wenn er Erregung hervorrufen soll, in das Protoplasma eindringen, über die Schwelle desselben treten muß. Dieser Schwellenwerth richtet sich natürlich nicht blos nach der Natur des Reizes, sondern auch nach dem Grad der

Erregbarkeit des Protoplasma's: er muß bei geringer Erregbarkeit größer sein als bei hoher.

Von dem Schwellenwerth angefangen steigt mit dem Zunehmen der Reizstärke die Stärke der Erregung bis zu einem Maximum, über das hinaus keine Steigerung der Erregung, sondern eine totale Zerstörung der Protoplasma's eintritt: Todeswerth des Reizes.

Innerhalb dieser Werthgrenzen ist jedoch noch ein Unterschied zu machen. Reizstärken des unteren Theils der Skala rufen bei dem hochdifferenzirten, leitenden Protoplasma der Nerven Empfindung, die Stärken des oberen Theils der Skala Schmerz hervor. Die Reizstärke, bei welcher die Empfindung in Schmerz übergeht, wird Schmerzwerth des Reizes genannt. Das Eintreten des Schmerzes fällt wohl mit dem Eintritt der Zerstörung des Organeiweißes zusammen. Nähere Untersuchungen hierüber fehlen aber noch.

Ob eine Erregung zu Stande kommt, hängt übrigens nicht allein von der Beschaffenheit und Stärke des Reizes, sondern auch von einem gewissen Rhythmus desselben ab. Die lebendige Substanz besitzt allen Arten von Reizen gegenüber (freilich nur innerhalb gewisser Grenzen) die Fähigkeit der Gewöhnung. Mit der großen Labilität ihres Gleichgewichts ist nämlich eine hohe Fähigkeit verbunden, neue Gleichgewichtslagen anzunehmen, also mit solchen Einflüssen, die sonst das Gleichgewicht stören, sich ins Gleichgewicht zu setzen. Dies hat natürlich zur Folge, daß die Erregung durch anhaltende, gleichmäßig wirkende Reize zunächst an Stärke abnimmt und schließlich ganz ausbleibt. Derartige Beobachtungen lassen sich an Gehör-, Gesicht- und Tastsinn machen: z. B. monotone Geräusche wirken schließlich nicht mehr als Reiz, wohl aber plötzliches Aufhören oder Stärkeschwankung. Das gleiche gilt von einem lange Zeit gleichbleibenden Lichtreiz und von Tastreizen mit monotonem Rhythmus, z. B. dem Pulsschlag. Bei der geleiteten Wärme liegt die Gewöhnung klar zu Tage: sie besteht hier darin, daß das Protoplasma die gleiche Temperatur wie das Medium annimmt, d. h. daß jetzt die Molecüle des Protoplasma's denselben Wärmebewegungsrhythmus annehmen, den die des umgebenden Mediums haben. Aehnlich haben wir uns dann wohl auch die Gewöhnung an Schallschwingungen, Lichtschwingungen ꝛc. als Annahme eines synchronen Rhythmus seitens der molekularen Bewegungen des Protoplasma's zu denken. Wir müssen dann die Lehre von der Reizwirkung dahin ergänzen, daß wir sagen: Als Reize wirken rhythmisch schwankende Bewegungen nur so lange, als ihr Rhythmus mit dem Rhythmus der Eigenbewegungen des Protoplasma's nicht synchron ist; die Synchronie tritt aber bei gleichbleibendem Reizrhythmus (innerhalb gewisser Grenzen) mit der Zeit ein, in Folge einer Fähigkeit des Protoplasma's, die wir Anpassungsfähigkeit oder Gewöhnungsfähigkeit nennen.

Daß es auch den chemischen Reizen gegenüber eine Anpassungsfähigkeit gibt, zeigen die Erfahrungen des Geruchs- und Geschmackssinnes: z. B. heftige Gerüche wirken schließlich nicht mehr als Reiz, wenn sie lange Zeit in gleich bleibender Stärke einwirken oder sie verlieren wenigstens bedeutend an Reizungsfähigkeit.

Die Physiologen haben die Erscheinung der Gewöhnung, die im praktischen Leben eine so wichtige Rolle spielt und für die wissenschaftliche Zoologie von größtem Interesse ist, bisher theils gar nicht beachtet, theils für Wirkung der nachher zu besprechenden Ermüdung gehalten. Allein schon eine oberflächliche Erwägung lehrt, daß zwischen Ermüdung und Gewöhnung scharf unterschieden werden muß: die physikalische Gewöhnung ist ein Akt der Anpassung des Rhythmus und beruht sicher nicht auf Bildung von Ermüdungsstoffen. Die *chemische* Gewöhnung ist noch völlig dunkel.

Gehen wir nun zu den Bedingungen über, welche seitens der lebendigen Substanz vorliegen müssen, wenn ein Reiz eine Arbeitsauslösung hervorbringen soll. Man bezeichnet diese Eigenschaft als *Erregbarkeit* und es handelt sich hiebei um ziemlich verwickelte Verhältnisse, von denen ich zuerst die quantitativen nenne. Als Maßstab für die Erregbarkeit benützen wir nämlich:

1. die Zeit, welche zwischen der Reizung und dem Eintritt der Erregung verstreicht: *Dauer der latenten Reizung*;

2. die Dauer des Erregungszustandes an der vom Reiz getroffenen Stelle des Protoplasma's: *Erregungsdauer*;

3. die *Geschwindigkeit*, mit welcher der Erregungsvorgang von der getroffenen Stelle über zusammenhängende Protoplasmamassen sich fortpflanzt: *Erregungsleitung*;

4. die Höhe der minimalen Reizstärke, die eben noch hinreicht, eine Erregung hervorzubringen und die man den *Schwellenwerth des Reizes* nennt, ist ein Maßstab für die *Leichtigkeit der Erregung*;

5. die *Ausgiebigkeit* des Erregungsvorgangs bei einer und derselben Reizstärke: *Erregungsstärke*;

6. die Länge der Zeit, während welcher das Protoplasma bei Fortdauer der Reizung seine Erregbarkeit bewahrt, ohne in den Zustand der Müdigkeit zu verfallen: *Ermüdbarkeit*.

Die *allgemeinen chemischen* Bedingungen der Erregbarkeit sind folgende:

1. Die Größe und Ausgiebigkeit derselben steht in geradem Verhältniß zu der Menge des in dem Protoplasma vorhandenen d. h. locker gebundenen Sauerstoffs.

2. Je reicher (innerhalb gewisser Grenzen) das Protoplasma an Albuminaten ist und zwar an Organeiweiß, und je ärmer (natürlich wieder innerhalb gewisser Grenzen) an Wasser und Fett, desto erregbarer ist es. Wie bereits angegeben, hat dies seinen Grund darin, daß nach Hennebergs Untersuchungen die Sauerstoffaufspeicherung vom Eiweiß ausgeht, sowie darin, daß offenbar die elektromotorisch wirksamen Theile aus Albuminaten bestehen.

3. Die Rolle des Fettgehaltes bei der Erregbarkeit kann kurz dahin präzisirt werden: Mit der Menge des verfügbaren Fettes nimmt die Ermüdbarkeit des Protoplasma's ab; allein die Einlagerung des Fettes in das Protoplasma setzt die Erregungsstärke offenbar herab und zwar um so mehr, je weniger fein es darin vertheilt ist (siehe auch später).

4. Die Erregbarkeit ist an einen bestimmten mittleren Wassergehalt gebunden; eine Aenderung desselben nach beiden Richtungen alterirt sie erheblich. Bei Vermehrung des Wassergehaltes nimmt die Erregbarkeit zu, aber die Leitungsfähigkeit für den Erregungsvorgang nimmt ab.

5. Die Erregbarkeit steht im umgekehrten Verhältniß zur Anwesenheit einer Gruppe von Stoffen, die man aus diesem Grunde als Ermüdungsstoffe bezeichnet. Festgestellt ist diese Beziehung (hauptsächlich durch J. Ranke) für die Milchsäure und das saure phosphorsaure Kali, in gewissem Sinn auch für die Kohlensäure.

Ueber das Verhalten der übrigen Protoplasmastoffe zur Erregbarkeit ist noch wenig bekannt. Von den Kohlenhydraten weiß man, daß dieselben ein wichtiges Material für die Entbindung freier Kräfte sind, also eine ähnliche Rolle spielen wie das Fett. Von den rückgebildeten Stoffen und Auswurfstoffen besitzt man einige Anhaltspunkte dafür, daß sie als Ermüdungsstoffe wirken, d. h. daß sie die Erregbarkeit vermindern und schließlich vernichten.

Ueber die *allgemeinen physikalischen* Bedingungen der Erregbarkeit ist folgendes bekannt:

1. Dieselbe ist an eine bestimmte Temperatur in der Weise gebunden, daß eine Abweichung von derselben sowohl nach abwärts als nach aufwärts die Erregbarkeit herabsetzt.

2. Die Erregbarkeit ist nach Qualität und Quantität abhängig von dem physikalischen Bau. Darauf beruht die große Verschiedenheit im funktionellen Verhalten der verschiedenen Protoplasma-Arten, deren jede ihre spezifische Erregbarkeit besitzt. Wir werden im folgenden Gelegenheit haben, hierauf näher einzugehen.

3. Die Erregbarkeit ist an einen bestimmten Aggregatzustand der Albuminate geknüpft, von denen gewisse im flüssigen, andere im festen Aggregatzustand sich befinden. Wenn die ersteren faserig gerinnen, so ist die Erregbarkeit vernichtet.

4. Die Erregbarkeit ist von bestimmten elekromotorischen Eigenschaften des Protoplasma's abhängig, welche in dem Kapitel von der thierischen Elektricität näher geschildert werden sollen.

Eine weitere Eigenthümlichkeit der Erregbarkeit ist, daß sie rhythmischen Schwankungen unterliegt, und die Consequenz davon ist, daß der ganze Kraftwechsel der lebendigen Substanz ein *rhythmischer* ist, wie wir das auch für den Stoffwechsel gefunden haben. Der Grund hiefür ist, daß *der Erregungsakt die Erregbarkeit herabmindert, ja bei genügender Stärke sogar vernichtet* und zwar in Folge von zweierlei Umständen:

1. besteht der Erregungsakt in einer oxydativen *Zerstörung* gewisser Bestandtheile der lebendigen Substanz, also einmal in einer Abnahme des aufgespeicherten Sauerstoffes

und dann einer Abnahme beziehungsweise Veränderung gewisser fester Theile, was sich auch in einer Abnahme ihrer elastischen Kräfte äußert;

2. ist das Produkt der oxydativen Zerstörung eine Gruppe von chemischen Stoffen, welche, wie schon oben angedeutet, die Erregbarkeit direkt herabmindern und zwar, wie man annimmt, weil sie der ferneren Oxydation der krafterzeugenden Stoffe hinderlich in den Weg treten, wenigstens ist dies für die bei der Erregung stets auftretende Milchsäure mit ziemlicher Sicherheit nachgewiesen. Ueber die andern oben angeführten Ermüdungsstoffe haben die Untersuchungen noch nicht die wünschenswerthe Klarheit gebracht. Den Vorgang selbst, d. h. die durch den Erregungsakt erzeugte Herabminderung der Erregbarkeit nennt man Ermüdung. Dieselbe ist jedoch keine plötzliche Erscheinung, sie fängt ganz allmählich an und ihre Tiefe nimmt mit der Zahl der Erregungsakte successive zu. Je tiefer sie ist, um so geringer werden die durch die Erregungen erzeugten Arbeitsgrößen und um so stärkerer Reiz ist erforderlich, um noch eine Erregung zu bewerkstelligen, bis schließlich die gewöhnliche Reizstärke gar nicht mehr ausreicht, um eine Erregung zu Stande zu bringen: die lebendige Substanz verharrt im Zustand der Ermüdungsruhe.

Bei der Tiefe der Ermüdung ist eine Grenze, die Uebermüdungsgrenze, festzustellen und zwar auf Grund folgender Erfahrung: Wird diese Grenze nicht überschritten, so erfolgt in der jetzt eingetretenen Ruhepause die sogenannte Erholung, die wir gleich danach besprechen wollen; hat dagegen die Ermüdung einen zu tiefen Stand erreicht, so bleibt die Erholung aus, d. h. die Erregbarkeit bleibt entweder definitiv vernichtet, oder sie stellt sich zwar wieder ein, allein krankhaft verändert und sehr verspätet. Die Uebermüdung kann ebensogut durch zu heftige Reizung als durch zu lange fortgesetzte Thätigkeit herbeigeführt werden. Auf welchen chemisch-physikalischen Veränderungen sie beruht, ist noch nicht erforscht.

Als **Erholung** bezeichnen wir den Vorgang, welcher der lebendigen Substanz das ursprüngliche Maß der Erregbarkeit wieder verschafft. Gleich der Ermüdung besteht sie aus einem positiven und einem negativen Theil. Der letztere ist die Entfernung der Ermüdungsstoffe theils auf physikalischem, theils auf chemischem Wege. Der physikalische Weg ist die Auswaschung der Ermüdungsstoffe durch das umspülende Medium, was durch die mit der Ermüdung eintretende Oeffnung des Porenverschlusses erleichtert wird. Der chemische Akt beruht darauf, daß die wesentlichsten Ermüdungsstoffe Säuren und saure Salze sind, die ihre ermüdende Wirkung verlieren, sobald sie neutralisirt sind. Eine solche Neutralisirung findet statt, wenn alkalisch reagirende Stoffe vorhanden sind. Solche sind, wie wir später sehen werden, 1. innerhalb des Protoplasma's, das im müßigen Zustand eine schwach alkalische Reaktion zeigt, gegeben, so daß letzteres bis zu einem gewissen Grade aus eigenem Vorrath der Ermüdung entgegenwirkt. Ist jedoch der Vorrath von Alkalescenz erschöpft, was sich darin zeigt, daß das Protoplasma im ganzen eine **saure Reaktion** angenommen hat, so kann 2. die chemische Erholung von dem umspülenden Medium ausgehen, sofern dieses verfügbare Alkalien in Lösung enthält. Dies gilt von Blut und Lymphe, deren Alkalinität mithin eine sehr wesentliche Eigenschaft für die Erfüllung der diesen Flüssigkeiten obliegenden sociologischen Funktionen ist. Dieser Umstand ist auch der Grund, warum für freies Protoplasma eine leichte Alkalescenz des umspülenden Mediums der Erhaltung der Erregbarkeit günstiger ist als das Gegentheil; dies läßt sich z. B. bei Flimmerzellen und Samenfäden sehr deutlich experimentell zeigen.

Die positive Seite der Erholung ist die Zufuhr der Stoffe, die während des Erregungsvorganges zerstört worden sind, wobei es sich um den Sauerstoff und die fixen Protoplasmabestandtheile handelt. Für die Aufnahme der letzteren unterliegt es nach den Versuchen über den Unterschied in der Quellungsfähigkeit zwischen müßigem und ermüdetem Protoplasma kaum einem Zweifel, daß diese am energischesten im ermüdeten Zustand stattfindet, während im müßigen Zustande die Absorptionskraft wenn nicht gleich Null, so doch bedeutend geschwächt ist. Auch in Bezug auf die Aufspeicherung des Sauerstoffs findet ein Intensitätsunterschied zwischen dem ermüdeten und dem müßigen Zustand statt, denn Voit und Pettenkofer fanden, daß die während des Schlafes stattfindende Sauerstoffaufspeicherung nach einem ermüdenden Arbeitstage stärker ist als nach einem Ruhetag.

Diese positive Seite der Erholung bedingt nun einen Zusammenhang zwischen dem Rhythmus des Kraftwechsels und dem früher geschilderten des Stoffwechsels, dem wir eine besondere Beachtung schenken müssen. Stellen wir jedoch zuvörderst die Phasen des Kraftwechselrhythmus noch einmal kurz fest:

Wir sehen die lebendige Substanz in Folge dieses Rhythmus einmal hin- und herschwanken zwischen einem Zustand der Thätigkeit oder Arbeit oder Erregtheit und einem Zustand der äußeren Ruhe. Der letztere begreift selbst wieder zwei erheblich verschiedene Zustände in sich: 1. den eben geschilderten Zustand der Ermüdungsruhe, in welchem die lebendige Substanz unfähig zur Arbeit ist; 2. den Zustand der Müßigkeit. In diesem ist die Ermüdung beseitigt, die Arbeitsfähigkeit wieder hergestellt; allein es wird Ruhe beobachtet, weil der Anstoß zur Thätigkeit, der nöthige Reiz fehlt. Tritt dieser hinzu, dann beginnt der Cyclus von neuem mit dem Uebergang in den thätigen Zustand.

Fragen wir nun: In welchem Zusammenhang steht dieser Kraftwechselrhythmus mit dem früher geschilderten aus einer Abwechslung zwischen Hungerzustand und Sättigungszustand bestehenden Rhythmus des Stoffwechsels? Die Antwort ist folgende:

Der Zustand des Sattseins fällt zusammen mit dem Zustand der Müßigkeit. Mit dem Eintritt in den Zustand der Thätigkeit oder Arbeit beginnt ein lebhafter Stoffwechsel, der aber vorwaltend negativer Art ist, d. h. es überwiegt die Stoffabgabe über die Aufnahme. Damit ist der Anfang für den Eintritt des Hungerzustandes gegeben, der in seinem Höhepunkt mit dem Zustand der Müdigkeit zusammenfällt. Mit der Stillung des Hungers (der Sättigung) und der Beseitigung der Müdigkeit (der Erholung) tritt das Protoplasma in den gesättigten und müßigen Zustand zurück.

Für das Verständniß des Lebens und der praktischen Aufgaben der Lebenserhaltung und Erhaltung der Arbeitsfähigkeit ist es von größter Wichtigkeit, zu wissen, daß sich Kraft- und Stoffwechsel auch in ihrem Rhythmus bedingen und zwar nicht nur einseitig, sondern gegenseitig. Man ist nämlich sehr geneigt, als das wichtigste Moment der Lebenserhaltung die Ernährung zu betrachten und den in der Arbeit gegebenen Faktor weniger als Bedingung, sondern mehr als die Folge der Ernährung anzusehen. Daß das nicht richtig ist, daß wir es vielmehr mit gegenseitiger Bedingung zu thun haben, läßt sich aus dem bisherigen in folgender Weise ableiten.

Der Prozeß der Ernährung oder Sättigung, welcher den müßigen d. h. arbeitsfähigen gesättigten Zustand herbeiführt, fällt nicht in den Zustand der Arbeit, sondern in den des Hungers und der Müdigkeit, und beide, Hunger und Müdigkeit, werden nur durch die im folgenden Kapitel zu schildernden mechanischen und chemischen Vorgänge herbeigeführt, aus denen sich die Arbeit des Protoplasma's zusammensetzt.

Aus dem Gesagten ergibt sich mit Nothwendigkeit:

1. daß die Arbeit durch Ruhepausen unterbrochen sein muß, wenn die Arbeitsfähigkeit nicht völlig verloren gehen soll, und daß diese lang genug sein müssen, um die Aufnahme des nöthigen Ersatzes für das während der Arbeit verloren gegangene Material zu ermöglichen;

2. daß die Arbeit bis zum Eintritt stärkerer Müdigkeitsgrade fortgesetzt werden soll, um den Stoffwechsel, der zur Erholung führt, die nöthige Energie zu geben.

Bei der praktischen Wichtigkeit der Sache sollen im folgenden zwei nach entgegengesetzten Seiten von der Mittelnorm abweichende Fälle in ihren Folgen besprochen werden.

Unter äußeren Bedingungen, welche in Rücksicht auf die Ernährung möglichst günstig sind, dagegen möglichst ungünstig in Bezug auf Kraftwechsel, also z. B. in dem Zustand, welchen wir bei unserem M a s t v i e h absichtlich herbeiführen und der beim Menschen bei ungenügender Bewegung und reichlicher Ernährung entsteht, tritt allmählich eine Veränderung in der Zusammensetzung des Protoplasma's ein, die wir als f e t t i g e D e g e n e r a t i o n bezeichnen. Sie besteht in einer Z u n a h m e d e s F e t t g e h a l t e s und entsprechender A b n a h m e d e s G e h a l t e s a n E i w e i ß. Da das Eiweiß der den Sauerstoff anziehende und aufspeichernde Theil des Protoplasma's ist, so ist mit der Abnahme des Eiweißes eine wesentliche Bedingung der Erregbarkeit vermindert. Da ferner das Fett in Form kleiner, regellos im Protoplasma zerstreuter Körner auftritt, so wird dasselbe zu einer Hemmung für den linear fortschreitenden Erregungsvorgang, und das ist wieder eine Beeinträchtigung der Erregbarkeit. So wird in dem Maße, als die Fettaufspeicherung und Verarmung an Albuminaten zunimmt, die Erregbarkeit successive sinken, bis sie schließlich ganz erlischt und damit das Leben überhaupt.

Eine weitere Veränderung der Mischungsverhältnisse, die bei ungenügendem Kraftwechsel in der lebendigen Substanz eintritt, ist neben der Zunahme des Fettes auch eine Zunahme des Wassergehaltes zwar nicht im ganzen, sondern so: wenn man das Fett abrechnet, so ist das Mengenverhältniß von Eiweiß und Wasser zu Gunsten des letzteren verschoben. Damit ist nun zwar in einer Richtung ein Gegengewicht gegen die Fettvermehrung gegeben. Während die Zunahme des Fettes die Erregbarkeit herabmindert, wird sie durch Erhöhung des Wassergehaltes vermehrt; allein in zwei anderen Richtungen ist der Einfluß ein nachtheiliger: die Fortleitung der Erregung ist beeinträchtigt und dies erschwert eine prompte Kraftentbindung, und weiter ist die bei der mechanischen Arbeitsleistung so wichtige Festigkeit der lebendigen Substanz und ihre elastische Kraft beeinträchtigt, was um so schwerer ins Gewicht fällt, als auch die Fetteinlagerung in der gleichen Richtung benachtheiligend eingewirkt hat. Fette Menschen sind deshalb zu keiner starken Kraftleistung fähig.

Hiezu kommt ein weiterer Uebelstand, der der Fettanhäufung entspringt. Wir sahen oben, daß das Fett unter allen Nahrungsstoffen die größte Verbrennungswärme besitzt; wenn nun eine mit Fett überladende lebendige Substanz zu arbeiten versucht, so wird durch die jetzt beginnende Fettverbrennung eine so große Wärmemenge entbunden, daß abnorme Wärmesteigerung eintritt und die Arbeit unterbrochen werden muß. (Fette Leute echauffiren sich leicht.)

Warum bei fortdauernder reichlicher Nahrungszufuhr und zu geringer Arbeit die oben genannten Veränderungen der Mischung eintreten, läßt sich vielleicht so erklären:

Wie wir gehört, besteht im gesättigten Zustand ein Porenverschluß des Protoplasma's, der erst im Hungerzustand einer Oeffnung der Poren weicht. Da bei der Mästung in Folge des geringen Bewegungsmaßes nur spärliche Mengen von Ermüdungsstoffen gebildet werden, so ist die Porenöffnung eine geringere, und daß das gerade die Aufnahme der Eiweißkörper beeinträchtigen muß, ergibt sich daraus, daß sie unter allen Stoffen die geringste Diffusibilität und Filtrationsfähigkeit haben. Während so der Nachschub von Eiweiß in das Protoplasma gehemmt ist, dauert im Organeiweiß eine langsame Zersetzung fort, die darin besteht, daß aus demselben Fett wird; während bei genügend starker Erregung das aus dem Eiweiß durch Abspaltung entstehende Fett gewissermaßen in statu nascenti sofort weiter oxydirt und zur Arbeitsleistung verwendet wird, sammelt es sich bei der Mästung an.

Bezüglich der Vermehrung des Wassergehaltes ist folgende Auffassung zulässig: Wir haben früher gehört, daß am Schluß der Hungerperiode des Stoffwechselrhythmus ein Porenverschluß stattfindet, der mit einer gewissen Kraft erfolgt und einen Filtrationsdruck auf die Quellungsflüssigkeit der lebendigen Substanz ausübt. Dies hat den Wiederaustritt eines Theils der in der Hungerperiode aufgesaugten Flüssigkeit zur Folge, bei welchem jedoch die schwerer filtrirbaren colloiden Stoffe zurückgehalten und mehr nur das Wasser ausgetrieben wird. Da nun die Kraft, mit welcher der Porenverschluß herbeigeführt wird, von dem Gehalt an Eiweiß ausgeht, so hat eine *Eiweißverarmung eine Schwächung dieses Mechanismus zur Folge* und die Auspressung des überschüssig aufgenommenen Wassers wird geringer. So wird es uns begreiflich, daß fette Menschen schon bei geringen Kraftanstrengungen große Mengen von Schweiß vergießen und umgekehrt, daß reichliche Eiweißnahrung den Wassergehalt der lebendigen Substanz rasch herabsetzt.

Wir haben schon früher davon gesprochen, daß bei ungenügender Menge von Zucker und Fetten in der lebendigen Substanz der Sauerstoff die Eiweißstoffe, also das aktive arbeitende Material angreift und daß das zum Ruin des Protoplasma's führt. Wir haben nun hier insofern darauf zurückzukommen, als dieser Fall dann eintritt, wenn das der Mästung entgegengesetzte Mißverhältniß zwischen Kraft- und Stoffwechsel eintritt, nämlich übermäßige Arbeit bei quantitativ ungenügender Ernährung. Allerdings tritt zunächst der regulirende Faktor dazwischen, daß die hiebei entstehenden Ermüdungsstoffe den Mechanismus vor weiterer Zerstörung schützen, weil sie die Erregbarkeit aufheben; allein da sie als leicht diffundirbare Stoffe rascher ausgewaschen werden, als die schwer diffundirbaren, den Ersatz bildenden Eiweißkörper nachdringen können, so muß es successive zur Zerstörung des Protoplasma's kommen, wenn der Kraftwechsel in dem Momente wieder aufgenommen wird, in welchem mit der Auswaschung der Ermüdungsstoffe und der ebenfalls rasch wieder erfolgenden Ladung des Protoplasma's mit Sauerstoff die Erregbarkeit wieder hergestellt ist. Das äußere Symptom dieser Zerstörung ist eine Volumabnahme (Consumption) und wahrscheinlich zuletzt eine Zerstörung des Mechanismus im Protoplasma mit definitiver Vernichtung der Erregbarkeit, worüber allerdings noch nähere Untersuchungen angestellt werden müssen.

Im ganzen scheinen die Vorgange dieselben zu bleiben, ob man dem Protoplasma die Nahrungszufuhr gänzlich abschneidet (es aushungert), oder ob man seinen Sollbestand durch übermäßige Steigerung des Kräftewechsels in der oben angegebenen Weise schädigt.

Aus dem bisherigen erhellt weiter, daß es sich nicht blos um einen Zusammenhang des Rhythmus überhaupt, sondern auch um eine Beeinflussung der Dauer der einzelnen Perioden handelt.

Da die Höhe der Arbeitsleistung von der Masse des vorhandenen, Kraft erzeugenden Materials abhängt, diese aber, gleiche Energie vorausgesetzt, von der Dauer des Aufnahmevorgangs, so müssen die zwischen den einzelnen Arbeitsperioden liegenden Ruhepausen eine bestimmte Dauer haben. Hiebei kommt ein regulirend wirkender Faktor in Betracht: War die der Pause vorausgehende Arbeit mit einem starken Stoffverbrauch verbunden, so hat sie auch große Ermüdung und Hunger erzeugt; damit ist die Resorptionsfähigkeit des Protoplasma's gesteigert worden, und das ist gleichbedeutend mit einer Abkürzung der zur Sättigung erforderlichen Zeitdauer. Umgekehrt: War die vorhergehende Arbeit gering, so wird zwar ein geringeres Maß von Nachschub nöthig sein, allein da Hunger und Ermüdung nicht den hohen Grad erreicht haben, so ist eben auch die Resorptionsfähigkeit des Protoplasma's geringer. Dieser regulirende Vorgang hat zur Folge, daß (natürlich innerhalb gewisser Grenzen) starke Arbeitsleistungen keine längeren Ruhepausen erfordern als schwache.

---

6. Der Erregungsvorgang.

An den durch die Reizung hervorgerufenen Erregungserscheinungen ist das auffälligste das quantitative Mißverhältniß zwischen dem äußeren Anstoß und dem Effekt. Der

Reiz repräsentirt meist eine verschwindend kleine Kraftmenge, während der Erfolg der Reizung eine ganz beträchtliche Kraftentbindung sein kann. Dies erklärt sich daraus, daß die müßige lebendige Substanz gewissermaßen einer mit Spannkräften geladenen Feuerwaffe gleicht, bei der ein Funken genügt, um das Pulver zu entzünden. Freilich besteht der große Unterschied zwischen beiden, daß die lebendige Substanz ihr Pulver nicht auf einmal verschießt. Jeder Reizung entspricht ein ziemlich rasch verlaufender Erregungsakt, der sich vielmals hinter einander wiederholen kann, ehe die vorhandenen Spannkräfte so weit aufgebraucht werden, daß Ermüdung eintritt.

Daraus erhellt, daß die mit dem Erregungsakt verbundene oxydative Zerstörung quantitativ beschränkt ist, was ein Seitenstück zu der Thatsache ist, daß sie auch qualitativ beschränkt ist, und zwar insofern, als nicht alle Bestandtheile der lebendigen Substanz in gleicher Stärke zerstört werden, sondern die leichter oxydirbaren stärker und früher als die schwerer oxydirbaren.

Eine weitere Eigenthümlichkeit bezieht sich auf die räumlichen Verhältnisse: Die Erregung bleibt nicht auf die vom Reiz getroffene Stelle beschränkt, sondern sie erstreckt sich von da aus gleich einer Welle über das ganze Stück fort mit einer Geschwindigkeit, die je nach der spezifischen Natur der lebendigen Substanz und je nach deren Erregbarkeitsverhältnissen verschieden ausfällt, worauf wir später noch zurückkommen werden.

Da der Erregungsakt etwas von der Natur des Reizes gänzlich verschiedenes ist, so geht daraus hervor, daß das Fortschreiten der Erregung von der getroffenen Stelle keine unmittelbare Folge der Reizung ist, sondern daß die Erregung des zuerst getroffenen Querschnittes die Rolle des

Reizes für den nächst anstoßenden Querschnitt übernimmt, und dies setzt sich von Querschnitt zu Querschnitt fort.

Weiter ist der Erregungsakt ein zeitlich begränzter Vorgang, d. h. er hat eine bestimmte Dauer, und in dieser Zeit schwillt die Erregung zuerst an und dann wieder ab. Die Dauer dieses Vorgangs ist wieder verschieden je nach der Natur der verschiedenen Gewebe und je nach den Zuständen der Erregbarkeit überhaupt.

Ein weiterer Punkt ist folgender: Jedem Reizstoß entspricht Ein Erregun'gsakt; folgen sich mehrere Reizstöße so schnell, daß der Erregungsakt noch nicht abgelaufen ist, ehe der neue Stoß kommt, so kann eine derartige Summirung der einzelnen Erregungsakte eintreten, daß dieselben in einen anhaltenden Thätigkeitszustand zusammenfließen, den man Tetanus heißt. Genauere Untersuchung weist jedoch nach, daß diese Continuirlichkeit keine vollständige ist, sondern es lassen sich auch noch im Tetanus ebensoviel einzelne Erregungsakte erkennen als Reizstöße stattfinden, und nur gewisse Effekte z. B. die Zusammenziehungen nehmen dabei den Charakter der Continuirlichkeit an.

Nachdem wir im bisherigen den Erregungsakt als Ganzes betrachtet haben, müssen wir ihn in seine einzelnen Theile zerlegen, denn es handelt sich dabei um complicirte chemische und physikalische Geschehnisse.

Bezüglich der chemischen Vorgänge ist schon im bisherigen das nöthigste gesagt worden: Es sind Dissociationsbewegungen, die zur Oxydation bestimmter Stoffe des Protoplasma's führen, und der Effekt ist die Bildung von neuen chemischen Verbindungen, welche aus der lebendigen Substanz austreten und dem umgebenden Medium beigemengt werden; diese Seite des Erfolgs nennt man Absonderung (sekretorischer Effekt). Hiebei ist jedoch zu bemerken, daß die

Absonderung durch den Erregungsvorgang nur gesteigert wird, eine minimale Absonderung findet auch ohne ihn statt.

Die zweite Gruppe von Vorgängen sind die kinetischen. Die bei der Oxydation frei werdenden Spannkräfte nehmen nicht blos einerlei Form von freier Bewegung an, sondern wir sehen Wärmebewegung (thierische Wärme), elektrische Bewegung (thierische Elektricität) und — aber nicht immer — mechanische Bewegung (thierische Contraktilität) auftreten. Von diesen dreierlei Bewegungsformen dauern die zwei ersten continuirlich, wenn auch nicht stets in gleicher Stärke fort: die lebendige Substanz erzeugt fortwährend Wärme und ist fortwährend auch im Ruhezustand von elektrischen Strömungen durchzogen, und zwar gilt dies, soweit bis jetzt theils wirklich ermittelt, theils mit Grund geschlossen werden darf, von allen lebendigen Geweben des Körpers. Das Auftreten von mechanischen Bewegungen hat man lange nur für eine Eigenthümlichkeit der lebendigen Substanz der Muskeln gehalten; jetzt weiß man, daß es wahrscheinlich allen Gewebssorten mit Ausnahme der Nervensubstanz zukommt und der Muskel vor andern Gewebselementen nur das voraus hat, daß die Bewegungen bei ihm am auffälligsten und energischesten auftreten. Wenden wir uns nun zur Einzelnbetrachtung der genannten Bewegungserscheinungen.

Die elektrischen Bewegungen sind bis jetzt experimentell an der lebendigen Substanz der Muskeln, der Nerven und der Drüsen, am vollständigsten an den zwei ersteren Gewebssorten studirt worden, weil sie hier der eigenthümlichen Struktur dieser Gewebe wegen am stärksten auftreten. Es würde hier zu weit führen, auf alle die elektrischen Vorgänge einzugehen, die sich beobachten lassen; ich will nur das allernöthigste mittheilen, bezüglich des näheren muß ich auf die Handbücher der Physiologie verweisen.

Zuerst ist zu sagen, daß die elektrischen Bewegungen zwar, wie schon oben gesagt, während des Lebens continuirlich anhalten, daß sie aber im ruhenden Zustand anders verlaufen als im erregten, thätigen.

Untersucht man ein lebendiges aber im Ruhezustand befindliches Stück eines Muskels oder eines Nerven unter Einhaltung der genügenden Vorsichtsmaßregeln mit einem stromprüfenden Apparat, so verhält sich dasselbe wie ein Körper in dessen Achse ein doppelter Elektromotor, bzw. zwei mit ihren positiven Seiten einander zugewendete Elektromotoren liegen. Wir können uns ein Modell davon machen, wenn wir (siehe Fig. 1) einen Cylinder aus dem positiv-elektrischen Zink an beiden Enden mit einer Platte

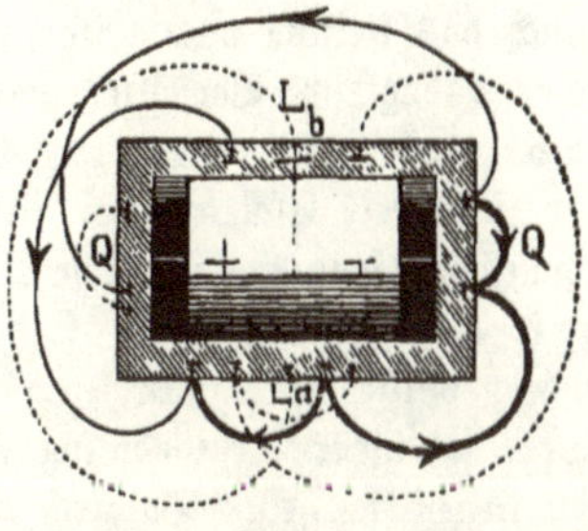

Fig. 1

Ein peripolares Element in einem flüssigen Leiter. Die Bogen geben die verschiedenen Anlegungsweisen eines stromprüfenden Apparates: die punktirten Bogen sind die Anordnungen, bei denen man keinen Strom erhält (unwirksame); die schwachlinigen Bogen zeigen die Anordnungen, bei denen man schwache Ströme bekommt; die kräftig gezeichneten geben die Anordnungen, bei welchen man starke Ströme erhält. L Längsschnitt, Q Querschnitt, a b elektrischer Aequator.

des negativ elektrischen Kupfers belegen und ihn in eine leitende Substanz versenken. Genau wie an einem solchen Modell ist an Muskel und Nerv der Längsschnitt d. h. der Mantel des Cylinders positiv gegen die beiden Querschnitte, die negativ elektrisch sind, und es laufen somit von einem

Aequator aus nach beiden Seiten Stromschleifen vom Längsschnitt zum Querschnitt. Man überzeugt sich hievon mittelst eines stromprüfenden Apparates in der in Figur 1 angegebenen Weise. Legt man die beiden Pole eines solchen so an, wie es die punktirten Linien vorzeichnen, so erhält man keine Wirkung auf die Magnetnadel des Stromprüfers, weil entweder gar kein Strom in den Kreis tritt oder zwei gleich starke, aber, weil entgegengesetzt, sich aufhebende. Werden dagegen die Pole des Stromprüfers so angelegt, wie es die ausgezogenen Linien der Figur angeben, so gibt die Magnetnadel einen Ausschlag, weil entweder nur Ein durchgehender Strom eintritt (starkwirksame Anordnung) oder zwar zwei entgegengesetzte eintreten, aber der eine stärker ist als der andere (schwachwirksame Anordnung).

Da jedes, auch das kleinste noch untersuchbare Muskel- und Nervenstückchen das gleiche Verhalten zeigt, so muß angenommen werden, daß nicht etwa ein einziger solcher doppelter (oder peripolarer) Elektromotor in einem Muskel oder Nerv vorhanden ist, sondern zahlreiche kleinste derartige, so wie es Figur 2. A versinnlicht. Es sind auch jetzt genügende Versuchsergebnisse vorhanden, um zu sagen, daß diese Elektromotoren in linearer Anordnung in den Muskel- und Nervenfasern liegen müssen. Dadurch wird man ohne weiteres auf das Ergebniß der mikroskopischen Untersuchung der willkürlichen Muskeln hingeführt, welche eine völlig regelmäßige lineare Anordnung von zweierlei in ihrem optischen und chemischen Verhalten verschiedenen Substanzen enthalten, nämlich zahllose Reihen von Muskelprismen aus doppeltbrechender Substanz mit je einem Scheibchen oder, wie neuere Untersuchungen wollen, mit je zwei Scheibchen eines das Licht einfach brechenden Stoffes dazwischen. Diese Struktur ist also genau so, wie es das elektrische Verhalten des Gesammtmuskels erwarten läßt, und so liegt die Annahme sehr nahe, das Muskelprisma mit seinen beiden Endscheibchen aus Zwischensubstanz sei jenes von der Theorie verlangte peripolare elektromotorische Doppelelement, in welchem das Muskelprisma dem positiv elektrischen Zink, die beiden Scheibchen der Zwischensubstanz, den beiden negativ elektrischen Zinkplatten entsprechen. Im Nerv ist es bis jetzt blos gelungen, zu sehen, daß die Struktur ebenfalls eine lineargeordnete ist; dagegen sind die Strukturelemente so klein, daß sie bis dato einer weiteren Auflösung getrotzt haben.

Das im obigen geschilderte elektrische Strömungsverhältniß, das Nerv und Muskel im Ruhezustand zeigen, ist von seinem Entdecker der „ruhende Nerven- und Muskelstrom“ genannt worden. Ich möchte ihn den „Müßigkeitsstrom“ nennen, da er nicht blos den ruhenden Zustand an und für sich charakterisirt, sondern im müßigen Zustand stärker ist als im ermüdeten, also gerade den ersteren besonders charakterisirt.

Hat man einen lebenden Muskel mit einem stromprüfenden Apparat so in Verbindung gesetzt, daß eine abgeleitete Schleife des Müßigkeitsstroms die Magnetnadel von dem Nullpunkt abgelenkt hat, und veranlaßt nun den Muskel durch Reizung zu einer Zuckung, so sieht man die Magnetnadel eine Rückschwankung gegen den Nullpunkt, eine „negativ elektrische Stromesschwankung“, ausführen. Dieselbe Erscheinung zeigt der Nerv, wenn er erregt wird. Untersucht man nun weiter, so ergibt sich, daß während der Erregung der elektrische Gleichgewichtszustand, der in der Ruhe vorhanden war, gestört ist und zwar so:

Der Müßigkeitsstrom besteht so wie er oben geschildert wurde noch fort, aber er ist bedeutend geschwächt, daneben aber ist eine zweite Strömung, „der Thätigkeitsstrom“ vorhanden, der von der gereizten Stelle aus nach beiden

Seiten geradlinig von Querschnitt zu Querschnitt, also so wie in einer Voltaischen Säule fortschreitet, deren eines Ende positiv, deren anderes Ende negativ elektrisch ist.

Dies Verhalten weist auf eine veränderte Stellung der elektromotorischen Elemente oder wenigstens eines Theils derselben, nämlich auf eine dipolare Anordnung hin, wie sie entsteht, wenn man (siehe Figur 2. C) lauter einfache Elemente linear so ordnet, daß sich alle ihre ungleichnamigen Seiten zuwenden, während bei der peripolaren Anordnung das Doppelelement dadurch entsteht, daß je zwei einfache Elemente sich ihre gleichnamigen Seiten zuwenden (siehe Figur 2. B).

A

B

C

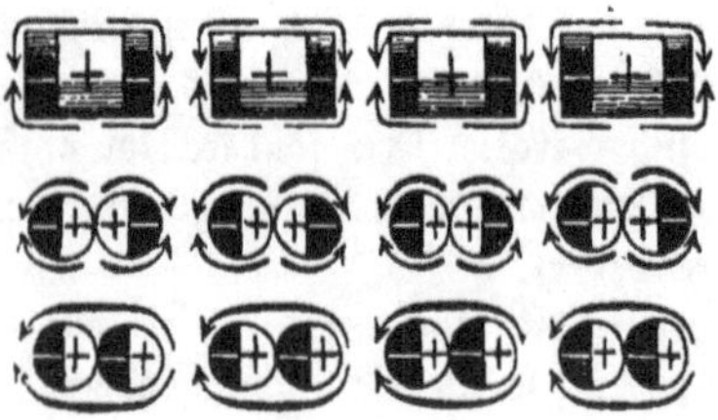

Fig. 2.

Schema des elektrischen Verhaltens des Protoplasma's: A Reihe einfacher peripolarer Elemente; B dipolare Elemente in paarweiser peripolarer Anordnung; C dipolare Elemente in dipolarer d. h. säulenartig polarisirter Anordnung.

Hiedurch kommen wir zu folgendem Vergleich vom elektrischen Bau von Muskel und Nerv: derselbe gleicht einer Reihe von winzigen Magnetnadeln, die sich mit ihren Anziehungen ins Gleichgewicht gesetzt haben; verrücken wir den letzten Magnet aus seiner Stellung, so muß eine Magnetnadel um die andere eine Störung ihrer Gleichgewichtslage erfahren und so wird eine um die andere ihre Stellung ändern, es wird eine Störungswelle von einem Ende der Reihe zum andern hinlaufen.

Weiter ist durch die sorgfältigsten Untersuchungen festgestellt, daß die durch das Einbrechen des Thätigkeitsstromes hervorgerufene Störung des elektrischen Verhaltens durchaus in allen Beziehungen, in Bezug auf Stärke, An- und Abschwellen, zeitlichen Beginn und Ende und Geschwindigkeit des Fortschreitens vollständig mit den übrigen Erscheinungen des Erregungsaktes zusammenfällt, und so besteht wohl kein Zweifel mehr darüber, daß die genannte Störung ein integrirender Bestandtheil des Erregungsaktes, ja beim Nerven geradezu der Erregungsakt selbst ist, da bei diesem alle andern Erscheinungen mangeln.

Außer an Muskel und Nerv sind elektrische Erscheinungen bisher nur an den einfach gebauten Drüsen nachgewiesen worden, indem bei ihnen das blinde Ende positiv, das Mündungsende negativ elektrisch ist. Wenn man bei den zusammengesetzten Drüsen und an andern lebendigen Geweben des Körpers bisher keine elektrischen Erscheinungen wahrnehmen konnte, so darf dies durchaus nicht so gedeutet werden, als sei die Elektricität ein Privilegium von Muskel und Nerv und höchstens noch der Drüse. Der innige Zusammenhang, der bei letzteren zwischen den Erregungserscheinungen und den elektrischen Störungen besteht, berechtigt uns zu der Annahme, daß bei allen Geweben, an denen Erregungsvorgänge in Form von Massebewegungen, also Contraktilitätserscheinungen, beobachtet werden können — und dazu gehören fast alle lebendigen Gewebe —, auch elektrische Verhältnisse mitspielen und daß wahrscheinlich überall die letzten Strukturelemente der lebendigen Substanz elektromotorische Elemente sind und die Erregung stets darauf hinausläuft, daß sie in erster Linie eine Störung der elektrischen Gleichgewichtslage ist. Der Unterschied zwischen Muskel und Nerv einerseits und den übrigen Geweben andrerseits bestände dann nur darin: in den ersteren liegen die elektromotorischen Elemente derart regelmäßig geordnet, daß es zu einer für unsere Instrumente wahrnehmbaren Gesammtwirkung kommt, während sie in der lebendigen Substanz anderer Gewebe so regellos liegen, daß nach außen hin die Wirkungen sich aufheben. Damit stimmt denn auch, daß bei den letzteren die sichtbaren Strukturelemente durchaus regellos angeordnet sind. Ein Vergleich wird diese Anschauung klar stellen:

Ein Stück weichen Eisens zeigt lediglich keine magnetischen Eigenschaften, und wie wir einen elektrischen Strom an demselben vorbei führen, treten solche in der ausgesprochensten Weise zum Vorschein, um nach Aufhören des elektrischen Stromes sofort wieder zu verschwinden. Das ist doch wohl nur so zu erklären: Das weiche Eisen besteht aus lauter kleinsten Magneten, die aber in ihm — wofür auch die ganz regellose Struktur spricht — so regellos liegen, daß sich die Wirkungen gegenseitig aufheben; der elektrische Strom besitzt nun eine Richtkraft, welche sie zwingt, alle so Front zu machen, daß sie sämmtlich ihre gleichnamigen Pole nach der gleichen Seite wenden und jetzt ein Totaleffekt erscheint.

Ein zweiter Bestandtheil des Erregungsvorgangs sind die mechanischen Bewegungen oder, wie man sie auch nennt, Contraktilitätserscheinungen. Hiebei müssen wir etwas specialisiren.

Bei der ungeordneten lebendigen Substanz, bei welcher die sichtbaren Strukturtheile regellos in der Grundmasse vertheilt sind, bestehen die Contraktilitätserscheinungen in regellosen Verschiebungen der Massetheilchen gegen einander, eine Bewegung, welche man nach der Infusoriengattung Amöba, bei welcher sie zuerst entdeckt und studirt wurden, amöboide Bewegung nennt. Diese zeigt wiederum zwei Modifikationen:

Ist die lebendige Substanz in eine starre unnachgiebige Kapsel eingeschlossen, so mangelt der Effekt nach außen, die Bewegung ist eine kreisende Verschiebung der Massetheilchen, die man Saftcirculation nennt. Man kennt sie von der lebendigen Substanz der Pflanzenzellen und bei den Thieren von den Zellen des Knorpelgewebes.

Ist dagegen die lebendige Substanz frei und nicht durch eine starre Umhüllung beschränkt, so führen die Verschiebungen der Massetheilchen gegen einander zu Veränderungen der Contur, zum Auftreten von Berg und Thal in wechselndem Spiel und die Berge werden häufig zu langen fädigen Fortsätzen sog. *Scheinfüßchen* verlängert. Diese Bewegungsform wird im engern Sinne die *amöboide* genannt. Hiebei ist noch zu bemerken, daß wir zweierlei Conturveränderungen zu unterscheiden haben, die *centrifugalen*, bei welchen die Oberfläche sich faltet und Scheinfüßchen auftreten, und die bei starker Reizung erfolgenden *centripetalen*, bei welcher die Fortsätze alle eingezogen werden und die Contur auf die einer Kugel zurückgeführt wird (*allgemeines Kuglungsbestreben*).

Die zweite Bewegungsform der lebendigen Substanz ist die *Flimmerbewegung*. Hiebei handelt es sich um haarartige feine Fortsätze lebendiger Substanz, die auf der Oberfläche von lebendigen Zellen stehen und rhythmisch nickende Bewegungen ausführen. Diese Bewegungen haben mit den vorigen das gemein, daß sie *unmüßige* Bewegungen sind, d. h. daß sie nur durch Ermüdung unterbrochen werden, ohne dieselbe aber anhaltend fortdauern, und daß sie bei starker Reizung stille stehen.

Diesen unmüßigen Bewegungen stehen die *Zuckungsbewegungen* gegenüber, die wir an der lebendigen Substanz der Muskeln wahrnehmen. Hier fällt die Unmüßigkeit fort, d. h. Bewegungen treten nur in einem ganz bestimmten

Fall, nämlich in Folge einer Reizung ein und die Bewegungen sind nicht partielle centrifugale Verschiebungen der Masse, sondern bestehen in einem allgemeinen centripetalen Kuglungsbestreben, bei welchem die langen Durchmesser verkürzt und die kurzen queren Durchmesser vergrößert werden. Diese Form der Bewegung ist die, welche die intensivsten Wirkungen nach außen hin zu entfalten vermag, indem bei derselben ausgiebige lastbewegende Kräfte zur Geltung kommen und zwar in folgender Weise:

Ist ein derartiges Gewebsstück an den beiden Enden seines langen Durchmessers mit andern Körpertheilen in feste Verbindung gebracht, so wird die bei dem allgemeinen Kuglungsbestreben eintretende Verkürzung dieses Durchmessers in eine Zugkraft umgesetzt, welche die durch die contraktile Substanz verbundenen Körpertheile einander zu nähern sucht. Wir werden später bei der Betrachtung des Muskels auf die näheren Verhältnisse hiebei einzugehen haben, hier sei nur so viel gesagt, daß jedem Reizanfall eine sogen. elementare Muskelzuckung entspricht, die ganz genau der elektrischen Stromesschwankung parallel geht.

Daß die lebendige Substanz der Nerven weder Zuckungserscheinungen noch unmüßige Masseverschiebungen, kurz nichts von mechanischen Bewegung zeigt, wurde schon oben erwähnt.

Mit der dritten kinetischen Erscheinung, der Wärmebildung, verhält es sich folgendermaßen: Dieselbe findet während des Lebens continuirlich statt, geradeso wie auch die elektrischen Bewegungen continuirlich sind, und in Folge davon besitzen alle Thiere, auch die sogen. Kaltblüter eine Eigenwärme, die bei den Warmblütern auf einer sehr constanten Höhe, beim Menschen durchschnittlich auf 37,5° C., sich erhält.

Der Erregungsakt verstärkt nur die Wärmebildung. Beim Nerven kann dies nicht nachgewiesen werden, dagegen sehr leicht bei Muskeln und Drüsen. Am Froschmuskel fand Haidenhain auf dem Wege thermoelektrischer Messung für eine elementare Zuckung eine Wärmesteigerung von $^{1}/_{1000}$ bis $^{5}/_{1000}$ ° C., für die Tetanische Zusammenziehung eine solche von $^{18}/_{100}$ ° C., und für die Speicheldrüse ermittelte Ludwig während der Thätigkeit eine Wärmezunahme um $^{1}/_{2}$ ° C.

---

7. Der elementare Arbeitsmechanismus.

Der Leib des Menschen ist ein sehr zusammengesetzter Mechanismus. Eine ungeheuere, nach Milliarden zu berechnende Zahl von einzelnen Stückchen lebendiger Substanz, sog. Zellen, deren jedes seinen privaten Lebensprozeß hat, sind hier zu einem enggeschlossenen Gemeinwesen zusammengetreten, zu einer nach den Gesetzen der Arbeitstheilung, der Nebenordnung, Ueber- und Unterordnung geregelten und organisirten Cooperativgenossenschaft, deren oberster Arbeitszweck ihre Selbsterhaltung ist. Nachdem wir in den voranstehenden Kapiteln die privaten Lebenserscheinungen des einzelnen Stückchens, der einzelnen Zelle kennen gelernt haben, erwächst uns jetzt die Aufgabe, die Verhältnisse der Cooperation und Arbeitstheilung näher zu untersuchen.

Der erste Gegenstand dieser Untersuchung muß der elementare Arbeitsmechanismus sein, der sich überall im ganzen Körper unzählige Male wiederholt und von dessen Thätigkeit alle und jede Arbeit, die nach außen gerichtete sowie die innere, abhängt.

Diese Mechanismen bestehen aus der systematischen Vereinigung von mehreren in ihrer Befähigung verschiedenen

Stücken lebendiger Substanz, und es gibt deren folgende Hauptsorten:

1. Der Reflexmechanismus. In seiner einfachsten Form setzt er sich zusammen a) aus zweierlei peripherischen d. h. die Endpunkte des Mechanismus bilden den Zellen, nämlich einerseits einer Sinneszelle, andrerseits einer Arbeitszelle; b) jede dieser Zellen ist durch einen Nerven mit einer Ganglienzelle in Verbindung gesetzt und diese beiderlei Ganglienzellen sind direkt oder indirekt durch Nervenfasern verbunden. Je nach der Natur der Arbeitszellen unterscheidet man den sekretorischen Reflexmechanismus — wenn die arbeitende Zelle eine Drüsenzelle ist — und den kinetischen Reflexmechanismus, wenn die Arbeitszelle ein Muskelfaden ist.

. 2. Ueber die zweite Sorte von Elementarmechanismen, die sog. automatischen ist man noch nicht genügend aufgeklärt. Die Erscheinungen, die sie bieten, weisen nur darauf hin, daß es sich bei ihnen um die Verbindung von Arbeitszellen mit Ganglienzellen durch Vermittlung von Nervenfasern handelt, während eine Verbindung der Ganglienzelle mit einer Sinneszelle hier entweder fehlt oder nur sehr mittelbar stattfindet, also wenig evident ist.

Um die Leistung dieser Elementarmechanismen zu verstehen, müssen wir zuerst die besonderen Fähigkeiten seiner einzelnen Bestandtheile kennen lernen. Wir beginnen mit den die Einheit herstellenden Nerven.

Die eigenartige Befähigung dieser Gewebssorte besteht darin, den Erregungsakt mit einer ganz besonderen Geschwindigkeit fortzuleiten. Nach den angestellten Versuchen schwankt die Geschwindigkeit der Leitung unter gewöhnlichen Verhältnissen von 24 bis 30 Meter in der Sekunde. Auf die Höhe der Leitungsfähigkeit, welche von größtem Einfluß auf die Arbeitsfähigkeit und Widerstandskraft gegen schädliche Einflüsse ist, wirken mehrere Umstände bestimmend ein.

Einmal wird durch die **Uebung** die Leitungsfähigkeit erheblich gefördert, wofür wir später das nähere Beweismaterial herbeibringen werden. Fürs zweite ist die Temperatur von Einfluß: steigt dieselbe über das Maß der gewöhnlichen Körperwärme, so nimmt die Leitungsfähigkeit zuerst zu, dann aber rasch ab; sinkt sie unter die Körperwärme, so nimmt die Leitungsfähigkeit stufenweise ab. Wir können dies an uns sehr leicht daran feststellen, daß bei großer Kälte die Tastempfindung und die Bewegungsimpulse verlangsamt werden. Ein dritter Punkt bezieht sich auf die Mischungsverhältnisse. Das wichtigste ist hier, daß Zunahme des Wassergehaltes der Nervensubstanz die Leitungsfähigkeit herabmindert unter gleichzeitiger Erhöhung der Erregbarkeit. Dadurch erklärt sich der Zustand der sogen. „Nervosität“, den man bei schwächlichen Personen findet.

Bezüglich der Leitung ist weiter zu sagen, daß dieselbe eine **isolirte** oder wenigstens so gut wie isolirte ist, so daß der Erregungsakt sich nur auf diejenige Arbeitszelle fortpflanzt, mit welcher sie selbst in substanzieller Verbindung ist.

Ein letzter Punkt ist das **lawinenartige Anschwellen** des Erregungsaktes im Nerven. Als ein solcher deutete man die experimentelle Thatsache, daß an einem mit dem Nerven verbundenen Muskel die Zuckung um so stärker aushält, je weiter entfernt vom Muskel die Reizung des Nerven vorgenommen wird. Man hat dies dahin gedeutet, daß beim Fortleiten des Erregungsaktes diesem von Querschnitt zu Querschnitt neue Kräfte hinzugefügt werden. Neuerdings wird diese Erscheinung als eine erst durch das Experiment hervorgerufene und deshalb anders zu deutende aufgefaßt.

Wenden wir uns zu den Details des Nervenerregungsaktes, so besteht der negative Theil darin, daß derselbe von keinerlei Masseverschiebungen und auch nicht von wahrnehmbarer Verstärkung der Wärmebildung begleitet ist, er besteht vielmehr rein nur in der früher geschilderten Störungswelle des elektrischen Gleichgewichts und in der eigenthümlichen Befähigung, in den Zustand des Elektrotonus übergehen, unter Einfluß eines constanten elektrischen Stroms die oben beschriebene dipolare Stellung der elektromotorischen Elemente, die im Muskel nur rhythmisch möglich ist, dauernd annehmen zu können, wodurch eine beträchtliche Veränderung der Erregbarkeit in den verschiedenen Querschnitten, nämlich eine Steigerung derselben am negativen und eine Verminderung am positiven Pol des elektrotonisirenden constanten Stromes eintritt. Dies sowie die oben angeführten Eigenthümlichkeiten des Nervenerregungsaktes lassen die Annahme zu, die spezifische Befähigung der Nervensubstanz bestehe in einer größeren Beweglichkeit seiner elektromotorischen Moleküle.

Wenden wir uns nun zu den andern Bestandtheilen der Elementarmechanismen. Die Sinneszelle, welche den Anfang des Mechanismus bildet, stimmt im allgemeinen mit dem Verhalten des leitenden Nerven insofern überein, als ihre Erregung nicht von mechanischen Bewegungen begleitet, d. h. daß dieselbe ebensowenig contraktil ist wie der Nerv, unterscheidet sich aber von ihm durch Quantum und Quale der Erregbarkeit. Ersteres zeigt sich darin, daß von der Sinneszelle aus der Elementarmechanismus offenbar leichter in Erregung versetzt werden kann als von dem leitenden Nerven aus. Das Quale besteht in der spezifischen Erregbarkeit der Sinneszelle, d. h. sie besitzt die Befähigung, durch ganz besondere Reizsorten sich ganz besonders leicht erregen zu lassen und zwar zum Theil durch solche, welche auf den betreffenden leitenden Nerven gar keinen Eindruck machen. So sind z. B. die Sinneszellen der Sehhaut des Auges in hohem Grade empfindlich gegen Lichtstrahlen, während dieselben den Sehnerven selbst nicht zu erregen im Stande sind. Bei den Sinneszellen tritt also ein Gegensatz zwischen *adäquatem* und *inadäquatem* Reiz ein: Für die Sehzellen sind *Lichtstrahlen* der adäquate Reiz, für die Hörzellen *Schallwellen*, für die Tastzellen *Druckschwankungen* und *Wärmeschwankungen*, für die Geschmackszellen und Geruchszellen *chemische Reize*.

Begeben wir uns zum entgegengesetzten Ende des Elementarmechanismus, zu seiner Erfolgs- oder Vollzugsseite, so haben wir es dort mit zweierlei verschiedenen Zellsorten zu thun; bei den *kinetischen* Elementarmechanismen mit *Muskelzellen*, bei den *sekretorischen* mit *Drüsenzellen*.

Besprechen wir zuerst die *Muskeln* und zwar eingehender.

Die Muskeln des Körpers werden beim gewöhnlichen Zustand der Dinge nie von den früher beschriebenen Reizen direkt getroffen, sondern erst indirekt durch die Erregungswelle des mit ihnen verbundenen Nerven. Eine Zeit lang glaubte man, daß eine direkte Reizung derselben überhaupt unmöglich sei, allein diese schon theoretisch höchst unwahrscheinliche Annahme ist jetzt wohl auch durch das Experiment dahin widerlegt: der Muskel beantwortet so ziemlich alle die Reize, die auch den leitenden Nerven erregen, gleichfalls mit Erregungserscheinungen, und nur seiner Lage, welche ihn vor direkter Reizung durch freie Bewegungen der Außenwelt und chemische Reize schützt, hat er es zu verdanken, daß er bei unverletztem Körper nur indirekt durch Nervenerregungen gereizt wird.

Ein weiterer Unterschied gegenüber dem Nerv besteht in folgendem. Während der Nerv beim natürlichen Verlauf der Dinge von dem Reiz in der Richtung seiner Längsachse d. h. an seinem einen Ende getroffen wird und die Erregungswelle ihn von diesem Ende zum andern durchzieht, setzt sich der Nerv an den Muskelfaden seitlich so an, daß letzterer inmitten seines Laufes unter rechtem Winkel zu seiner Längsachse vom Nervenreiz getroffen wird und die Erregungswelle jetzt nach beiden Enden über ihn hinzieht. Allerdings haben Versuche dargethan, daß auch der Nerv in seinem Verlauf gereizt werden kann, und daß dann ebenfalls die Erregungswelle von der getroffenen Stelle nach beiden Enden abläuft, und ebenso kann auch der Muskel von einem Ende aus erregt werden, allein so wie der natürliche Verlauf im unversehrten Körper ist, besteht obiger Unterschied, der für die mechanische Leistung des Muskelfadens von großem Vortheil ist, da so die auf die verschiedenen Querschnitte vertheilten mechanischen Kräfte gleichzeitiger in Aktion treten können.

Bezüglich des Erregungsaktes ist zuerst der Unterschied zwischen den dem Willen gehorsamen quergestreiften Muskelfasern und den glatten, die dem Willenseinfluß entzogen sind, hervorzuheben: bei den ersteren dauert die Pause vom Reizauffall bis zum Eintritt der Erregung (Latenz) nur etwa $^1/_{100}$ Sekunde und der Erregungsakt läuft sehr rasch in Bruchtheilen einer Sekunde ab; bei den glatten Muskelfasern beträgt die Latenzdauer mehrere Sekunden und der Erregungsakt dauert ebenfalls viele Sekunden an.

Der quantitative Unterschied zwischen der Erregung des Muskelfadens und der des Nerven besteht in der geringeren Geschwindigkeit der Erregungsleitung. Dieselbe beträgt beim Muskelfaden nach der niedrigsten Angabe 1 Meter, nach der höchsten 3 Meter in der Sekunde. Beeinflußt wird auch hier die Leitungsfähigkeit durch die Uebung, durch die Temperatur und die chemische Mischung.

Die qualitativen Unterschiede beziehen sich auf mehrere Punkte. Bezüglich des elektrischen Verhaltens mangelt dem Muskel die Fähigkeit der Elektrotonisirung, was zusammen mit der geringeren Leitungsfähigkeit auf eine geringere Beweglichkeit der elektromotorischen Elemente hinweist.

Ein zweiter wichtiger Unterschied ist, daß die Erregung des Muskels mit mechanischen Leistungen verbunden ist: derselbe beantwortet jede Erregung mit einer einzigen Zuckung, die man elementare Muskelzuckung nennt. Trifft den Muskel eine Reihe von Reizen in sehr kurzen Zwischenräumen, so hat derselbe zwischen je zwei derselben nicht Zeit sich wieder auszudehnen, sondern verharrt in der verkürzten Form mit einer gewissen Kraft. Diesen Zustand des Muskels nennt man den Tetanus, und es tritt hiebei noch eine neue Bewegungsart auf: eine Schallschwingung, deren Tonhöhe nach Helmholtz genau übereinstimmt mit der Zahl der Reize, die in einer Sekunde den Muskel treffen. Man nennt diese Erscheinung den Muskelton oder das Muskelgeräusch. Diese Helmholtz'sche Beobachtung erlaubt nun einen Schluß auf eine bisher noch nicht besprochene Qualität des Erregungsvorgangs im Nerven zu machen. Behorcht man den Muskelton mit dem Hörrohr an dem willkürlich angespannten Muskel eines lebenden Menschen, so lassen sich 19,5 Schwingungen in der Sekunde erkennen und daraus dürfen wir schließen, daß auch der Erregungsvorgang im Bewegungsnerven ein rhythmischer d. h. aus einzelnen Anstößen bestehender ist, derart, daß der Muskel in der Sekunde 19,5 Erregungswellen vom Nerven erhält.

Die Zuckung ist eine Formveränderung des Muskels, eine Verkürzung der Längsachse und Verdickung im Quer=

schnitt. Diese Gestaltsveränderung erfolgt mit einer gewissen Energie, die selbst bedeutende der Verkürzung sich in den Weg stellende Hindernisse überwinden kann, und diese Energie ist die Grundlage aller mechanischen Arbeit, die der menschliche Körper auszuüben vermag. Indem nämlich der Muskel mit seinen beiden Enden an andere Körpertheile festgewachsen ist, bewegt er die letzteren gegen einander und hebt so eine Last mit einer Kraft, die ausgedrückt wird durch das Produkt der gehobenen Last und der Höhe, auf welche dieselbe gehoben wird (Hubhöhe).

Die hiebei entfaltete Kraft hängt von einer Reihe von Umständen ab, von denen einige direkt ermittelt sind, andere aber erschlossen werden können.

1. Hängt die Größe der bewältigbaren Last nicht ab von der Länge des Muskels, sondern von dessen uerschnitt; dagegen ist die Hubhöhe eines langen Muskels größer als die eines kurzen. Da die Arbeit ein Produkt aus der gehobenen Last und der Hubhöhe ist, so steht sie im geraden Verhältniß zum Volumen des Muskels.

2. Die Arbeit ist um so größer, je stärker die Reizung ist. Hieraus folgt

3. daß die geleistete Arbeit um so größer ausfallen kann, je erregungsfähiger der betreffende Nerv ist, weil hievon die Stärke des Nervenreizes abhängt, und

4. daß sie um so größer werden kann, je erregungsfähiger der Muskel selbst ist, je rascher also die Contraktionswelle über ihn abläuft und je größer der Verkürzungsgrad ist.

Eine besondere Besprechung verlangt das elastische Verhalten. Der lebende Muskel besitzt eine zwar geringe allein sehr vollkommene Elasticität, d. h. er setzt der Ausdehnung durch Zug keinen großen aber einen stetig wachsenden Widerstand entgegen, und er zieht sich nach der Dehnung zuerst rasch, dann langsam aber immer vollkommen auf seine ursprüngliche Länge zusammen. Auf diesen Elasticitätsverhältnissen beruht die Tragfähigkeit des Muskels, und wir können die Arbeitsleistung auch so ansehen: bei der Contraktion nimmt der Muskel eine neue verkürzte Gestalt an, er übt nun auf Lasten, die ihn an der Annahme dieser Gestalt hindern, einen Zug aus, wie ein elastischer Körper, der auf die betreffende Länge gedehnt worden ist. Die Sache wird aber dadurch complicirt, daß der Erregungsvorgang mit einer Schwächung der Tragfähigkeit d. h. mit einer Zunahme der Dehnbarkeit verbunden ist, was begreiflich ist, wenn wir uns erinnern, daß die Erregung mit einer oxydativen Zerstörung von Bestandtheilen der lebendigen Substanz verläuft. Daraus erklärt sich die Erscheinung der **Ueberlastung**, die in folgendem besteht.

Belastet man einen lebenden Muskel successive mit Gewichten und läßt ihn Zuckungen ausführen, so wird mit der wachsenden Beschwerung die Hubhöhe immer geringer werden, bis zu einem Punkt, in welchem sie Null wird, d. h. der Muskel ist jetzt nicht mehr im Stande das Gewicht zu heben. Fügen wir nun eine neue Gewichtsportion hinzu, so ist der Muskel nun zwar im Stande ihn zu halten, aber wie durch eine Erregung die Tragkraft des Muskels gemindert wird, so tritt statt einer Hebung des Gewichts eine Dehnung des Muskels ein. Darauf beruht das eigenthümliche lähmungsartige Gefühl, das uns überkommt, wenn wir eine zu schwere Last heben wollen. Die Ueberlastungsgrenze wird natürlich durch den Ermüdungsgrad sehr wesentlich beeinflußt.

Man ist nun dahin übereingekommen, für das Maximum der lebendigen Kraft, welche ein Muskel bei höchster Erregbarkeit und der größten Reizstärke frei zu machen vermag, die Benennung „**absolute Muskelkraft**“ einzuführen und darunter das Gewicht zu verstehen, welches dem der Verkürzung zustrebenden Muskel das Gleichgewicht hält, d. h. ihn völlig an der Verkürzung verhindert, allein ihn auch nicht überlastet d. h. zu dehnen vermag. Bei diesen übrigens sehr difficilen Versuchen hat man sehr verschiedene Größen gefunden, die sich von 2800—8000 Gramm für einen Quadratcentimeter des Querschnitts berechnen.

Ein weiterer für das Verständniß der Muskelarbeit wichtiger Punkt ist die durch Versuche festgestellte Thatsache, daß die Arbeitsleistung bei der Verkürzung eine größere wird, wenn das zu hebende Gewicht während des Hebens allmählich leichter wird. Diese Erfahrung klärt uns über die Zweckmäßigkeit des Verbandes von Muskeln und Knochen auf; diese ist nämlich derart, daß die Hebelverhältnisse sich in dem Maße zum Vortheil des Muskels ändern, als die Verkürzung des letzteren zunimmt, was einer thatsächlichen allmählichen Verminderung des Gewichts gleichkommt. Dies wird aus der beistehenden Abbildung deutlich. Gesetzt, ad sei der Oberarmknochen, dc der mit einem Gewicht an seinem Ende belastete Vorderarm. Der Muskel, welcher das Gewicht in der Richtung cg heben soll, geht von a nach d. Da er sich unter dem schiefen Winkel adc an den Oberarm ansetzt,

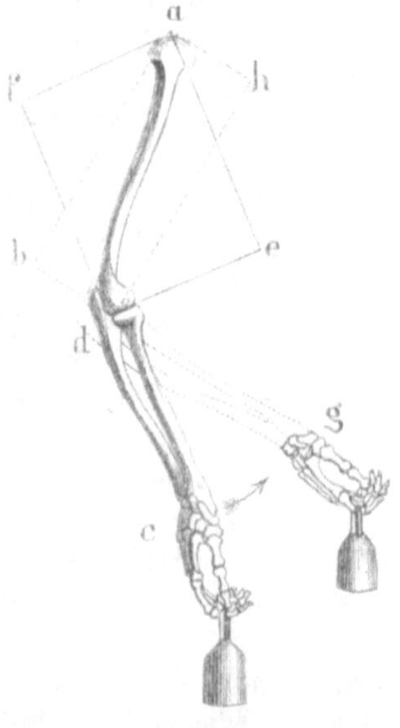

Fig. 3

so bewirkt der Muskel zweierlei: mit einem Theil seiner Kraft preßt er die bei d zusammenstoßenden Knochen vom Oberarm und Vorderarm an einander, und nur mit dem Rest der Kraft wirkt er hebend auf den Punkt d. Das Verhältniß dieser beiden Kräfte wird durch die Construktion des Parallelogramms derselben, afde gefunden; es verhält sich der das Gelenk zusammenpressende Theil der Kraft zu dem die Last bewegenden wie die Linie fd zur Linie de. Bringen wir Oberarm und Vorderarm in die Stellung, welche sie einnehmen, wenn das Gewicht eine Strecke gehoben ist, d. h. so, daß der stumpfe Winkel adc der Figur spitzer wird, und construiren jetzt das Kräfteparallelogramm abdh, so sehen wir, daß die Linie dh, welche die Hubkraft repräsentirt, im Verhältniß zur Linie bd, welche die Gelenkpressung ausübt, um so größer wird, je spitzer der Winkel adc wird.

Ein weiterer Punkt in der Arbeitsleistung sind die Hebelverhältnisse, die in Betracht kommen, wenn die Muskeln mit Knochen verbunden sind. Ohne auf das Detail einzugehen, beschränken wir uns hier auf die Angabe, daß das Knochengerüst hauptsächlich aus ein- und zweiarmigen Geschwindigkeitshebeln zusammengesetzt ist, was damit stimmt, daß für die Geschäfte der Lebenserhaltung die Geschwindigkeit eine wichtigere Rolle spielt als die Kraft; was der praktischen Lebensregel entspricht: „Zeit ist Geld“.

Bei den sekretorischen Elementarmechanismen hängen an der Vollzugsseite Drüsenzellen. Hier muß jedoch sogleich bemerkt werden, daß nicht alle sekretorischen Zellen des Leibes mit Elementarmechanismen in Verbindung stehen, sondern daß eine große Zahl derselben spontan thätig ist. Am besten nachgewiesen ist ihre Betheiligung an Elementarmechanismen in den Mundspeicheldrüsen.

Der müßige Zustand einer solchen Drüsenzelle ist ausgezeichnet durch eine beträchtliche meist einseitig gelagerte

Ansammlung einer schleimig entarteten Masse, die das lebende Protoplasma zur Seite drängt; dabei ist die Zelle erheblich vergrößert: man sagt, die Zelle sei geladen. Erfolgt nun eine Erregung, so wird die schleimige Inhaltsmasse durch Contraktionsvorgänge in der seitlich verdrängten lebendigen Substanz allmählich ausgepreßt, und gleichzeitig steigert sich die Durchlässigkeit der Drüsenzelle für den aus dem Blut abfiltrirten Gewebssaft. Dies dauert so lange fort, als noch „Ladung" vorhanden ist; sobald aber diese aufgebraucht, so tritt auch hier Ermüdung ein, so daß weitere Reizung keinen Effekt mehr hervorruft. Auch hier ist der Erregungsvorgang mit der Entstehung von Wärme verbunden und zwar wie schon früher bemerkt mit recht erheblicher Steigerung derselben. Daß der Erregungsakt auch von Störungen des elektrischen Gleichgewichts begleitet wird, ist höchst wahrscheinlich; aber wir verfügen noch über kein Mittel, um das durch den Versuch zu bestätigen.

Gehen wir nun zum letzten Stück der Elementarmechanismen, zu den Ganglienzellen über, die das Centrum des ganzen Apparates bilden, so müssen wir gestehen, daß wir direkt von ihrer Befähigung sehr wenig wissen, eigentlich nur, daß keine Contraktionserscheinungen an ihnen zu beobachten sind; indirekt aber wissen wir, daß sie bei den Reflexmechanismen den vom Sinnesnerven an sie herankommenden Erregungsvorgang durch sich hindurch auf den Bewegungsnerven und durch ihn auf das Erfolgsorgan weiter leiten und daß sie ihn hiebei quantitativ beeinflussen. Im allgemeinen ist diese Beeinflussung eine gewisse Verzögerung, die sich bis zu völliger Hemmung steigern zu können scheint. Der Grad dieser Hemmung hängt natürlich von der eigenen Leitungsfähigkeit ab; diese ist aber — und das ist einer der wichtigsten Punkte dieses Maschinentheils — einer Beeinflussung von außen zugänglich. Die Ganglien sind nämlich die Punkte, an welchen die Elementarmechanismen mit dem Gesammtmechanismus des Körpers bzw. den denselben herstellenden Mechanismen höherer Ordnung so zusammenhängen, daß Erregungen in den letzteren hier in den Elementarmechanismus einbrechen und die sonst selbständige Erregungscirculation in den letzteren beeinflussen können und zwar sowohl hemmend als auch beschleunigend.

In einem solchen Reflexmechanismus ist der regelmäßige Verlauf der Dinge, daß ein Reiz die Sinneszelle oder das sonstwie einer Sinneszelle entsprechende Ende des Apparates trifft und die von ihm hervorgerufene Störungswelle des elektrischen Gleichgewichts auf dem Sinnesnerven zur Ganglienzelle und von dieser nach sehr mäßiger Verzögerung durch den Vollzugsnerven zum Vollzugsorgan fortschreitet, in diesem eine mechanische oder sekretorische Arbeit auslösend. Diesen Vorgang heißt man einen Reflex oder eine Reflexthätigkeit. Tritt durch Beeinflussung der Ganglienzellen in dem Verlauf des Reflexes eine erhebliche Verlangsamung oder gar eine völlige Unterdrückung ein, so nennen wir das eine Reflexhemmung.

Ein solcher Reflexmechanismus kann aber auch von anderer Seite her in Thätigkeit versetzt werden, nämlich durch Erregung der Ganglienzelle. Diese erfolgt wohl sehr selten durch direkten Einbruch eines äußeren Reizes, es ist sogar für viele Ganglien außer Zweifel, daß sie für äußere Reizung unempfindlich sind; dagegen ist eine Erregung durch die Nervenfasern möglich, mit denen die Ganglienzelle mit Centren höherer Ordnung verbunden ist, auf diese Weise kann eine Reihe von Reflexmechanismen durch den Willensanstoß in Bewegung gesetzt werden.

Die automatischen Elementarmechanismen sind in manchen Stücken noch dunkel. Wenn es in der That solche gibt, so besteht der Unterschied vom Reflexmechanismus darin, daß der sensitive Theil fehlt und mithin die Erregung stets von der Ganglienzelle ausgeht, d. h. daß diese das primär erregte ist. Wahre Automatie wäre es aber erst, wenn die Erregung in dem Gangliencentrum ohne jede Beeinflussung von außen entstünde. Ob es eine solche gibt, ist sehr fraglich. Scheinbare Automatie ist es, wenn die Erregung nur von der Beschaffenheit des Blutes ausgeht, und solche automatische Mechanismen gibt es zweifellos, z. B. das Athmungscentrum und die im Herzen gelegenen Centra der Herzbewegung.

Von der automatischen Thätigkeit gibt es zweierlei Formen. Tonische Automatie nennen wir eine solche, durch welche in dem Vollzugsorgan eine gleichmäßig anhaltende d. h. nur in langen Zwischenräumen einer Steigerung oder Verminderung unterworfene Thätigkeit unterhalten wird. Hieher gehört z. B. die anhaltende Spannung der Muskeln in der Wand der Schlagadern. Rhythmische Automatie nennen wir eine solche, bei welcher im Vollzugsorgan eine rhythmische durch Erschlaffungspausen unterbrochene Arbeitsleistung stattfindet. Beispiele hiefür sind die rhythmischen Bewegungen des Herzens und des Athmungsapparates.

Auch die automatischen Centra sind einer Beeinflussung von Seite solcher Nerven unterworfen, welche sie mit Centren höherer Ordnung verbinden, und der Einfluß ist theils eine Hemmung, theils eine Beschleunigung (Automatiehemmung und Automatiebeschleunigung); so kennen wir Nerven, welche die automatische Thätigkeit des Herzens verlangsamen, ja vollständig hemmen, und andere, welche sie beschleunigen; gleiches gilt für die Athmungs- und Darmbewegungen und die tonische Automatie der Blutgefäßmuskeln.

8. Der Gesammtmechanismus.

Der Leib des Menschen als eine Arbeitsmaschine betrachtet ist eine methodische Zusammenstellung von zahlreichen Elementarmechanismen, zwischen welche aber eine beträchtliche Zahl von lebendigen und todten Zellen eingelagert sind, die nicht in direktem d. h. durch Nerven vermittelten Verband mit den Elementarmechanismen stehen, aber erhebliche Dienste bei der Gesammtarbeit leisten; wir unterscheiden von letztern nach Leistung und Einfügungsart die Wanderzellen und die Gerüst- und Deckzellen

Ein weiterer Bestandtheil des Körpers, der gleichfalls noch nicht genannt wurde, sind die nicht aus lebendiger Substanz gebildeten, also direkt nicht erregbaren Theile, die bei der Arbeit eine passive Rolle spielen. Dahin gehören einmal Flüssigkeiten, deren wichtigste die flüssige Grundlage des Blutes und der Lymphe ist, und feste Substanzen von mehrerlei Art: die steife, eine große Tragfähigkeit besitzende Knochensubstanz, die minder steife Knorpelsubstanz und die weichen biegsamen, aber mitunter mit bedeutender Festigkeit und hoher Elasticität ausgerüsteten Bindesubstanzen, aus denen Sehnen, Häute, Hüllen und Ausfüllungsgewebe gefertigt sind. Obwohl diese Stoffe nicht selbst lebendig sind, so sind sie doch durch eine vollständige Durchspickung mit lebendigen Zellen in innigste Beziehung zu den Lebensvorgängen gebracht und ihre Eigenschaften sowohl als ihre Mengenverhältnisse spielen eine wichtige Rolle bei der Thätigkeit der lebendigen Mechanismen, indem sie die passiv bewegten Theile sind. Wir können sie deshalb zusammenfassend als passiven Arbeitsmechanismus dem aktiven oder lebendigen Arbeitsmechanismus gegenüber stellen.

Wenden wir uns zu dem letzteren, so zeigt er uns eine methodische Zusammenstellung von Elementarmechanismen zu Mechanismen höherer und höchster Ordnung in mehrfacher Abstufung nach dem Princip der Beiordnung und Ueberordnung.

Beginnen wir von oben herab, so besteht der Körper aus zweierlei erheblich verschiedenen obersten Mechanismen:

1. Der willkürliche Mechanismus. Die Grundlage desselben ist eine große Zahl von elementaren Reflexmechanismen, deren Centraltheile zur Bildung von Rückenmark und Gehirnbasis sich vereinigt haben, während die Vollzugsorgane mit einander die Muskeln des Kopfes, Rumpfes und der Gliedmaßen, die sogenannten willkürlichen Muskeln bilden. Die Sinneszellen dieser Elementarmechanismen liegen theils zerstreut in der Haut (als Tastorgane), theils sind sie gruppenweise zur Bildung der höheren Sinnesorgane (Gesicht, Gehör, Geruch und Geschmack) zusammengetreten. Die Verknüpfungen dieser Elementarmechanismen zu solchen höherer Ordnung liegen alle im Gehirn und Rückenmark und sie alle zusammen bilden den physischen Theil des willkürlichen Mechanismus, worüber weiter unten das nähere. Dieser physische Theil ist nun in geordnete Verbindung mit dem psychischen Mechanismus gesetzt, dessen Theile das große Gehirn bilden und gänzlich aus leitenden Nervenfasern und Ganglienzellen bestehen. Letzteres ist der Sitz der Empfindung, des Gedächtnisses und des Willens, worüber weiter unten gleichfalls noch einiges nähere gesagt werden soll. Der willkürliche Mechanismus verrichtet alle nach außen hin gerichtete Thätigkeit, er ist der äußere Arbeitsmechanismus.

2. Die unwillkürlichen Mechanismen, die man, von der Ansicht ausgehend, daß der willkürliche Mechanismus der wesentliche, weil allein nach außen hin arbeitende Theil der ganzen Maschine ist, als Hilfsmechanismen bezeichnen kann. Sie haben alle das gemein, daß ihre Thätig-

keit dem Willenseinfluß mehr oder weniger entzogen ist, daß bei ihnen die automatischen Elementarmechanismen eine Hauptrolle spielen. Solcher Hilfsmechanismen besitzt der Körper folgende: die Mechanismen der Athmung und der Ernährung, mehrere Ausscheidungsmechanismen und den Kreislaufmechanismus.

Der Verband der Hilfsmechanismen unter einander und mit dem Arbeitsmechanismus wird gleichfalls durch Nerven bewerkstelligt. Am innigsten ist die Verbindung des Athmungsmechanismus mit dem Arbeitsmechanismus, in dem zur Athmungsmechanik der Hauptsache nach willkürliche Muskeln herangezogen sind. Weniger innig ist die Verbindung des Kreislaufmechanismus mit dem willkürlichen Apparat. Die Vollzugsorgane sind hier eigener Art und bestehen aus unwillkürlichen Muskeln; dagegen ist derselbe sowohl vom Centrum des willkürlichen Apparates als auch reflektorisch von den Sinneszellen aus beeinflußbar. Der größten Unabhängigkeit erfreut sich der Ernährungsmechanismus, der nur in den ersten und letzten Wegen reflektorisch von den Sinneswerkzeugen und von dem Willen beeinflußt werden kann, in seinen mittleren Abschnitten fast nur einer indirekten Beeinflussung zugänglich ist. Das gleiche gilt auch von den Ausscheidungsmechanismen.

In den nächsten Kapiteln wollen wir uns nun zuerst mit der Leistung der genannten Hilfsmaschinen beschäftigen, hier aber zuvor noch die Frage erörtern, warum und wozu überhaupt die Aufstellung solcher Hilfsmaschinen im Körper des Menschen nöthig ist.

Der eine Grund ist der, daß jeder kleinste Theil des Körpers einer steten Ab- und Zufuhr von Stoffen und Kräften bedarf, wenn er nicht der Selbstzersetzung anheimfallen und seine Funktionsfähigkeit einbüßen soll. Während das einzellige Infusorium einen direkten Stoffwechsel mit den umgebenden Medien unterhält, sind die Zellen des menschlichen Leibes für Stoffzu- und -abfuhr auf eine, man könnte sagen, künstliche Ernährungsflüssigkeit (Blut und Lymphe) angewiesen, welche die Vermittlerrolle zwischen ihnen und denjenigen Körperflächen zu übernehmen hat, welche in der Lage sind, den Stoffbedarf aus der Außenwelt zu beziehen und die Abfuhr nach außen zu besorgen. Dies ist die Aufgabe eines besonderen Mechanismus, des Kreislaufapparates.

Ein darmloser Eingeweidewurm, der in einer alle Gebrauchsstoffe enthaltenden Körperflüssigkeit seines Wirthes lebt, entnimmt dieser einfach durch die Auffaugethätigkeit der ganzen Körperoberfläche seinen Bedarf und gibt ebenda die Umwandlungsprodukte seines Körpers an sie wieder ab. Der Mensch dagegen kann aus der ihn umgebenden Luft mittelst seiner Körperoberfläche blos einen seiner Verbrauchsstoffe, den Sauerstoff der Luft und auch von diesem nur einen Minimaltheil seines Bedarfs beziehen (Hautathmung).

Von Abgaben durch die Haut ist außer Wärme, Wasserdampf und einem Minimaltheil von Kohlensäure nichts erhebliches zu berichten, denn Hauttalg, Hautabschuppung und die Salze und Riechstoffe des Schweißes sind nur ein winziger Bruchtheil der fixen Körperausgaben.

Diese Geringfügigkeit des Stoffwechsels durch die allgemeine Körperoberfläche hat, abgesehen davon, daß die Luft eben nur einen einzigen Bedarfsstoff, den Sauerstoff, liefern kann, wesentlich darin ihren Grund, daß das Verhältniß von Oberfläche und Körpervolum ein äußerst ungünstiges ist, wenn wir z. B. den Menschen mit einem Infusorium vergleichen, dessen Körperdurchmesser nur nach Hunderttheilen eines Millimeters berechnet werden kann. Der zweite Grund der Unzulänglichkeit liegt in der Beschaffenheit der Körperoberfläche. Diese ist wegen ihrer geringen Durchfeuchtung und aus sonstigen nicht näher bekannten Ursachen von geringer Durchgängigkeit, namentlich für in Lösung befindliche fixe Stoffe. So haben Versuche mit unsern Mineralwassern dargethan, daß die Aufsaugefähigkeit der Haut für gelöste Mineralstoffe wahrscheinlich gleich Null ist.

Zur Deckung des Stoffwechselbedarfs ist deshalb der menschliche Körper auf innere Oberflächen angewiesen, deren höherer Durchfeuchtungsgrad und sonstige Beschaffenheit eine höhere Durchgängigkeit bedingen. Dasselbe gilt für die Stoffabgabe, und daraus ergibt sich die Nothwendigkeit, die Bedarfsstoffe jenen inneren Oberflächen zuzuführen, bzw. die dorthin ergossenen Abfuhrstoffe wieder von ihnen zu entfernen.

Eine weitere Complikation der menschlichen Arbeitsmaschine ist darauf zurückzuführen, daß für sie in der Außenwelt die Bedarfsstoffe nicht in der Mischung und Zubereitung, in der sie gebraucht werden, ungefähr so parat liegen, wie bei einem im Speisebrei seines Wirthes lebenden Eingeweidewurm. Diese Mischung muß sich der Körper erst machen, und namentlich zerfällt sein Bedarf in zwei durchaus verschiedene Theile, in die fixen Nährmittel, die er im flüssigen oder festen Zustand als Speise und Trank zu sich nimmt, und den gasförmigen Sauerstoff, den er einathmet. Es zerfällt mithin das Geschäft der Stoffaufnahme in die Athmungsarbeit und Ernährungsarbeit.

Zu dieser Arbeitstheilung im Bereich der Stoffaufnahme gesellt sich der weitere Umstand, daß die Stoffabgabe nur zum Theil mit der ersteren zusammenfällt. Betrachten wir das im Einzelnen.

Ein fast vollständiges Zusammenfallen von Aufnahme und Abgabe findet bezüglich der gasförmigen Stoffe statt. Die Abgabe der Kohlensäure und die Aufnahme des Sauerstoffs erfolgen fürs erste auf denselben Flächen, der inneren

Lungenoberfläche und der äußeren Hautfläche, durch wechselseitigen Austausch. Fürs zweite ist der Bewegungsapparat der Lunge derart, daß der gleiche Mechanismus in rhythmischem Spiele Aufnahme und Abgabe besorgt, also Einathmung und Ausathmung im gleichen Verhältniß zu einander stehen, wie Anspannung und Erschlaffung eines und desselben Theiles.

Bezüglich der fixen Ausgaben findet keine so vollständige Deckung statt. Die am Munde beginnende, durch den Darm sich fortsetzende und mit der Kothentleerung endende Ernährungsarbeit schafft von den fixen Abfuhrstoffen nur circa 14% aus dem Körper hinaus (circa 200 g), was noch unbedeutender ausfällt, wenn wir von der Kothmenge die unverdauten Bestandtheile der Nahrungsmittel abrechnen. Für die Hauptmasse der auszuscheidenden Stoffe ist in den Harnwerkzeugen ein eigener Ausscheidungsapparat gegeben, der circa 86% der fixen Ausgaben (circa 1500 g) in der Form von Harn aus dem Körper entfernt.

Ueber das Verhältniß von fixen und gasförmigen Ausscheidungen ergaben die Versuche von Valentin, daß 42,6% in Gasform den Körper verlassen.

Eine dritte Arbeitstheilung bezieht sich auf den Kräftewechsel. Die Kraftaufnahme fällt zwar (die Sinnesreize abgerechnet) mit der Ernährung und Athmung zusammen, indem die Nährstoffe verfügbare Spannkräfte enthalten und der eingeathmete Sauerstoff das Mittel zu ihrer Freimachung ist; allein die Kräfteabsonderung fällt nur zum Theil mit den genannten Stoffwechselarbeiten zusammen, nämlich nur insofern es sich um die Wärmeabgabe handelt. Jedoch auch bei ihr erfolgt der Hauptaustritt aus dem Körper zum großen Theil unabhängig von den übrigen Ausscheidungsthätigkeiten, und nur der innere Wärmetransport bedient sich des gleichen Apparates wie der Stofftransport, nämlich des Kreislaufapparates. Da wir diejenige Kräfteabsonderung, welche in Gestalt von Massenbewegungen erfolgt, als äußere Arbeit erst beim Arbeitsmechanismus behandeln, so gibt sie uns hier keinen Anlaß zu weiteren Bemerkungen.

Aus dem bisherigen ergibt sich, daß die innere Arbeit in zwei Sektionen zerfällt. Die erste Sektion besteht aus Athmung, Ernährung und Ausscheidung und kann die direkte genannt werden, weil sie den direkten Verkehr des Körpers nach außen unterhält. Die zweite Sektion wird einzig von der Kreislaufarbeit gebildet, die wir deshalb auch die indirekte oder noch besser die intermediäre Arbeit nennen können. Wir besprechen nun in den folgenden Kapiteln diese Arbeiten der Reihe nach insoweit, als es für unsere Zwecke erforderlich ist.

9. Der Ernährungsmechanismus.

Im strengen Sinne des Wortes ist eigentlich der gesammte Körper „ein Ernährungsmechanismus“, denn in letzter Instanz arbeiten fast alle Körpertheile, mit einziger Ausnahme der Fortpflanzungsorgane, im Dienste der Ernährung, namentlich ist ja der erste Zweck aller äußeren Arbeit die Sicherung der leiblichen Existenz durch den Nahrungserwerb. Wenn wir aber das obige Wort im engeren Sinne nehmen, so verstehen wir darunter eine Dreieinigkeit von zwei dem Willenseinfluß gehorchenden periferischen Apparaten, nämlich Mundwerkzeugen und Kothentleerungsapparat und einem centralen dem Willenseinfluß entzogenen Theil, dem Verdauungsapparat.

Bei der Aufnahme der Nahrung und Entleerung des Kothes handelt es sich nur um mechanische Vorgänge, während bei der Arbeit der Verdauungsorgane zu der mechanischen Thätigkeit noch eine chemische kommt.

Die Aufgabe, welche den Mundwerkzeugen gestellt ist, besteht in dem Ergreifen der Nahrung, dem Kaugeschäft, falls die Nahrung nicht direkt verschlingbar ist, der Bildung des Bissens und endlich dem Abschlingen des letztern. Dieser Apparat ist beim Menschen äußerst complicirt. Die Kiefer mit den Zähnen und Kaumuskeln, die Lippen, die Zunge mit ihren Muskeln und Geschmacksorganen, die beweglichen Wände des Rachens und das Gaumensegel besorgen die mechanischen Arbeiten; kleine Schleimdrüschen liefern den zähen Schleim,. der die Speisen beschmieret und schlüpfrig macht, und mehrere Paare von Drüsen bereiten den Speichel, der theils zur Durchfeuchtung der Speisen dient, theils eine verdauende Wirkung besitzt, indem er das Stärkemehl der Nahrung zuerst in Dextrin und dann in Traubenzucker verwandelt.

Wir wollen uns nicht mit der Einzelbeschreibung der Thätigkeit der Mundwerkzeuge befassen, die ja jeder leicht an sich selbst beobachten kann, sondern nur einiges praktisch wichtigere daraus hervorheben.

Das wichtigste Geschäft der Nahrungsaufnahme ist das Kauen. Es wäre irrig zu glauben, daß dessen einziger Zweck die Zerkleinerung und Schlingbarmachung der Speise wäre; dasselbe ist vielmehr ein für den Erfolg der Magenverdauung wichtiges Vorbereitungsmittel, weil von ihm die genügende Beimischung des Speichels zur Nahrung wesentlich abhängt. Durch das Kauen wird derselbe nicht etwa blos in innigere Verbindung mit der Nahrung gesetzt, sondern die Kaubewegungen und der von den Speisen im Mund ausgehende chemische und mechanische Reiz spornen die Speicheldrüsen zu vermehrter Absonderung an. Da von dem Speichel die Ueberführung des unlöslichen Stärkemehls in löslichen Zucker während der Magenverdauung abhängt, so ist es besonders für die stärkmehlhaltigen Speisen wichtig, daß sie dem Menschen in einer Form geboten werden, welche seine Kauwerkzeuge in Bewegung setzt; es ist also die Breiform namentlich bei Mehlspeisen zu verwerfen. Wenn wir trotzdem den kleinen Kindern Brei zu essen geben, so geschieht es, weil sie eben noch nicht kauen und feste Bissen abschlingen können; allein wir dürfen nie vergessen, daß deshalb auch die Kinder bei Breinahrung sehr leicht Verdauungsstörungen ausgesetzt sind. Man eifert von ärztlicher Seite zwar mit einem gewissen Recht gegen die Lutschbeutel, allein den Nutzen haben sie doch, daß durch das Lutschen eine große Menge Speichel erzeugt wird, der der Stärkemehlverdauung zu gute kommt. Derselbe ist deshalb bei reiner Milchnahrung überflüssig, allein bei Breinahrung an und für sich zweckmäßig und nur deshalb bedenklich, weil bei nachlässiger Handhabung sein Inhalt in Gährung übergeht. Wo man davor nicht sicher ist, gebe man dem Kinde leere Lutschbeutel aus Kautschuk.

Für den Erwachsenen und namentlich für jeden, der eine schwache Verdauung besitzt, muß daran festgehalten werden, daß er stärkemehlhaltige Nahrung möglichst nur in solcher Beschaffenheit genießt, welche zum Kauen zwingt, und daß er möglichst lange daran kaut. Bekanntlich haben die Sprechbewegungen einen ähnlichen befördernden Einfluß auf die Speichelabsonderung wie die Kaubewegungen, und es spielt deshalb das Tischgespräch eine wichtigere Rolle, als man gemeinhin annimmt.

Bei der Leistungsfähigkeit der Kauwerkzeuge steht die Beschaffenheit des Gebisses obenan. Sobald dasselbe lückenhaft ist und namentlich die Backzähne fehlen oder dienstuntauglich sind, leidet die Kauarbeit. Die Leute kauen unvollständig, und das hat den doppelten Nachtheil, daß zu wenig Speichel erzeugt wird und feste Speisen in einem zu groblichen, deshalb weniger verdauungsfähigen Zustande verschluckt werden. Bei Personen mit schlechtem Gebiß sind deshalb Verdauungsstörungen häufiger, und deshalb ist nicht nur die Pflege der Zähne, sondern auch das Einsetzen künstlicher Zähne eine wichtige Pflicht der Selbsterhaltung. Nur bemerke ich mit Bezug auf letzteres, daß die wichtigsten Zähne die Backenzähne sind; die Schneidezähne können wir viel leichter entbehren.

Das Schlechtwerden der Zähne hat zweierlei Ursachen: 1. Entweder sind sie schlecht entwickelt. Hier fehlte es an der richtigen Behandlung der Kinder zur Zeit der Zahnbildung und des Zahnwechsels. Um diese Zeit soll dem Kinde Gelegenheit zum kräftigen Beißen gegeben werden durch Verabreichung von harten Gegenständen, hartem Brot 2c, an denen es nagen kann und muß. Dann ist der Reis ein Nahrungsmittel, welches durch seinen großen Gehalt an Fluorcalcium sich besonders als Nahrung in diesem Alter empfiehlt, denn die Härte und chemische Widerstandsfähigkeit der Zähne steht in geradem Verhältniß zu ihrem Gehalt an diesem Mineral. In Gegenden, wo der Reis die Hauptnahrung ist, sind kranke Zähne äußerst selten. 2. Uebermäßiger Genuß von sauren Speisen oder von Speisen, welche Säure- und Pilzbildung in der Mundhöhle verursachen (Zucker), ruiniren die Zähne, sobald man die Stoffe zu lange auf die Zähne einwirken läßt. Deshalb ist das Reinigen des Mundes von Speiseresten jedesmal nach der Mahlzeit aufs dringendste zu empfehlen.

Wir haben schon oben gesehen, daß der Antrieb zur Thätigkeit der Mundwerkzeuge vom Willen ausgeht. Hinter diesem aber stehen als Triebfedern zwei Gemeingefühle, der Hunger und der Durst, worüber einige Worte.

Das Hungergefühl ist eine drückende nagende Empfindung im Magen und schließlich auch im Darm, bei der ohne

Zweifel die Abnahme des in den Darmwandungen circulirenden Blutes eine, wenn auch nicht die alleinige Rolle spielt. Die Blutfülle des Darms ist nun einerseits abhängig von der gesammten Blutmenge, deren Herabminderung mithin das Hungergefühl veranlassen kann. Andrerseits ist sie aber auch von der Blutvertheilung abhängig, und die bekannte Thatsache, daß bei Körperarbeit der Hunger bälder eintritt, als wenn wir uns ruhig verhalten, hängt sicher nicht allein von der durch die Arbeit herbeigeführten Verminderung der Blutmenge, sondern auch davon ab, daß die Körpermuskeln während der Arbeit einen größeren Antheil der Gesammtblutmasse für sich in Anspruch nehmen, so daß für den Darm weniger übrig bleibt. Dafür spricht auch die Thatsache, daß schon die Aufnahme von unverdaulichen Gegenständen in den Magen das Hungergefühl vorübergehend aufhebt, weil der von ihnen ausgehende mechanische Reiz den Magen in Arbeit versetzt und mit ihr eine gewisse Blutfülle der Wandungen wiederkehrt, allerdings nur vorübergehend. Der Zeitpunkt, in welchem der Hunger eintritt, wird rascher herbeigeführt und der Hunger stärker durch jegliche äußere Arbeit und um so mehr, je größer die Summe der dabei betheiligten Körpertheile ist. Er tritt früher ein und ist stärker bei kalter Luft, weil hiebei der Stoffverbrauch im Körper größer ist, und bei trockener Luft, weil hier die Blutmenge durch Verdunstung rascher vermindert wird.

Der Durst ist eine örtliche Empfindung von Trockenheit und Brennen im Schlund und Mund, welche von dem Trockenwerden der betreffenden Schleimhautstellen herrührt, weil sie dem trocknenden Einfluß des Athmungsstromes mehr ausgesetzt sind als die meisten übrigen Flächen des Körpers, sobald entweder die Athmungsluft einen zu geringen Feuchtigkeitsgehalt besitzt oder der Wassergehalt des Blutes zu gering geworden ist, oder endlich die Gesammtblutmasse abgenommen hat. Trockene Luft wirkt mithin doppelt dursterzeugend, einmal weil dann die Wasserverluste des Gesammtblutes größer sind, und zweitens, weil sie die genannten Schleimhautstellen rascher austrocknet. Der Durst kann deshalb auch auf zweierlei Weise gestillt werden, einmal, aber nur vorübergehend, durch Befeuchtung der genannten Schleimhäute und dann durch direkte oder indirekte Wasseraufnahme in das Blut.

Unter den Anstößen zur Thätigkeit der Mundwerkzeuge sind noch zwei Reflexe zu nennen. Wir wissen, daß schon der Geruch einer Speise, ja sogar schon das Denken an eine solche „das Wasser im Munde zusammenlaufen macht“ d. h. die Speichelabsonderung befördert, und die gleiche Reflexerscheinung rufen die schmeckenden Bestandtheile in der Mundhöhle hervor. Wir werden auf diesen Umstand im nächsten Kapitel zurückkommen.

Wenden wir uns jetzt zu dem Verdauungsapparat. Derselbe ist gleichfalls von außerordentlicher Complicirtheit. Die Hauptsache an demselben ist das Verdauungsrohr, an dem wir die Speiseröhre, den Magen, den Dünndarm, Dickdarm und Mastdarm als aufeinanderfolgende Abschnitte unterscheiden. Dasselbe ist ein Muskelrohr, das innen mit einer drüsenhaltigen Schleimhaut überzogen ist. Von Drüsen finden sich in der Speiseröhre nur zerstreute Schleimdrüschen; der Magen und alle folgenden Abschnitte sind dagegen mit einer zusammenhängenden Schichte schlauchförmiger Verdauungssaftdrüsen belegt, und in dem Dünndarm stehen zwischen den Drüsenausmündungen noch feine schlanke Zotten oder Zäpfchen, die sogenannten Darmzotten, deren Thätigkeit die Aufsaugung der verdauten Theile des Speisebreies ist. Hiezu kommen zwei große Drüsen, die Leber und die Bauchspeicheldrüse, deren jede einen eigenen Verdauungssaft in den Anfang des Dünndarmes liefert — Galle und Bauchspeichel.

Die mechanische Leistung dieses Apparates besteht in der geeigneten Weiterbeförderung der Speisen vom Mund bis in den Mastdarm, wobei sie zu einem Brei zerrieben und mit den Verdauungssäften gemischt werden. Diese Bewegung entzieht sich von dem Augenblick, wo der Bissen der Rachenenge zum Abschlingen übergeben ist, unserer unmittelbaren Kenntnißnahme und unserem Willen und vollzieht sich nur unter Einwirkung der Nahrung selbst, wobei es hauptsächlich auf deren Beschaffenheit und Menge ankommt, ob diese Vorgänge in einer für die gesammte Arbeitsfähigkeit des Körpers gedeihlichen Weise vor sich gehen oder nicht. Diese Bewegungen gehen von einer Muskelhaut aus, die den Darm vollkommen einscheidet, aus glatten Muskelfasern gebildet ist und sich in eine innere Schicht mit ringförmigem Faserverlauf und eine äußere mit längsgerichtetem Faserverlauf scheidet. Am Magen kommen hiezu schief laufende Fasernzüge. Die Wirkungsweise dieser Muskelhaut ist folgende:

Wenn sich die Ringfaserschicht verkürzt, so wird der Querschnitt des Rohres verengert und das geht so weit, daß es zu völligem Verschluß des Rohres kommt. Indem nun die Zusammenziehung der Ringfaserschicht von Querschnitt zu Querschnitt fortschreitet, wird der Darminhalt in gleicher Richtung verschoben.

Die Wirkung der Längsfaserschicht ist die gleiche: Ist durch Zusammenziehung einer Partie der Ringfaserschicht an einer Stelle die Darmlichtung geschlossen und zieht sich jetzt die Längsfaserschicht zusammen, wodurch das Darmrohr verkürzt wird, so gelangt dadurch der Speisebrei, der nicht comprimirbar ist, in weiter abwärts liegende Theile: diese werden gewissermaßen über den Speisebrei hergestülpt.

Im Normalzustand sind diese Bewegungen sehr langsam und werden durch den mechanischen und chemischen Reiz des Speisebreies direkt ausgelöst. Es ist aber ermittelt, daß außerdem dreierlei Umstände auf sie einwirken können. Einmal beschleunigt der Nerv, welcher die Herzbewegung hemmt (der neunte Hirnnerv) die Darmbewegungen, ist also die Bahn, auf welcher gewisse Gemüthsbewegungen (z. B. Angst) den Darm in Bewegung setzen. Auf der andern Seite kennt man in einem Eingeweidenerven (N. splanchnicus) einen Hemmungsnerven für die Darmbewegungen. Der dritte Umstand ist, daß Zunahme der Kohlensäure im Blut die Darmbewegungen anspornt. Wir machen hievon bei der Kothentleerung unwillkürlich Gebrauch: indem wir bei Anwendung der Bauchpresse den Athem anhalten, vermehren wir den Kohlensäuregehalt des Blutes und steigern so die Darmbewegungen.

Der Effekt der genannten Bewegungen ist in der Speiseröhre das Hinabgleiten des Bissens in den Magen. In diesem bewirken sie eine kreisende Bewegung des Inhalts, wodurch stets neue Partieen des Speisebreies mit der Magenwand und dem von ihr ergossenen Magensaft in Berührung kommen und schließlich eine innige Durchmischung der aufgenommenen Speisen mit dem Verdauungssaft erfolgt.

Bei dem längeren Verweilen der Speisen im Magen spielt der Umstand eine Rolle, daß ein Muskelring an der Austrittsöffnung, der sogenannte Pförtner, durch den Reiz der Speisen zur Zusammenziehung gereizt, den Magen verschließt und daß dieser Verschluß erst nachläßt, wenn der Mageninhalt durch die fortschreitende Verdauung seine chemische und mechanische Reizungsfähigkeit verloren hat und der Muskelring ermüdet ist.

In dem Darme läuft die mechanische Arbeit auf ein langsames durch zeitweilige rückläufige Bewegungen unterbrochenes Fortschieben des portionweise in ihn eintretenden Speisebreies hinaus, wobei noch die zahlreichen Darmzotten bei der Bewegung nach Art einer Bürste oder eines Pinsels fein vertheilend auf die einzelnen Bestandtheile wirken. Letzteres ist namentlich für das Fett des Speisebreies von Wichtigkeit, da dessen Aufsaugbarkeit weniger von einer chemischen Umänderung als von einer feinen mechanischen Vertheilung, einer sog. Emulgirung, abhängig ist.

Ein passives Moment in der Darmmechanik ist die Blinddarmklappe. Sie bewirkt, daß aus dem Dickdarm unter normalen Verhältnissen kein Rückläufigwerden des Inhalts in den Dickdarm möglich ist.

Knüpfen wir sogleich die Betrachtung der mechanischen Vorgänge bei der Kothentleerung an. Dieselbe erfolgt unter Zuhilfenahme der durch Athemverhaltung gesteigerten unwillkürlichen Darmbewegungen durch die dem Willen unterworfene Anwendung der Bauchpresse: eine Einathmung vergrößert das Volum der Lunge; dann schließt sich die Stimmritze, um die Luft am Entweichen zu verhindern, und nun werden alle Muskeln gespannt, welche eine Volumsverminderung der Eingeweidehöhle anstreben, wodurch der Afterverschluß aufgehoben wird.

Nun einige Worte über den Chemismus der Verdauung. Derselbe besteht darin, daß durch den Einfluß der erhöhten Wärme und der von den Drüsen gelieferten Verdauungssäfte die Speisen verdaut, d. h. die an und für sich löslichen Stoffe aufgelöst, andere Stoffe, die an und für sich nicht löslich sind, entweder chemisch so verändert werden, daß sie löslich sind, oder so fein mechanisch zerkleinert, daß sie durch die Poren der Darmzotten passiren können.

Einer eigentlichen Verdauung bedürftig sind folgende Bestandtheile der Speisen: a) das Stärkemehl. Es muß in Dextrin und Zucker übergeführt werden, und das geschieht unter Einwirkung eines Fermentes im Mundspeichel und eines ähnlichen im Bauchspeichel. b) Das Fett muß theils verseift, zum größeren Theil aber fein emulgirt werden; auf die Verseifung nimmt die Galle einen ganz besonderen Einfluß, auf die Emulgirung Galle, Bauchspeichel und der Darmschleim. c) Die Eiweißstoffe. Sie werden in sog. Pepton, einen leicht diffundirbaren Stoff, umgewandelt, woran sich mit Ausnahme des Mundspeichels wahrscheinlich alle Verdauungssäfte, hervorragend der Magensaft und der Bauchspeichel, betheiligen.

Der Fortgang des Verdauungsgeschäftes hängt ab von der genügenden Menge und Qualität der Verdauungssäfte, von der Zeit, die der Einwirkung derselben vergönnt ist, von der Beschaffenheit der Nahrung, wie wir im folgenden Kapitel näher erläutern wollen, und von der Leistungsfähigkeit des Verdauungsrohrs, über welche hier etwas gesagt werden soll.

Die Leistungsfähigkeit des Verdauungsrohrs ist einmal ein Bestandtheil der gesammten Körperconstitution. Je blutreicher, je reicher an arbeitenden Eiweißstoffen ein Mensch ist, um so kräftiger ist in der Regel auch seine Verdauung, während sie bei blutarmen, schwächlichen und auf der andern Seite bei fettsüchtigen Personen sehr häufig darniederliegt. Von großer Wichtigkeit scheint der Tonus der Blutgefäße und der Muskelwand zu sein. Schlachtet man ein gesundes Thier, so sind die leeren Partieen des Darmrohrs fest, vollständig zusammengezogen und dabei blutarm, während bei Individuen, die unter Erscheinung von Darmleiden gestorben sind, der Darmkanal schlaff, nicht vollständig zusammengezogen und seine Blutgefäße noch gefüllt sind. Nehmen wir hinzu, daß nach angestrengterer Körperarbeit nicht blos der Appetit stärker, sondern auch die Verdauungsthätigkeit energischer ist, so gewinnen wir folgende Einsicht in die Bedingungen der Leistungsfähigkeit.

Einmal ist sie ein Produkt der Uebung des Verdauungsapparates. Anhaltender Genuß von Nahrungsmitteln, welche zu leicht verdaulich sind, wirken verweichlichend, leistungsherabsetzend auf den Darmkanal, weil dessen Muskulatur nicht genügend geübt wird. Es soll die Nahrung eine gewisse Menge unverdaulicher, mechanisch reizender Theile enthalten, wenn die Leistungsfähigkeit des Darmes erhalten und entwickelt werden soll. Es ist Thatsache, daß Leute, die sog. „rauhe" Kost genießen, eine kräftigere Verdauung besitzen. Damit ist aber nicht gesagt, daß man stets rauhe Kost genießen soll, das taugt nur, wo auch die nachher zu erwähnende Bedingung zutrifft; aber man soll von Zeit zu Zeit rauhe Kost genießen, um den Darm in Uebung zu erhalten und auch bei der gewöhnlichen Kost in der Richtung der Verdaulichkeit der Speisen nicht zu weit gehen. Z. B. Thiere, denen man in Gefangenschaft die rauhen, schwer verdaulichen Theile ihrer Nahrung vorenthält, z. B. dem Fleischfresser Knochen und Federn, dem Fischfresser die harten Gräten, dem Insektenfresser die harten Insektenpanzer, büßen an Verdauungsfähigkeit ein.

Der andere Punkt wurzelt in dem Wechselverhältniß, das bezüglich der Blutvertheilung zwischen dem Darm einerseits und dem Arbeitsmechanismus andrerseits besteht. Sobald wir einen Körpertheil in Arbeit versetzen, so erschlaffen seine Blutgefäße und er zieht hiedurch ein bedeutendes Plus von Blut in sich herein (bis zu 80% gegenüber dem Ruhezustand). Dieses Plus wird andern Körpertheilen entzogen. Setzen wir die willkürlichen Muskeln des Körpers in ausgiebige Arbeit, so ist das gleichbedeutend mit einer bedeutenden Blutentziehung aus dem Darm, und eben dieser regelmäßigen, hochgradigen Blutentziehung scheint derselbe zu bedürfen, um von einer Mahlzeit zur andern sich völlig zu erholen, die Drüsen mit Verdauungsfermenten und die Muskeln mit neuen Spannkräften zu laden. Daraus erklärt sich, daß Leute, die hart arbeiten müssen, auch sehr gute Esser sind, die selbst die schwerste Nahrung leicht verdauen, während Leute mit sitzender Lebensweise schwerer Nahrung gegenüber häufig erliegen.

Diesem Wechselverhältniß in der Blutvertheilung müssen wir übrigens noch nach einer andern Seite hin eine Beachtung schenken.

So gewiß die Körpermuskeln mehr Blut auf sich ziehen und brauchen, wenn sie arbeiten, bedarf der Darm einer reichlicheren Durchblutung während des Verdauungsgeschäftes, und indem er dabei den andern Körpertheilen Blut entzieht, mindert er zeitweilig deren Arbeitsfähigkeit herab, d. h. so lange als die Verdauungsarbeit dauert.

Dieser Wechsel in der Blutvertheilung während der Verdauung äußert sich, für jedermann wahrnehmbar, kurz nach der Mahlzeit in einem Blässerwerden der Haut und mitunter leichtem Frösteln, das den gegentheiligen Erscheinungen erst weicht, wenn durch die Aufsaugung aus dem Speisebrei die Gesammtmasse des Blutes zunimmt.

Weiter äußert sich die Blutschwankung darin, daß nach genommener Mahlzeit zunächst die Arbeitsfähigkeit des Körpers sich herabmindert, das Bedürfniß nach Verdauungsruhe sich einstellt und daß umgekehrt Vornahme starker körperlicher Arbeit während der Verdauung die letztere beeinträchtigt, indem die arbeitenden Muskeln und Nerven ihrerseits das Blut anziehen, also den Blutgehalt des Darms beeinträchtigen; es ist deshalb das Einhalten der Verdauungsruhe ein diätetisches Gebot, dem sich kein wildes Thier entzieht und auch der Mensch sich nicht entziehen sollte.

Auch zu den andern Hilfsmaschinen des Körpers besteht eine Beziehung, die sich aus den Räumlichkeitsverhältnissen der Eingeweidehöhle ergibt. Da in ihr auch der Athmungs- und Kreislaufmechanismus aufgestellt sind, so wirkt die Nahrungsaufnahme raumbeengend auf diese beiden Hilfsmechanismen und setzt der Thätigkeit derselben Hindernisse entgegen, eine Erscheinung, die jeder nach genossener Mahlzeit an sich selbst beobachten kann. Da von der Leistungsfähigkeit des Athmungs- und Kreislaufapparates die Fähigkeit des willkürlichen Mechanismus abhängt, so kommt auch diese Raumbeengung einer vorübergehenden Herabminderung der Gesammtarbeitsfähigkeit gleich, die in dem Maße abnimmt, als Magen- und Darminhalt durch Aufsaugung und Kothentleerung ihr Volumen vermindern.

Daraus geht weiter klar hervor, daß Nahrungsmittel, die viel unverdauliche Reste enthalten, weil die Ernährung durch dieselben größere Massen erfordert, die Arbeitsfähigkeit des Menschen mehr und bei schwacher Verdauungskraft namentlich länger beeinträchtigen. Deshalb bedürfen Leute, die rauhe Nahrung genießen, der Verdauungsruhe viel nöthiger als Leute, die nur Leichtes und deshalb wenig essen.

---

10. Speise und Trank.

Es ist nicht meine Aufgabe, hier alle die verwickelten Verhältnisse erschöpfend zu erörtern, die bei der Auswahl und Zubereitung der Nahrungsmittel in Betracht kommen. Ich will aus dem reichen Stoffe nur das hervorheben, was in näherer Beziehung zu der Erhaltung der Arbeitsfähigkeit und Gesundheit des Körpers steht und, verweise den Leser bezüglich des übrigen auf die von J. Ranke in einem Band dieser Bibliothek gegebene Darstellung der Ernährung.

Der erste Punkt, der ausführlicher besprochen werden soll, ist das Verhalten der verschiedenen Nahrungsmittel gegenüber den Verdauungsmechanismen, das wir als Verdaulichkeit bezeichnen. In dieser Beziehung stehen die völlig flüssigen Stoffe, sofern dieselben nicht wie die Milch im Magen eine Gerinnung erfahren, obenan. Sie werden ohne weiteres aufgesaugt und dem Blute zugeführt. Anders ist dies bei den festen Nahrungsmitteln, die erst durch die Verdauung verflüssigt werden müssen, und diese bedürfen deshalb eingehenderer Erörterung. Ich beginne mit dem diesbezüglichen Unterschied zwischen den pflanzlichen und thierischen Nahrungsmitteln.

Bei den thierischen treten die in ihnen enthaltenen Nährstoffe in direkte Berührung mit den Verdauungssäften, oder sie sind in leicht verdauliche Hüllen eingeschlossen; bei den pflanzlichen Nährmitteln dagegen befindet sich die verdauliche Substanz innerhalb der aus Holzfaserstoff (Cellulose) bestehenden Membran der Pflanzenzellen eingeschlossen. Der Holzfaserstoff ist für die menschlichen Verdauungssäfte entweder gar nicht oder nur in einem sehr geringen Grade verdaulich; der Mensch kann deshalb bei unverletzter Zellhülle den Inhalt nur dadurch sich aneignen, daß die Verdauungssäfte die letztere durchdringen und die eingekapselten Nährstoffe lösen, so daß sie auf osmotischem Wege aus der Kapsel heraus können, ein Prozeß, dessen Leichtigkeit wesentlich von der Dicke der Kapselwand abhängt. Aus diesem Grunde ist Fleischnahrung im allgemeinen leichter verdaulich als Pflanzennahrung, und unter den Pflanzen selbst sind wieder junge und weiche Theile mit dünnen Zellkapseln leichter verdaulich als verholzte mit dicken Zellwänden. Der Mensch hat es bis zu einem gewissen

Grade in seiner Gewalt, die Verdaulichkeit der von der Natur gebotenen Pflanzennahrung durch die Zubereitungsweise zu erhöhen, worüber kurz folgendes gilt:

Wenn derselbe die Pflanze zu Brei verkocht, so hat er damit die einzelnen Zellen aus ihrem Verbande gelöst, so daß diese rundum dem Angriffe der Verdauungssäfte preisgegeben sind und leicht ausgesogen werden können.

Enthält das pflanzliche Nahrungsmittel Stärkemehl, so bietet letzteres einen weiteren Angriffspunkt, um die Verdaulichkeit zu erhöhen. Die in den Zellen eingeschlossenen Stärkekörner quellen beim Kochen auf, indem sie sich in Kleister verwandeln. Hiebei zersprengen sie die Zellkapseln oder verdünnen dieselben durch bedeutende Dehnung, wodurch sie das Verdauungshinderniß entweder ganz hinwegräumen oder auf ein Minimum reduciren; es ist also nicht blos der Umstand, daß Stärkemehl leicht in Zucker, also einen werthvollen Nährstoff, umgewandelt werden kann, sondern auch die aufschließende Wirkung der aufquellenden Stärkekörner, welche den stärkemehlhaltigen Pflanzenstoffen ihre hohe Bedeutung als menschliches Nahrungsmittel sichert.

Eine weitere Erleichterung für die Verdaulichkeit der Pflanzennahrung ist das Mahlen unserer Getreidearten, indem hiebei die Zellkapseln, in denen der Kleber und das Stärkemehl sitzt, auseinanderfallen und zum Theil mechanisch zersprengt werden.

Bei allen Nahrungsstoffen, bei denen es sich nicht blos um einfache Auflösung, sondern um chemische Umwandlung handelt, hängt die Raschheit der Verdauung von der Menge der ergossenen Verdauungssäfte ab. Versuche haben gezeigt, daß im nüchternen Zustande so gut wie keine Verdauungssäfte abgesondert werden, daß dieser Prozeß vielmehr erst Wirkung der Speisen ist: unter sonst gleichen Verhältnissen werden also Speisen, die reizender wirken, reichlichere

Säftemengen den Drüsen des Verdauungsrohrs entlocken als reizlosere. Die betreffende Eigenschaft der Speisen hängt nun theils von der chemischen, theils von der physikalischen Qualität ab.

Bezüglich der chemischen Qualität gilt, daß eine Reihe der wichtigsten Nahrungsstoffe, wie das Stärkemehl, die Eiweißstoffe, die neutralen Fette, zu den chemisch reizlosen, weil indifferenten, gehören. Mithin beruht von dieser Seite die Verdaulichkeit eines Nahrungsmittels darauf, ob in demselben neben den eigentlichen Nährstoffen noch solche Stoffe vorhanden sind, welche einen Absonderungsreiz auf die Verdauungsdrüsen ausüben. Hier handelt es sich um folgende Stoffe:

1. Die Riechstoffe. Wir haben bereits im vorigen Kapitel bemerkt, daß schon der Geruch einer Speise, wenn er ein angenehmer ist, das „Wasser im Mund zusammenlaufen macht" d. h. die Speichelabsonderung erhöht, was durch eine Reflexerregung vom Geruchsorgan auf die Speicheldrüsen hervorgebracht wird, und wissen weiter, daß dieser Reflexmechanismus auch von dem psychischen Mechanismus aus erregt werden kann; denn schon die Vorstellung einer Speise wirkt ebenso. Bei einem Hunde, dem wir eine Magenfistel angelegt haben, erfahren wir weiter, daß dieser Reflexreiz sich sogar auf die Magensaftdrüsen erstreckt: der Magen geifert, sobald das Thier eine Speise riecht. Daraus ist klar, daß eine appetitlich riechende Speise leichter verdaulich ist als eine geruchlose oder schlecht riechende, sonst ganz gleich beschaffene.

2. Die Geschmackstoffe. Von ihnen gilt das gleiche wie von den Riechstoffen; sie wirken als Absonderungsreiz auf Speichel- und Magendrüsen, woraus sich der Satz ergibt, daß eine wohlschmeckende Speise leichter verdau-

lich ist als eine geschmacklose oder schlechtschmeckende. Daraus ergeben sich folgende praktische Regeln:

Verwendet man Nahrungsmittel, welche schon von Natur mit angenehmen Riech- und Geschmackstoffen versehen sind, so ist es Aufgabe der etwa nöthigen Zubereitung, dieselben nicht verloren gehen zu lassen, wogegen sehr häufig gesündigt wird, z. B. durch Kochen in unbedeckten Gefäßen, durch das zu starke Abwaschen der Gemüse oder dadurch, daß man das erste Siedwasser von Gemüsen weggießt. Derlei Manipulationen sind nur da vorzunehmen, wo es sich um Beseitigung eines widrigen, die Absonderung hemmenden oder gar giftigen Schmeck- oder Riechstoffes handelt. Hat man es mit einem geruch- und geschmacklosen Nahrungsmittel zu thun, so ist es Aufgabe der Kochkunst, diesem Uebelstande abzuhelfen. Häufig läßt sich Wohlgeruch und Wohlgeschmack ohne weiteres aus der Speise selbst durch Kochen oder Braten entwickeln, das ist z. B. beim Fleisch der Fall (Geruch und Geschmack von Bouillon und Braten), oder man bedient sich der sogenannten Gewürze, wobei man aber immer zweierlei vor Augen haben muß, daß es sich nicht blos um Herstellung von Wohlgeschmack, sondern auch um die von Wohlgeruch handelt.

Von den eigentlichen Nährstoffen kommt nur einem einzigen Wohlgeschmack zu, nämlich dem Zucker, der somit auch eine Rolle als Würze spielt; die übrigen Würzen zerfallen in zwei Gruppen.

Die erste wird von scharfen, sauren oder aromatischen Pflanzenstoffen gebildet, deren uns die Natur eine Menge darbietet. Den Gebrauch solcher finden wir bei allen Völkern der Erde, und es ist die adäquate Verwendung derselben ein Hauptpunkt in der Kochkunst.

Die zweite Gruppe der Würzestoffe bilden gewisse Salze, unter denen das Kochsalz, von dem in den meisten

Nahrungsmitteln zu wenig vorhanden ist, obenansteht. Die Mitwirkung des Kochsalzes bei der Verdauung bezieht sich jedoch nicht blos auf die Beförderung der Drüsenabsonderung. Einmal kommt hinzu, daß das Salz den thierischen Schleim, der von allen Abtheilungen des Verdauungsrohrs abgesondert wird, dünnflüssiger macht, also die Mischbarkeit des Speisebreies erhöht. Der zweite Umstand ist, daß das Kochsalz die Durchgängigkeit der Darmwand für einige wichtige Nährstoffe erhöht; dies gilt für das zur Blutbildung so wichtige Eisen, für phosphorsauren Kalk, aus dem die Knochen bestehen (weshalb das Salz am wenigsten in der Wachsthumsperiode fehlen darf), und soll auch gelten für die Aufsaugung des Stärkezuckers.

Die zweite Salzgattung, an deren es einer Speise nicht fehlen darf, sind die Kalisalze, insbesondere die phosphorsauren. Sie gehören insofern auch unter die Kategorie der Gewürze, als sie eine erregende Wirkung auf den Kreislaufapparat haben und so durch Herbeiführung einer reichlicheren Duchblutung des Verdauungsapparates die Verdaungsthätigkeit nach mehreren Richtungen hin fördern, abgesehen davon, daß sie überall im Körper als Reizmittel nöthig sind und es auch eines steten Nachschubs bedarf, weil der Körper sie fortwährend wieder verliert. Viele Nahrungsstoffe sind von Hause aus mit einer genügenden Menge von Kalisalzen versehen, und der Mensch bevorzugt diese schon lange, durch bloße Erfahrung geleitet. Solche kalisalzreiche Nahrungsmittel sind vor allem das Fleisch, die Getreidekörner und junges Gemüse. Manche Nahrungsmittel, worunter insbesondere die Kartoffel zu nennen ist, haben viel zu wenig Kalisalze und diese verlangen eine Nachhilfe durch eine an Kalisalzen reiche Würze. Eine solche ist der Fleischextrakt beziehungsweise die Fleischbrühe. Man darf aber dabei, namentlich beim Fleischextrakt nie vergessen, daß die Kalisalze nur in kleinen Mengen der Nahrung beigemischt sein dürfen; in größeren Mengen sind sie sogar ein durch Herzlähmung tödtendes Gift. Ueberhaupt muß von allen, auch den pflanzlichen Gewürzen gesagt werden, daß ein übermäßiger Gebrauch derselben durch Ueberreiz schädlich wirkt.

Selbstverständlich gilt das von der Würzung gesagte nicht blos von den Speisen, sondern auch von den Getränken. Es ist durchaus nicht richtig, daß das reine Wasser das beste Getränk sei. Soll es den Verdauungsapparat anregen, so muß es entweder kalt sein oder anregende Stoffe enthalten. Unter diesen verdient besonders die Kohlensäure als ein durchaus adäquater Magenreiz hervorgehoben zu werden. Ein kohlensäurereiches Wasser, ein kohlensäurereiches Bier, ein Schaumwein sind für den Verdauungsapparat stets zuträglicher als das gleiche Getränk ohne Kohlensäure; nur zu viel Kohlensäure wirkt durch Blähung nachtheilig.

Auch auf die Bouquete der alkoholischen Getränke muß hier aufmerksam gemacht werden. Sie sind bei der Wirkung dieser Getränke auf die Verdauungswege durchaus nicht zu ignoriren, und es ist kein Wahn, wenn wir einen wohlschmeckenden, duftenden Wein einem sonst ganz ähnlich beschaffenen unbedingt vorziehen. Der Alkohol wirkt zwar schon für sich allein reizend auf die Magenwände, allein dadurch, daß er die Eiweißsubstanzen des Speisebreies gerinnen macht, braucht er Beifügungen, die diese nachtheilige Wirkung durch dauernde Anregung des Magens paralysiren, und das scheinen die Bouquete zu leisten. Auf der andern Seite darf die Zweckmäßigkeit des Genusses von alkoholischen Getränken zum Essen nicht angezweifelt werden, da die Anspornung des Kreislaufsmechanismus der Energie der Verdauungsarbeit erheblich zu Statten kommt. Aber diese Wirkung ist an Einhaltung eines gewissen Maßes geknüpft.

Man soll pro Tag nicht mehr als 60 Gramm reinen Alkohols in Getränkform zu sich nehmen, was etwa einem Liter Tischwein oder 2 Liter Bier entspricht.

Ein weiterer Umstand, der bei der Verdaulichkeit einer Speise in Betracht kommt, ist deren physikalische Beschaffenheit, da auch von ihr das Maß der Verdauungsthätigkeit beeinflußt wird, indem die Schleimhaut auch auf mechanische Reize reagirt. Wie wirksam diese letzteren sind, kann man sich an dem freigelegten Magen eines soeben getödteten Thieres unmittelbar besehen: sobald man mit einer Federfahne leise über die Innenfläche hinstreicht, erfolgt eine Zusammenziehung der gereizten Partie unter Auspressung von Magensaft.

Daraus geht hervor, daß Speisen, die einen völlig gleichartigen Brei bilden, den Magendrüsen nicht so viel Verdauungssaft entlocken können, als solche, welche aus einer mehr oder weniger flüssigen Grundmasse und darin schwimmenden kleinen Brocken festerer Stoffe bestehen, also die physikalische Beschaffenheit unserer meisten Suppen und Gemüse haben: Wenn bei den rotirenden Bewegungen, in welche der Magen seinen Inhalt versetzt, die Brocken an den Magenwänden vorbeistreifen, wirken sie wie im obigen Versuch die Federfahne.

Daran müssen wir noch eine weitere Betrachtung anreihen.

Untersucht man das Schicksal gewisser Speisen im Magen, so findet man, daß sie bei normaler Thätigkeit rasch unter Schwund der Brocken in einen gleichartigen, also mechanisch reizlosen Brei verwandelt werden. Da weiter viele chemisch reizende Stoffe sehr rasch ins Blut übergehen und auch chemische Gewöhnung eintritt, so kann auch die chemische Reizungsfähigkeit des Darminhaltes verschwinden, ehe die Magenverdauung ihre Schuldigkeit gethan hat. Durch den Nachgenuß einer zweiten Speise können wir diesen reizlosen Zustand des Mageninhaltes wieder aufheben und zwar in dreierlei Weise: wir können erstens durch Nachgenuß eines gewürzhaften oder stärker gesalzenen Stoffes den nöthigen chemischen Reiz ausüben, zweitens durch Nachgenuß von bröckligen Speisen oder durch einen Schluck Wein, der durch Gerinnung Brocken schafft, die physikalische Reizungsfähigkeit wieder herstellen, und drittens liegt, auch wenn eine mehr oder weniger indifferente Speise genossen wird, eine neue Reizung darin, daß die Gleichartigkeit des Speisebreies gestört wird. So lange die neue Speise mit dem früher vorhandenen Mageninhalt nicht eine gleichartige Mischung eingegangen hat, wird bei der Bewegung des Speisebreies an einer und derselben Stelle des Magens bald eine Partie des alten, bald eine des neuen Inhaltes anliegen und jeder derartige Wechsel ist ein Reizmoment.

Daraus erklärt sich die bekannte Thatsache, daß von zusammengesetzten Mahlzeiten größere Quantitäten verdaut werden können als von einer einzelnen Speise, und es sagt uns selbst unsere eigene Empfindung darüber das nöthige: wenn wir bei einer Mahlzeit von einer Speise eine gewisse Menge genossen haben, so stellt sich eine Art von Sättigungsgefühl ein, das aber sofort neuem Appetit Platz macht, sobald wir zu einer zweiten Speise übergehen, welche neuerdings den Geschmack und Geruchssinn und nach dem Abschlingen die Magenwand reizt. Durch diesen Kunstgriff bewältigen Magen und Darmkanal bei reich zusammengesetzten Gastmahlen geradezu erstaunliche Speisemengen, wobei es freilich in hohem Grade auf die richtige Reihenfolge der verschiedenartigen Speisen und Getränke ankommt. Hiebei ist auf folgendes zu achten:

Eine nachfolgende Speise kann die Reizungsfähigkeit des Mageninhaltes erhöhen, aber dieselbe auch herabsetzen. In dieser Richtung spielt namentlich das Fett eine bedenkliche Rolle; indem es die bröcklichen Theile überzieht, vermindert es deren mechanische Reizungsfähigkeit und schützt sie auch bis zu einem gewissen Grade vor den Einwirkungen des Magensaftes, so daß nach zwei Richtungen hin die Verdaulichkeit des Speisebreies beeinträchtigt wird. Deshalb ist es ein völlig richtiger Instinkt, daß uns zu fette Speisen bald widerstehen, und bei einem Gastmahl sind deshalb fette Speisen nur mit großer Vorsicht zu verwenden.

Wollen wir also einmal dem Verdauungskanal eine größere Arbeitsleistung zumuthen (über die Nützlichkeit derselben siehe später), so ergibt sich aus obigem noch folgende Regel: man warte mit der Aufnahme der nachfolgenden Speisen bis der aus der vorhergehenden Speise entstandene Mageninhalt seine Reizungsfähigkeit bis zu einem gewissen Grade verloren hat. Man hat nämlich mit folgendem Umstande zu rechnen: so lange der Speisebrei die Magenwände noch stärker reizt, bleibt die Ausgangsöffnung des Magens in den Darm, der sogen. Pförtner, geschlossen. Die Erschlaffung und mithin die ruckweise Entleerung des Magens in den Dünndarm erfolgt erst, wenn der Speisebrei eine reizlose gleichartige Masse geworden ist. Wenn wir also die neue Speise zu rasch nachschicken, so mangelt es nicht blos an Platz, sondern wir verhindern die Entleerung des Magens und erhalten ihn zu lange in unnatürlich gedehntem Zustande, was einen lähmenden Einfluß auf die Muskeln der Magenwand und schließlich auch auf die Absonderung des Magensaftes ausübt, weil die Circulation des Blutes durch die Magenwände beeinträchtigt wird. Die Folge einer solchen Lähmung ist eine doppelte: einmal entläßt der jetzt erschlaffende Pförtner ungenügend vorbereiteten Speisebrei in den Dünndarm und der Nachlaß der rotirenden Bewegungen und der Saftabsonderung verlangsamt und sistirt schließlich die Magenverdauung gänzlich, so daß selbst an und für sich leicht verdauliche Substanzen selbst nach 24 Stunden noch in ungelöstem Zustande im Magen getroffen werden.

Die Aufgabe, welche die Ernährungsarbeit den verschiedenen Nahrungsmitteln gegenüber zu lösen hat, ist weiter davon abhängig, in welchem Verhältniß bei einem bestimmten Nahrungsmittel die verdaulichen und die unverdaulichen Nährstoffe stehen, indem von der Menge der letzteren wesentlich die Masse des zu bewegenden Speisebreies und schließlich im Dickdarm der fortzubewegenden Kothmassen abhängt.

Im allgemeinen gilt, daß pflanzliche Nährmittel reicher an unverdaulichen Resten sind als thierische, weil sie den schon oben als unverdaulich bezeichneten Holzfaserstoff enthalten. Es ergibt sich also auch aus diesem, daß pflanzliche Nahrung an die Verdauung höhere Anforderungen stellt als die thierische, was morphologisch darin seinen Ausdruck findet, daß die Pflanzenfresser ein längeres und weiteres Verdauungsrohr haben als die Fleischfresser. Hier liegt aber eine jener so oft vorkommenden Regulirungserscheinungen vor: allerdings bedarf die pflanzliche Nahrung einer größeren Arbeit als die thierische, allein sie ruft auch eine energischere Verdauungsthätigkeit hervor und *erhöht*, wie das schon im vorigen Kapitel besprochen, die *Leistungsfähigkeit des Verdauungsrohrs auf die Dauer*. Bezüglich des ersten Punktes erinnere ich an das, was oben von der mechanischen Reizung des Verdauungsrohrs durch die Nahrung gesagt wurde. Gerade der Gehalt der Pflanzennahrung an unverdaulicher Rohfaser sichert dem Speisebrei dauernd seine mechanische Reizungsfähigkeit, und so entlockt sie den Magen- und Darmdrüsen weit größere Mengen von Verdauungssäften als die Fleischnahrung, die sehr bald in einen reizlosen Brei verwandelt wird. Daraus erklären sich manche Erscheinungen des täglichen Lebens, z. B. die Thatsache, daß wir zum Fleisch mit besonderer Vorliebe Gemüse genießen und daß durch diesen Beisatz das Fleisch nicht blos leichter verdaut wird, sondern uns auch nicht so leicht widersteht, als wenn wir es allein genießen. Ein hübsches Analogon ist, daß viele Raubthiere ihre Beuten mit Haaren und Federn verschlingen, welch' letztere durch ihre Unverdaulichkeit dieselbe Rolle spielen wie die Rohfaser beim Pflanzenfresser.

In den meisten Lehrbüchern der Physiologie finden sich Tabellen über die Verdaulichkeit der hauptsächlichsten Nahrungsmittel des Menschen, die theils an Menschen mit natürlichen Magenfisteln, theils an solchen, die sich freiwillig erbrechen konnten, gemacht wurden; allein aus dem oben gesagten geht hervor, daß die für die einzelnen Speisen angegebenen Verdauungszeiten durchaus nur relativ richtig sind, da bei allen diesen Versuchen die Wirkung des Beifutters auf die Verdaulichkeit unberücksichtigt geblieben ist: man reichte die Speisen jede für sich. Genauere Versuche für die Nahrung der Hausthiere stellen gegenwärtig die landwirthschaftlichen Versuchsstationen an. Ich beschränke mich nun in folgendem auf die Angaben der relativen Verdaulichkeit einiger der wichtigsten Nahrungsmittel.

1. Animalische Stoffe. Unter den verschiedenen Fleischsorten kommt dem Fleische kastrirter Thiere die größte Verdaulichkeit zu. Das Fleisch von Ochsen, Hämmeln, Kapaunen und Poularden ist durchweg verdaulicher als das der unkastrirten Thiere gleicher Art. Unter den letzteren ist das der weiblichen Thiere verdaulicher als das der männlichen. Weiter ist das Fleisch gemästeter Thiere verdaulicher als solcher, die in Arbeit, besonders angestrengter, stehen. Bezüglich des Alters gilt folgendes. Es ist falsch, wenn man glaubt, daß je jünger das Fleisch, um so verdaulicher es sei; im Gegentheil ist das Fleisch am verdaulichsten am

Schluß der Wachsthumsperiode des Thieres. So ist Ochsenfleisch entschieden verdaulicher als Kalbfleisch, Hammelfleisch verdaulicher als Lammfleisch; erst mit weiterer Zunahme des Alters nimmt die Verdaulichkeit wieder ab. Unter den Haussäugethieren hat das Schwein das schwerverdaulichste Fleisch. Betreffs der Zubereitung gilt, daß vorheriges Gefrieren und ein gelinder Grad von Fäulnißgährung (beim Wild gebräuchlich) die Verdaulichkeit erhöht; dann ist rohes Fleisch am leichtesten, gebratenes weniger leicht und gekochtes am schwersten zu verdauen. Endlich Speck ist schwerer verdaulich als Fleisch. Die Eier sind am leichtesten verdaulich im rohen Zustande, am schwersten hartgesotten.

2. Von pflanzlichen Nahrungsmitteln sind leicht verdaulich junge Gemüse, namentlich Spargeln, Hopfen, Artischocken, weiße Rüben, von Mehlspeisen altes gut ausgebackenes Weizenbrot. Besonders schwer verdauliche Nahrungsmittel sind im allgemeinen Kartoffeln, frisches und schlecht ausgebackenes Brot, Hülsenfrüchte, Butterteigbäckereien, überhaupt sehr fette Mehlspeisen.

Eine weitere Eigenschaft der Speisen, die wir ins Auge fassen müssen, ist deren Ausnützbarkeit; diese hängt allerdings in erster Linie von der Verdaulichkeit ab: je leichter verdaulich eine Speise ist, um so vollständiger werden ihre nahrhaften Stoffe dem Blute zugeführt; allein doch kommt noch ein Punkt in Betracht.

Die völlige Ausnützung der Nahrung hängt nicht blos von der Intensität der Verdauungsthätigkeit, sondern auch von der Dauer derselben ab. Speisen, welche den Verdauungskanal zu rasch durchwandern, werden deshalb, namentlich wenn sie zugleich schwer verdaulich sind, unvollständig ausgenützt. Dieser Vorwurf trifft insbesondere eine Nahrung, die zu reich an Stärkemehl ist; eine solche geht im Darm in saure Gährung über, und diese wirkt beschleunigend auf die Darmbewegung. So gehen bei ausschließlicher Brotnahrung oder Kartoffelnahrung mindestens 40 % der darin enthaltenen Nährstoffe mit dem Koth ab. Daraus folgt, daß der Bedarf an stickstofflosen Nährstoffen nicht ausschließlich mit Stärkemehl gedeckt werden darf, sondern noch das Fett und der Zucker herangezogen werden müssen.

Bei der Frage nach der Nahrhaftigkeit einer Speise, von der das zur Erhaltung und Arbeitsleistung erforderliche Tagesquantum derselben abhängt, muß zuerst etwas über das Nährstoffverhältniß gesagt werden. Es ist durch zahlreiche Versuche festgestellt, daß dem Menschen nicht blos überhaupt eine gewisse Menge von den auf S. 114 aufgeführten Nährstoffen verabreicht werden muß, sondern daß hiebei die zwei Gruppen von Nährstoffen die stickstoffhaltigen (Eiweiß) und die stickstofflosen (Kohlenhydrate und Fette) in einem gewissen Mengeverhältniß zu einander stehen müssen. Voit verlangt für Ruhetage ein Verhältniß von 1 Theil Eiweiß auf 3,5 Kohlenhydrat, für Arbeitstage 1:4,7. Will man nun die Nahrhaftigkeit einer Speise feststellen, so muß sie nach zwei Richtungen, 1. nach ihrem Gehalt an Eiweiß, 2. nach ihrem Gehalt an stickstofflosen Nährstoffen taxirt werden. Voit hat eine solche Doppeltabelle geliefert. Er hat zuerst ermittelt, daß ein erwachsener arbeitender Mensch pro Tag 118 g trockenen Eiweißes und daneben 265 g Kohlenstoff in Form von Fetten oder Kohlenhydraten verzehren muß. Die eine Tabelle enthält nun die Angabe, wie viel von dem betreffenden Nahrungsmittel täglich verzehrt werden muß, um in ihnen 118 g Eiweiß zu erhalten. In der andern Tabelle gibt er an, wie viel der Speise erforderlich ist, um 328 g Kohlenstoff, d. h. die obigen 265 g plus den 63 g Kohlenstoff, die im Eiweiß enthalten sind, geliefert zu bekommen.

Für 118 g Eiweiß		Für 328 g Kohlenstoff	
Käse	g 272	Mais	g 801
Erbsen	520	Weizenmehl	824
Mageres Fleisch . .	538	Reis	896
Weizenmehl	796	Erbsen	919
Eier (18 Stück) . .	905	Käse	1160
Mais	989	Schwarzbrot	1346
Schwarzbrot . .	1430	Eier (43 Stück) . . .	2231
Reis	1868	Mageres Fleisch . . .	2620
Milch	2905	Kartoffel	3124
Kartoffel	4575	Milch	4652
Weißkohl	7625	Weißkohl	9318
Weiße Rüben	8714	Weiße Rüben	10650
Bier unendliche Menge, da es kein Eiweiß enthält.		Bier	13160

In dieser Tabelle ist noch anzumerken, daß aus ihr auch beurtheilt werden kann, ob das Nährstoffverhältniß richtig ist oder nicht. Richtig ist es bei den Stoffen, die wie Schwarzbrot und Weizenmehl in beiden Tabellen fast die gleiche Ziffer haben; falsch ist es, wo sie bedeutend differiren. In diesem Fall ist das Nahrungsmittel für sich allein keine zweckmäßige Nahrung, sondern es muß mit einem von entgegengesetzter Beschaffenheit combinirt werden. Andernfalls, d. h. wenn man es als alleinige Nahrung benützt, greift nothwendigerweise eine Verschwendung Platz. Wenn wir z. B. uns blos von Käse nähren wollten, so müßten wir, um den vollen Bedarf an Kohlenstoff zu decken, nach obiger Tabelle 1160 g genießen, während für die Deckung des Eiweißbedarfes 272 genügen, was eine beträchtliche Eiweißverschwendung wäre. Beim Reis z. B. wäre die Sachlage umgekehrt.

Nun noch einige Worte über die Totalmenge der täglichen Nahrung. Hinsichtlich dieser unterscheiden die Thierzüchter dreierlei Verhältnisse: 1. Das Erhaltungsfutter, d. h. diejenige Menge, welche gerade hinreicht, um den Körper im status quo zu erhalten; 2. das Produktionsfutter welches entweder eine Vermehrung des Körpergewichts oder produktive Absonderungen (Wolle, Milch rc.) zur Folge hat; 3. das Hungerfutter, welches nicht im Stande ist das Körpergewicht, wohl aber das Leben zu erhalten. Der Unterschied zwischen diesen dreierlei Mengenverhältnissen ist so aufzufassen: sobald ein Mensch einige Zeit lang im produktiven Ernährungsverhältniß steht, so steigt sein Körpergewicht bis zu dem Grad, auf welchem Nahrungsmenge und Körpermasse in dem Verhältniß des Erhaltungsfutters zu einander stehen; umgekehrt, setzt sich ein Mensch auf Hungernahrung, so nimmt sein Körpergewicht ab bis zu dem Standpunkt, wo das Erhaltungsfutterverhältniß hergestellt ist. Daraus erhellt, daß das Erhaltungsfutterverhältniß das eigentliche Maß für das Nahrungsbedürfniß abgibt, und man berechnet es gewöhnlich pro Kilo Körpergewicht. Diese Zahl ist jedoch keineswegs eine constante; sie ist nach den hauptsächlich an Thieren angestellten Versuchen für kleine Thiere, also auch für kleine Menschen größer als für große, weil bei ersteren der Stoffverbrauch größer ist. Dies rührt offenbar von den größeren Wärme- und Wasserverlusten her, denen ein kleinerer Körper ausgesetzt ist. Dieselben bilden Reize für Athmungs- und Kreislauforgane, die einerseits vermehrte Sauerstoffzufuhr, andrerseits stärkeren Bewegungstrieb zur Folge haben; denn es ist eine bekannte Thatsache, daß nicht blos Kinder lebhafter sind als Erwachsene, sondern auch kleine erwachsene lebhafter als große erwachsene Personen. Weiter ist klar, daß die Menge der Erhaltungsnahrung bei arbeitenden Personeu größer sein muß als bei unthätigen, weil die Arbeit auf einem Stoffverbrauch beruht. Weiter ist die Temperatur der Luft von Einfluß: bei kalter Luft wird dem Körper mehr Sauerstoff zugeführt, was gleichfalls stärkeren Stoffverbrauch, aber auch größere Wärmebildung zur Folge hat; deshalb muß man im Winter und in kaltem Klima ein größeres Nahrungsquantum und namentlich mehr Fett und Kohlenhydrate zu sich nehmen als im Sommer und in warmem Klima. Bezüglich der Nahrungsmenge gibt es ein Zuviel und ein Zuwenig und das richtige Maß richtet sich einmal nach der Masse des Körpers und dem Maß der zu vollführenden Arbeit. Darunter darf man jedoch nicht blos die Muskelarbeit verstehen, im Gegentheil ist durch eine Reihe von Versuchen nachgewiesen, daß der Gelehrte und der Künstler mehr Nahrung, namentlich mehr Eiweißstoffe bedarf als der Handwerker; insbesondere wurde diese Thatsache von mehreren Forschern durch die Zunahme des Harnstoffs bei lebhafter Geistesthätigkeit und Gemüthserregung constatirt. So theilt Benneke mit, daß Dr. Becker in Folge einer sehr freudigen Erregung in 24 Stunden 1159 g Körpergewicht verlor, daß die Menge der entleerten Harnbestandtheile von 70 auf 87 g und die des Harnstoffs von 37 auf 40 g stieg.

Im allgemeinen verläßt man sich in Bezug auf das Maß der Nahrungsaufnahme zu sehr auf den Umstand, daß Hunger- und Sättigungsgefühl für die nothwendige Regulirung sorgen, und doch lehrt der tägliche Augenschein, daß nach beiden Richtungen hin ungemein häufig gesündigt wird, namentlich bei den besseren Ständen in der Richtung des Zuviel. Hier ist die Wage das beste Controlirungsmittel, aber allerdings nur, wenn damit eine Messung der Körperumfänge verbunden wird: eine Steigerung des Körpergewichts bei Gleichbleiben der Umfänge ist ein günstiges Zeichen in Bezug auf Arbeitsfähigkeit und Gesundheit, worauf wir noch später zurückkommen werden; allein sobald mit dem Gewicht auch die Umfänge, namentlich der Bauchumfang steigt, so darf dies unter allen Umständen als eine nachtheilige Aenderung des Körperzustandes betrachtet werden. Es ist im allgemeinen viel zu wenig bekannt, namentlich in Süddeutschland, dem gelobten Lande der dicken Bäuche und des Stubenhockerthums, daß die Lebensversicherungsgesellschaften ein sorgfältiges Augenmerk auf dieses Verhältniß haben und daß alle Männer, bei denen der Bauchumfang den Brustumfang erreicht oder übertrifft, in eine schlechtere Versicherungsklasse rangirt werden. Auch hier geht Erkrankungsfähigkeit und Abnahme der Arbeitsfähigkeit Hand in Hand, ja die letztere erfährt durch das Fettleibigwerden eine erhebliche Abnahme lange, ehe sich eigentliche Krankheitsbeschwerden einstellen.

Uebrigens ist die Gefahr einer Uebarernährung nicht in allen Lebensaltern gleich groß; man erkennt vielmehr ziemlich leicht zwei Perioden. Die eine fällt an den Schluß der Wachsthumsperiode und läßt sich in folgender Weise erklären.

So lange der Körper Fleisch und Knochen zu bilden hat, bedarf er größerer Nahrungsmengen, als später, wo es sich nur um Erhaltung des Körpergewichts handelt. Bleibt nun jemand in Folge geringer Ausbildung des Hunger- und Sättigungsgefühls auch nach Vollendung des Wachsthums bei der gewöhnten Nahrungsmenge, so tritt Uebarernährung ein.

Noch viel ausgesprochener ist die zweite Epoche, die etwa auf das vierzigste Lebensjahr fällt. Hier scheinen mehrere Umstände zusammenzuwirken. Einmal nimmt in diesem Alter öfters der äußere Zwang zur Thätigkeit ab, wenn die Existenz an Sicherheit zugenommen und das Ringen um eine solche abgenommen hat. Ein weiterer

Punkt ist, daß die geschlechtlichen Funktionen und damit ein Faktor des Stoff- und Kraftverbrauchs um diese Zeit nachlassen, schon weil sie den Reiz zu verlieren beginnen. Ob die in derselben Zeit zu bemerkende Abnahme des Temperaments eine primäre Erscheinung ist oder erst hervorgerufen wird durch die Ueberernährung, wird schwer zu ermitteln sein; um so gewisser ist, daß sie zur mitwirkenden Ursache wird. Die Ueberernährung besteht natürlich auch hier wieder darin, daß in Folge geringer Ausbildung des Hunger- und Sättigungsgefühls der Mensch bei seinem früheren Nahrungsquantum bleibt, anstatt es entsprechend der Herabminderung des Verbrauchs zu kürzen.

Nach dem obigen ist in beiden Fällen die Trägheit der erwähnten Gemeingefühle in letzter Instanz schuld an der Ueberernährung, und wir fragen billig, woher es komme, daß sie nicht mehr ihre Schuldigkeit thun. Die Schuld liegt einfach in verkehrter Lebensweise. Wenn ein Mensch sich selten oder gar nie bis zum wirklichen Hungern bringt, wenn er durch Jahre hindurch eben nur aus Gewohnheit ißt oder aus Lüsternheit d. h. Bedürfniß nach Sinneskitzel, so mangelt es den das Hungergefühl vermittelnden Nerven und den dazu gehörigen Seelenorganen an der nöthigen Uebung und Unterscheidungsgabe, um ihr Wächteramt über das Nahrungsmaß auszuüben.

Dabei scheint ein eigenthümlicher Gegensatz zwischen Mann und Frau zu bestehen. Während bei ersterem mehr das Sättigungsgefühl seine Dienste versagt und Ueberernährung herbeiführt, findet man bei Frauen sehr häufig das Gegentheil: es mangelt am Hungergefühl, und die Folge ist Unterernährug mit Blutarmuth.

Wir haben zwar schon oben verschiedene wesentliche Punkte der Zusammensetzung der Nahrung abgehandelt, doch waren es nur die, welche die Verdaulichkeit betreffen und das Nahrungsquantum bestimmen. Hiezu kommen nun einige Anforderungen an die Zusammensetzung der Nahrung, welche die Rücksicht auf den Totaleffekt der Ernährung diktirt.

Einer dieser Punkte besteht darin, daß die richtige Körperbeschaffenheit eine stärkere Ansammlung von Wasser in den Geweben verbietet. Bezüglich des Essens verlangt dies die Maßregel, daß man unter Verhältnissen, welche für die Wasserabgabe nach außen ungünstig sind (sitzende Lebensweise, Aufenthalt in schlecht ventilirten Räumen) mehr solche Nahrungsmittel genießen soll, die der Wasseransammlung entgegen wirken. Hier steht Eiweiß oben an: je eiweißreicher die Nahrung, um so weniger kann Wasseraufstauung eintreten; bekannt ist, daß der erste Erfolg der Bantingkur eine beträchtliche Verminderung des Gewebswassers ist. Bezüglich des Trinkens fordert dieser Gesichtspunkt einmal eine gewisse Beschränkung in der Quantität, und in qualitativer Beziehung, daß den Getränken, namentlich solchen, die wir in größeren Mengen zu trinken pflegen, Harn- oder Schweißtreibende Stoffe beigefügt sind. Als solche kommen die schon aus andern Gründen wichtige Kohlensäure und der Alkohol in Betracht, und wir treffen deshalb bei allen Völkern der Erde alkoholische Getränke in Gebrauch, und für die zweckmäßigsten nicht blos für die Verdauung (siehe voriges Kapitel), sondern auch für den Gesammtköper sind die moussirenden alkoholischen Getränke zu erklären. Eine Nebenwirkung des Alkohols ist, daß er den Stoffwechsel verlangsamt, also eine Stofferspamiß ermöglicht, weshalb die Armuth sehr gern nach Schnaps greift. Auf der andern Seite schädigt ein Uebermaß von Alkohol, wie wir im vorigen Kapitel sahen, die Verdauung und ruinirt durch Ueberreiz das Nervensystem. Die entschieden weniger zuträgliche Wirkung junger Weine gegenüber alten soll darauf beruhen, daß in jungen Weinen aus den stickstoffhaltigen Bestandtheilen der Hefe ein Alkaloid sich zu entwickeln scheine, das besonders stark berauschend wirke, während es alten Weinen fehle.

Die Güte des Bieres hängt natürlich einmal von der genügenden Menge von Kohlensäure und Alkohol ab, dann enthält es im Hopfenbitter einen Stoff, welcher der bei übermäßigem Genuß von Getränken leicht eintretenden Magenerschlaffung entgegentritt und die Wirkung des Alkohols auf das Nervensystem und den Kreislauf hemmt: es wirkt beruhigend. Der größte Theil der nachtheiligen Wirkungen scheint beim Biere vom Hefengehalt auszugehen, und weiter hat man neuerdings die Beobachtung gemacht, daß durch nachträglichen Wasserzusatz zu fertigem Biere der in dem Hopfen enthaltene narkotische Bitterstoff, der in Verbindung mit dem Malzzucker unschädlich ist, frei gemacht und so vorher gutes gesundes Bier in eine schläfrig machende, bittere, gesundheitsschädliche Flüssigkeit verwandelt wird.

Noch sind einige Anforderungen an die richtige Zusammensetzung der Nahrung seitens der Blutbildung zu stellen. Voran ist es der Gehalt an Eisen, welches zur Bildung des Blutrothes unerläßlich ist. Es ist interessant, daß wir hier einer fast völligen Uebereinstimmung zwischen Thier- und Pflanzenkörper begegnen. Durch zahlreiche Untersuchungen ist festgestellt, daß zur Bildung des grünen Pflanzenfarbstoffs das Eisen eben so unumgänglich nöthig ist, wie zur Herstellung des Blutroths im Menschen: sobald man einer Pflanze das Eisen entzieht, wird sie bleichsüchtig und geht schließlich zu Grunde. Die Bleichsucht schwindet aber sofort, wenn die Eisenzufuhr wieder hergestellt ist, ja es genügt sogar das Benetzen eines bleichsüchtigen Blattes mit einer entsprechend verdünnten Eisenlösung, um es wieder ergrünen zu lassen. Dies entspricht der auch dem Laien bekannten Anwendung des Eisens als Heilmittel bei Bleichsucht des Menschen.

Fragen wir nach der Ursache des Eisenmangels, so denkt man natürlich sofort an einen ungenügenden Eisengehalt der Nahrung; allein zahlreiche Untersuchungen haben festgestellt, daß die Sache durchaus nicht so einfach ist, daß vielmehr die complicirtesten Stoffwechselvorgänge hierauf einwirken. Es ergibt sich dies schon aus der einfachen Thatsache, daß der tägliche Bedarf an Eisen äußerst gering ist und daß fast alle zusammengesetzten Nahrungsmittel, die der Mensch genießt, des Eisens genug enthalten, um den Bedarf zu decken. Man wird somit in den meisten Fällen entweder auf eine Behindernng der Aufnahme des Eisens ins Blut, insbesondere durch Verdauungsstörungen veranlaßt, oder auf eine vermehrte Abscheidung des Eisens hinweisen müssen. Letztere wird bei allen Zuständen eintreten, welche mit lebhafterer Zerstörung der des Blutroth führenden gefärbten Blutkörperchen verlaufen, und die Ursachen dieses, besonders in Leber und Milz sich abwickelnden Zersetzungsprozesses sind selbst wieder mancherlei Art.

Zu der Bildung des Blutroths gehört außer dem Eisen noch eine erhebliche Menge von den Eiweißstoffen, aus welchen die Blutkörperchen zusammengesetzt sind, und so muß natürlich jede Beeinträchtigung der Ernährung mittelst Eiweißstoffen auch die Bildung der Blutfarbe hemmen, und damit sind wir auf das reiche Gebiet der Ernährungsstörungen überhaupt verwiesen.

Ein weiterer Blutbestandtheil, dessen Schwankungen die Arbeitsfähigkeit beeinflußt, ist das Kochsalz, von dem wir schon oben sahen, daß es bei der Verdauung einen wesentlich fördernden Einfluß ausübt. Voran steht die Thatsache, daß Fleischfresser ein weit geringeres Bedürfniß nach Kochsalzgenuß haben als Pflanzenfresser und daß der Mensch, insofern er beiderlei genießt, die Mitte hält. Ueber die Rolle des Kochsalzes im Blute wissen wir einmal, daß mit erhöhtem Salzgehalt eine sogenante Blutverdünnung d. h. eine Abnahme der Eiweißmenge und eine Zunahme des Wassergehaltes eintritt; fürs zweite nimmt die Lebhaftigkeit im Umsatz der Eiweißverbindungen zu, was sich aus einer Steigerung der täglichen Harnstoffmenge um $^1/_6$ bis $^1/_5$ und aus der Thatsache ergibt, daß man bei Mästung der Thiere durch Kochsalzzusatz zur Nahrung die Zunahme des Körpergewichts beeinträchtigen kann. Nicht minder gewiß ist, daß das durch anhaltenderen Kochsalzgenuß verdünnte Blut leichter die Gewebe durchdringt und so die Saftströmung im Körper eine Steigerung erfahren muß. Das Verhältniß, in welchem der Kochsalzgehalt des Blutes zu der Arbeisfähigkeit steht, ist meines Wissens bis jetzt noch nicht Gegenstand direkter Untersuchungen gewesen, und so läßt sich allenfalls darüber nur sagen, daß ein zu geringer Kochsalzgehalt durch die damit verbundene Verzögerung des Stoffwechsels (abgesehen davon, daß wir das Kochsalz zur Verdauung bedürfen) die Arbeitsfähigkeit wird beeinträchtigen müssen, während andrerseits ein zu hoher Salzgehalt auch hinderlich sein muß, weil mit der Abnahme der Eiweißmenge einer der wichtigsten Faktoren in der Erzeugung der Arbeitskraft eine Herabminderung erfährt.

Von unmittelbarerer und besser bekannter Bedeutung für die Arbeitsfähigkeit ist der Gehalt des Blutes an dem alkalisch reagirenden phosphorsauren Natron und zwar nach zwei Richtungen hin. Liebig hat nachgewiesen, daß eine wässerige Lösung desselben doppelt so viel Kohlensäure absorbirt als bloßes Wasser, ohne sie jedoch fest zu binden. Mithin scheint dieses Salz für die Abfuhr von Kohlensäure aus den Geweben und damit für die Beseitigung einer wichtigen Ermüdungs- und Echauffements-Ursache von hoher Bedeutung zu sein. Der zweite Punkt ist folgender: Bei der Arbeit wird im Muskel und Nerv Säure, insbesondere Milchsäure erzeugt, die nach

S. 63 ein Ermüdungsstoff ist und schließlich sogar zur Gerinnung des Muskeleiweißes führt. Da nun die Neutralisirung und Unschädlichmachung der Muskelsäure vom alkalischen Blut ausgeht und der Grad der Blutalkalescenz hauptsächlich von der Anwesenheit des phosphorsauren Natrons abhängt, so muß eine Herabminderung der Menge dieses Salzes einen früheren Eintritt der Ermüdung zur Folge haben.

Neben dem phosphorsauren Natron findet sich im menschlichen Körper noch das phosphorsaure Kali, von dem wir wissen, daß es ein wesentlicher Bestandtheil der Blutkörperchen ist, und dasselbe gilt von dem phosphorsauren Kalk. Daraus erhellt, daß diese phosphorsauren Salze für die Blutbildung eine ähnliche Wichtigkeit haben wie das eben besprochene Eisen und daß ein Mangel an ihnen ebenfalls die Erscheinungen der für die Arbeitsfähigkeit so schädlichen Blutarmuth hervorrufen kann. Für das Verständniß der genannten Salze ist es weiter wichtig, daß es saure und alkalisch reagirende phosphorsaure Salze gibt und daß nur die letzteren die oben genannten wichtigen Rollen im Blut zu spielen vermögen, die sauren dagegen nicht. Deshalb kommen bei diesen Salzen zweierlei Verhältnisse in Betracht, einmal deren Menge an und für sich und dann der Grad ihrer Alkalescenz.

Ueber den ersten Punkt d. h. über die Ursachen, welche eine Verarmung des Blutes an phosphorsaurem Natron herbeiführen können, wissen wir nur, daß gewisse Nahrungsstoffe, namentlich die als Massennahrung so üblichen Kartoffeln und der Reis zu arm an phosphorsauren Salzen sind, um den Bedarf des Körpers an Phosphorsäure zu decken. Am empfindlichsten macht sich dieser Uebelstand im wachsenden Alter geltend, wo der Bedarf an Phosphorsäure deshalb besonders groß ist, weil der Aufbau des Knochensystems eine große Menge phosphorsauren Kalks erfordert.

Es ist deshalb wichtig zu wissen, daß das Fleisch und unsere Brotfrüchte die besten Lieferanten der phosphorsauren Salze sind, aber zugleich auch, daß das Schwarzbrot reicher daran ist als das Weißbrot.

Ueber den Grad der Alkalescenz der phosphorsauren Salze entscheidet wesentlich der chemische Vorgang bei der Verdauung. Sobald hier zu viel Säure gebildet wird, gelangen mehr saure als alkalische Phosphorsalze in das Blut, und so erklärt es sich, warum Leute, die an der genannten Verdauungsstörung leiden, nicht blos in ihrer Ernährung und damit nicht nur indirekt, sondern auch direkt in ihrer Arbeitsfähigkeit beeinträchtigt sind: sie ermüden leichter und echauffiren sich leichter.

Hier muß noch einer andern Rolle, welche die Phosphorsäure spielt, gedacht werden, nämlich ihrer Beziehungen zum Nervensystem und der Gewebsbildung überhaupt, insofern die Glycerinphosphorsäure ein Bestandtheil des Lecithins ist, einer der wichtigsten Stoffe des Nervengewebes, eine Thatsache, die in dem bekannten Ausspruch Moleschott's: „ohne Phosphor kein Gedanke" niedergelegt ist. Aus dieser Thatsache ergibt sich die Wichtigkeit eines ausreichenden Gehaltes der Nahrungsmittel an Phosphorsalzen einerseits im wachsenden Alter, andrerseits bei geistiger Arbeit, und da bei der Jugend unserer höheren Stände beides zusammentrifft, so kann nicht genug Vorsicht in dieser Richtung empfohlen werden. Hiezu kommt noch folgender Umstand: B. Jones und Engelmann haben nachgewiesen, daß bei körperlicher Bewegung die Menge der im Harn zur Ausscheidung kommenden Phosphorsalze steigt. Da nun die Kinder nicht nur ein größeres Bewegungsbedürfniß haben als die Erwachsenen, sondern sich auch mehr Bewegung machen sollen, so ist auch in dieser Beziehung ihr Bedarf an Phosphorsalzen gesteigert.

Bei der Beschaffung der nöthigen Glycerinphosphorsäure kommt es jedoch nicht blos auf die Zufuhr der Phosphorsalze an, sondern auch darauf, daß bei der Verdauung aus den letztern die genügende Menge von Glycerinphosphorsäure gebildet wird. Dieses beruht auf zweierlei Umständen, einmal auf der Abscheidung der Phosphorsäure aus den Phosphorsalzen der Nahrung durch die Säure des Magensaftes und der Bildung des Glycerins aus den Fetten der Nahrung unter Einfluß des Bauchspeichels. Daraus ergibt sich, daß wir das Fett der Nahrung nicht, wie man eine Zeit lang geglaubt hat, durch die sogen. Fettbildner (Zucker 2c.) ersetzen können, namentlich nicht im wachsenden Alter, und daß alle Verdauungsstörungen, welche die Zerlegung der Fette beeinträchtigen, auch die Bildung der Glycerinphosphorsäure schädigen. In dieser Beziehung kommen wir noch einmal auf die zu große Säurebildung im Darmkanal zurück, die auch hier störend einwirkt, gerade so wie auf die Alkalescenz der Phosphorsalze.

Ein weiterer diätetischer Wink mit Bezug auf den Haushalt der Phosphorsalze ist die Entdeckung Bunge's, daß bei Genuß von Obst, das bekanntlich reich an pflanzensaurem Kali ist, die Menge der Phosphor-Ausscheidung durch den Harn abnimmt, so daß also derartige Nahrung eine Ersparung in dieser Richtung ergibt. Damit gewinnen wir eine Einsicht in die bekannte Zuträglichkeit mäßigen Obstgenusses für die Kinder.

11. Athmungsluft.

In stofflicher Beziehung unterscheidet sich die Athmung erheblich von der Ernährung, indem es sich hier nur um die Aufnahme eines einzigen Stoffes, des Sauerstoffs der Luft, handelt und bei der Abgabe nur um Kohlensäure, Wasserdampf und Wärme; allerdings enthält die atmosphärische Luft nebstbei noch Stickstoff, allein dieser spielt nur die Rolle eines Verdünnungsmittels für den Sauerstoff und erscheint in der Ausathmungsluft unverändert wieder. Wir können uns deshalb bei der Besprechung der nothwendigen Qualität des Athmungsmittels kürzer fassen als bei der der Nahrungsmittel.

Zuerst ist die Thatsache anzuführen, daß der Mensch durch sein eigenes Athmen die Qualität der ihn umgebenden Luft verschlechtert, indem er sie ärmer an Sauerstoff und reicher an Kohlensäure macht. Noch wichtiger aber als diese Veränderung ist die Verderbniß, welche der Beimischung der mannigfachen und großentheils noch unbekannten Riechstoffe der Ausdünstung entspringt. Durch Versuche ist festgestellt, daß wir der Luft bis zu 7 pro Mille Kohlensäure beimischen können, ohne das geringste Unbehagen zu empfinden, sofern es sich nur um chemisch reine Kohlensäure handelt. So habe ich im verflossenen Winter den Kohlensäuregehalt meines Studirzimmers durch 10stündiges Brennen eines Gasofens, der seine Verbrennungsgase in das Zimmer sendet, auf 6 pro Mille gesteigert, und trotzdem, daß hier neben der Kohlensäure noch andere für den Körper ziemlich empfindliche Gase z. B. Acetylen entwickelt wurden, war die Luft durchaus nicht beengend.

Hat sich dagegen die Luft auf diesen Kohlensäuregehalt blos durch Athmungsthätigkeit von Menschen gesteigert, so ruft sie das lebhafteste Unbehagen und auf die Dauer unfehlbares Siechthum hervor, zum Beweis dafür, daß nicht die geruchlose Kohlensäure, sondern die riechenden Ausdünstungsstoffe es sind, welchen die notorischen schlimmen Folgen einer solchen Luft zuzuschreiben sind. Um jedoch den Grad der durch Athmung und Ausdünstung bewirkten Luftverderbniß genauer zu messen, bedient man sich der quantitativen Bestimmung der Kohlensäure als des habbarsten dieser Produkte. Den Untersuchungen Pettenkofer's über diese Materie seien folgende ziffermäßige Angaben entnommen.

Die freie atmosphärische Luft hat im Mittel 0,5 pro Mille Kohlensäure. Im geschlossenen Raum bringt eine Steigerung des Kohlensäuregehaltes durch menschlichen Aufenthalt auf 0,7 pro Mille noch keine Nachtheile, aber höher darf der Gehalt nicht steigen, wenn die Luft ihre Zuträglichkeit behalten soll. Dies ist aber der Fall in allen geschlossenen Räumen, falls sie nicht genügend ventilirt sind: man hat in Schulzimmern bis zu 7,2 pro Mille gefunden!

Dies wird begreiflich, wenn wir erfahren, daß die ausgeathmete Luft 40 pro Mille Kohlensäure enthält und ein Mensch pro Stunde etwa 300 Liter Luft braucht (ein gewöhnlicher Athemzug ist nicht ganz ½ Liter). Eine einfache Rechnung ergibt, daß in diesem Fall der Kohlensäuregehalt nur dann auf der Ziffer von 0,7 erhalten werden kann, wenn zu der Luft, in welcher ein Mensch athmet, fortdauernd die 200fache Menge des Bedarfs der Lunge an Luft, das ist pro Stunde 60000 Liter = 60 Kubikmeter zugeführt wird und zwar für jeden Kopf, der sich im betreffenden Raum aufhält.

Nun findet zwar in unseren Wohnräumen ein stetiger Zu- und Abfluß von Luft statt, da weder die Thüren noch die Fenster hermetisch verschlossen sind, namentlich aber da auch die Mauerwände, sofern sie trocken sind, die Luft durchpassiren lassen. Aber diese natürliche Ventilation ist in den meisten Fällen ungenügend. Pettenkofer hat sie unter vier verschiedenen Verhältnissen bestimmt. Das Maximum war 95, das Minimum 22 Kubikmeter pro Stunde.

Auf das Maß der natürlichen Ventilation nimmt die Temperaturdifferenz zwischen Zimmerluft und äußerer Luft sehr großen Einfluß. Beim obigen Maximum betrug der Unterschied 20° C., beim obigen Minimum 4°. Daraus erklärt sich, warum Winters der Aufenthalt in einem kalten Zimmer weit schädlicher ist als im Freien, wo die gleiche Temperatur herrscht.

Weiter ist die Stärke und Richtung der Luftbewegung im Freien und die relative Größe der exponirten Außenwand des Wohnraumes von großem Einfluß auf das Maß der natürlichen Ventilation.

Am empfindlichsten wird die natürliche Ventilation herabgesetzt, wenn die Mauern feucht werden; denn dies hebt ihre Durchgängigkeit für Luft sofort völlig auf. Deshalb tritt in solchen Zimmern die Luftverderbniß ganz besonders rasch ein, und hat das Zimmer vollends die gleiche Temperatur wie die äußere Luft, so stagnirt die Ventilation völlig und der Raum muß in diesem Zustande geradezu für unbewohnbar erklärt werden.

Aus dem vorigen erhellt, daß die bei uns herkömmliche Art zu wohnen weitaus die meisten Menschen in eine zur Erhaltung der vollen Arbeitskraft und Gesundheit ungenügende Luft versetzt, falls nicht besondere Ventilationsvorrichtungen an den Wohnräumen angebracht sind.

Unter den von auswärts herrührenden gasartigen Verunreinigungen der Luft sind die empfindlichsten diejenigen, welche schon in geringen Quantitäten die Flimmerbewegung in Lunge und Luftröhre lähmen (Chlorgas). Sie reizen zu heftigem, störendem Husten; aber darin liegt eine genügende Warnung für den Menschen, Abhilfe zu treffen. Gefährlicher sind diejenigen Gase, welche keine unangenehmen Gemeingefühle hervorrufen, aber ins Blut aufgenommen, giftig wirken (Kohlensäure, Leuchtgas, Kohlenoxydgas 2c.).

Hier sei auch das Ozon erwähnt, jene eigenthümliche Modifikation des Sauerstoffs, die noch manches räthselhafte darbietet. Nach allem scheint ein mäßiger Ozongehalt der Luft für die Abwicklung des Athmungsgeschäftes günstig zu wirken und darauf zum Theil die größere Zuträglichkeit der ozonhaltigen Luft im Freien, namentlich in Nadelwaldungen, gegenüber der ozonarmen Zimmerluft zu beruhen.

Die mechanischen Beimengungen, die wir mit dem Namen Staub belegen und die theils organischer, theils unorganischer Natur sind, werden, wenn wir durch die Nase athmen, meist in dieser von der feuchten Schleimhaut arretirt und durch die Flimmerbewegung sammt dem Schleim wieder ausgestoßen. Bei heftigem Athmen und namentlich wenn wir durch den Mund athmen, gelangt jedoch vieles von dem Staub in die Luftröhre und Lunge, wo er krankheitserregend wirken kann; doch wird das meiste auch in dem Fall in Verbindung mit dem dann reichlicher abgesonderten Schleim durch die gegen die Stimmritze gerichtete Flimmerbewegung der Lungenwege allmählich rückwärts befördert und durch das Husten, das eine durch Reflex hervorgerufene heftige Ausathmung ist, hinausgeschleudert.

Ueber den Wassergehalt der Luft gilt folgendes: Zu trockene Luft wirkt reizend auf die Schleimhaut der Lunge, was sich leicht bis zu gesundheitswidrigem Grade steigert. Dieser Uebelstand fällt geringer aus, wenn wir durch die Nase athmen. Da deren Schleimhaut an und für sich feucht ist, hauptsächlich aber durch den steten Abfluß der Thränenflüssigkeit in den vordern Theil der Nasenhöhle feucht erhalten wird, so erhöht sich hiedurch die Feuchtigkeit der eingeathmeten Luft beträchtlich, ehe sie die Lunge erreicht. Mithin ist es auch von dieser Seite wichtig, stets durch die Nase und nicht durch den Mund zu athmen. (Sprichwort: Geschlossener Mund erhält gesund).

Umgekehrt wirkt eine Luft, welche nicht nur vollständig mit Wasserdampf gesättigt, sondern auch noch körperwarm ist, so daß sie gar keine Wasserverdunstung auf der Lunge zu erzeugen im Stande ist, beeinträchtigend, namentlich dann, wenn es sich auch noch um vermehrte Absonderung von Wärme handelt, was bei jeder Arbeitsthätigkeit der Fall ist.

Ueber die Luftwärme gilt folgendes: Zu geringe Wärme wirkt schon als solche reizend auf die Lunge, noch mehr aber dadurch, daß die kalte Luft zugleich arm an Wasserdampf ist, also die Lunge stark austrocknet. Auch hier spielt die Vorwärmung der Luft in der Nase eine wichtige Rolle. Umgekehrt beeinträchtigt Luft, welche sich der Körpertemperatur nähert oder sie gar übersteigt, das Athmungsgeschäft, namentlich wenn sie zugleich mit Wasserdampf gesättigt ist. Hier wird die Wärmeabsonderung vollständig gehemmt, und da warme Luft einen größeren Raum einnimmt als kalte, so ist auch die Sauerstoffaufnahme beeinträchtigt, indem bei gleich tiefen Athemzügen weniger Sauerstoff aufgenommen wird, als wenn die Luft dichter wäre.

Daraus ergibt sich, daß die warme feuchte Luft weniger leistungsfähig für die Athmungszwecke, aber auch weniger gefährdend ist und daß trockene kalte Luft zwar mehr leistet, aber auch die Gefahr der Beschädigung durch Ueberreizung näher legt.

Was endlich den Luftdruck betrifft, so ist klar, daß die Leistung der Luft für Athmungszwecke um so größer ist, je höher der Luftdruck, und um so geringer, je niedriger er steht und zwar einfach wegen der verschiedenen Gewichtsmengen von Sauerstoff in der Volumeinheit. Das erklärt die bekannten Thatsachen, daß in der dünnen Luft auf hohen Bergen die Leistungsfähigkeit des Gesammtkörpers bedeutend herabgemindert ist, während umgekehrt an der Seeküste und noch mehr in künstlich comprimirter Luft selbst Lungen mit bedeutend geschädigter Leistungsfähigkeit noch ihre Dienste zu thun vermögen.

12. Der Athmungsmechanismus.

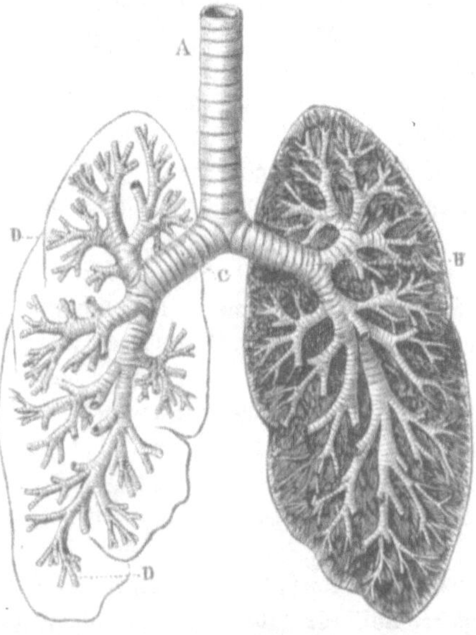

Fig. 4.
Luftröhre und ihre Theilung im Innern der Lunge. A Luftröhre. B linker Hauptast (Bronchus sinister). C rechter Hauptast (Bronchus dexter). D D die kleineren Bronchien.

Diese Hilfsmaschine besteht wieder aus drei Theilen. Der Hauptheil ist die Lunge, hiezu treten als zuleitende Theile die Nasengänge und eventuell die Mundhöhle und als drittes der aus Knochen und willkürlichen Muskeln bestehende aktive Apparat.

Die ersten Luftwege spielen für gewöhnlich nur eine passive Rolle; erst bei gesteigertem Bedarf erweitern sie sich durch Muskelwirkung, und umgekehrt verengern wir sie unter Umständen. Den Hauptantheil an der Athmungsmechanik haben die Lunge und die Athmungsmuskeln.

Der Anstoß zur Athembewegung geht von einem automatischen Centrum aus, dem sog. Athmungscentrum, das im Genickmark liegt. Es ist durch genaue Versuche festgestellt, daß die Erregung dieses Centrums vom Blute und zwar dessen Gasgehalt ausgeht und zwar so:

Nimmt der Gehalt an Sauerstoff im Blute ab und der an Kohlensäure zu, so wird der Athmungsrhythmus beschleunigt, die Athmung immer heftiger, endlich tritt Athemnoth (Dyspnoe) ein mit Krämpfen, die fast alle Muskeln des Körpers ergreifen, bis Tod durch Erstickung erfolgt.

Umgekehrt: wenn der Sauerstoffgehalt des Blutes steigt und der Kohlensäuregehalt abnimmt, so wird der Athmungsrhythmus langsamer, und durch künstliche Athmung kann man das bis zum völligen, aber natürlich nicht lange anhaltenden Athmungsstillstand (Apnoe) bringen.

Darin liegt natürlich eine Selbsteuerung des Athmens: Hat durch vermehrtes Athmen der Sauerstoff zu-, die Kohlensäure abgenommen, so wird das Athmen von selbst langsamer und umgekehrt, so daß das Athmen unter sonst gleichen Umständen stets denselben Rhythmus bewahrt, aber auch jeder Veränderung des Athmungsbedarfs sofort mit einem neuen Rhythmus sich anpaßt.

Dieser automatische Mechanismus steht jedoch mit dem Willensmechanismus in inniger Verbindung, so daß wir das Athmen willkürlich zu beschleunigen oder zu hemmen vermögen.

Bei der Mechanik des Athmens haben wir zwei Vorgänge, die Einathmung und die Ausathmung zu unterscheiden, von denen die erstere ein aktiver d. h. durch Muskelzusammenziehung erzeugter Akt, die letztere beim gewöhnlichen Athmen ein lediglich passiver Akt ist, indem elastische Theile, deren Gleichgewichtslage durch die Einathmungsthätigkeit gestört ist, mit elastischen Kräften in dieselbe zurückkehren. Erst bei starkem Athembedürfniß wird die passive Ausathmung noch durch Muskelthätigkeit unterstützt.

Zur Einathmung, um mit dieser zu beginnen, werden bei den verschiedenen Geschlechtern nicht die gleichen Muskeln benützt. Beim Manne wird sie nur mittelst des Zwerchfells hervorgebracht. Dieser hautartig ausgebreitete, Brust- und Bauchraum luftdicht gegen einander abschließende Muskel (Fig. 5 C) wird im schlaffen Zustande einerseits durch den nach aufwärts gehenden Druck der Baucheingeweide, andrerseits durch das elastische Zusammenziehungsbestreben der Lunge kuppelförmig in den Brustraum hinaufgewölbt. Zieht er sich zusammen, so flacht sich die Kuppel ab, wobei sich der Längsdurchmesser der Brusthöhle vergrößert und die Baucheingeweide nach abwärts gepreßt werden, was von einem Heben der Bauchdecken begleitet ist — man nennt deshalb dieses Athmen auch Bauchathmung. Hiebei sind insbesondere die untern Partien der Lunge thätig, die Lungenspitzen fast unbetheiligt.

Beim Weibe finden wir die Rippenathmung, zu welcher der Mann erst bei Athemnoth und Tiefathmung greift. Die Rippe wird hiebei in zweierlei Weise bewegt. Man vergegenwärtige sich, daß dieselbe einen Halbbogen beschreibt, der vorn beginnend nach abwärts und aufwärts zieht, um nach rückwärts und aufwärts an der Wirbelsäule zu endigen. Verbindet man die Endpunkte des Bogens durch eine Sehne, so wird deutlich, daß zweierlei Bewegungen möglich sind, einmal eine Veränderung der Neigungsebene des Bogens bei fest stehender Sehne und zweitens eine Veränderung des Winkels, welche die Bogensehne mit der Wirbelsäule bildet.

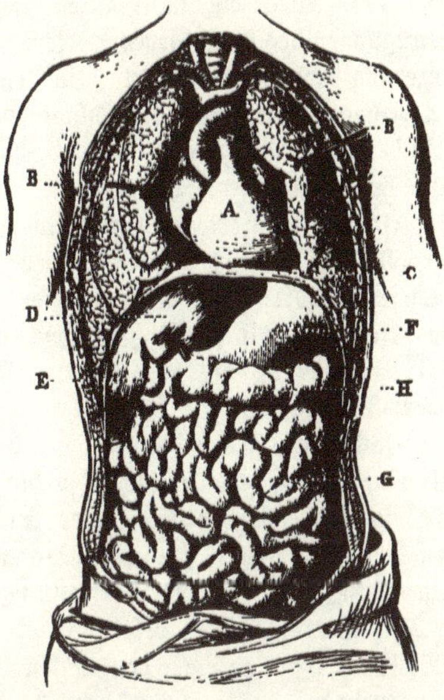

Fig. 5.
Brust- und Bauchhöhle geöffnet. A Herz. B die Lungen, etwas bei Seite gezogen. C Zwerchfell. D Leber. E Gallenblase. F Magen. G Dünndarm. H Querdarm, ein Abschnitt des Dickdarms.

Die erste dieser Bewegungen ist eine Drehung des Rippenbogens nach aufwärts, die zweite eine Hebung am Brustbeinende. Diese beiderlei Bewegungen stehen in folgendem Verhältniß zu einander: Die erste ist die bei weitem ausgiebigere, indem sie eine erhebliche Vergrößerung des Querdurchmessers der Brust herbeiführt; die letztere fällt weniger ins Gewicht und vergrößert den Tiefedurchmesser. Die beiderlei Bewegungen werden nicht gleichmäßig ausgeführt. Für gewöhnlich begnügt man sich mit der Drehung der Rippe, und erst in letzter Instanz wird zu der Hebung geschritten, indem das Brustbein im Ganzen gehoben wird. Zu diesen Bewegungen des Brustkorbes wirken in einem gewissen Instanzenzug sehr viele Muskeln, in letzter Instanz bei höchster Athemnoth sogar noch die Schultermuskeln mit.

In der Ruhe bewegt das Weib nur die oberen Rippen, so daß bei ihr hauptsächlich die Lungenspitze athmet. Der Unterschied im Athmen von Mann und Weib besteht jedoch nur für das gewöhnliche ruhige Athmen; bei der Tiefathmung fällt der Unterschied fort, hier athmen beide Geschlechter gleich und zwar fast nur mit den Rippen; doch gibt es, wie unten ersichtlich, Männer, die auch bei der Tiefathmung mehr das Zwerchfell benützen.

Da die Tiefathmung sowohl in der Heilkunde als in der Gymnastik eine wichtige Rolle spielt, so dürfte es nicht unzweckmäßig sein, die Ergebnisse einiger Tiefathmungsuntersuchungen hier mitzutheilen, die ich selbst angestellt habe:

Ueber den Antheil, welchen die Ausweitung des Brustkorbes an der Tiefathmung nimmt, belehrt am kürzesten eine Messung des Brustumfanges an einer bestimmten Stelle, z. B. der Höhe der Brustwarze, einmal im Zustande der größten Einathmung und dann im Zustande der tiefsten Ausathmung, indem der Unterschied zwischen beiden Maßen (Umfangsdifferenz) eine Vorstellung von der Ausgiebigkeit der Brustkorbbewegung gibt. Mißt man nun gleichzeitig an derselben Person mittelst eines Athmungsmessers (Spirometer) die Menge der Luft, welche nach tiefster Einathmung ausgepreßt werden kann (man nennt dieses Luftquantum die vitale

Capacität und berechnet sie auf das Kilo Körpergewicht), so findet man zunächst, daß der Brustumfangsunterschied nicht, wie man irrthümlicherweise seitens mancher Aerzte annimmt, einen Maßstab für die Ausgiebigkeit der Tiefathmung abgibt; z. B. bei 25 gedienten Soldaten war der Umfangsunterschied im Mittel 8 cm und das Ergebniß der Tiefathmung pro Kilo Körpergewicht 60 ccm. Unter ihnen war ein Mann, der bei nur 3 cm Umfangsunterschied 55 ccm pro Kilo athmete, während ein anderer mit der bedeutenden Ziffer von 11 cm Umfangsunterschied nur 50 ccm Luft pro Kilo ergab. Ein 46jähriger Mann, der den enormen Umfangsunterschied von 20 cm aufwies, ergab nur 54 ccm pro Kilo, und ein dritter, 20jähriger Mensch blies mit dem mäßigen Umfangsunterschied von 10 cm die ungeheure Zahl von 80 ccm Luft pro Kilo.

Aus diesen Zahlen ergibt sich, daß wir bei der Einathmungsfähigkeit mit ganz verschiedenen Faktoren zu rechnen haben, und da eine unverkümmerte Leistungsfähigkeit des Athmungsorganismus ein hochbedeutsamer Faktor bei der menschlichen Arbeitskraft ist, so lohnt es sich, die verschiedenartigen Hemmnisse, die sich der Tiefathmung entgegenstellen, genauer zu betrachten.

Das Erste Widerstand leistende Moment liegt in der Brustwand und zerfällt in die elastischen Kräfte, welche die Bewegung der Rippen in ihren Gelenken hemmen, und in die elastischen Kräfte derjenigen Muskeln, welche die Rippen in die der Einathmungsstellung entgegengesetzte zurückzuführen streben und die sehr zahlreich sind; denn es gehören hiezu nicht blos die an der Brustwand selbst liegenden, sondern auch sämmtliche Muskeln der Bauchwand, die sich alle der Entfernung des unteren Brustrandes von dem Beckenrande mit elastischen Kräften widersetzen.

Unter den Widerstand leistenden Muskeln besteht jedoch ein gewisser Antagonismus, aus dem wir Nutzen ziehen können. Die mächtigeren Muskeln sind die am Rücken liegenden, die schwächeren die am vordern Umfange des Bauches; wenn wir deshalb durch Zurückbeugung des Rumpfes die ersteren erschlaffen, so wird trotz der jetzt stärkeren Spannung der vordern Bauchmuskeln der Gesammtwiderstand geringer und wir nehmen im Bedarfsfall unbewußt diese Stellung an, um die Athmungsarbeit zu erleichtern, z. B. beim Singen, Schreien ꝛc.

Ein weiteres Moment für die Beurtheilung der Athmungsfähigkeit bezieht sich auf den langen Brustdurchmesser: seine Vergrößerung hängt einmal von der Größe des Widerstandes ab, den das Zwerchfell bei seiner Abflachung seitens des Bauchhöhleninhaltes findet. Dieser Widerstand geht von mehreren Momenten aus: 1. von dem Volumen des Bauchhöhleninhaltes. Dieses wechselt aus mehrfachem Grunde. Fürs erste bei wechselnder Füllung des Verdauungsrohres: es wurde bereits darauf hingewiesen, daß nach eingenommenen Mahlzeiten die Athmungsfähigkeit des Menschen herabgemindert ist. Dasselbe ist der Fall, wenn sich größere Mengen von Darmgasen entwickeln (blähende Speisen). Fürs zweite wechseln die Füllungsgrade der Harnblase, und bei dem weiblichen Geschlechte beeinträchtigt der Umfang der Leibesfrucht zeitweise die Athmungsfähigkeit. In dritter Linie steht die Menge des Gekrösfettes, weshalb fettleibige Personen bedeutend weniger athmungsfähig sind als magere. Bei meinen Messungen fand ich an gleich alten Männern zwischen 40 und 50 Jahren bei fettleibigen pro Kilo Körpergewicht nur 26 ccm. Luftfassungsfähigkeit, gegen 42 bei Leuten mittleren Kalibers und 54 ccm bei mageren Leuten.

Außer dem absoluten Volum des Bauchhöhleninhalts hängt der Widerstand, den das Zwerchfell findet, von der

Geräumigkeit der Bauchhöhle im Verhältniß von dem zu fassenden Inhalt ab. Diese Geräumigkeit ist einmal abhängig von einer bestimmten Körperhaltung. Sobald wir nämlich den Rumpf hintenüberbeugen und das Becken an seinem vordern Rande nach abwärts senken, so entfernt sich das untere Ende des Brustbeins von der Schamfuge und zwar bei mittleren Leuten um etwa 8 cm, was eine Verlängerung des langen Bauchdurchmessers am vordern Umfange bei annäherndem Gleichbleiben der übrigen Durchmesser, also eine Erweiterung der Bauchhöhle ist; also die schon oben angeführte Rückbeugung des Rumpfes ist in doppelter Weise eine Erleichterung der Athmungsarbeit. Das zweite Moment, das auf die Geräumigkeit der Bauchhöhle Einfluß nimmt, liegt in der Beweglichkeit des Brustkorbes selbst, speziell in derjenigen Bewegung der Rippen, welche wir oben ihre Hebung genannt haben. Indem hiebei das Brustbein sammt dem vordern Theil des untern Brustrandes vom Beckenrande entfernt wird, wird gleichfalls der vordere lange Bauchdurchmesser vergrößert, und bei Menschen von hoher Athmungsfähigkeit erreicht dies einen so hohen Grad, daß der Druck, den unter gewöhnlichen Verhältnissen die Baucheingeweide auf das Zwerchfell nach aufwärts ausüben, in das Gegentheil, einen Zug nach abwärts, umschlägt. Diese Leute können die Hauptmasse der Baucheingeweide bis in die Brust hinaufziehen.

Ein ferneres Moment ist die Verschieblichkeit der Baucheingeweide, weil von ihr bis zu einem gewissen Grade sowohl die Leichtigkeit der Zwerchfellbewegung als die der Brustkorbbestandtheile abhängt.

Ein weiterer sehr wichtiger Umstand für den Effekt der Tiefathmung ist die Ausdehnungsfähigkeit der Lunge selbst, die, auch abgesehen von Erkrankungsfällen des Lungengewebes, individuell sehr verschieden ist, worüber mich meine eigenen Messungen belehrt haben. Am deutlichsten sieht man es bei Leuten mit sehr beweglichem Brustkorb. Läßt man diese eine möglichste Tiefathmung vornehmen und fordert sie zugleich auf, ihren Brustumfang möglichst zu vergrößern, so bemerkt man, wie nach Aufnahme einer bestimmten Luftmenge unwillkürlich durch Schluß der Stimmritze die Luftaufnahme unterbrochen wird, noch ehe der Brustumfang sein Maximum erreicht hat, so daß die jetzt noch folgende Erweiterung der Brust keine Ausdehnung der Lunge, sondern das Hinaufsteigen der Baucheingeweide in den Brustraum zur Folge hat. Bei meinem Brustkorb tritt der Luftröhrenverschluß ein, sobald derselbe 11 cm Umfangsunterschied erreicht hat, und ich bin im Stande, jetzt noch die Brust um 3 cm zu erweitern. Bei einem andern Individium betrug die effektlose Erweiterung noch 2, bei einem andern sogar 7 cm. Der Verschluß der Luftröhre ist eine Reflexbewegung, hervorgerufen durch ein schmerzhaftes Gefühl, sobald die Lunge das Maximum ihrer Dehnungsfähigkeit erreicht hat.

Wenden wir uns jetzt zur Ausathmung. Schon eingangs wurde gesagt, daß diese ein wesentlich passiver Akt ist, bedingt durch die Elasticität der Lunge. Oeffnen wir an der Leiche eines mit normaler Lunge versehenen Menschen die Brustwand, so stürzt unter pfeifendem Geräusch Luft ein und die Lunge, die bisher durch den Luftdruck überall der Innenfläche der Brustwand anlag, sinkt beträchtlich zusammen, zum Beweis, daß sie über ihr normales Volum gedehnt war. Die Kräfte, die diese Dehnung bewerkstelligen, sind die elastischen Kräfte des Brustkorbes, die sich der Zusammenziehung der Lunge widersetzen. Wenn nun eine Einathmung erfolgt, so steigert sich diese Ausspannung der Lunge, und sobald die einathmenden Kräfte erschlaffen, kehrt die Lunge mit elastischen Kräften auf das Volum zurück, das ihr der elastische Widerstand des Brustkorbes einzunehmen gestattet.

Daß in Folge des gewaltsamen Dehnungszustandes der Lunge im Brustraum negativer Druck d. h. Saugdruck herrscht, sieht man auch daran, daß die Räume zwischen den Rippen und die Halsgrube eingezogen sind.

Für die gewöhnliche Ausathmung genügt dieses elastische Zusammenziehungsbestreben der Lunge völlig. Daneben stehen aber in einer großen Anzahl von Muskeln nicht unbedeutende Kräfte parat, um die Lunge zusammenzupressen, falls ihr elastisches Bestreben nicht ausreicht. Hiebei zeigen aber die Erfahrungen bei dem sogenannten Lungenemphysem und Spirometerbeobachtungen am Gesunden, daß der Effekt der aktiven Auspressung ein sehr geringer ist, sofern er nicht durch das elastische Bestreben der Lunge unterstützt wird. Die Veränderung der Lunge beim Emphysem, auf das wir unten noch einmal zu sprechen kommen werden, besteht darin, daß die Lunge ihr Zusammenziehungsbestreben in hohem Grade verloren hat; sie bleibt in Einathmungsfüllung stehen, und es gelingt dem Emphysematiker selbst mit Aufgebot aller Kräfte nicht, sie auf ihr normales Volum zurückzuführen, was sich noch an seiner Leiche zeigt; denn wenn man die Brusthöhle öffnet, so quillt die Lunge noch aus der Schnittwunde hervor, anstatt daß sie zusammensinkt.

Am Spirometer außert es sich darin, daß das Luftquantum, welches man durch aktive Ausathmung noch gewinnt, wenn die passive beendigt ist, gering ausfällt; bei mir beträgt sie nur 600 ccm bei einer absoluten Vitalcapacität von 3800, und dabei hat man zu bedenken, daß in dem Moment, wo die passive Ausathmung beendigt ist, die Lunge erst diejenige Volumensverminderung erfahren hat, welche die ihr entgegenstehenden elastischen Kräfte des Brustkorbes zulassen, womit sie, wie der Versuch an der Leiche zeigt, noch lange nicht ihr kleinstes natürliches Volum erreicht hat. Somit sind die bei mir noch erzielten 600 ccm wahrscheinlich lediglich durch Bekämpfung des entgegenstehenden elastischen Ausdehnungsbestrebens des Brustkorbes und nicht durch Compression der Lunge erzielt. Es scheint mir bei einer **normalen** Lunge überhaupt nicht möglich, im Leben den negativen Druck in der Brusthöhle in einen positiven zu verwandeln, sofern die Stimmritze nicht geschlossen ist. Aus diesem Grunde ist der Betrag der Ausathmungsfähigkeit lediglich von der Höhe der elastischen Eigenschaften der Lunge abhängig.

Nach dem obigen ist nun auch bei der Einathmung der Betrag der Tiefathmung weit weniger von der Bewegungsfähigkeit der Brust und der Verschieblichkeit der Eingeweide als von der Dehnungsfähigkeit der Lunge abhängig; denn die Thatsache, daß bei sehr beweglichem Brustkorb eher die Baucheingeweide gehoben werden, als die Lunge weiter gedehnt wird, spricht deutlich genug.

Aus diesen Gründen halte ich die elastischen Eigenschaften für den allerwichtigsten Faktor für die Tiefathmung überhaupt und eine Abnahme der elastischen Eigenschaften der Lunge für die schwerste Beeinträchtigung der Tiefathmungsfähigkeit.

Hier möchte ich auf einen Irrthum aufmerksam machen. Gemeiniglich vermuthet man bei Personen mit hochgewölbter weiter Brust eine größere Athmungsfähigkeit als bei solchen mit schlankem Brustbau. Das ist nach meinen Messungen durchaus falsch. Ich habe 6 Personen gemessen, die sich durch die enorme Athmungsfähigkeit von 70—80 ccm pro Kilo Köpergewicht (gegen 60 bei gedienten Soldaten) auszeichneten. Diese hatten alle einen schlanken Brustkasten mit stark hängender Rippenstellung, während die Personen, welche die geringsten Ergebnisse lieferten, alle hochbrustig waren mit hoher Rippenstellung.

Im folgenden fasse ich die wesentlichsten Ergebnisse meiner Tiefathmungsmessung in einige Punkte zusammen.

1. Bei fettleibigen Menschen ist die Capacität der Lunge erheblich geringer als bei mageren. Z. B. im Alter von 40—50 Jahren gaben erstere pro Kilo Körpergewicht ca. 26 ccm Luft, letztere ca. 54.

2. Erwachsene Personen unterscheiden sich unter sonst gleichen Verhältnissen nach dem Alter. Bei 50 Soldaten von 20—24 Jahren fand ich im Mittel pro Kilo 60 ccm Luft; bei Leuten von 25—30 Jahren erhielt ich etwa 52, von 30—40 Jahren 46, über 40 Jahre im Mittel 42, bei Leuten über 50 nur noch 32 ccm. Klar trat auch der Altersunterschied in folgendem Vergleiche hervor: Bei 6 turnerisch geschulten jungen Leuten von 20—23 Jahren betrug die Luft pro Kilo im Durchschnitt 73 ccm; bei deren ebenso trainirtem Lehrer, der 46 Jahre alt ist, waren nur 54 ccm. Luft pro Kilo zu gewinnen.

3. haben meine Messungen eine überraschende Steigerungsfähigkeit der Lungencapacität durch systematische Trainirungsarbeit während der Wachsthumsperiode ergeben. 6 derart trainirte Individuen hatten im Durchschnitt pro Kilo 73 ccm Luft gegen 25 Rekruten, die im Mittel 59 ccm hatten, also bei ersteren ein Mehr von 23½ %. Fast derselbe Unterschied ergibt sich zwischen dem eben erwähnten 46jährigen Turnlehrer mit 54 ccm gegen 42 bei gleichaltrigen Leuten.

Daß übrigens auch noch im vorgerückteren Alter die Dehnungsfähigkeit der Lunge gesteigert werden kann, haben mich Versuche gelehrt, die ich mittelst Laufgymnastik an mir anstellte. Vor Beginn der Trainirung war meine Capacität 42 ccm pro Kilo, nach zweimonatlicher wöchentlich 3—4 mal vorgenommener, jedesmal bis zur Gränze der Möglichkeit getriebener Dauerlaufgymnastik war die Capacität auf 49 ccm pro Kilo gestiegen. Mein Alter betrug damals 42 Jahre.

Betreffs der obigen Ziffern bemerke ich, daß dieselben alle etwas zu nieder sind, da die Leute im bekleideten Zustande gewogen wurden. Da übrigens die meisten derselben Soldaten waren, so sind die Zahlen relativ brauchbar, da die Differenzen des Kleidergewichtes kaum in Betracht kommen.

An das obige müssen wir noch eine weitere Betrachtung über die Leistungsfähigkeit des Athmungsapparates in der Richtung knüpfen, daß wir feststellen, welche Veränderungen des Athmungsapparates denselben am meisten beeinträchtigen, wodurch sie hervorgerufen werden und wie dem vorzubeugen. Hiebei ist aber vorauszusenden, daß für die Leistungsfähigkeit nicht blos die Luftfassungsfähigkeit der Lungen, sondern ebensosehr auch die Durchgängigkeit ihrer Blutwege von Wichtigkeit ist; denn in dem Augenblick, in welchem die letztere beeinträchtigt ist, leidet auch die Blutbewegung aufs empfindlichste. Beiderlei Leistungen, sowohl die Athmungsthätigkeit als die Blutbeförderung können durch eine Reihe von krankhaften Veränderungen herabgesetzt werden, einmal durch Wasserergüsse in die Brusthöhle, welche die Lunge zusammenpressen, dann durch wässerige oder gerinnende Ausschwitzungen in das Lungengewebe selbst oder in die Luftkanäle; Erscheinungen, welche stets den Charakter schwerer Erkrankung darbieten.

Eine andere Gruppe von Lungenveränderungen besteht in der Abnahme ihrer Elasticität und Verödung des Gewebes, und gerade diese Art der Veränderung ist es, deren mindere Grade noch unter dem Bilde völliger Gesundheit versteckt sein können und erst wenn sie höhere Grade erreichen, schwere Erkrankungen zur Folge haben. Ihre Entstehung läßt sich auf folgendes zurückführen. Wenn man die Lunge stärker mit Luft füllt und jetzt den Athem anhält, wie es beispielsweise mit der Bauchpresse während der Stuhlentleerung oder während des Spielens von Blasinstrumenten oder dem Singen geschieht, so tritt eine Veränderung in der Vertheilung der Luft in den verschiedenen Abschnitten der Lunge ein. Man darf sich nämlich nicht vorstellen, als ob beim Einathmen alle Theile der Lunge gleichzeitig und gleichmäßig mit Luft gefüllt würden. Wenn wir, wie das beim Manne die Regel ist, mit dem Zwerchfell athmen, so füllen sich die unteren Partieen der Lunge rascher und stärker als die oberen, und wenn wir eben so rasch wieder ausathmen, so bleibt es dabei. Halten wir dagegen den Athem an, so bewirkt die selbstthätige Elasticität der Lunge eine Ausgleichung, indem die Luft von den stärker erfüllten unteren Theilen nach den Spitzen der Lunge hin verdrängt wird. Da nun diese letzteren beim ruhigen Athmen des Mannes fast gar nicht gebraucht werden, so ist, namentlich bei Leuten, die sich nie stärker erhitzen, ihre Elasticität von Hause aus geringer und sie werden die beim Anhalten des Athems in sie eingepreßte Luft weniger leicht und vollständig entleeren. Geschieht dies wiederholt, so führt es zu bleibender Vergrößerung der Lungenbläschen unter gleichzeitiger Beeinträchtigung der Wegsamkeit der Blutgefäße und in Folge dessen zu Schwund des Gewebes; eine Veränderung, der man den Namen Emphysem gibt.

Ein anderer Umstand, der zur Entwicklung des Emphysems in der Lungenspitze führt, ist das Husten, indem bei der Heftigkeit des Ausathmens ein Theil der Luft in die Lungenspitze getrieben wird. Mäßige Emphyseme der Lungenspitze sind namentlich im vorgerückteren Alter ungemein häufig und eine der gewöhnlichsten Ursachen, warum solchen Leuten bei angestrengterem Arbeiten leichter der Athem ausgeht, ohne daß sie sonst krank wären. Letzteres tritt erst ein, wenn die emphysematöse Aenderung sich über größere Partieen der Lunge erstreckt; dann werden aber die Störungen um so schwerer, weil beides, die Luftbewegung und die Blutbewegung, beeinträchtigt, also einerseits die Athmung gehemmt ist, andrerseits eine Stauung des Blutes in den Venen des ganzen Körpers zu wässerigem Erguß in alle Gewebe führt.

Uebrigens auch abgesehen vom Emphysem scheint es Differenzen in den Elasticitätsverhältnissen der Lunge zu geben, die von Einfluß auf die Arbeitsfähigkeit sind. Bei den oben beschriebenen Spirometerversuchen an Soldaten habe ich die Beobachtung gemacht, daß bei den Rekruten die Ausathmung viel langsamer vor sich ging als bei den gedienten Soldaten; jedenfalls war dieser Unterschied viel beträchtlicher, als der Unterschied in der Capacität erwarten und erklären läßt. Es weist dies unter allen Umständen auf eine unvollkommenere Elasticität bei ungenügendem Gebrauch der Athmungswerkzeuge hin.

Daß auch durch Verwachsungen der Lunge mit der Brustwand die Athmungsfähigkeit beeinträchtigt wird, ist klar; denn die Athmung setzt stets Verschiebung beider Theile gegen einander voraus. In den meisten Fällen sind die Verwachsungen Folge früherer Erkrankungen; allein es dürfte kaum bezweifelt werden können, daß bei einer Lebensweise, welche der Lunge selten oder gar nie größere Leistungen zumuthet, bei der im Körper allgemein herrschenden, schon früher erwähnten Verwachsungstendenz solche Verwachsungen auch ohne eigentliche Entzündungsvorgänge eintreten können, gerade so, wie in Gelenken, die wenig gebraucht werden.

Aus all dem ergibt sich, daß die Leistungsfähigkeit des Athmungsapparates nur durch Uebung d. h. dadurch erhalten wird, daß man, wenn auch nicht regelmäßig, so doch in genügender Häufigkeit Maximalleistungen von ihm verlangt und zwar durch Vornahme von Arbeiten, welche sowohl den

Lungenwegen als den Blutwegen Maximalausdehnungen rhythmischer Art d. h. solcher, bei denen auf starke Ausweitung prompt auch starke Zusammenziehung erfolgt, zumuthet, das sind kurz gesagt echauffirende, eine gesteigerte Lungen- und Herzthätigkeit erfordernde Arbeiten (Echauffementsgymnastik). Umgekehrt wird die Leistungsfähigkeit herabgesetzt bei Leuten, die stets nur seicht athmen, und bei solchen, welche Tiefathmungen ohne gleichzeitige Verstärkung der Herzarbeit und mit Verzögerung der Ausathmung vornehmen (Sänger, Blasmusiker).

Wenden wir uns jetzt zu dem Effekt der Athmungsthätigkeit und dem stofflichen Theil desselben.

Der wichtigste Effekt ist der Gaswechsel des Körpers. Letzterer bedarf zur Entbindung der Spannkräfte in den Nährstoffen unbedingt des Sauerstoffes; und zwar sind für einen Erwachsenen im Mittel in 24 Stunden etwa 746 g (etwas über eine halbe Million Kubikcentimeter) oder genauer zwischen 10 und 11 g pro Kilo Körpergewicht Sauerstoff nöthig, und zwar kann die Zufuhr des Sauerstoffs ohne Erstickungsgefahr nur wenige Minuten entbehrt werden; der Bedarf an Sauerstoff wird gesteigert durch jegliche innere und äußere Arbeit, also namentlich ist er größer während der Verdauung und während Muskel- und Nervenarbeit; außerdem steigt er bei niederer äußerer Temperatur.

Compensirt ist die Sauerstoffaufnahme durch die Kohlensäureabfuhr, die unter gewöhnlichen Umständen die gleiche Gewichtsmenge erreicht wie die Sauerstoffzufuhr, nämlich 10 bis 11 g pro Kilo, und deren Größe unter denselben Umständen steigt, wenn auch nicht ganz gleichzeitig, wie der Sauerstoffbedarf zunimmt, also namentlich bei Steigerung der innern und äußern Arbeit.

Behinderung der Kohlensäureabfuhr ruft eine Reihe complicirter Erscheinungen hervor, worunter Verengerung sämmtlicher feineren Schlagadern mit Zunahme des Blutdrucks in den Hauptstämmen und dem Herzen, Athmungsnoth, Betäubung und schließlich einen Theil derjenigen Erscheinungen, die zur Erstickung führen. Welcher Theil der Erstickungserscheinung dem Kohlensäureüberschuß und welcher dem Sauerstoffmangel zuzuschreiben ist, läßt sich bis jetzt nicht nachweisen, da diese beiden Prozesse stets Hand in Hand gehen.

Beim Gaswechsel in der Lunge d. h. dem Gasaustausch zwischen Lungenluft und Lungenblut kommen in erster Linie die im Kapitel 2 erörterten Gesetze der Gasabsorption in Betracht; aber während diese für die Kohlensäureabgabe allein maßgebend sind, spielt bei der Sauerstoffaufnahme die chemische Anziehung, welche das Blutroth auf den Sauerstoff ausübt, eine sehr wichtige quantitative Rolle. Das Blutroth bemächtigt sich fortwährend jedes Sauerstoffatoms, um es lose chemisch zu binden, und deswegen muß der Nachschub von Sauerstoff ununterbrochen fortgehen, bis alles Blutroth gesättigt ist. Deshalb ist für die Verproviantirung des Körpers mit Sauerstoff der Gehalt an Blut überhaupt und der Gehalt des Blutes an Blutroth der maßgebende Faktor. Ein kräftiger, blutreicher Körper ist deshalb auch von dieser Seite her weit leistungsfähiger für jede Arbeit als ein blutarmer, bleichsüchtiger. Weiter ist noch anzuführen, daß das Blut seinen Sauerstoff an die Gewebe abgibt und derselbe von diesen zunächst nur aufgespeichert wird; erst bei der Arbeit wird dieser aufgespeicherte Sauerstoff verbraucht. Der Betrag der Aufspeicherung ist im Schlaf und in der Ruhe größer und fällt in der Nacht nach einem Tage angestrengter Arbeit weit beträchtlicher aus als nach einem Ruhetage.

Außer dem Gaswechsel besorgt das Athmungsgeschäft noch einen Theil des Wasserwechsels. In der Regel ist die eingeathmete Luft kälter als das Körperinnere und häufig auch für ihren Temperaturgrad nicht mit Wasserdampf gesättigt. Da mit der Erwärmung der Luft ihre Capacität für Wasserdampf zunimmt und bei der innigen Berührung der Luft mit der nassen Lungeninnenfläche dieselbe vollständig gesättigt wird, so können beträchtliche Mengen von Wasserdampf bei trockener, kalter Luft auf dem Wege der Athmung aus dem Körper entfernt werden, während bei warmer und feuchter Luft dieses Quantum geringer ausfällt; eine Selbstregulirung findet hier nicht statt, sondern die Lunge steht in dieser Beziehung in regulatorischem Verhältniß zur Hautverdunstung und Harnbildung.

Eine endliche Leistung der Athmungsarbeit ist die Wärmeabsonderung theils durch Erwärmung der Athmungsluft, theils durch die mit der Wasserverdunstung verbundene Wärmebildung. Der größte Theil der Wärme wird jedoch durch die Haut abgegeben.

Zum Schluß müssen wir nun noch die Frage stellen, welche Nachtheile in stofflicher Beziehung sich ergeben, wenn das Athmungsgeschäft entweder wegen zu geringer Leistungsfähigkeit der Athmungsorgane oder wegen ungenügenden Gebrauchs derselben nicht genügend ausgeübt wird. Diese Nachtheile sind mannigfacher Art.

Einmal ist die Arbeitsfähigkeit beeinträchtigt, weil es an der ausgiebigen Kohlensäureabfuhr mangelt, und das hat zur Folge, daß bei angestrengter Arbeit leicht krampfhaftes, zu Echauffement führendes Athmen eintritt. Der zweite Uebelstand liegt in der ungenügenden Sauerstoffzufuhr. Einmal bedürfen wir derselben zur Entbindung der Arbeitskräfte; dann kommt folgendes in Betracht:

Das Endergebniß des Umsatzes der stickstofffreien d. h. nur aus Kohlenstoff, Wasserstoff und Sauerstoff bestehenden Verbindungen des Körpers ist deren Verbrennung zu Kohlensäure und Wasser. Mangelt es nun an ausgiebigem Sauerstoff, so erscheint eine Reihe niederer Oxydationsformen des Kohlenstoffes, insbesondere eine Reihe von Säuren (Milchsäure, Buttersäure und andere Fettsäuren, Oxalsäure rc.) im Blut und in den Ausscheidungen. Da ein Theil dieser Säuren flüchtig ist, so verrathen sich derartige Störungen schon dem Geruchssinn durch sauren Geruch des Schweißes und widrigen Geruch der Ausathmungsluft. In der Regel sind solche Leute bereits wirklich krank — so zeigen diese Erscheinungen besonders die Schwindsüchtigen —, aber oft genug wird derlei auch an sonst kräftigen Leuten bemerkt, namentlich in den sogen. besseren Ständen, wenn es an der nöthigen körperlichen Bewegung und frischer Luft fehlt und relativ zu viel Nahrung genossen wird. Welch großen Einfluß das Auftreten dieser Säuren im Blute auf die Arbeitsfähigkeit hat, geht daraus hervor, daß ein Theil derselben, namentlich die Milchsäure, bekannte Ermüdungsstoffe sind. Solche Leute haben nach Beneke über allgemeine Schwäche, Reizbarkeit des Nervensystems, Mattigkeit nach geringen Anstrengungen rc. zu klagen.

Eine besondere Bedeutung kommt unter diesen Säuren der Oxalsäure zu. Durch die Arbeiten Beneke's, Neubauers u. a. ist festgestellt, daß ein reichlicheres Auftreten von Oxalsäure im Blute dem Körper den nicht blos für die Knochen, sondern, wie man jetzt bestimmt weiß, für alle Gewebe wichtigen Kalk entzieht, um ihn als oxalsauren Kalk im Harn zur Ausscheidung zu bringen, und die genannten Forscher führen die Abmagerung skrophulöser Kinder, der Schwindsüchtigen und Hypochonder, welcher selbst reichliche Nahrungsaufnahme keinen Stillstand gebieten kann, auf diese Entkalkung des Körpers durch die Oxalsäure zurück. Eine noch mißlichere Bedeutung gewinnt die Oxalsäure, wenn es gleichzeitig in der Nahrung an der nöthigen Menge von

Phosphorsalzen gebricht: Neubauer hat gezeigt, daß der schwerlösliche oxalsaure Kalk nur durch das phosphorsaure Natron in Lösung erhalten wird. Sobald letzteres in ungenügender Menge vorhanden ist, so fällt im Harn der oxalsaure Kalk aus, was Anlaß zur Bildung der schlimmsten Sorte von Harnsteinen gibt. — Das vorstehende ist einer der wichtigsten Krankheitscomplexe, welche durch sitzende Lebensweise, Mangel an guter Luft und Bewegung, bei ungeschickter oder ungenügender Ernährung, Kummer und Sorgen entstehen, und gegen welche eine Lebensweise das geeignetste Gegenmittel bildet, bei welchem das Athmungsgeschäft stets flott und ausgiebig von statten geht und dem Körper stets reine Luft zugeführt wird.

13. Blut und Lymphe.

Betrachten wir das Blut mit dem Vergrößerungsglase, so erkennen wir als flüssige Grundlage eine helle Flüssigkeit, **Blutplasma** oder **Blutsaft**, in welcher eine ungeheure, ⅓ des Volums ausmachende Menge kleiner Körperchen, **Blutzellen** oder **Blutkörperchen**, schwimmen; 1 ccm Blut enthält nach Vierordt beim Manne etwa 5, beim Weibe etwa 4½ Millionen solcher Gebilde, so daß bei einer durchschnittlichen Blutmenge von 5 Kilo ein Mensch 25000 Milliarden Blutkörperchen besitzt. Deren sind es aber zweierlei Sorten:

1. **rothe**, scheibenförmige Gebilde von $1/126$ mm, die der Hauptsache nach aus Hämoglobin (Blutroth), einer eisenhaltigen Eiweißsubstanz, bestehen und von einer äußerst empfindlichen Quellbarkeit sind, so daß sie jede, auch die geringste Schwankung des Wassergehaltes mit einer Quellung oder Schrumpfung beantworten, aber von sehr geringer Contraktilität.

2. weiße, etwas größere, körnig getrübte, von geringer Quellbarkeit aber großer amöboider Beweglichkeit, welche deshalb automatisch wie ein Infusorium in der Blutflüssigkeit umherzukriechen vermögen. Diese weißen Körperchen sind aber in bedeutender Minderzahl: im gewöhnlichen Blute kommt nur eines auf je 500—350 rothe; nur im Milzvenenblut steigt ihre Menge auf 1/70 der Gesammtzahl.

Das Blutplasma besteht etwa aus 90% Wasser, in welchem mehrere Eiweißkörper in Lösung sich befinden, die die Hauptmasse der festen Bestandtheile ausmachen (8 bis 10%). Hiezu treten in sehr geringen Mengen Harnstoff und einige verwandte stickstoffhaltige krystallisirbare Stoffe, schwankende Mengen von Traubenzucker, Fetten, Seifen und Fettsäuren, Salze (vorwiegend Kochsalz und kohlensaures Natron) und wechselnde Menge von Kohlensäure. Aus der Ader gelassen, gerinnt das Plasma, indem einige seiner Eiweißkörper zu Faserstoff erstarren; der flüssig bleibende, Serum-Eiweiß enthaltende Rest heißt Blutserum.

Die Lymphe unterscheidet sich vom Blute vor allem durch den Mangel an rothen Blutkörperchen; sie führt fast nur farblose, und dann ist ihr Zellenreichthum ein viel geringerer. Aus diesem Grunde stellt die Lymphe mit der unten zu besprechenden Ausnahme eine fast durchsichtige farblose oder gelblichweiße, oder trüblich gelbliche Flüssigkeit dar; ihr Plasma enthält dieselben chemischen Bestandtheile wie das des Blutes, ist aber wässriger und auch in minderem Grade gerinnungsfähig. Ein abweichendes Verhalten hat die Lymphe, die während der Verdauung aus den Lymphkanälen des Darmkanals abfließt, indem sie in Folge Beimischung des aus dem Darmkanal aufgesogenen fein vertheilten Fettes milchig getrübt ist; man nennt sie deshalb auch Milchsaft (Chylus).

Die vornehmste Aufgabe des Blutes und der Lymphe ist die Ernährung aller übrigen Gewebsbestandtheile des Körpers, weshalb wir sie auch beide als **Ernährungsflüssigkeiten** bezeichnen; aber sie bringen den Geweben nicht blos alles was sie brauchen, sondern sie nehmen auch die untauglich gewordenen Stoffwechselprodukte und die ebenfalls eine Schlacke des Stoffwechsels bildende Wärme mit fort, um sie zu denjenigen Organen und Körpertheilen zu bringen, deren Aufgabe die Ausstoßung derselben ist. Die Bedingung für die Ausführung dieser Leistungen ist eine stetige Bewegung dieser Flüssigkeiten, deren Mechanik uns im nächsten Kapitel beschäftigen wird.

Wollen wir uns einen genaueren Einblick in die Leistungen der Ernährungsflüssigkeiten verschaffen, so wird dies am besten gelingen, wenn wir zuerst die Aufgabe der einzelnen Bestandtheile gesondert verfolgen.

Das **Blutplasma**, das wir als eine ziemlich gesättigte Eiweißlösung mit einem geringen Zusatz von kristalloiden Stoffen betrachten können, führt mit Ausnahme des Sauerstoffs alle Stoffe, welche die lebenden Gewebe zur Erhaltung ihres Lebens bedürfen, in löslichem Zustande und ist befähigt, alle verbrauchten Stoffe, welche die lebendige Substanz abgibt, in sich aufzunehmen. Während sich das Blut durch den Körper hindurch bewegt, tritt das Blutplasma fortdauernd mit allen Geweben, die es umspült, in osmotischen Verkehr, dessen Gesetze im Kapitel 2 besprochen wurden, der also wie wir wissen im erregten thätigen, namentlich aber im ermüdeten Zustande am lebhaftesten ist. Dieser Verkehr ist so zu verstehen:

Blutplasma und Quellungsflüssigkeit der lebendigen Substanz sind zwei gleichsam durch eine poröse Scheidewand getrennte Flüssigkeiten; das Bestreben der Osmose ist, zwischen diesen beiden Stoffen Mischungsgleichgewicht herzustellen.

Sobald deshalb in der einen Flüssigkeit die Menge eines Mischungsbestandtheils steigt, so beginnt ein Uebertritt desselben in die andere, und umgekehrt: sobald sich in der einen Flüssigkeit ein Bestandtheil vermindert, so tritt Nachschub von der andern Seite ein. Die Lebensthätigkeit der Gewebe ist nur eine fortgesetzte Störung des Mischungsgleichgewichts zwischen der Quellungsflüssigkeit und dem Blutplasma, indem in ersterem die Nährstoffe vermindert, die Zerfallstoffe vermehrt werden. Deshalb müssen erstere aus dem Blutplasma stets in die Gewebe und letztere stets aus den Geweben ins Plasma austreten, aber freilich nur unter der Voraussetzung, daß durch die Blutbewegung und die an andern Orten (Athmungsorgan, Verdauungsorgan und Absonderungsorgan) vor sich gehenden Veränderungen der Mischung der Plasmastoffe die Erreichung des Mischungsgleichgewichts zwischen Gewebssaft und Plasma fortwährend verhindert wird. Deshalb hört auch mit Sistirung der Blutbewegung das Leben sehr rasch auf und beeinträchtigt jede Verlangsamung der Kreislaufgeschwindigkeit die Energie des osmotischen Verkehrs.

Die Stoffe, die das Plasma an die Gewebe abgibt, sind Eiweißstoffe, Zucker, Fettseifen und Salze; der Rückempfang besteht in Kohlensäure, Milchsäure, flüchtigen Säuren, sauren Salzen und stickstoffhaltigen Krystalloiden. Bei dem Rückempfange spielt außer den osmotischen Gesetzen noch folgender Umstand eine Rolle. Das Plasma ist alkalisch in Folge seines Gehaltes an alkalisch reagirenden Salzen; da unter den obigen Auswurfstoffen Säuren und saure Salze sind, so ist das Plasma im Stande, dieselben bis zu einem gewissen Grade chemisch zu binden, wodurch ihre osmotische Aufnahmsfähigkeit gesteigert und die ermüdende Wirkung dieser Säuren und Salze nicht blos durch Abfuhr, sondern auch durch Neutralisation getilgt wird.

Das Blutplasma tritt jedoch durchaus nicht mit allen Stückchen lebendiger Substanz in direkten osmotischen Verkehr, sondern eigentlich nur mit den Zellen, welche die Gefäßwände auskleiden. In den Capillaren ist die Wand allerdings so dünn, daß die Osmose durch sie hindurch wirkt, allein die Leistung ist hier doch noch außerdem von der Filtration abhängig. Das Blut steht unter dem Druck des mit mächtigen Kräften ausgestatteten Herzens und dem elastischen Druck der Schlagadern, was in dem sogenannten Blutdruck zum Ausdruck kommt. Dieser Druck gestaltet sich in den feinen Haargefäßen zum Filtrationsdruck, der fortwährend gewisse Mengen des Plasma's durch die Wand hindurch in die Gewebsspalten treibt, so daß die Gewebe jetzt in unmittelbaren osmotischen Verkehr mit dem Filtrat treten können, wodurch die Osmose viel energischer wird. Dieses Filtrat ist jedoch nicht von gleicher Mischung wie das Plasma, da die in letzterem enthaltenen colloiden Eiweißstoffe der Filtration einen großen Widerstand leisten. Mithin ist es ärmer an Eiweißstoffen, reicher an Wasser, während die krystalloiden Stoffe fast gleich sind. Dieses Filtrat leistet nun den Geweben den gleichen Dienst wie das Plasma selbst und fließt nach Vollendung seiner Aufgabe als Lymphe in besondern Wegen ab, wovon später. Mithin ist eine der Leistungen des Blutplasma's die Bildung der Lymphe, die allerdings später dem Blute wieder gemischt wird.

Dient nun auf der einen Seite das Blutplasma der Ernährung und der Neutralisation und Abfuhr der Ermüdungsstoffe, so entlastet es sich andrerseits von den Ermüdungs- und Auswurfsstoffen in den Ausscheidungsorganen. Hiebei handelt es sich entweder wieder um die Vorgänge der Osmose — so entläßt das Plasma die Kohlensäure durch die dünnen Gefäß- und Lungenbläschenwände an die Athmungsluft — oder um Filtration in den sogenannten

Filtrirdrüsen, deren wichtigste die Niere ist. In letzterer sind aber die Wandungen des Gefäßabschnittes, in welcher die Filtration stattfindet, so dicht, daß bei normalem Blutdruck nicht wie bei der Lymphbildung auch colloide Stoffe durchfiltriren, sondern nur krystalloide. Da nun die wichtigsten Nährstoffe colloider Natur sind, die Auswurfsstoffe dagegen alle krystalloider, so ist die Abfuhr der letztern in die Filtrirdrüsen gesichert. Hiezu kommt noch, daß die anders geartete lebendige Substanz der Absonderungsorgane auf manche dieser Auswurfsstoffe eine spezifische chemische Anziehung ausübt.

Die dritte Bedeutung des Plasma's liegt in der Aufsaugung der verwendbaren Theile aus dem Speisebrei, wodurch die Verluste, die mit den Ausscheidungen gegeben sind, qualitativ und quantitativ gedeckt werden. An dieser Aufsaugung betheiligt sich nicht blos das Plasma des Blutes, sondern auch das der Lymphe.

In das Blutplasma treten im Bereich der Haargefäße der Darmschleimhaut, die nur durch eine dünne und sehr poröse Gewebsschicht vom Speisebrei getrennt sind, auf osmotischem Wege alle völlig gelösten und deshalb leicht diffundirbaren Stoffe sammt einer gehörigen Menge von Wasser ein, weil für letzteres die im Blut enthaltenen colloiden Stoffe eine mächtige Anziehungskraft haben. Die colloiden Stoffe des Speisebreies und das dort vorhandene, in feinste Körnchen getheilte Fett sind wenig geeignet, die Gefäßwand zu passiren, und hier tritt die Lymphbildung helfend ein, wobei es sich um folgenden Resorptionsmechanismus handelt.

Die Innenfläche des Dünndarms ist mit Millionen winziger langer Zapfen, Darmzotten, besetzt. Wie Fig. 6 a zeigt, liegt in denselben dicht unter der Oberfläche ein reiches Blutcapillarnetz, in der Achse ein cylindrischer Hohlraum, die Chyluscisterne, die nichts anderes ist als der Anfang einer Lymphbahn. Zwischen Capillarnetz und Chyluscisterne liegen Muskeln, und die letztere steht durch äußerst zarte Porenkanäle, welche radiär die Zotte und die Deckzellen derselben durchsetzen, mit der Darmhöhle in Verbindung. Dieser Mechanismus arbeitet in folgender Weise.

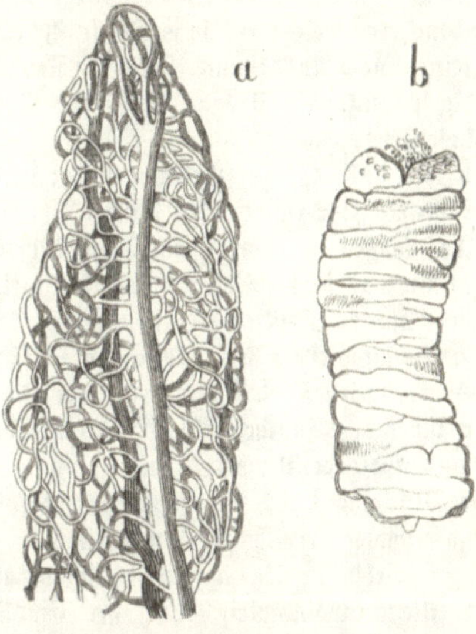

Fig. 6.
a Blutgefäßnetz einer Darmzotte. b eine Darmzotte im contrahirten Zustand.

Die Wirkung des Blutdrucks ist eine Dehnung und Spannung des Blutcapillarnetzes, wodurch die Zotte gestreckt wird wie ein Schwellkörper. Gehen wir von dem Zustand völliger Erektion und Steifung der Zotte aus, wobei die Chyluscisterne gefüllt ist: Ziehen sich nun die Muskeln der Zotte zusammen, so wird der Inhalt der Cisterne in die Lymphbahn gepreßt, weil der Weg dorthin offen ist, während gleichzeitig die Volumsverminderung der Zotte einen Verschluß der Poren gegen den Darminhlt hin herbeiführt. Erschlafft die Zottenmuskulatur, so fühjt der Blutdruck in dem Capillarnetz eine neue Erektion ud Ausdehnung herbei unter gleichzeitiger Oeffnung der zwiscen den sich dehnenden Capillarmaschen durchpassirenden 'orenkanäle. Wenn nun, wie dies der Fall ist, dem frühere Inhalt des Chyluscisterne der Rückweg verlegt ist, so entsthł in ihr ein Saugedruck wie in einem nach Ausdehnung streb nden Kautschukballe, und durch die Porenkanäle strömen Thle des Speisebreies in die Chyluscisterne ein.

Wenden wir uns jetzt zur Betrachtng der Leistung der Blutkörperchen und zwar zunächst der rohe n Blutscheiben. Diese Gebilde gleichen in ihrer Form nem Rührlöffel ohne Stiel, und wenn man sie bei Betrachtun des Blutlaufes am lebenden Thiere unter dem Mikroskop in ollem Gepurzel unter steten Drehungen hinwirbeln sieht, kann man sich der Ueberzeugung nicht verschließen, daß die sonerbare Form dieser Gebilde für die stetige innige, allseitig Durchmischung des Plasma's von außerordentlichem Erfolg ist, und daß eine gleich innige Mischung durch derartige uglich geformte Gebilde nie und nimmer erreicht werden nnte.

Außerdem spielen sie eine mechanihe Rolle als Regulatoren der Fließgeschwindigkeit durch ihre Empfindlichkeit gegen Schwankungen des Wassergehaltes Sobald das Plasma durch vermehrten Wassergehalt leichtflüsger wird, so quellen sie auf und verlangsamen die Blutgeschrindigkeit; umgekehrt, wenn das Plasma durch Eindickung strngflüssiger wird, so ziehen sie sich zusammen, wodurch die vn ihnen ausgehenden Reibungswiderstände sich entsprechend rindern.

Zu dieser mechanischen Leistung kommt eine ausgesprochene chemische Leistung, nämlich ie Vermittlung des Sauerstofftransportes. Das Blutroth esitzt, worauf schon früher hingewiesen, eine große Absorptnskraft für Sauerstoff, wobei es sich in das hellrothe Oxyhämoglobin umwandelt (das reine Hämoglobin ist schwarz), und die andere Seite ist, daß das Oxyhämoglobin seinen Sauerstoff leicht an die lebendige Substanz der Gewebe, deren Anziehungskraft für Sauerstoff mächtiger ist, abgibt, wodurch die Gewebsathmung zu Stande kommt.

Aus dem Gesagten erhellt, daß die Ausgiebigkeit der Sauerstoffzufuhr, dieser höchst wichtige Faktor bei der Arbeitsfähigkeit in geradem Verhältniß zum Reichthum eines Menschen an rothen Blutscheiben steht. Blutarme Menschen und solche, deren Blut arm an rothen Blutscheiben ist, haben eine geringe Arbeitsfähigkeit.

Ob sie sonst in Bezug auf den Stofftransport eine von der des Plasma's verschiedene Rolle spielen, ist nicht ermittelt, dagegen kommen sie bei einer eigenartigen Absonderung, nämlich bei der Galle, in hervorragendem Maße in Betracht und zwar so:

Wir haben die rothen Blutscheiben als lebendig aufzufassen, aber sie haben ein sehr zartes und hinfälliges und offenbar auch kurzes Leben und sterben fortwährend innerhalb der Blutbahn in großen Mengen ab. Ein Hauptherd dieses Unterganges ist die **Leber** und wahrscheinlich auch die **Milz**. Den Todesstoß erhalten die in der Leber zur Auflösung gelangenden Blutscheiben wohl schon im Darm, wo der Eintritt der Speisebreibestandtheile energisch auf sie wirken muß; in der Leber werden sie dann aufgelöst, und aus diesem Material bereitet die Leber einerseits die Galle, deren Farbstoff nichts anderes als umgewandeltes Blutroth ist, und andrerseits Harnstoff. Die Galle tritt als wichtiger Verdauungssaft in den Darm, der Harnstoff bleibt im Blute und kommt in der Niere zur Abscheidung.

Wenden wir uns nun zu den **farblosen Blutzellen**. Deren erste und wichtigste Obliegenheit ist die, den Ersatz für die absterbenden rothen Blutscheiben zu liefern, in die sie sich umwandeln. Sicher geschieht dies zum Theil überall in der Blutbahn, hauptsächlich aber sind als Orte dieser Umwandlung die Milz, die Leber und das rothe Knochenmark erkannt, wo man alle Uebergangsstufen von weißen zu rothen findet. Diese Thätigkeit setzt natürlich auf der andern Seite eine Neubildung von weißen Blutzellen voraus, und eine solche ist auch leicht nachzuweisen. Die Lymphe führt unmittelbar nach ihrer Abfiltrirung aus dem Blutplasma weder rothe noch weiße Blutzellen (einige weiße, die durch die Poren der Gefäßwand geschlüpft sind, kommen vor). Alle Lymphe passirt nun durch die sog. Lymphdrüsen. Das sind Nester aus Zellen, die fortwährend in starker Vermehrung begriffen sind, und diese Zellen, von denen die durchfließende Lymphe stets eine große Menge auswäscht, sind die weißen Blutkörperchen, die mit der sie führenden Lymphe in die Blutbahn gelangen.

Daß die weißen Blutzellen die Fähigkeit haben, die Wand der feinsten Blutgefäße zu durchbohren und in die Gewebszwischenräume zu kriechen, steht jetzt außer Zweifel. Schwerlich thun sie das jedoch regelmäßig, um dort besondere Aufgaben zu erfüllen; aber daß sie nicht blos die Fähigkeit haben, sich in rothe Blutzellen zu verwandeln, sondern daß sie gleichsam Embryonalzellen sind, die jeden Beruf, auch den einer andern Gewebszelle noch ergreifen können, falls sie in die genügende Situation gelangen, ist außer Zweifel, denn es steht fest, daß sie die Baumeister sind, welche die Wundheilung bewirken. Sobald in einer Wunde das Blut zu fließen aufgehört hat, weil die Oeffnungen der durchschnittenen Gefäße durch Pröpfe geronnenen Blutes verstopft wurden, bohren sich die geschmeidigen, einer selbständigen Ortsbewegung fähigen weißen Blutkörperchen theils durch die Blutpröpfe, theils durch Wandungen der Gefäße auf die freie Oberfläche der Wunde hindurch unter Mitnahme einer geringeren Menge flüssigen Gewebs- oder Blutsaftes und stellen so das vor, was man den Wundeiter nennt. Der größte Theil dieses Wundeiters geht durch Abfluß verloren, aber auf dem Grunde der Wunde bleibt ein Theil der ausgetretenen Zellen sitzen, verwächst mit den dort noch vorhandenen lebendigen Gewebszellen und dies dauert so lange fort, bis die klaffende Lücke ganz mit einem neuen aus diesen ausgewanderten Blutzellen gebildeten Gewebe, dem sog. Narbengewebe, ausgefüllt ist: man überzeugt sich durch Untersuchung dieses Gewebes, daß es alle die Elemente enthält, aus welchen der Körper auch sonst besteht, daß mithin die genannten Zellen die Fähigkeit besitzen, sich in alle erforderlichen Gewebssorten umzuwandeln. Auch bei der Entzündung spielen sie eine wichtige Rolle, indem sie massenhaft aus dem Blut ins Gewebe austreten und dort auch entweder Eiter oder bleibendes Gewebe bilden.

Eine letzte Leistung, bei der sich jedoch alle Bestandtheile von Blut und Lymphe, so viel bekannt, in gleicher Weise betheiligen, bezieht sich auf den Wärmehaushalt. In der einen Richtung wird sehr viel Wärme erzeugt, da alle lebendige Kraft der Blut- und Lymphbewegung durch den Reibungswiderstand der Wände in Wärme umgesetzt wird. Andrerseits wird der Wärmetransport nur vom Blute vermittelt; denn die Leitung spielt im Innern des Körpers eine äußerst geringe Rolle, da sämmtliche Bestandtheile desselben schlechte Wärmeleiter sind.

Wenn dem Techniker die Aufgabe gestellt ist, die Temperaturverhältnisse größerer Massen zu beherrschen, so durchzieht er sie mit einem Rohrwerk, in welchem er nach Belieben eine heiße oder warme Flüssigkeit circuliren lassen kann, den sog. Kühlschlangen und Wärmeschlangen. Den gleichen Dienst thun unsere Blutgefäße in einem Grade, den die Technik nicht in entferntestem Maße erreichen kann, da sie gänzlich außer Stande ist, ein so feinmaschiges Rohrwerk herzustellen, wie das Capillarnetz in den Geweben des Körpers. Bei der hier erzielten außerordentlich innigen Berührung zwischen Blut und Gewebe wird jeder örtliche Wärmeüberschuß sofort von dem ersteren aufgenommen und eben so rasch und vollständig an die Orte hingebracht, wo in Folge äußerer Leitung und Strahlung und Wasserverdampfung ein Wärmemangel entstanden ist. Am deutlichsten zeigt sich diese Leistung des Kreislaufes in Erscheinungen, die unmittelbar nach dem Tode eintreten. Sobald das Herz stillsteht, erkaltet die Oberfläche der Leiche, während umgekehrt im Innern die Wärme steigt, weil dort die wärmebildenden Oxydationen noch längere Zeit fortdauern und der die Wärme abführende Blutstrom fehlt.

Wenden wir nun noch einige Betrachtungen der Frage zu, welche Anforderungen an Blut und Lymphe im Interesse der Arbeitsfähigkeit zu stellen sind.

Hier kommen zuerst die Mengeverhältnisse in Betracht: Ein arbeitsfähiger Körper muß blutreich sein. Jede Abnahme der Blutmenge schwächt ihn. Hier ist ein sehr geläufiger Irrthum zu bekämpfen. Man nennt dicke Leute mit geröthetem Gesicht vollsaftig und verbindet damit die Vorstellung, daß sie zu viel Blut haben. Hier ist gerade das Gegentheil wahr: jede Ansammlung von Körperfett ist mit einer Abnahme der Blutmenge verbunden. Versuche von J. Ranke an Kaninchen haben ergeben, daß bei fetten Thieren die Blutmenge sich um 30 % gegenüber normaler Körperbeschaffenheit vermindern kann; die notorisch geringere Leistungsfähigkeit und größere Erkrankungsfähigkeit fettleibiger Menschen gegenüber der notorischen Zähigkeit hagerer Personen findet somit auch von dieser Seite ihre völlige Erklärung. Was bei Fettleibigen Vollblütigkeit vortäuscht, ist, daß der durch das Körperfett gesteigerte Seitendruck auf die Gefäße das Blut an solche Orte verdrängt, wo die Gefäße steten erschlaffenden Einflüssen ausgesetzt sind, und das ist gerade die Gesichtshaut, denn an der übrigen Haut sind solche Personen weiß wie ein bleichsüchtiges Frauenzimmer. Ob überhaupt ein Zuviel von Blut vorkommen kann, scheint mehr als zweifelhaft, während umgekehrt Blutarmuth ein äußerst häufiger Grund für geschwächte Arbeisfähigkeit ist.

Eine weitere quantitative Störung bezieht sich auf das Verhältniß zwischen Blutplasma und Blutkörperchen. In dieser Beziehung ist der Reichthum an rothen Blutscheiben ein ganz besonders wichtiger, schon im vorigen Kapitel zur Genüge besprochener Faktor, und bei vielen Fällen sogenannter Blutarmuth ist es weniger die Abnahme der Gesammtmenge des Blutes als die der rothen Blutscheiben. Sehr häufig wird die Abnahme der rothen Blutscheiben von einer Zunahme der weißen begleitet (Weißblütigkeit), wodurch aber kein genügender Ersatz geleistet wird, da die weißen sich an der Sauerstoffzufuhr nicht betheiligen können.

Eine andere nachtheilige Aenderung der Blutbeschaffenheit, die wir auch schon oben erwähnt haben, ist die Zunahme des Wassergehaltes. Wo das Blut zu wasserhaltig ist, sind es auch die Gewebe, und wir haben bereits in früheren Kapiteln die Nachtheile einer solchen Veränderung der Gewebsmischung kennen gelernt und werden noch später wiederholt auf sie zurückkommen müssen.

Weiter hat es mit dem Blut dieselbe Bewandtniß wie mit der Luft: indem die Gewebe ihre Zerfallprodukte an das Blut abgeben, streben sie eine stete Blutverschlechterung an, die nur dann verhindert wird, wenn das Blut diese Gewebsschlacken stets prompt an die Außenwelt abgeben kann. Deshalb wird das Blut sehr rasch unfähig, die Lebensvorgänge zu unterhalten, sobald es sich mit rückgebildeten Stoffen belastet. Eine solche Belastung findet aber nicht nur dann statt, wenn die Absonderungen nicht flott von Statten gehen, sondern auch dann, wenn der Stoffwechsel, wie das früher geschildert ist, gehemmt ist, und nun statt der letzten höchsten Oxydationsstufen (Kohlensäure, Wasser und Harnstoff) niedrigere, weniger leicht zur Absonderung geeignete Oxydationsstufen, wie die dort genannten Säuren, gebildet werden.

Ueber die Rolle, welche die Blutsalze bei der Arbeitsfähigkeit spielen, haben wir S. 138 das nöthige erfahren, und so bleibt nur noch ein Wort übrig über die Bedingungen einer qualitativ und quantitativ richtigen Blutbildung.

Hier steht natürlich eine ausgiebige und richtig zusammengesetzte Nahrung, wie wir sie im zehnten Kapitel kennen lernten, obenan. Dazu gehört aber, wogegen so sehr häufig gefehlt wird, eine Lebensweise, welche durch genügende und von Zeit zu Zeit bis zur Maximalleistung des Gesammtkörpers gehende Thätigkeit einen energischen Stoffwechsel unterhält, so daß die Zerfallprodukte stets völlig verbrannt, in den diffundirbarsten Zustand übergeführt und durch kräftige Bethätigung der Absonderungsorgane (Lunge, Haut und Niere) auch prompt nach außen entleert werden. Namentlich gehört dazu eine Lebensweise, welche Ansammlung von Körperfett und wässrige Anschwellung des Körpers unmöglich macht.

14. Der Kreislaufmechanismus.

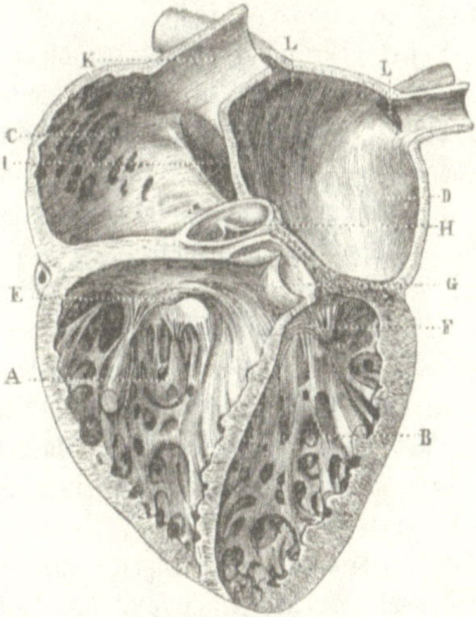

Fig. 7.

Senkrechter Schnitt durch das Herz. A Rechte Kammer. B Linke Kammer. C Rechter Vorhof. D Linker Vorhof. E Oeffnung zwischen Vorhof und Kammer rechts. F Oeffnung zwischen Vorhof und Kammer links. G Lungenschlagader mit ein paar Klappen. H Aorta mit Klappen. I Untere Hohlvene. K Obere Hohlvene. L Venen, in denen das Blut zum Herzen aus den Lungen zurückströmt. (Lungenvenen.)

Um den Kreislauf zu verstehen, ist es unbedingt nöthig, sich mit der allgemeinen Anordnung des Röhrensystems bekannt zu machen, in welchem Blut und Lymphe sich bewegen.

Das Blutgefäßsystem bildet ein in sich selbst zurücklaufendes, also kreisförmig geschlossenes Röhrenwerk; an ihm ist das Herz das Centralorgan. Von ihm leiten starkwandige Gefäße die Schlagadern, Pulsadern oder Arterien in die Peripherie, während dünn- und schlafwandigere Gefäße, die Venen oder Blutadern, es zum Herzen zurückbringen. Die äußerst feinen Gefäßröhrchen, welche die Enden der Arterien mit den Anfängen der Venen verbinden, heißen wir Capillar- oder Haargefäße.

Das Herz (siehe Fig. 7) ist ein dickwandiger aus Muskelfleisch gebildeter Beutel, dessen Räumlichkeit durch eine Scheidewand völlig in zwei Hälften, das rechte und linke Herz, geschieden ist. Jede dieser Hälften ist in unvollständiger Weise in zwei mit einander communicirende Räume, die Vorkammer und die Kammer, getheilt. In die erstere tritt das Blut aus den Venen ein, aus der zweiten gelangt es in die Arterien; an der Oeffnung, die von der Vorkammer nach der Kammer führt, und an der Austrittsöffnung aus der Kammer in den Schlagaderstamm sind Klappen angebracht, welche das Rückläufigwerden der Blutbewegung verhindern und dem Herzen den Charakter einer Saug- und Druckpumpe verleihen.

Die Schlagadern entspringen mit zwei starken Stämmen aus dem Herzen, einer aus der linken Kammer, der anderen aus der rechten, und ziehen nun unter fortwährender, meist zweitheiliger Spaltung, einem sich verzweigenden Baume gleich, wobei die Aeste und Zweige immer enger werden, nach allen Theilen des Körpers, jedoch so, daß sich die aus dem rechten Herzen kommende Schlagader (Lungenschlagader) nur in der Lunge verzweigt, die linke sogen. Körperschlagader im gesammten übrigen Körper, mit einigen feinen Zweigchen auch in der Lunge (Ernährungsgefäße der letztern).

Dem entsprechend zerfallen auch die Venen in zweierlei Gruppen; das durch die Lungenschlagader in die Lunge geschickte Blut sammelt sich in vier Lungenvenen, die in den linken Vorhof ausmünden. Das von der Körperschlagader entsendete Blut sammelt sich allmählich in zwei starken

Stämmen in den beiden Hohladern, um in die rechte Vorkammer einzutreten.

Während die Arterien sich nach Art eines sich verästelnden Baumes verzweigen, können wir für den Verlauf der Venen das Bild eines schließlich im Hauptstrome sich vereinigenden Flußsystems gebrauchen, jedoch mit der Modifikation, daß die Zufuhrkanäle vielfache Anastomosen nach Art eines Kanalnetzes aufweisen und daß das Strombett im Venensystem um ein mehrfaches (2—3faches) weiter ist als im Arteriensystem.

Die Capillargefäße haben eine so enge Lichtung, daß in der Regel nur ein Blutkörperchen hinter dem andern dieselbe passiren kann, und zeigen die Anordnung eines Netzwerkes.

Die drei Sorten von Blutgefäßen unterscheiden sich weiter in Stärke und Bau ihrer Wandungen. Die Capillarröhrchen sind nur aus einer Lage plättchenförmiger Zellen, die randweise zusammengefügt und einer gewissen Contraktion fähig sind, zusammengesetzt. Bei den Arterien und Venen wird die Wand durch das Hinzutreten von elastischen und muskulösen Hüllen verstärkt und zwar so, daß bei den Schlagadern diese Verstärkung viel beträchtlicher ist als bei den Venen, in Folge dessen die Schlagadern eine viel höhere Elasticität besitzen und auch durch Muskelcontraktion viel ausgiebigerer Veränderung ihrer Durchgängigkeit fähig sind als die schlaffen Venen.

Aus dem, was oben über Aus- und Einmündung der Gefäße im Herzen gesagt wurde, ergibt sich, daß die Blutbahn in zwei erst im Herzen wieder zusammenhängende Kreisläufe zerfällt (siehe Figur 8). Der kleine oder Lungenkreislauf beginnt in der rechten Kammer und endigt in der linken Vorkammer; der große oder Körperkreislauf beginnt in der linken Kammer und endigt in der rechten Vorkammer. Die Blutbahn läßt sich somit zwei

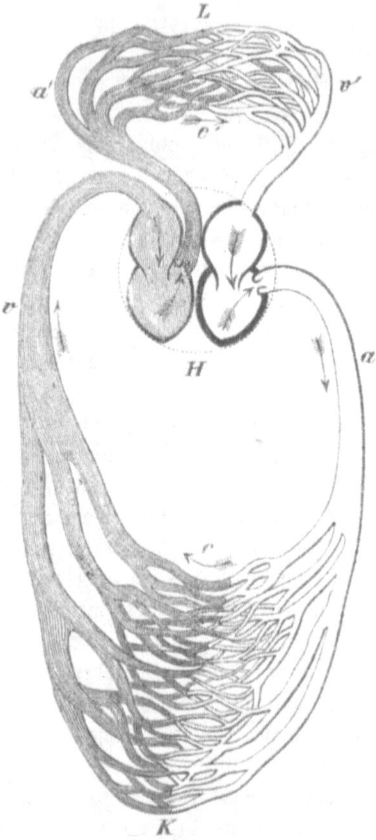

Fig. 8.

Schema des Gefäßsystems. H die beiden Herzhälften mit ihren Klappenvorrichtungen. a die Verästelung der großen Körperschlagader Aorta. c das Capillarnetz, das in allen Organen des Körpers K durch dieses Hauptgefäß gefüllt wird. v die große Körpervene. a' die Lungenschlagader, c' das Capillarnetz der Lunge. L v' die Lungenvene. Die Pfeile zeigen die Richtung des Blutstroms innerhalb des Gefäßzirkels an.

zu einer Achterfigur vereinigten Stromschleifen vergleichen: die eine führt das Blut aus dem Herzen durch die Lunge zurück zum Herzen, die andere von da durch den Körper hindurch wieder zurück zum Herzen.

Während die Verhältnisse des kleinen Kreislaufes sehr einfache sind, treten im großen Kreislauf einige zu besprechende Complikationen hinzu. Dieser spaltet sich nämlich in zwei Stromschleifen. Ueber die größere derselben, welche durch die Leibeswand und die Gliedmaßen zieht, bedarf es keiner weiteren Besprechung; sie setzt sich aus Arterienverzweigung, zahlreichen Capillarnetzen und rückläufigen Venen zusammen. Die zweite, kleinere Stromschleife, welche die Baucheingeweide durchzieht, zeigt die Eigenthümlichkeit, daß sie zweierlei Capillarnetze besitzt: ein Anfangsnetz in der Wandung des Verdauungsrohres und ein Endnetz in der Leber; verbunden sind diese beiden Netze durch eine starke kurze, das gesammte Darmvenenblut sammelnde Blutader, die sog. Pfortader. Man nennt deshalb auch Pfortader, Lebercapillaren und die Sammelvenen der Leber zusammenfassend den Pfortaderkreislauf, eine freilich nicht ganz glückliche Bezeichnung, weil es kein geschlossener Kreislauf, sondern nur eine Stromschleife ist. Ergänzend ist noch anzufügen, daß an der eben geschilderten, durch die Eingeweide gehenden Stromschleife die Nieren sich nicht betheiligen; die sie durchziehende Stromschleife ist eine Abzweigung der Stromschleife der Leibeswand. Dagegen zeigt die Stromschleife der Nieren etwas ähnliches wie die Eingeweidestromschleife. Jedes einzelne Nierenschlagäderchen löst sich nämlich, wie Fig. 9 zeigt, pinselförmig in viele Aederchen auf, die sich nach kurzem Verlauf wieder zu einem gemeinsamen Stämmchen sammeln, um erst jetzt in der gewöhnlichen Weise in ein Capillarnetz sich aufzulösen. Die erste Sammlung und Spaltung des Blutnetzes heißt man ein

Wundernetz, und die Niere ist von zahlreichen solcher Wundernetzchen (Malpighi'sche Knäuel gl) durchsetzt, über deren Bedeutung wir später sprechen werden.

Bei der Fortbewegung des Blutes kommt in erster Linie die Triebkraft des Herzens in Betracht; dasselbe zieht sich in rhythmischer Weise zusammen, seinen Inhalt mit großer Kraft in die Schlagaderwurzeln schiebend, wobei der Verschluß der Vorhofklappen das Ausweichen des Blutes

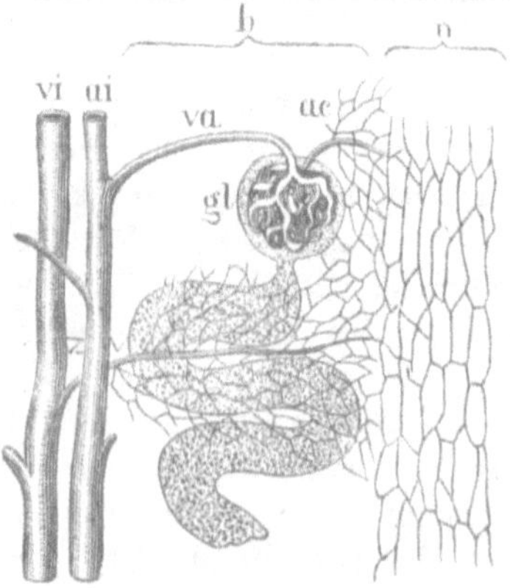

Fig. 9.

in entgegengesetzter Richtung verhindert. Auf diese Zusammenziehung (Systole) folgt eine Erschlaffung der Herzwand (Diastole) mit Erweiterung der Herzhöhle und Einströmen des Blutes aus den Venen, da das Rückläufigwerden des bei der vorhergehenden Zusammenziehung in die Arterien getretenen Blutes durch Klappenverschluß verhindert wird; die außerhalb des Herzens liegende ausweitende Kraft werden wir weiter unten kennen lernen. Die Menge von Blut, welche durch einen einzigen Herzakt in Bewegung gesetzt wird, ist für jede Herzhälfte auf 150 bis 190 g, also zusammen auf den 27sten Theil der gesammten Blutmasse, berechnet worden. Nimmt man 175 g pro Zusammenziehung und 75 Zusammenziehungen in der Minute an, so erhält man für die Gesammtarbeit des Herzens in 24 Stunden 75600 Kilogrammeter, für den einzelnen Akt der kräftigeren linken Herzhälfte 0,525 Kilogrammeter.

Für die Weiterbewegung des aus dem Herzen entleerten Blutes in dem Röhrensystem kommt in erster Linie die hohe Elasticität der Schlagaderwandungen in Betracht, indem nur mittelst dieser die großen Widerstände überwunden werden können, die mit der zunehmenden Verzweigung der Schlagadern stetig wachsen, da das Verhältniß zwischen Stromquerschnitt und widerstandleistender Wandfläche stetig zunimmt. Wären die Röhren starr, so hätte das Herz jedesmal die gesammte Blutsäule zu heben und den gesammten Wandwiderstand in den Arterien- und Capillargefäßen zu überwinden. Da aber die Röhren elastisch sind, so ist nur ein Theil der Blutsäule zu heben und im übrigen nur der elastische Widerstand der nächst anliegenden Rohrstrecken zu überwinden, indem dieselben erweitert werden. Sobald sich die Klappen an den beiden Schlagaderwurzeln geschlossen haben, übernehmen die elastischen Kräfte der Schlagaderwände die Fortschiebung der neu angekommenen Blutmasse in die nächsten Abschnitte, wobei sich dieselben ebenfalls erweitern, und so schreitet eine aus Erweiterung und Wiederzusammenziehung bestehende Pulswelle von den Schlagaderwurzeln über alle Aeste, Zweige und Reiser der Arterienverzweigung mit einer Geschwindigkeit dahin, die E. H. Weber zu etwas über 8 Meter in der Sekunde berechnet.

Je weiter sich die Pulswelle vom Herzen entfernt, um so schwächer wird sie, und endlich im Capillarnetz verwandelt sich das stoßweise Fließen des Blutes in ein continuirliches, offenbar, weil durch die netzförmige Verbindung die Stöße sich nothwendig begegnen und aufheben müssen.

Bei dem Abfluß im Venensystem kommt einmal der Blutdruck im Capillarnetz als vis a tergo in Betracht, fürs zweite die Saugwirkung der Ausdehnung des Herzens, deren Motiv unten geschildert werden soll. Indem das Herz das Blut aus den großen Venenstämmen ausschöpft, vermindert es den daselbst bestehenden Blutdruck, während der Nachschub aus den Capillaren den Blutdruck in den Venenanfängen stetig erhöht, und so muß ein andauerndes Fließen des Blutes von den Orten mit erhöhtem Druck nach denen mit niedrigerem stattfinden. Bei der bedeutenderen Weite des Venenstrombettes ist die Fließgeschwindigkeit im Venensystem eine viel geringere als in den Arterien; nebstdem verhindern in den Venen von Strecke zu Strecke angebrachte Klappen einen Rückfluß, der bei der Schlaffheit der Venenwandungen durch Seitendruck leicht hervorgerufen werden könnte.

Eine weitere, außerhalb des Gefäßsystems liegende Triebkraft bei der Blutbewegung liegt in folgendem eigenthümlichem Zusammenhang von Athmungs- und Kreislaufgeschäft.

Das Herz liegt mit der Lunge zusammen in der nach außen luftdicht abgeschlossenen Brusthöhle. Wir haben im zwölften Kapitel gehört, daß die Lunge auch im Zustand der tiefsten Ausathmung noch nicht ihr kleinstes natürliches Volumen angenommen hat, sondern mit elastischen Kräften sich noch mehr zu verkleinern strebt; deshalb besteht in der Brusthöhle negativer d. h. Saugdruck, und derselbe steigt bei der Einathmung ganz beträchtlich. So wie dieser Saugdruck die Weichtheile an der Halsgrube und die Zwischenrippenräume einzieht, muß er umgekehrt auf die Herzwand einen nach allen Richtungen ausdehnenden Zug ausüben.

Der systolischen Zusammenziehung des kräftigen Herzmuskels gegenüber ist dieser Zug zwar machtlos, aber wie die Herzwand erschlafft, wirkt er und erweitert das Herz und zwar zuerst und am stärksten die dünnwandigen Vorhöfe, und so wird jetzt das Blut aus den anstoßenden großen Venen aufgesogen. Darin liegt das Motiv der sog. Diastole, die also seitens des Herzens ein durchaus passiver Akt ist, dessen Ausgiebigkeit lediglich von der Beschaffenheit der Lunge und nicht der des Herzens abhängt.

Selbstverständlich haben wir es nicht mit einer einseitigen Einwirkung der Athmung auf die Herzarbeit, sondern auch mit dem Umgekehrten zu thun. Jede Zusammenziehung des Herzens muß selbstverständlich mit einer Ausdehnung der Lunge zusammenfallen und einen Einathmungsakt hervorbringen. Da das Herz bei jedem Akt ca. 350 g Blut aufnimmt und wieder entleert, so ist der Werth dieser durch das Herz bewirkten Einathmung ein sehr erheblicher, namentlich wenn wir bedenken, daß ein gewöhnlicher Athemzug nur etwa 500 ccm Luft aus- und einbewegt. Dies hat zur Folge, daß *selbst bei Stillstand der gewöhnlichen Athmungsmechanik die Athmung doch noch fortdauert, solange das Herz schlägt.*

Es ist jedoch noch einiges über den Zusammenhang der Athmungs- und Circulations-Arbeit anzuführen und zwar in Angelegenheit des Lungen- und Körperkreislaufes. Wie wir oben sahen, muß durch die Lunge in der gleichen Zeit genau dieselbe Blutmenge fließen wie durch den gesammten übrigen Körper. Die Wegsamkeit im Lungenkreislauf ist mithin ein höchst wichtiger Faktor bei der Herzarbeit, und diese steht aus folgenden Gründen in geradem Verhältniß zur Athmungsfähigkeit. Was wir oben für das Verhältniß der Lunge im Ganzen zum Herzen demonstrirt haben, gilt natürlich im Kleinen für das Verhalten des Lungengewebes zu allen dasselbe durchziehende Gefäßröhrchen: es wirkt überall ausweitend auf dieselben und zwar um so stärker, je tiefer die Einathmungen ausfallen. Begreiflicherweise muß diese Ausweitung zwar an den dünnwandigen Capillarnetzen und Venen stärker ausfallen als an den dickwandigen Arterien, allein da das eine Vergrößerung der Druckdifferenz zwischen Arterien und Venen ist, so kommt die Ausweitung doch dem gesammten Lungenkreislauf zu gute. Aus der Schwere der Circulationsstörungen, welche in Folge krankhafter Abnahme der Lungenelasticität auftreten, können wir zu einer Werthschätzung ihrer Bedeutung für den Kreislauf kommen.

Ein weiterer Faktor bei der Blutbewegung sind die Bewegungen der die Gefäße umgebenden Weichtheile, insofern sie die Blutsäule verschieben. Auf die Arterien ist dies bei der Dickwandigkeit und Elasticität derselben von geringem Einfluß; am meisten kommt es den schlaffen Venen zu gute und zwar unter Beihilfe der Venenklappen: indem diese das Rückläufigwerden des Blutes verhindern, gestaltet sich jedes Fortschieben der Blutsäule durch Seitendruck zu einer Bewegung in der Richtung des Herzens.

Nachdem wir so die treibenden Kräfte der Circulation kennen gelernt haben, wenden wir uns zu den Punkten, welche auf die Leistungsfähigkeit des Kreislaufsapparates Einfluß nehmen.

Hiebei kommen eine Menge anatomischer und funktioneller Verhältnisse in Betracht, von welchen allerdings mehr nur diejenigen genauer studirt sind, welche die Bedeutung von eigentlichen Krankheitsursachen haben, während diejenigen, welche sich zwar mit der Gesundheit im allgemeinen noch vertragen, dagegen von Einfluß auf das Maß der Arbeitsfähigkeit sind, noch sehr der wissenschaftlichen Aufklärung bedürfen.

Beim Herzen ist wie bei jeder Pumpe Hauptsache, daß die Klappen in Ordnung sind, und deshalb bilden die sogen. Klappenfehler einen Hauptdefekt des Kreislaufapparates. Dieselben können von zweierlei Art sein: entweder sind die Klappen nicht im Stande, sich vollständig zu schließen, so daß das Blut zum Theil rückläufig wird (Insufficienz), oder es handelt sich um eine Verengerung der Ausflußöffnung durch anatomische Veränderungen der Klappen oder ihrer Umgebung, so daß dem Fortschritt des Blutstromes ein Hinderniß gesetzt ist (Stenose). Sitzen diese Klappenfehler an den Ausmündungsöffnungen, so wirken sie einmal direkt nachtheilig auf das Herz, indem sie dessen Arbeit vergrößern. Diesem Uebelstande wird zwar bis zu einem gewissen Grade dadurch abgeholfen, daß das Herz unter Einfluß des gesteigerten Gebrauchs gleich jedem andern Muskel an Masse und Kraft zunimmt und zugleich geräumiger wird (Regulirung des Klappenfehlers), und bei mäßigen Klappenfehlern treten die Uebelstände erst dann hervor, wenn bei gesteigerter Arbeit Herzaufregung eintritt. Dazu kommt, daß bei Klappenfehlern das Herz viel leichter in Aufregung geräth, weil die Steigerung des arteriellen Blutdruckes, wie ihn die Arbeit mit sich bringt, noch direkter und stärker auf das Herz wirkt, als wenn die Klappen ihre Schuldigkeit thun. Solche Leute können äußerlich das Bild eines Gesunden darbieten, sind auch zu leichteren Arbeiten befähigt, und erst bei schwerer Arbeit tritt der Defekt ihres Herzens in Wirkung: sie bekommen Herzklopfen, und der Eintritt des Echauffements setzt ihrer Arbeit ein frühzeitiges Ende. Bei hochgradigen Fehlern an den Vorhofklappen treten Erscheinungen der Rückstauung auf, entweder nach der Lunge hin, wodurch deren Verrichtung beeinträchtigt wird (Kurzathmigkeit), oder nach den Venen des großen Kreislaufes, was in letzter Instanz zu den Erscheinungen der Wassersucht führt. Eine weitere schwere

Störung der Leistungsfähigkeit des Herzens ist es, wenn der Herzmuskel von Fetteinlagerung befallen wird. Die damit gesetzte Verminderung der Herzkraft bedingt Trägheit des Kreislaufs und Versagen des Dienstes bei höheren Anforderungen.

Bei den Gefäßen handelt es sich um die Weite des Strombettes, da von ihm die Reibungswiderstände abhängen. Auf diesen Umstand sind mehrere Verhältnisse von Einfluß, einmal die Beschaffenheit der Gefäßwandung, da die Röhren elastisch sind, dann der Druck der umgebenden Weichtheile und endlich die Zahl und die Weite der einzelnen verfügbaren Strombahnen.

Was die allgemeine Weite der Blutbahnen betrifft, so hat erst in jüngster Zeit Beneke darauf aufmerksam gemacht, daß die Lichtungsweite der Schlagadern großen individuellen Unterschieden unterworfen ist, und daß die Enge der Schlagadern mit gewissen Krankheiten, z. B. der Skrophulose und der Bleichsucht, sehr häufig vergesellschaftet ist. Dieser Forscher hat sicherlich recht, wenn er sagt, daß selbst die ungleiche Leistungs- und Widerstandsfähigkeit im ganzen für gesund erachteter Individuen möglicherweise mit diesen anatomischen Verhältnissen zusammenhänge. Wir wissen aus früherem, daß ein arbeitender Körpertheil mehr Blut braucht einmal, um überhaupt arbeiten zu können, und dann, um sich die Ermüdungsstoffe möglichst ausgiebig vom Halse zu schaffen. Diesem Bedürfniß nach energischerer Durchblutung stellt natürlich allgemeine oder örtliche Enge der Schlagadern ein schweres Hinderniß entgegen, und solche Leute müssen sowohl der Ermüdung wie dem Echauffement viel rascher anheimfallen als Leute, deren Schlagadern die genügende Weite besitzen.

Wenden wir uns nun zur Beschaffenheit der Gefäßwände. Hiebei handelt es sich um zweierlei wichtige Eigenschaften: die eine ist ihre Elasticität, die wesentlich von der

Beschaffenheit der sogenannten elastischen Gefäßhaut abhängt, und die Contraktilität, welche von der Muskelhaut und mittelbar von den Gefäßnerven bestimmt wird. Wir haben oben gesehen, welch wichtige Rolle den elastischen Eigenschaften der Blutgefäße, insbesondere der Schlagadern zugetheilt ist. Nun ist es eine Eigenschaft elastischer Körper, auch lebloser, die namentlich gut an Gutta-Percha zu beobachten ist, daß Nichtgebrauch die Elasticität in der Richtung der Starre und Brüchigkeit schwächt, und offenbar folgt auch das elastische Gewebe des Thierkörpers diesem gleichen Gesetz: bei Nichtgebrauch vermindert sich die Dehnbarkeit und dasselbe wird starrer und zugleich zerreißlicher; mithin hängt die Leistungsfähigkeit der Arterienwand von Häufigkeit und Ausgiebigkeit der Anspruchnahme ihrer Elasticität ab. Daraus ergibt sich die später noch ausführlicher zu besprechende diätetische Forderung, den Kreislauf ebenso von Zeit zu Zeit zu stürmischer Thätigkeit anzuregen, wie für die Lunge zeitweise Tiefathmungen erforderlich sind.

Bei den Venen ist die Aufgabe eine ganz andere, da die Parirung des Herzstoßes für sie vollkommen hinwegfällt. Bei ihnen handelt es sich hauptsächlich darum, daß da, wo das Blut gegen seine Schwere zu fließen hat, also in allen abwärts vom Herzen liegenden Körperabschnitten, der Blutsäule das Gleichgewicht gehalten wird, d. h. daß es ihrem Drucke nicht gelingt, eine dauernde und übermäßige Erweiterung der Vene herbeizuführen. (Krampfadern, Hämorrhoiden beruhen auf einem Verlust der Venenelasticität.)

Die aktive Contraktilität der Gefäßwand spielt wieder bei den Arterien, dann aber wahrscheinlich auch im Capillarnetz eine Rolle. Der Contraktionszustand der Blutgefäßmuskeln wird einmal durch zweierlei antagonistisch wirkende Nerven bestimmt. Das allgemeine Centralorgan der Gefäßnerven liegt im verlängerten Mark, bei dessen

Reizung Verengung sämmtlicher feinen Arterien mit Erhöhung des Blutdrucks in allen größeren Stämmen und im Herzen eintritt. Dieses Centralorgan ist in beständiger Aktion, so daß in den Schlagadern stets ein gewisser Spannungszustand (Tonus) unterhalten wird.

Herabgesetzt oder aufgehoben wird dieser Tonus sowohl allgemein als örtlich auf reflectorischem Wege: nämlich allgemein durch Reizung gewisser centripetaler Nerven, die man depressorische nennt und deren Verlauf von Cyon und Ludwig näher nachgewiesen ist. Oertlich wird der Tonus herabgesetzt durch die Reizung der Empfindungsnerven der betreffenden Körpergegend (örtlicher Hautreiz erzeugt Röthung durch Gefäßerweiterung).

Antagonistisch zu diesen depressorischen Fasern verhalten sich die pressorischen, die den Tonus erhöhen, also die Gefäße verengen. Während die ersteren der Hauptsache nach in Lungen-Magennerven verlaufen, ziehen die letzteren vorzugsweise im sympathischen Nerven. Eigenthümlicherweise wirkt auch die Reizung der Nasenschleimhaut pressorisch.

Die Verwendung, welche der wechselnde Spannungszustand der Gefäße in der Maschine des Körpers findet, bezieht sich auf die wechselnde Vertheilung der Blutmasse. Jeder Körpertheil bedarf während er arbeitet ein beträchtlich größeres Quantum von Blut als im Zustand der Ruhe (nach Ranke um 80% mehr), und diesem Bedürfniß kann nur genügt werden durch eine Erweiterung des zuführenden Schlagaderrohrs mittelst Erregung depressorischer Nerven; es wird somit für die Raschheit und Promptheit, womit sich ein Körpertheil in Arbeit versetzen läßt, die Raschheit im Eintritt der Tonus-Aenderung von großem Einfluß sein. Wir werden darauf noch später zurückkommen.

Der zweite Faktor bei der Wegsamkeit der Blutbahn ist, wie wir oben erwähnten, der Seitendruck der umgebenden

Weichtheile auf die Gefäßwand, welcher insbesondere für die Venen von Wichtigkeit ist, da die Schlagader mit Hilfe der Pulskraft diese Widerstände ziemlich leicht überwindet, während die schlaffe, mit geringer Triebkraft arbeitende Vene leichter durch Seitendruck an Wegsamkeit einbüßt. Von besonderem Einfluß ist der Druck der umgebenden Theile namentlich auf diejenigen Venen, in welchen das Blut gegen seine Schwere zu fließen hat, also abwärts vom Herzen (und in den Armen). In erster Linie steht hier der Druck der Baucheingeweide auf das in ihnen selbst circulirende Blut und auf die großen Venenstämme, die das Blut aus der unteren Körperhälfte führen und die Bauchhöhle durchziehen.

Hier kommen alle die Momente in Betracht, die wir schon früher als Hemmniß für Athmung und Verdauung angeführt haben, und es ist klar, daß durch fehlerhafte Körperhaltung, Ansammlung von Gekrösfett und Vergrößerung der Eingeweide durch unzweckmäßige Nahrung die Arbeitsfähigkeit in dreifacher Beziehung beeinträchtigt wird, indem die drei wichtigsten inneren Arbeiten, Athmung, Kreislauf und Verdauung, Hemmungen erfahren.

In den Gliedmaßen und den Körperwandungen handelt es sich im wesentlichen um das Körperfett, das sich an zwei Orten ansammelt: längs der Gefäßbündel und im Unterhautzellgewebe. Ueber das erstere ist folgendes zu bemerken: Die meisten größeren Schlagaderstämme werden von zwei Venen und einem Nervenstamme begleitet, einen Complex, den man Gefäßbündel nennt und der in weiches Bindegewebe eingebettet ist; dieses letztere ist sehr geneigt zur Fettablagerung und diese bedingt, da die Gefäßbündel zwischen andern Gewebstheilen ziehen, ein nachdrückliches Circulationshinderniß, namentlich, wenn durch Zusammenziehung der begrenzenden Muskeln des Körpers der Seitendruck auf das Gefäßbündel erhöht wird.

Das unter der Haut sich ansammelnde Fett, Paniculus adiposus oder Unterhautfett, Speckschwarte genannt, bewirkt durch seine Ansammlung einen höheren Spannungsgrad der den Körper zusammenhaltenden Haut, was eine allgemeine Steigerung des Seitendrucks und somit ein allgemeines Kreislaufhemmniß ist; fürs zweite wirkt er der Wegsamkeit gewisser Blutbahnen speziell entgegen, worüber wir etwas ausführlicher sprechen müssen.

Während das mit der Herztriebkraft und mächtigen elastischen Kräften arbeitende Arteriensystem von dem Seitendruck der umgebenden Theile in hohem Grade unabhängig ist, ist im Venensystem eine besondere anatomische Einrichtung vorhanden, um die geregelte Abfuhr des Blutes aus den einzelnen Körpertheilen zu garantiren, und zwar durch das Vorhandensein von Collateral- oder Reserve-Bahnen. Der gewöhnliche Abfuhrweg sind die in den Gefäßbündeln die Schlagadern begleitenden Venenstämme; die Reservebahn besteht in einem weitmaschigen Netz größerer Venenstämme, die in und dicht unter der Haut verlaufen (Hautvenensystem) und erst an bestimmten Stellen in die Tiefen dringen, um sich mit den Hauptstämmen zu vereinigen. Diese Reservebahn wird sofort in Anspruch genommen, wenn die tiefen Venen, d. h. die in den Gefäßbündeln verlaufenden, durch Seitendruck in ihrer Wegsamkeit beinträchtigt sind, oder wenn wie bei der Arbeit eines Körpertheiles sein Durchblutungsmaß steigt. Der Hautspeck hemmt nun die Communication nach dem Hautvenensystem hin und übt außerdem einen direkten Seitendruck auf dasselbe aus.

Aus dem gesagten erklärt sich zur Genüge, warum bei fettleibigen Leuten jede Steigerung der Arbeit so rasch den Zustand der Körpererhitzung hervorruft.

Es sind jedoch noch einige Worte über das Hautvenensystem nöthig. Ein Blick auf Arm und Faust eines

Armarbeiters oder das Bein eines Fußarbeiters im Vergleich zu dem eines diese Körpertheile wenig gebrauchenden Menschen belehrt uns, daß die Querschnittentwickelung des Hautvenensystems beträchtlichen individuellen Schwankungen unterliegt, und zwar unter Einfluß des Gebrauches, der dasselbe dauernd erweitert, und der Kenner hat nicht unrecht, wenn er die Querschichtentwickelung des Hautvenensystems als Maßstab für die Arbeitsfähigkeit der betreffenden Gliedmaßen benützt; es gilt dies nicht blos für die Beurtheilung der Leistungsfähigkeit der Pferde, wo dieses Merkmal in der Praxis längst benützt wird, sondern auch für die des Menschen, und zwar spricht das Adernetz auf der Faust des Schmiedes nicht deutlicher als das Adernetz auf der Stirn und Schläfe des Denkers.

Wenden wir uns jetzt zum Effekt der Kreislaufmechanik.

Die Geschwindigkeit der Blutbewegung wechselt einmal nach der Zahl der Herzstöße pro Minute, die bekanntlich unter verschiedenen Umständen sehr verschieden ausfällt. Beim Fötus ist die Pulsfrequenz 184; bis zum 21. Lebensjahre sinkt sie im Mittel auf 72 pro Minute. Diese Pulszahlen schwanken, ganz abgesehen von Krankheitszuständen (z. B. Fieber), besonders nach aufwärts von obiger Zahl beträchtlich, und zwar kommen hiebei folgende Momente in Betracht:

Jede Erhöhung des Blutdrucks in den Schlagadern und im Herzen durch Erregung der pressorischen Nerven oder Vermehrung der Blutmenge vermehrt die Pulsfrequenz, Abnahme desselben vermindert sie, so daß hier eine Art Selbstregulirung vorliegt; denn Erhöhung des Blutdrucks vermindert durch Erregung der depressorischen Nerven den Tonus in den Gefäßen, mithin die Widerstände in denselben. Gemüthsbewegungen sind bekanntlich von großem Einfluß auf die Gefäßnerven. Dann erhöht die Wärme die Pulszahl, Kälte vermindert sie. Weiter wird sie durch jede körperliche Arbeit vermehrt, sowohl durch äußere wie durch die innere; so ist sie namentlich während der Verdauung größer als in den Zwischenzeiten, ferner ist sie bei senkrechter Körperstellung größer als bei wagrechter. Endlich ist die Pulsfrequenz beim weiblichen Geschlecht und bei kleinen Personen größer als beim männlichen Geschlecht und bei langen Personen.

Die Stromgeschwindigkeit des Blutes ist natürlich am größten an der Austrittstelle aus dem Herzen. Bei Thieren hat man sie in der Halsschlagader zu 300 mm in der Sekunde gefunden. Von da nimmt sie stetig ab bis in den Capillarbezirken, wo sie nur noch 0,8 mm pro Sekunde beträgt. Im Venensystem ist sie etwa halb so groß als in den Arterien, entsprechend der doppelt so großen Weite des Strombettes.

Da die Blutbewegung eine Kreisbahn beschreibt, so hat man auch zu bestimmen gesucht, wie lange das Blut zur Zurücklegung dieses Weges braucht, d. h. welche Zeit verstreicht, bis ein bestimmtes Bluttheilchen an seinem Ausgangspunkt wieder zurückgekehrt ist. Beim Menschen beträgt die Kreislaufzeit 23 Sekunden = der Dauer von 27 Pulsschlägen.

Die Wirkung der Blutbewegung ist einmal eine äußerst vollständige Durchmischung der Blutmasse und so stetige Ausgleichung all der Differenzen, welche die verschiedenen Körpertheile dadurch stets anstreben, daß der eine diese, der andere jene Stoffe dem Blut entnimmt und an dasselbe abgibt, und wir müssen hier zuerst diese Differenzen kurz betrachten.

Die wichtigste Veränderung beziehungsweise Differenzirung des Blutes ist die, welche auf dem Gegensatz von Lungen- und Körperkreislauf beruht.

Im Körperkreislauf wird das Blut sauerstoffärmer, kohlensäurereicher, dunkler, dickflüssiger und wärmer (um 1° C.), und da dies so veränderte Blut in den Venen fließt, so heißt man es Venenblut. Umgekehrt wird in den Capillaren des Lungenkreislaufes das Blut ärmer an Kohlensäure, reicher an Sauerstoff, was seine Farbe in Hellroth umändert, und dann ist seine Temperatur durch Wärmeabgabe in der Lunge um 1° niedriger geworden: man nennt dies so veränderte Blut Arterienblut.

Von anderweitigen Veränderungen auffälliger Art sind noch folgende näher bekannt geworden: das aus dem Darm abfließende Blut ist während der Verdauung reicher an Fetten, Eiweißverbindungen, Faserstoff und Salzen, Stoffe, die alle während des Durchfließens durch das Capillarnetz der Leber vermindert werden Dafür tritt in dem aus der Leber abfließenden Blute Zucker auf, und vermehrt sich die Zahl der farblosen Blutkörperchen, weil, wie schon früher erwähnt, ein massenhafter Untergang von rothen Blutkörperchen und Neubildung von jungen in der Leber stattfinde. Eine ähnliche Veränderung der Blutzellen erfährt das Blut bei seinem Durchgang durch die Milz, wo übrigens die Neubildung von farblosen Zellen zu überwiegen scheint, denn im Milzvenenblut bilden die weißen $1/70$ der rothen, im übrigen Blut nur $1/300 - 1/350$. Neuerdings hat man auch in dem Mark der Knochen die Neubildung von Blutkörperchen nachgewiesen. Außerdem vermindert sich beim Durchgang durch die Milz der Faserstoffgehalt; daß weiter das Blut in der Niere durch die Ausscheidung des Harns erhebliche Veränderungen erleiden muß, liegt auf der Hand, da die Harnbestandtheile sämmtlich ihm entnommen werden. Ueber die Veränderung, welche das Körpervenenblut kurz vor seinem Eintritt in das Herz durch den Zufluß der Lymphe erfährt, werden wir unten zu sprechen haben.

Ueber den Werth der durch die Blutbewegung bewirkten Ausgleichung der örtlichen Mischungsunterschiede belehrt uns einerseits die Thatsache, daß mit der Unterbrechung der Blutzufuhr zu einem Körpertheil dessen Funktionsfähigkeit in kürzester Frist vernichtet wird, weil, wie der vorige Abschnitt zeigte, sehr rasch osmotisches Gleichgewicht zwischen Blut und Gewebssaft eintritt und damit der Stoffwechsel aufhört. Daß dies nie eintritt, verdanken wir der ununterbrochenen Blutbewegung und dem Umstande, daß das Blut auf seiner Kreisbahn immer wieder durch Organe hindurchgeht, die seine Zusammensetzung in entgegengesetztem Sinne zu verändern bestrebt sind als die zuvor passirten, und die große Geschwindigkeit der Blutbewegung verhindert, daß die örtlichen Differenzen in der Blutmischung einen zu hohen Grad erreichen, was anderweitige Nachtheile zur Folge hätte.

Außer dem Stofftransport betheiligt sich die Circulation, wie schon im vorigen Kapitel geschildert wurde, auch am Wärmehaushalt, worüber noch folgendes nachzutragen ist:

Da sämmtliche Bestandtheile des menschlichen Körpers schlechte Wärmeleiter sind, würden die Wärmeverluste der Oberfläche und die Wärmebildung im Innern des Körpers, die bald da bald dort größer ist, große örtliche Temperaturunterschiede im Körper erzeugen, wenn nicht mit dem Blute die Wärme im Körper mit solcher Geschwindigkeit circulirte und so zur gleichmäßigen Vertheilung käme. Daß darauf auch die Abgabe der Wärme nach außen beruht, haben wir ebenfalls schon früher gesehen. Daß ein Theil der Wärme mit der Athmungsluft entweicht, wissen wir. Bei der Abfuhr durch die Körperoberfläche spielt die wechselnde Weite der Hautcapillaren und die schon besprochene Entwickelung des Hautvenensystems eine nicht unbeträchtliche Rolle. Sobald nämlich durch vermehrte Körperarbeit die Wärmeproduktion im Innern steigt, benützt das Venenblut in verstärktem

Maße die im Hauptvenensystem gebotene Reservebahn, und so gelangt eine größere Blutmasse zur Abgabe ihrer Wärme nach außen.

Außer dem Stoff- und Krafttransport erfüllt die Blutcirculation noch mancherlei direkt mechanische Arbeiten. Ihre Betheiligung an der Mechanik der Darmzotten kennen wir aus dem vorigen Abschnitt. Von untergeordneter Bedeutung ist die Erfüllung der Schwellkörper der Begattungsorgane; weit bedeutungsvoller, aber freilich noch nicht näher studirt, ist die direkte mechanische Einwirkung auf die Gewebe des Gesammtkörpers: einmal läßt die Thatsache, daß Stillstand der Blutbewegung momentan die Thätigkeit gewisser Theile des Gehirns aufhebt d. h. einen Ohnmachtanfall erzeugt, darauf schließen, daß nicht blos die ernährende Thätigkeit des Blutes, sondern auch der mechanische Reiz der Blutbewegung von wesentlichem Einfluß auf die Funktion der Organe ist; fürs zweite weist die anatomische Thatsache, daß an der Spitze von Gefäßschlingen besondere Anhäufung organischer Masse stattfindet, darauf hin, daß der mechanische Anstoß an solchen Strömungskurven als Wachsthumsreiz wirkt, daß mithin die Energie der Herzthätigkeit nicht blos dem Totalwachsthum, sondern auch dem Lokalwachsthum d. h. der Entfaltung der einzelnen Organe des Körpers zu statten kommt.

Ueber die Bewegung der Lymphe ist folgendes zu sagen:

Im Gegensatz zu der Kreisbewegung des Blutes bewegt sich die Lymphe nur linear. Sie beginnt überall in den Geweben des Körpers mit feinen Strömchen, die sich allmählich zu größeren Strömen sammeln und schließlich in die Blutbahn einmünden, so daß die Lymphe, die wie wir sahen von Hause aus ein Filtrat aus dem Blute ist, diesem wieder zugemischt wird. Die Einmündung geschieht kurz vor dem

Eintritt des Körpervenenblutes in das Herz, nämlich in die Halsvenenstämme.

Unter den Kräften, über welche die Lymphbewegung verfügt, kommt für die Wurzeln der Lymphgefäße die Capillar-Attraktion dieser feinen Röhrchen in Betracht und der Filtrationsdruck, der vom Blutgefäßsystem her wirkt. Eine zweite Kraft ist die Knetung der Gewebe durch die verschiedensten im Körper thätigen oder auf denselben von außen wirkenden mechanischen Bewegungen, wobei die in den Lymphwurzeln befindliche Lymphe auf dem einzigen ihr offen stehenden Wege, nämlich nach den größeren Lymphgefäßstämmchen ausweicht. Dort befindet sich nun in Gestalt zahlreicher Taschenklappen eine Vorrichtung, welche verhindert, daß bei Seitendrücken die Lymphe gegen die Capillaren hin rückläufig wird.

Hiezu kommt ein weiterer anatomischer Umstand: Die Lymphstämmchen bilden durch zahlreiche Anastonosen ein Strömungsnetz, so daß bei Verschließung einer Strombahn durch Seitendruck dem Lymphstrome nach allen möglichen Richtungen hin Ersatzwege offen stehen, auf welchen übrigens überall die Klappen die gebundene Marschroute nach den Hauptstämmen hin sichern.

Zu den genannten Kräften gesellt sich der Umstand, daß in den Hauptstämmen der Lymphdruck stets niedriger ist als in den unter dem Filtrationsdruck des Blutes stehenden Wurzeln, indem erstere bei ihrem Eintritt in die Brusthöhle der S. 188 beschriebenen Aspirationswirkung der Lungenelasticität und der saugenden Wirkung des Herzens anheimfallen. Da in jedem Rohrsystem ein Fließen von dem Punkte höheren Drucks zu dem Punkte mit niedrigem Druck stattfinden muß, so ist der Abfluß der Lymphe von den Wurzeln nach den Stämmen stets garantirt; allein da es ihm an einer regelmäßig wirkenden Triebkraft, wie sie der Blutstrom in der Herzbewegung hat, mangelt und derselbe in hohem Grade von den äußeren unregelmäßig erfolgenden Seitendrücken abhängt, so kann bei der Lymphbewegung von keiner Regelmäßigkeit des Strömungsvorganges die Rede sein. Um so bedeutsamer sind aber eben deshalb die wechselnden Thätigkeitszustände des Körpers, wie sie namentlich in der körperlichen Bewegung gegeben sind. Von ihr gehen alle Knetungen im Bereich des Rumpfes und der Gliedmaßen aus, und da die körperlichen Bewegungen auch in der Regel mit Pressungen und Verschiebungen der Baucheingeweide verbunden sind, so spornen sie auch die Bewegungen der Darmlymphe an. Außer der körperlichen Bewegung spielt, wie wir oben sahen, auch die Athmungsbewegung eine Rolle beim Abfluß der Lymphe, und es kommt somit jede Steigerung der Athmungsfähigkeit des Menschen auch der Lymph-Circulationsfähigkeit zu gute.

Bei der Lymphbewegung müssen wir auch noch den Einfluß der Lymphdrüsen erwähnen, die wir schon im vorigen Kapitel als die Bildungsherde von weißen Blutzellen kennen gelernt haben. In mechanischer Beziehung können wir sie am besten mit den Filtrirkästen vergleichen, welche in den Lauf einer Wasserleitung eingelegt sind, und die Anordnung ist so, daß alle Lymphe, ehe sie in die centralen Stämme eintritt, diese Filtrirapparate passiren muß. Selbstverständlich ist der Widerstand, den die Lymphe an ihnen findet, ein sehr beträchtlicher, so daß die Fließgeschwindigkeit der Lymphe eine geringe ist. Welchen Werth diese normale Hemmung des Lymphstroms hat, ist nur zum Theil bekannt; einmal weiß man, daß feste Partikelchen, die in den Lymphstrom eingedrungen sind, in den Lymphdrüsen abfiltrirt werden, und gilt dies auch für gewisse Krankheitsgifte (Siphylisgift, Pestgift ꝛc.). Damit ist aber noch keine Einsicht in den Werth der mechanischen Hemmung gegeben, und es läßt sich nur vermuthungsweise folgendes sagen: bei der Zufälligkeit der den Lymphstrom treibenden Kräfte wäre der Zufluß der Lymphe ins Blut viel größeren zeitlichen Schwankungen unterworfen, wenn diese Sperrvorrichtung fehlen würde; durch sie wird der rückwärts liegende Abschnitt der Lymphröhren in eine Art von Reservoir umgewandelt, aus welchem, minder abhängig von seiner wechselnden Erfüllung, so viel Lymphe dem Blut zufließt, als der Filtrationsfähigkeit der Lymphdrüsen entspricht.

Bei dem zweiten Widerstand leistenden Faktor, dem constanten Seitendruck der umgebenden Weichtheile, spielt das Körperfett, namentlich das in den Gefäßbündeln angehäufte, offenbar ganz dieselbe hemmende Rolle für die Lymphbewegung wie für die Bewegung des Venenblutes, so daß Fettleibigkeit auch diesen Theil der Circulationsarbeit beeinträchtigt.

Die hemmende Wirkung der Erdschwere kommt natürlich nur für die untere Körperhälfte in Betracht. An der bekannten Erscheinung, daß am Schluß des Tages, namentlich die Vorderfüße, aber auch die Hände ein fühlbar größeres Volumen haben (wie der populäre Ausdruck sagt: aufgelaufen sind) als morgens, betheiligt sich neben der Stauung des Venenblutes auch Stauung der Lymphe. Begünstigt wird diese Stauung durch allgemeine Schwäche des Kreislaufmechanismus. Entgegengewirkt wird ihr durch Bewegung der Beinmuskeln, am energischesten durch Beug- und Streckbewegungen, wie sie das Bergsteigen, Stiegensteigen 2c. erfordert, weil die dadurch in Kniekehle und Leiste eintretende Entleerung und Wiederfüllung der großen Venen und Lymphgefäßstämme die Wirkung einer Hubpumpe haben.

15. Absonderung und Ausscheidung.

Mit diesen Worten halten wir die Stoffabfuhr in innere Hohlräume (Absonderung) und die nach außen (Ausscheidung) aus einander. Das Produkt der ersteren nennen wir Sekret, das der letzteren Exkret. Im Erfolg unterscheiden sich diese beiderlei Stoffabgaben dadurch, daß die Sekrete noch nach ihrer Bildung wichtige Verrichtungen mechanischer oder chemischer Natur im Innern des Körpers zu erfüllen haben, während bei den Exkreten das nicht mehr der Fall ist, bei ihnen ist die Hauptsache, daß sie aus dem Körper ausgestoßen werden.

Wie wir bei unseren früheren Betrachtungen gefunden haben, gibt *jede* lebendige Substanz unaufhörlich Stoffe ab, aber nicht jede liefert direkt Se- oder Exkrete, und das ist so:

Die meisten Gewebe überantworten ihre Stoffabgaben dem Blut oder der Lymphe oder beiden, so z. B. die Muskeln und Nerven, Knochen rc. Absonderung in innere Höhlen und Ausscheidung nach außen ist die Aufgabe besonderer Mechanismen, denen wir den Namen *Drüsen* geben. Zuerst etwas über den Arbeitsmodus dieser Mechanismen.

Wir können nach diesem die Drüsen in zwei Kategorien bringen, in die *passivthätigen* sogenannten *Filtrirdrüsen* und die *aktivthätigen*, die, wie nachher gezeigt werden soll, noch in einige Kategorien zerfallen.

Bei den *Filtrirdrüsen* ist die Leistung weit weniger von der eigenen Thätigkeit der lebendigen Drüsensubstanz als von der Stärke des Blutdrucks in den Haargefäßen der Drüse abhängig, und der von ihnen gelieferte Saft ist der Hauptsache nach ein Filtrat aus dem Blutplasma. Die besten Beispiele für diese Sorte von Drüsen sind die Nieren und die *Schweißdrüsen* der Haut. Auch die *Speichel-*

drüsen sind in ihrer Leistung außerordentlich abhängig von dem Blutdruck, doch ist ihre aktive Thätigkeit größer als bei den zwei erstgenannten.

Bei den aktiven Drüsen ist zwar das Durchblutungsmaß und der Blutdruck auch nicht ganz ohne Einfluß, allein Menge und Qualität sind vorwaltend von der eigenen Thätigkeit der Drüsenzellen abhängig, für die das Blut nur mehr als Materiallieferant, als ernährende Flüssigkeit in Betracht kommt, wo also weniger die Filtration als der Diffussionsverkehr das mechanische Moment ist und die Produkte nicht bloße Blutbestandtheile, sondern spezifische erst in den Drüsenzellen selbst gebildete Stoffe enthalten.

Die aktivsten ächten Drüsen sind wohl die Talgdrüsen der Haut, deren Thätigkeit im Gegensatz zu den nachbarlichen Schweißdrüsen in hohem Grade von Blutdruck unabhängig ist.

Es versteht sich übrigens von selbst, daß es weder rein passive noch rein aktive Drüsen gibt. Bei der Leistung betheiligen sich stets beide Vorgänge, nur überwiegt bald der eine bald der andere.

Bei den aktiven Drüsen haben wir es wieder mit zweierlei Sorten zu thun:

1. Einmal gibt es Drüsen, die aus dem vom Blut erhaltenen Material neue chemische Verbindungen bereiten (chemisch-thätige Drüsen).

Der Mechanismus besteht bei diesen entweder darin, daß die in den Drüsenzellen entstehenden Stoffe durch den vom Blutgefäßsystem a tergo geübten Druck in die Lichtung des Drüsenrohrs ausgewaschen, oder daß sie durch aktive Contraktionen des Zellprotaplasma's ausgepreßt werden. Letztere Thätigkeit kommt entschieden dann in Betracht, wenn die betreffenden Stoffe nicht im gelösten, sondern im krystallinischen oder sonst wie festen Aggregatzustand sich befinden.

2. Eine zweite Art aktiver Drüsen sind die, bei welchen die Thätigkeit der Drüsenzellen eine morphologische ist, indem sie sich auf dem Wege der Theilung unter steter Abstoßung der reifen Zellen vermehren. Hiebei tritt wieder eine Differenzirung ein, je nach dem Schicksal der producirten Zellen. Wenn diese zerschmelzen, so haben wir Sekretion (oder Exkretion) durch Zelltod (Talgdrüsen der Haut, Milchdrüsen der Säugethiere), oder die Zellen verkleben zu einem festen Gebilde, das auf längere Zeit in dem Drüsenschlauch stecken bleibt und oft weit über die Oberfläche des Körpers hervorragt (retrograde Organe). Derlei Gebilde sind die Haare; das Drüsenrohr wird in diesem Falle Haarbalg genannt. Insofern als diese morphologischen Gebilde entweder zum Ausfallen bestimmt sind (Mauserung, Härung), oder der oberflächlichen Abnutzung mit Neuanlagerung an der Haftfläche ausgesetzt sind, liegt hier ebenfalls eine Stoffabsonderung vor; allein außerdem treten sie durch ihre physikalischen Eigenschaften in den Dienst des Kraftwechsels.

Ob eine solche morphologisch thätige Drüse ein Sekret aus zerstörten Zellen oder ein bleibendes retrogrades Organ bildet, hängt von ihrem Verhältniß zum Blutgefäßsystem ab: Bildet dies nur ein die Drüse umspinnendes Capillarnetz, so tritt Sekretion durch Zellentod ein, stülpt sich aber in den Drüsengrund eine Papille d. h. ein zapfenartiger, mit einem reichen Blutgefäßnetz durchzogener Fortsatz ein, so findet reichhaltiger Nahrungszufluß und eine gewisse Ernährung der abgesonderten Zellen statt, die sie vor der Einschmelzung bewahrt. Hierin liegt eine ähnliche Beziehung der Drüse zum Blutgefäßsystem, wie wir sie unter den passiven Drüsen bei der Niere in der Einstülpung des Malpighi'schen Gefäßknäules kennen lernten.

Betrachten wir nun nach dieser allgemeinen Einleitung die Stoffabgaben einzeln der Reihe nach und zwar zunächst die innerlichen Ausscheidungen, deren es folgende gibt:

Der Schleim ist das Produkt zahlreicher kleiner Drüschen, die im ganzen Verdauungsrohr und den untern Harnwegen vorkommen, und ihm verdanken sie die schlüpfrige Beschaffenheit der Oberfläche und den Namen Schleimhäute; die Bildung des Schleims ist wahrscheinlich auf den Verfall eines Theils der Drüsenzellensubstanz und Auspressung derselben zurückzuführen.

Der Mundspeichel wird von dreierlei größeren Drüsen geliefert; er ist der Träger eines Fermentes, welches die gequollene Stärke (Kleister) in Dextrin und schließlich in Zucker verwandelt. Bei seiner Absonderung sind merkwürdige Nerveneinflüsse, die erst in neuerer Zeit genau studirt wurden, in Thätigkeit; es treten zweierlei sekretorische Nerven zu den Speicheldrüsen, welche zweierlei Arten von Speichel liefern: einen spärlichen zähen, fadenziehenden Speichel, der zu der Bezeichnung „Baumwollespucken“ geführt hat, liefert die Reizung gewisser im Sympathicus verlaufenden Fasern (Sympathicus-Speichel); ein reichlicherer dünnflüssiger Speichel (Trigeminus-Speichel) wird durch die Erregung von Nerven producirt, die von dem Antlitznerven stammen, aber in die Bahn des Trigeminus eintreten. Eine Reizung der letzteren erzeugt das bekannte „Wasserzusammenlaufen“ im Munde. Angeregt wird die Speichelabsonderung, wie schon früher bemerkt, durch Geruch- und Geschmacksreize, durch die Kau- und Sprechbewegungen und durch die Vorstellung von Speisen. Die Menge ist schwankend und wird von den einzelnen Forschern pro Tag auf ½ bis 2 Kilo angegeben. Das Entleeren des Speichels durch Ausspucken ist zu verwerfen, da es einer Verschwendung von Flüssigkeit und Verdauungsferment für Stärkemehl gleichkommt.

In den Magen wird durch zahllose kleine Drüsen der **Magensaft** als eine dünne klare, farblose, saure Flüssigkeit abgesondert, die als wichtige Bestandtheile freie Salzsäure und ein eigenthümliches Ferment, das Pepsin, enthält. Der vereinigten Wirkung dieser beiden Elemente, von denen jedoch die Salzsäure durch die bei der Verdauung regelmäßig sich bildende Milchsäure ersetzt werden kann, verdanken wir die Auflösung und Verdauung der Eiweißkörper in den Nahrungsmitteln; zugleich wirkt der Magensaft fäulnißwidrig. Im nüchternen Zustand wird kein Magensaft abgesondert; die Bildung erfolgt erst unter Einfluß der Reize, die von den eingeführten Nahrungsmitteln auf die Darmwand direkt ausgeübt werden, und durch Reflex von Geruch- und Geschmackssinn.

In den ersten Abschnitt des Darms, der auf den Magen folgt, wird die **Galle**, das Produkt der größten Drüse des menschlichen Körpers, der **Leber**, ergossen. Dieselbe ist eine meist dickflüssige bittere Masse von neutraler oder schwach alkalischer Reaktion und gelber, brauner oder grüner Farbe; ihre spezifischen Bestandtheile sind die Natronsalze zweier spezifischer Gallensäuren, Gallenfett, Glycerin-Phosphorsäure, Cholin, Harnstoff und Gallenfarbstoff. Ueber die Bildung der Galle durch Zerfall rother Blutscheiben ist schon S. 175 gesprochen worden. Abweichend von den übrigen Ausscheidungen in das Verdauungsrohr, führt sie kein eigentliches Verdauungsferment, dagegen wird die Darmwand durch die Benetzung mit ihr durchgängig für das fein vertheilte Fett und ein Theil des Fettes wird durch Verseifung löslich. Außerdem hindert sie die faulige Zersetzung des Darminhalts, weshalb bei krankhafter Behinderung des Gallenabflusses der Koth äußerst übelriechend wird. Die Bildung der Galle geschieht fortwährend; ihr Maximum erreicht sie erst mehrere Stunden nach der Nahrungsaufnahme, und die tägliche Menge schwankt zwischen 160 und 1200 g, was in hohem Grade von der Nahrung abhängt. Ihre Menge wird durch Wassertrinken, durch Fleischkost, weniger durch Pflanzenkost gesteigert und ist sehr gering beim Hungern. Ueber den Einfluß von Nerven auf die Sekretion der Galle ist nichts bekannt. Obwohl fortwährend Galle von der Leber gebildet wird, fließt sie doch nicht stätig in den Darm ab, sondern erst während der Verdauung; in der Zwischenzeit sammelt sie sich in der Gallenblase und den größeren Gallengängen.

Ueber das Schicksal der Galle im Darm ist man noch nicht ganz genau orientirt; positiv ist, daß Gallenstoffe in beträchtlichen Mengen theils unverändert, theils in Form ihrer Spaltungsprodukte in Koth gefunden werden, allein andere Umstände machen es gewiß, daß ein Theil derselben im Darm wieder aufgesaugt wird. Daß bei der Thätigkeit der Leber eine lebhafte Verbrennung stattfindet, beweist die hohe Temperatur der Drüse und des aus ihr abfließenden Blutes. Ueber die Harnstoff- und Zuckerbildung im Blute der Leber ist schon in einem früheren Kapitel gesprochen worden.

Dicht neben der Ausmündung des Gallenganges führt ein anderer Kanal den B a u c h s p e i c h e l, ein Produkt der ziemlich großen Bauchspeicheldrüse, in das Darmrohr. Derselbe enthält dreierlei Fermente: a) ein dem Speichelferment ähnliches Kleister in Zucker umsetzendes, b) ein neutrale Fette emulgirendes und zersetzendes, c) ein geronnene Eiweißkörper ohne vorheriges Aufquellen lösendes und zersetzendes. Die Absonderung des Bauchspeichels scheint nie ganz unterbrochen zu sein, nimmt aber während der Verdauung stark zu. Ueber die sekretorischen Nerven desselben ist man nicht genau unterrichtet. Nach L u d w i g soll die Absonderung in ähnlicher Weise reflektorisch durch Reizung von der Magenschleimhaut aus eingeleitet werden, wie die der Mundspeicheldrüsen von der Mundschleimhaut aus. Die tägliche Menge ist trotz mehrfacher Bemühungen für den Menschen auch nicht annähernd ermittelt. Der Bauchspeichel wird wie Mundspeichel und Magensaft im Darm wahrscheinlich fast vollständig wieder aufgesogen.

Der Darmsaft, das Produkt zahlreicher im ganzen Darmkanal vorkommender kleiner Drüsenröhrchen, ist eine dünnflüssige hellgelbe, stark alkalische, eiweißhaltige Flüssigkeit und führt ein Ferment, welches nur geronnenen Faserstoff auflöst, andere geronnene Eiweiskörper dagegen nicht. Seine Absonderung scheint bei leerem Darm zu ruhen und erst durch die Reizung des Speisebreis veranlaßt zu werden, dann aber einer enormen Steigerung fähig zu sein. Bei diesbezüglichen Versuchen erhält man pro 100 qcm Darmfläche und Stunde 13 bis 18 g. Wahrscheinlich wird auch er im Verlauf der Ernährungsarbeit vom Darm wieder aufgesogen.

Aus dem Gesagten ergibt sich, daß von der gesammten inneren Ausscheidung in das Verdauungsrohr weitaus der größte Theil wieder in das Blut aufgenommen wird, und nachweisbar nur die Galle, und auch diese nicht in ihrer Gesammtmenge, kommt als Theil des Kothes zu äußerer Ausscheidung.

Von den nach außen erfolgenden Ausscheidungen (Exkreten) erwähnen wir zuerst den Koth. Da über die Mechanik der Ausstoßung schon in einem früheren Kapitel gehandelt wurde, so erübrigt nur noch einiges über ihn selbst. Ein wesentlicher Bestandtheil desselben sind Reste der Nahrung, aber durchaus nicht blos die unverdaulichen, sondern auch stets eine oft sehr beträchtliche Menge verdaulicher aber unverdauter, deren Menge nicht blos bei geschwächter Verdauungsthätigkeit steigt, sondern auch, worauf schon S. 130 hingewiesen wurde, dann, wenn die Beschaffenheit der Nahrung durch abnorme Säurebildung oder sonstige reizende Beschaffenheit die Darmbewegungen und damit die Durchpassirung des Speisebreis durch den Darm beschleunigt. Neben diesen Speiseresten erhält der Koth stets Schleim, bei Katarrhen des Darms oft große Mengen, dann zersetzte Gallenstoffe, von denen die braune Färbung herrührt, flüchtige Fettsäuren, Salze, insbesondere Kalk- und Magnesiasalze neben Kali- und Natronsalzen, 75 % Wasser (im Mittel) und endlich abgestoßene Deckzellen der Darmwand, auf der eine ähnliche Zellabschuppung stattfindet, wie auf der äußeren Haut.

Ueber die Ausscheidung, welche bei der Athmungsthätigkeit stattfindet, haben wir uns bei dieser bereits orientirt. Es erübrigt hier nur noch, daß bei der Fortschaffung des Schleims und eingedrungener Staubtheile außer der Flimmerbewegung, die sie bis an die Stimmritze befördert, noch zwei Reflexeinrichtungen betheiligt sind, das Husten und das Niesen, beides explosive Ausathmungsbewegungen, durch welche der Schleim mit Gewalt aus den Luftwegen herausgeschleudert wird. Beim Husten handelt es sich um die explosive Sprengung der verschlossenen Stimmritze nach vorangegangener tiefer Einathmung, wodurch der Schleim aus den Lungen- und Luftwegen herausgeschleudert wird, beim Niesen um das Sprengen des Verschlusses zwischen Rachen- und Nasenhöhlen durch das vor den Naseneingang gelegte Gaumensegel, wodurch der Schleim aus der Nasenhöhle herausgeworfen wird. Beide Bewegungen, Husten und Niesen, erfolgen gewöhnlich durch Reflexreiz, der für das Husten von jeder Stelle der Lungen- und Luftröhrenschleimhaut aus, besonders leicht und stark von der Theilungsstelle der Luftröhre und dem Kehlkopf aus wirkt. Das Niesen ist Folge reflektorischer Reizung der Nasenschleimhaut, kann aber auch durch Lichtreiz vom Auge aus ausgelöst werden (blicken in die Sonne); der Wille kann auf den Husten hemmend und beschleunigend wirken, auf das Niesen nur hemmend.

Im Anschluß an die Ausscheidung aus den Luftwegen ist die Thränenabsonderung zu besprechen. Die Thränen sind das Produkt eines Drüsenpacketes, das mit mehreren Ausführungsgängen in den Spaltraum zwischen Augapfel und Augenlidern ergossen wird und nur 1 % feste Stoffe, insbesondere Salze enthält; sie werden beständig in geringen Mengen abgesondert; verstärkt wird die Absonderung durch gewisse psychische Erregungen, ferner reflektorisch durch Reizung der Nasenschleimhaut, der Bindehaut des Auges und der Sehhaut. Die Thränen verbreiten sich, unterstützt durch den Lidschlag, über die vordere Fläche des Augapfels, dieselbe feucht und schlüpfrig erhaltend, und werden durch die Capillaranziehung der am inneren Augenwinkel ausmündenden Thränenkanälchen stetig aufgesogen, so daß nur bei starkem Thränenerguß dieselben direkt aus der Lidspalte herworfließen. Im Normalzustand gelangen sie durch den Thränengang in den Anfang der Nasengänge, werden durch den Einathmungsstrom verstäubt und verdunstet und tragen so wesentlich dazu bei, daß die Athmungsluft schon in der Nasenhöhle mit einem erhöhten Maß von Wasserdampf versehen und die Oberfläche der Lungenwege vor zu starker Waserentziehung beschützt wird. Dadurch erklärt sich die bekannte Erscheinung, daß bei Behinderung des Thränenabflusses in die Nase krankhafte Reizungen der Lunge leichter eintreten.

Die Hautausscheidung ist eine ziemlich complicirte. Fürs erste handelt es sich hier um den Vorgang der Hautathmung. Dieselbe besteht in einer Aufnahme von Sauerstoff und einer Aushauchung von Kohlensäure, die freilich in quantitativer Beziehung weit hinter dem Gaswechsel der Lunge zurücksteht; sie wird auf den 400. Theil des Gesammtgaswechsels geschätzt. Fürs zweite ist die Haut der Sitz von zweierlei Drüsen, den Schweiß- und Talgdrüsen.

Die ersteren liefern eine anscheinend farblose klare, sauer reagirende Flüssigkeit, die im allgemeinen dieselben Auswurfsstoffe führt wie der Harn, aber in 1000 Theilen nur 4,5 Theile feste Stoffe enthält, unter denen 2,5 Theile Salze, 0,04 Harnstoff und vielleicht noch andere stickstoffhaltige Körper, sowie Fette und Fettsäuren vorkommen. Unter gewöhnlichen Verhältnissen findet keine Schweißbildung statt; dieselbe tritt erst ein durch all die Umstände, die den Blutdruck in der Haut erhöhen, also bei Steigerung des allgemeinen Blutdrucks, z. B. durch reichliche Wasseraufnahme, dann bei Erhöhung der Körpertemperatur und namentlich bei Erhöhung der Temperatur der umgebenden Luft, welche die Hautgefäße durch Erschlaffung ihrer Wandung erweitert. Endlich können gewisse psychische Erregungen durch Steigerung des Blutdrucks die Schweißsekretion hervorrufen (Angstschweiß). Die Quantitäten, welche in diesem Fall geliefert werden, sind unter Umständen sehr beträchtlich; so constatirte Favre Schweißproduktion von über 1600 g in der Stunde. Im wesentlichen kommt der Schweißabsonderung eine regulatorische Bedeutung zu und zwar in doppelter Weise. Einmal steht sie in Wechselbeziehung zur Harnabsonderung, indem sie dieselbe bis zu einem gewissen Betrag ersetzen kann; so ist z. B. im Sommer, wo mehr Schweiß gebildet wird, die gelieferte Harnmenge geringer, und bei Erkrankungen der Harnwerkzeuge kann durch schweißtreibende Mittel ein gewisser Ersatz für die Harnausscheidung geschaffen werden, während umgekehrt bei krankhafter Harnabsonderung die Schweißbildung ausbleibt. Eine ähnliche, wenn auch lange nicht so deutliche Wechselbeziehung besteht zwischen Schweißbildung und Wasserabscheidung durch die Darmentleerung. Endlich bricht sich ein Ueberschuß des Körpers an Wasser, der von der Niere nicht bewältigt werden kann, oft Bahn durch die Schweißdrüsen. Eine weitere regulatorische Bedeutung hat die Schweißabsonderung für den Wärmehaushalt, indem durch die Verdunstung des Schweißes auf der Körperoberfläche dieser bedeutende Wärmemengen entzogen werden.

Die Talgdrüsen liefern wahrscheinlich fortwährend durch fettige Entartung ihrer Zellen den Hauttalg; eine schmierige aus neutralen Fetten, Gallenfett, etwas Wasser, Salzen und einem Eiweißkörper bestehende Masse, deren Menge noch nicht bestimmt, jedenfalls aber eine unbedeutende ist. Der Werth derselben besteht vorzugsweise in der Erhaltung der Geschmeidigkeit der Haut und darin, daß die Einfettung die Haut vor dem Eindringen wäßriger Flüssigkeit bewahrt.

Eine Modifikation des Hauttalgs ist die Milch der weiblichen Brustdrüsen; die letzteren sind eine Anhäufung riesiger Talgdrüsen, deren Zellen durch fettigen Zerfall die Butterkügelchen liefern, zu denen dann ein Transsudat aus dem Blute, das eiweißhaltige Serum, kommt.

Die Thätigkeit der Milchdrüsen ist auf die sogenannte Laktationsperiode beschränkt, in welcher die beiden Brüste in 24 Stunden bis zu 1350 g Milch liefern können. Die rudimentären männlichen Brustdrüsen liefern nur ausnahmsweise eine milchähnliche Absonderung. Die Milchabsonderung ist mit einer erheblichen Wärmebildung in der Drüse verbunden.

Daß die Haut bei der Absonderung der Wärme auch ohne vorhandene Schweißbildung eine sehr bedeutende Rolle spielt, wurde schon früher auseinandergesetzt; außerdem scheint die ganze Hautoberfläche, auch ohne daß die Schweißdrüsen in Thätigkeit sind, stets Wasserdampf abzugeben. Endlich sondert sie stets flüchtige spezifische Fettsäuren ab, worauf der Ausdünstungsgeruch beruht und es sind offenbar diese, welche die so schädliche Luftverderbniß in geschlossenen Räumen herbeiführen. Leider sind sie noch wenig studirt.

In letzter Instanz steht die Hautabschuppung. Die verhornten Oberhautzellen, die im wesentlichen aus dem stickstoffhaltigen Keratin bestehen, blättern gruppenweise und in ununterbrochener Folge ab, besonders wahrnehmbar an den behaarten Körpertheilen; ein Verlust, der dadurch ersetzt wird, daß in den tieferen Schichten der Oberhaut eine stete Zellneubildung vor sich geht.

Der Harn, das Produkt der Niere und eines der wichtigsten Exkrete des Körpers, ist eine höchst complicirte Flüssigkeit, die aus 96 Theilen Wasser und 4 Theilen fixer Stoffe zusammengesetzt ist. Von den letzteren bildet der Harnstoff mehr als die Hälfte, etwas über ¼ ist Kochsalz, der Rest sind schwefelsaure, phosphorsaure und harnsaure Salze und geringe Menge eines Farbstoffs, sowie Ammoniak. Als den wichtigsten Bestandtheil haben wir den Harnstoff anzusehen; er ist das Ergebniß der Umsetzung der stickstoffhaltigen Körperbestandtheile, die bekanntlich die wichtigsten sind, und man kann annehmen, daß unter gewöhnlichen Verhältnissen fast aller Stickstoff der Eiweißkörper im Harn den Leib verläßt. Gewiß ist, daß der Harnstoff nicht erst in der Niere gebildet wird, denn man findet ihn bereits im Blute und in verschiedenen Geweben des Körpers, namentlich auch der Leber (siehe S. 175). Dasselbe gilt von den meisten andern Bestandtheilen des Harns. Aus diesem Grunde betrachtet ein Theil der Physiologen mit Ludwig die Harnbildung in der Niere als eine Art Abfiltrirung des flüssigen Bestandtheiles vom Blute, von welchem nur die Eiweißstoffe (in der Regel) nicht in den Harn übergehen, und das Nierenparenchym soll sich nur in der Weise daran betheiligen, daß dasselbe für gewisse Blutbestandtheile, insbesondere den Harnstoff und die Harnsäure, eine besondere Anziehungskraft ausübe. Andere Physiologen dagegen nehmen an, daß zu dem aus dem Blute austretenden Harnstoff noch neue in dem Nierenparenchym sich bildende Harnstoff- und Harnsäuremengen hinzutreten.

Die Absonderung des Harns ist eine continuirliche, schwankt jedoch quantitativ bei erwachsenen Menschen unter normalen Verhältnissen zwischen 1 und 2 Kilo pro Tag. Die Einflüsse, welche die Harnmenge verändern, sind sehr mannigfaltiger Art. Einmal steigt sie mit der Höhe des Blutdrucks in der Niere, der selbst wieder bestimmt wird von der Höhe des allgemeinen Blutdrucks d. h. erhöhter Füllung des Gefäßsystems, z. B. bei reichlicher Wasseraufnahme, dann durch erhöhten Blutdruck im Arteriensystem allein, hervorgebracht durch erhöhte Herzthätigkeit. Fürs zweite hängt sie ab von dem Gehalt des Blutes an leicht diffundirbaren Stoffen, namentlich Wasser, Salzen, Zucker, Kohlensäure und den spezifischen Harnbestandtheilen, Harnstoff und Harnsäure.

Wie zahlreiche Versuche nachgewiesen haben, hängt die Menge von Harnstoff und Harnsäure in sehr genauer Weise von der Menge der in der täglichen Nahrung enthaltenen stickstoffhaltigen Nährstoffe ab und zwar so, daß man von einem Stickstoffgleichgewicht spricht; sobald nämlich die Menge der stickstoffhaltigen Nährstoffe mehrere Tage hindurch dieselbe bleibt, so wird mittelst des Harns pro Tag genau so viel Stickstoff entleert als in der täglichen Nahrung enthalten ist; geht man zu reichlicherer Nahrung über, so ist für einige Tage das Gleichgewicht gestört, indem weniger Stickstoff durch den Harn entleert als in der Nahrung aufgenommen wird, was durch einen entsprechenden Fleischansatz im Körper ausgeglichen wird; nach einigen Tagen tritt jedoch Stickstoffgleichgewicht ein. Wird umgekehrt die tägliche Menge der stickstoffhaltigen Nährstoffe vermindert, so tritt die entgegengesetzte Störung des Gleichgewichts ein; es wird im Harn mehr Stickstoff abgeschieden als die Nahrung enthält, und zwar auf Kosten des Körpers, der hiebei abmagert. Ist der Abbruch an täglicher Nahrung nicht zu groß, so stellt sich wieder Stickstoffgleichgewicht her, andernfalls macht die Abmagerung des Körpers Fortschritte, wobei die Menge des ausgeschiedenen Harnstoffs in geradem Verhältniß steht zur Abnahme der stickstoffhaltigen Körperbestandtheile. Da die letzteren die lebenswichtigsten Theile des Körpers sind, so ist die Harnabsonderung ein genauer Regulator für den Ersatz derselben.

Es ist jedoch noch beizufügen, daß wir es nicht blos mit Schwankungen der Gesammtmenge des Harns zu thun haben, sondern auch mit Schwankungen in der prozentischen Zusammensetzung desselben. Aermer an festen Bestandtheilen wird der Harn durch vermehrte Wasseraufnahme ins Blut und wenn die anderweitigen Abgaben des Körpers an Wasser beeinträchtigt sind. So ist bekannt, daß der Winterharn weniger concentrirt ist als der Sommerharn, weil im Sommer das Blut durch Schweißbildung mehr Wasser verliert als im Winter. In ähnlicher Weise steigt die Concentration des Harns, wenn durch den Darm größere Flüssigkeitsmengen entfernt werden.

Ueber die täglichen Mengen, in welchen der wichtigste Theil des Harns, der Harnstoff, entleert wird, ist zwar oben schon gesprochen worden; es ist aber noch kurz folgendes zu sagen. Jede Vermehrung der Gesammtharnmenge vermehrt auch die Menge des entleerten Harnstoffes, zweitens richtet er sich, wie oben spezificirt, nach der Menge der stickstoffhaltigen Bestandtheile der täglichen Nahrung. Endlich steigt er bei jeder Vermehrung des Umsatzes stickstoffhaltiger Substanzen im Körper, wie er mit jeder Arbeitsleistung verbunden ist. Zum Schluß sei noch angeführt, daß es eine

Menge von Substanzen gibt, die harntreibend wirken. Unter den gewöhnlichen Nahrungsmitteln wirkt in dieser Richtung besonders das Bier, der Wein und die alkoholischen Getränke überhaupt, dann einige Gemüse und Gewürze, wie Spargeln, Meerrettich, Petersilie, Zwiebel, Senf 2c.

Wie früher gesagt, ist die Harnbildung ein continuirlicher Vorgang, die Ausstoßung dagegen erfolgt in längeren Zwischenräumen, während welcher sich der Harn in der Harnblase ansammelt; letztere steht unter Verschluß eines Schließmuskels so lange, bis die Spannung der ausgedehnten Blase diesen Verschluß überwindet und ein Harntropfen in den Anfang der Harnröhre tritt. Dieses Ereigniß ruft durch Reflexreiz den Drang zur Entleerung der Harnblase hervor, die jetzt beim Kinde und bei gewissen Krankheitszuständen unwillkürlich erfolgt, beim erwachsenen gesunden Menschen willkürlich gehemmt oder durch willkürliche Reizung der Blasenwandmuskeln ausgeführt werden kann. Die betreffenden Nerven wollen Budge in das Rückenmark, Kilian und Valentin bis in das Gehirn verfolgt haben.

Die letzte Gruppe der Abscheidungen bilden die Geschlechtswerkzeuge, bei welchen die männlichen und weiblichen gesondert zu behandeln sind. Das spezifische Produkt der männlichen Geschlechtswerkzeuge, der Samen, ist ein Gemisch aus den Absonderungen des Hodens und einiger in die Ausfuhrwege einmündender Drüsen. Die eigentlich wirksamen Bestandtheile des Samens, die sog. Samenfäden, die im wesentlichen Geiselzellen sind, werden von den Zellen der Hodenkanälchen, unter Zerfall derselben, geliefert, und zu ihnen gesellt sich noch im Hoden eine gewisse Menge von Flüssigkeit. Diese Bildung geht beim Eintritt der Geschlechtsreife wie es scheint continuirlich fort, und die so gebildete Hodenflüssigkeit sammelt sich in den Samenblasen, wobei sie durch die Absonderung traubiger Drüschen in der

Wand des Samenleiters und von einem Sekret der Samenblase selbst vermehrt wird. Ein anderes Sekret fertigt die Vorsteherdrüse; dieses wird nur im Wolluststadium gebildet und in die Harnröhre ergossen und mischt sich mit dem Samen erst bei der Ausstoßung, jedoch in unvollständiger Weise. Die Anfüllung der Samenblasen mit Samen wirkt reflektorisch auf das Centrum des Geschlechtstriebes und leitet auch reflektorisch die Schwellung des Begattungsgliedes ein, die im wesentlichen in Folge einer Hemmung des Blutabflusses unter gleichzeitiger Vermehrung des Blutzuflusses, also einer Blutstauung in den Schwellkörpern besteht. Durch die Schwellung wird die Wegsamkeit der Harnröhre in der Art verändert, daß der Abfluß des Harns verhindert, die des Samens erleichtert wird.

Die Ausstoßung des Samens geschieht zuerst durch darmartige Contraktion der Samenleiter und Samenblase in die Harnröhre und aus dieser durch rhythmische Contraktion der Samenschwellmuskeln nach außen. Die Samenentleerung ist mit großer physischer und psychischer Aufregung fast des gesammten Körpers verbunden. Ueber die näheren Vorgänge läßt sich im allgemeinen nur so viel sagen, daß sie mit nicht unerheblichem Stoffverbrauch verbunden sein müssen unter gleichzeitiger Wärmebildung, was schon aus der bekannten Thatsache erhellt, daß übermäßiger Geschlechtsgenuß consumirend wirkt.

Die Abscheidung aus den weiblichen Geschlechtsapparaten beruht der Hauptsache nach auf der Ausstoßung der Eier und gestaltet sich sehr verschieden, je nachdem das Ei im unentwickelten oder entwickelten Zustand ausgestoßen wird.

Im ersten Fall hat man es nur mit Einem Akt zu thun, mit dem Austritt des Eis aus dem Eierstock durch die Eileiter in den Fruchthälter, dem sog. Menstruationsvorgang, der vom Eintritt der Geschlechtsreife an bis zur sog. Involution in rhythmischer Weise d. h. im allgemeinen in Zwischenräumen gleich einem Mondsmonat erfolgt. Der Beginn der Menstruation ist das Platzen des Eifollikels, wobei das Ei herausgeschleudert wird. Die weiteren Vorgänge sind in mancher Beziehung noch dunkel. Das trichterförmige Ende des Eileiters steht nicht in direkter Verbindung mit dem Eierstock, und thatsächlich, wie die sogen. Bauchschwangerschaften beweisen, gelangen nicht alle Eier in den Eileiter. Welcher Mechanismus nun dafür sorgt, daß die Eier doch in der Regel den richtigen Weg finden, ist noch nicht ganz aufgehellt. Gewisse Umstände machen es wahrscheinlich, daß durch Spannung der Blutgefäße der trichterförmige Anfang des Eileiters entfaltet und an den Eierstock angedrückt wird. Im Eileiter wird das Ei durch Flimmerbewegung nach dem Fruchthälter transportirt, um dort zu Grunde zu gehen für den Fall, als die Befruchtung ausbleibt. Mit der Entleerung des Eies ist eine capillare Blutung aus der Fruchthälterhaut, die sog. Menstrualblutung, und eine mäßige Schleimabsonderung in den Geschlechtswegen verbunden. Dieser Blutabgang dauert mehrere Tage und nimmt oft beträchtliche Dimensionen an. Den ganzen Vorgang begleitet eine geringere oder größere psychische und physische Alteration des Gesammtkörpers, die im allgemeinen als eine Schwächung bezeichnet werden kann. Uebermäßige Menstrualblutung ist eine sehr häufige Ursache constitutioneller Schwächung beim Weibe.

Wird das ausgetretene Ei befruchtet, so setzt es sich im Fruchthälter fest und entwickelt sich dort unter Benützung des mütterlichen Blutes als Nahrungsquelle, wobei der Fruchthälter durch interstitielles Wachsthum an Masse und Geräumigkeit zunimmt. Die Leistung des mütterlichen Orga=

nismus an die sich entwickelnde Frucht beruht auf dem osmotischen Verkehr des mütterlichen und kindlichen Blutes.

Die Ausstoßung der Frucht erfolgt normal nach Verlauf von 9 Menstruationsperioden: durch den Druck der muskulösen Elemente der Fruchthälterwand und der früher beschriebenen Bauchpresse, wobei gewaltige Muskelkräfte entfaltet werden und der Gesammtkörper zu höchster Arbeitsleistung angespannt wird. Die Höhe der Kraftentfaltung steht übrigens unter sonst gleichen Umständen in umgekehrtem Verhältniß zu der Durchgängigkeit der Geburtswege und in geradem Verhältniß zur Größe der Frucht. Die Fruchthältercontraktion erfolgt reflektorisch und unwillkürlich; die Bauchpresse ist eine willkürliche Bewegung. Die Ausstoßung der Frucht erfolgt gewöhnlich in zwei Akten, indem nach Durchreißung der Eihüllen zuerst das Kind austritt und erst in einem zweiten Akt die mit dem Kind durch den Nabelstrang verbundenen Fruchthüllen, die sog. Nachgeburt. Dem Geburtsakt folgen noch mehrere Tage unwillkürliche Contraktionen des Fruchthälters mit Abgang von schleimigem Blut, und gleichzeitig geht durch Gewebsaufsaugung der vergrößerte Fruchthälter auf sein früheres Volumen zurück und findet eine Neubildung der ganzen Schleimhaut statt, da diese bei der Geburt völlig als äußerste Umhüllung der Nachgeburt verloren geht.

Die Geschlechtsthätigkeit ist beim Weibe von weit größerem Einfluß auf Gesundheit und Arbeitsfähigkeit als beim Manne.

16. Allgemeines über den Arbeitsmechanismus.

Nachdem wir die Hilfsmechanismen kennen gelernt haben, wenden wir uns dem Mechanismus zu, von welchem die nach außen gerichtete dem Willen unterworfene Arbeit ausgeht.

Di Grundelemente dieses Apparates sind Reflexmechanismen, wie wir sie im 7. Kapitel geschildert haben. Sie bilden in ihrer Gesammtheit die Sinnesorgane mit den empfindnden Nerven, die Muskeln mit den Bewegungsnerven und dem Skelet und den zwischen beiden eingelagerten Reflexcntren, die im Gehirn und Rückenmark liegen. Automatisde Elementarmechanismen, wie wir sie bei den Hilfsmechanimen kennen gelernt haben, kommen hier nicht vor.

Diser von den Reflexmechanismen gebildete Theil des Apparaes, den wir den physischen nennen können, ist nun durch leitende Nervenfasern mit einem andern, dem psychisfhen oder seelischen Apparat in Verbindung gesetzt. Von ihn wissen wir durch Versuche aufs bestimmteste, daß er im Gehirn liegt und zwar in demjenigen Theile, welchen wir das Große Gehirn nennen.

Fasen wir zuerst die Verknüpfung dieser zweierlei Mechansmen ins Auge, weil eine Eigenthümlichkeit derselben uns in den Stand setzt, bis zu einem gewissen Grade zu unterschiden, welchen Antheil jeder dieser beiden Apparate an der ußeren Arbeit hat. Diese Eigenthümlichkeit besteht darin, aß der funktionelle Zusammenhang in rhythmischer Weise eine völlige Unterbrechung erfährt. Der dadurch herbeigefühte Zustand ist der Schlaf, während der Zustand des Wachsens dem ungestörten Zusammenhang beider entspricht. Wir weden weiter unten noch besonders über den Schlaf sprechen hier soll nur so weit von ihm die Rede sein, als er uns das Mittel gibt, zu bestimmen, was der körperliche Theil des Arbeitsmechanismus für sich allein leistet.

Die Beobachtung eines schlafenden Menschen lehrt uns zuerst, daß der körperliche Theil seines Arbeitsmechanismus keine automatischen Mechanismen enthält. Während die automatisch regierten Hilfsmechanismen (der Athmungsapparat, Kreislauf-, Ernährungs- und Absonderungsapparat) auch im Schlaf, wenn auch etwas langsamer als im wachen Zustand, fortarbeiten, herrscht im Arbeitsmechanismus völlige Ruhe. Daß das aber nicht etwa Folge einer Unfähigkeit zur Arbeit ist, falls nicht große Ermüdung mit dem Schlaf verbunden ist, lehrt folgendes.

Wenn wir einen schlafenden Menschen an einer Körperstelle kitzeln oder sonstwie reizen, so erfolgt eine Bewegung und zwar jedesmal und auch immer die gleiche Bewegung: wir haben einen Reflexmechanismus in Bewegung gesetzt. Betrachten wir die Art dieser Bewegung, so erkennen wir, daß dieselbe eine durchaus zweckentsprechende und vom Ortssinne geleitete ist: das gezwickte Glied zieht sich zurück, nach einer gekitzelten Stelle greift die Hand und führt eine wischende oder kratzende Bewegung aus. Ja, noch complicirtere Bewegungen lassen sich durch geeignete Reize hervorrufen; z. B. ein schlafender Säugling, dem wir den Finger oder die Saugflasche in den Mund stecken, greift darnach und fängt zu saugen an.

Die Physiologie nennt dies einen geordneten Reflex und hat durch den Controlversuch an enthirnten Thieren, insbesondere an Tauben, denen man das Große Gehirn entfernt hat, was ohne großen Schaden für ihr Leben geschehen kann — sie leben unter Umständen noch über ein Jahr —, festgestellt, daß wahrscheinlich alle Theile des Bewegungsapparates nach dem Gesetz des geordneten Reflexes d. h. auch ohne eine Antheilnahme des Bewußtseins, also ohne

Vorstellung, Begriffe, Urtheile und Willensimpulse mit mechanischer Nothwendigkeit arbeiten können, sobald der nöthige Reflexreiz angebracht wird. Aber eben so gewiß ist auch, daß das, was man einen geordneten Reflex nennt, nur zum Theil etwas angeborenes ist, zum andern Theil sind die Bewegungen an einem enthirnten Thiere oder einem schlafenden Menschen erlernte Reflexe, wovon wir in einem nächsten Abschnitt sprechen werden.

Vergleicht man damit den wachen Zustand, so findet man folgende Unterschiede:

1. Eine Reizung, welcher im Schlafzustand jedesmal eine bestimmte Bewegung folgte, ruft sie jetzt das eine Mal hervor, das andere Mal nicht und ein drittes Mal vielleicht eine ganz andere, z. B., statt daß der Gekitzelte den Kitzel mit einer abwischenden Bewegung beantwortet, schlägt er nach dem Missethäter oder zankt ihn. Im einen Fall hat eine Reflexhemmung stattgefunden, im andern Fall ist die Reflexvertauschung eingetreten, d. h. der sensitive Theil des Reflexmechanismus ist aus der Verbindung mit dem motorischen Theile gelöst und mit einem andern verbunden worden, so wie in einer Telegraphenstation durch Verstellung eines Wechsels eine andere Verbindung gesetzt werden kann.

2. Man beobachtet, daß eine bestimmte Bewegung, z. B. das Kratzen an einer Hautstelle, das im Schlaf nur bei Kitzel an dieser Stelle eintrat, durch einen ganz andern Reiz, z. B. durch Erregung des Gesichtssinnes oder Gehörsinnes hervorgerufen werden kann. So ist es ein bekanntes Experiment, wenn man jemand von Flöhen oder Läusen spricht, so fängt er bald da bald dort zu kratzen an. Hier arbeitet der gleiche motorische Theil wie in dem geordneten Reflex im Schlaf, dagegen ist der sensitive Theil vertauscht: also wieder Verstellung der Leitungswege der Erregung.

3. sehen wir anderartige Bewegungszusammenstellungen auftreten, als wir sie im Schlaf reflektorisch hervorrufen können: der Körper hat die Freiheit der Verknüpfung seiner Maschinentheile gewonnen.

4. Handlungen im wachen Zustand werden nicht blos bestimmt von gegenwärtig einwirkenden Reizen, sondern ein neuer Faktor, nämlich früher stattgefundene Erregungen, sog. Erfahrungen üben einen bestimmenden Einfluß aus: an die Stelle des blos reflektorischen Handelns tritt erfahrungsgemäßes Handeln. Dies zeigt sich insbesondere darin, daß die Thätigkeit mit Vorstellungen verknüpft ist, d. h. einen bestimmten Gegenstand der Außenwelt zum Ziel hat, und zwar auch dann, wenn von ihm momentan kein Sinnesreiz ausgeübt wird. Den Unterschied zeigt uns der Versuch mit der Taube: ein unverletztes Thier pickt nicht nur nach Futter, das ihm in die Augen fällt, sondern sucht auch nach abwesendem Futter. Ist es enthirnt, so pickt es zwar nach vorgelegten Körnern, allein es sucht nicht danach, weil ihm die aus der Erfahrung entspringende Vorstellung fehlt.

5. Einen weiteren Unterschied zwischen Wachen und Schlafen können wir nur durch Selbstbeobachtung ermitteln: die Auslösung eines geordneten Reflexes im Schlaf erfolgt, ohne daß wir eine Empfindung davon haben, während im wachen Zustand ein Gefühl zu Stande kommt, das mit einer Vorstellung d. h. mit der Erinnerung an einen uns erfahrungsgemäß bekannten Gegenstand der Außenwelt verknüpft ist.

Fassen wir das Gesagte kurz zusammen, so zeigt sich zwischen Schlaf und Wachen folgender Unterschied.

Im Schlaf verhält sich die Arbeitsmaschine des Körpers wie ein Industrismus d. h. wie ein todter von Menschenhand erzeugter Mechanismus, in welchem die verschiedenen

Maschinentheile stets in der gleichen Weise in einander greifen und stets nur auf momentane Eingriffe reagiren. Im wachen Zustand gleicht sie einem Industrismus, in welchem fortwährend eine dritte Hand eingreift, da hemmend, dort durch Entbindung von neuen Kräften beschleunigend, hier Verbindungen knüpfend und dort solche lösend. Diese von Gemeingefühlen, Empfindungen, Vorstellungen und Erfahrungen geleitete dritte Hand nennen wir den Willen und ihr Sitz — darüber besteht kein Zweifel — ist das Große Gehirn bezw. dessen Hemisphären, während die Vermittlungswege der geordneten Reflexe alle in der Basis des Großhirns, den sog. Hirnganglien, dem kleinen Hirn und dem Rückenmark liegen.

Nach diesem Ueberblick setzt sich der äußere Arbeitsmechanismus eigentlich aus drei Theilen zusammen: 1. dem Bewegungsmechanismus, 2. dem Sinnesmechanismus und 3. dem Willensmechanismus. Diese drei stehen so mit einander in Verbindung, daß der erstere sowohl vom Sinnesmechanismus aus in Bewegung gesetzt werden kann als vom Willensmechanismus; das erstere ist ein geordneter Reflex, das letztere eine willkürliche Handlung.

Betrachten wir nun diese drei Mechanismen gesondert.

---

17. Die Bewegungsmechanismen.

Bei der Erörterung dieses Theiles können wir uns deshalb kurz fassen, weil in einem andern Bande dieser Sammlung*) eine erschöpfende Schilderung desselben enthalten ist; ich beschränke mich deshalb auf folgendes:

*) Kollmann, die Mechanik des Körpers.

Im großen und ganzen zerfällt der dem Willen unterworfene Bewegungsapparat in einige Hauptmechanismen, die selbst wieder zusammengesetzter Natur sind: den Kauapparat, Sprechapparat, Greifapparat, Athmungsapparat, Bauchpreßapparat, Geh- und Stehapparat, wozu noch einige kleinere Hilfsmechanismen kommen, die im Dienste der Sinneswerkzeuge stehen. Den complicirtesten der Art besitzt das Auge, weniger complicirt ist der willkürliche Hilfsapparat für Geruch- und Gehörsinn.

Jeder dieser Mechanismen besteht aus aktiv sich bewegenden Theilen, den Muskeln, und passiv bewegten, den biegsamen Sehnen und Bändern, und den steifen Knochen. Die Leistung der Muskeln besteht darin, daß sie bei ihrer Verkürzung die Theile, mit denen ihre beiden Enden verbunden sind, mit elastischen Kräften zu nähern versuchen, wodurch die Stellung der festen Theile zu einander verändert und diese in die Situation von Hebeln gebracht werden. (S. Kapitel 7.)

Bei diesen Stellungsveränderungen handelt es sich stets um zwei einander entgegengesetzte Bewegungen, und deshalb setzt sich jeder solche Apparat aus zwei antagonistischen Motoren zusammen: Die Muskeln sind je in zwei Gruppen getheilt, die einander entgegen arbeiten; z. B. an einer Gliedmaße steht einer Gruppe von Streckmuskeln eine Gruppe von Beugemuskeln, einer Gruppe von Einwärtsrollern eine solche von Auswärtsrollern entgegen. Am Rumpf kommt zu dem Antagonismus zwischen Beugern und Streckern der Antagonismus zwischen Rechtsbeugern und Linksbeugern, an den Rippen zwischen Hebern und Senkern, an den Oeffnungen des Körpers zwischen Oeffnern und Schließern, und nur in manchen Fällen, wie z. B. beim untern Augenlied, ist der Antagonismus nur auf der einen Seite ein aktiver

Muskel, dem auf der andern die Schwere oder elastische Kräfte als passiver Antagonist gegenüberstehen.

Im wesentlichen besteht nun jede Arbeit aus einer abwechselnden Thätigkeit der antagonistischen Muskelgruppen, aber mit geschickter Benützung des passiven Momentes d. h. der Schwere und der Elasticität und des Trägheitsmomentes. Wenn z. B. eine Arbeit auf Abwechslung von Hebung und Senkung beruht, so benützen wir bei der Senkung die Schwere und sparen die Anwendung der die Senkung beschleunigenden Muskeln. Ein anderer Fall ist: wir versetzen ein Glied mit einer ruckweisen Bewegung in Vorwärtsschwingung und überlassen der Schwere die Herbeiführung des Rückschwungs ꝛc.

Weiter zeigten uns nun Beobachtung und Experiment, daß den Antagonismen der Muskeln auch antagonistische I n n e r v a t i o n s c e n t r e n entsprechen, und außerdem noch, daß zwischen diesen beiden Centren das Verhältniß des steten Wettstreites besteht.

Um dies verständlich zu machen, sei es mir gestattet, darauf zurückzugreifen, daß wir auch bei den Hilfsmechanismen (Athmung, Kreislauf und Darmmechanik) antagonistische Nervencentren, nämlich hemmende und beschleunigende, kennen gelernt haben.

Am besten und längsten kennt man die Sache beim Herz Die Grundlage dieser Maschine ist ein automatischer Elementarmechanismus, der auch noch fortarbeitet, wenn wir das Herz eines Thieres ausgeschnitten haben. Zu diesem Elementarmechanismus ziehen zweierlei auch von zweierlei Centralorganen kommende Nervenfasern, die in a n t a g o n i s t i s c h e m Verhältniß stehen: ein Hemmungsnerv, der die Bewegung verlangsamt, und einer, der sie beschleunigt. Experimentiren wir mit diesen Nerven, so ergibt sich unzweideutig, daß sie stets erregt d. h. in stetem Wettkampf mit einander sind und der Erfolg ihrer Thätigkeit nur gleich der Differenz ihrer Thätigkeitsstärke ist: d. h. wenn sie gleich stark erregt sind, so ist der Effekt gleich Null, der automatische Elementarmechanismus arbeitet unbelästigt weiter, dagegen bringt jede Störung des Gleichgewichts eine Wirkung desjenigen Nerven zu Tage, der das Uebergewicht erlangt hat. Eine solche Gleichgewichtsstörung kann durch zweierlei Eingriffe erzeugt werden, entweder durch Reizung des einen Nerven, wodurch er der überlegene wird, oder durch Schwächung seines Antagonisten. Z. B. der Lungenmagennerv ist der Hemmungsnerv des Herzen, der Sympathicus der Beschleunigungsnerv desselben. Man kann nun eine Beschleunigung des Herzschlags entweder dadurch hervorbringen, daß man den Sympathicus reizt, wodurch er das Uebergewicht über den andern erlangt, oder dadurch, daß man den Vagus lähmt.

Dabei ist noch auf einen Umstand aufmerksam zu machen. Ob ein Nerv durch einen Eingriff zu erhöhter Thätigkeit angespornt oder gelähmt wird, hängt nur von der Stärke dieses Eingreifens ab. Bei einem solchen Apparat, wie es der Herzmechanismus ist, kann also ein- und derselbe Einfluß auf einen und denselben Nerven, je nach seiner Stärke, ganz entgegengesetzte Wirkungen hervorbringen. Reizen wir z. B. den Hemmungsnerven mäßig, so gewinnt er das Uebergewicht und das Herz geht langsamer; setzen wir dagegen einen Ueberreiz, so gewinnt sein Antagonist die Oberhand und das Herz geht schneller. Dasselbe bringen wir auch durch Ermüdung hervor: Erregen wir den Herzhemmer mäßig, so gewinnt er zunächst das Uebergewicht; allein wenn die Reizung fortdauert, so tritt allmählich Ermüdung ein, und so kommt ein Zeitpunkt, wo der nicht ermüdete Beschleuniger trotz der Fortdauer der Erregung des Hemmers das Uebergewicht bekommt.

Der natürliche und künstliche Versuch hat nun bewiesen, daß der gleiche Gegensatz wie zwischen Hemmungs- und Beschleunigungscentrum wahrscheinlich durch alle antagonistische Nervencentren des willkürlichen Mechanismus hindurchgeht, und zwar so:

Jedem Bewegungscentrum steht ein Centrum gegenüber, das einen dem vorigen entgegengesetzt arbeitenden geordneten Reflex commandirt. Diese beiden Centra sind stets erregt, allein so verknüpft, daß sie sich bei gleichgewichtiger Thätigkeit gegenseitig lahmlegen und der Effekt gleich Null ist, d. h. es kommt weder der eine noch der andere Reflex zum Vorschein: die Maschine ruht. Sowie aber das Gleichgewicht der beiden Centra gestört ist, so erscheint derjenige geordnete Reflex, dessen oberstes Centrum das Uebergewicht erlangt hat, mit einer gewissen mathematischen Nothwendigkeit und dauert so lange fort, bis wieder das Gleichgewicht hergestellt ist. Folgende Experimente machen dies deutlich.

Wenn man am Gehirn einer lebenden Taube eine bestimmte Stelle auf einer Seite durch Gefrieren mittelst Aetherverstäubung lähmt, so dreht sie sich continuirlich wie ein todter aufgezogener Industrismus nach einer Seite im Kreise herum. Lähmt man die gleiche Stelle des Gehirns auf der entgegengesetzten Seite, so erfolgt diese Zwangsbewegung mechanisch ebenfalls nach der entgegengesetzten Richtung. Die Natur macht dieses Experiment bei unsern Hausthieren selbst in der Drehkrankheit. Ein solches Thier geht fortwährend im Kreise nach der gleichen Richtung herum und zwar völlig willenlos, bis Ermüdung die Bewegung unterbricht. Untersucht man es nach dem Tode, so findet man einen Eingeweidewurm einseitig im Gehirn und zwar rechts, wenn sich das Thier nach links gedreht hat, links, wenn die Drehung rechts erfolgte. Der von dem Wurm ausgehende Druck hat das in der gleichen Hirnhälfte liegende

Centrum seinem Antagonisten gegenüber dauernd in Nachtheil gebracht, und so trat bei der Thätigkeit die Wirkung des letzteren stets überwiegend zur Geltung.

Durch das Experiment an Vögeln hat man auch noch einen Gegensatz zwischen einem Vorwärtsbewegungscentrum und einem Rückwärtsbewegungscentrum gefunden. Lähmt man das erstere durch Gefrieren, so arbeitet das letztere allein ohne Hemmung und das Thier geht mechanisch rückwärts, bis es erschöpft zusammenbricht, und umgekehrt.

Diese Zwangsbewegungen beweisen, daß ein Verhalten des Arbeitsmechanismus, das wir gewöhnlich dem freien Willen zuschreiben, durchaus unfreiwillig ist. Wenn wir z. B. von der Seite her ein schwaches Geräusch vernehmen, so drehen wir unsern Kopf in der Richtung desselben; hören wir aber einen heftigen Knall auf der gleichen Seite so fahren wir unwillkürlich zurück und wenden uns ab. Das erklärt sich jetzt so: der schwache Reiz hat das eine der beiden antagonistischen Drehungscentren, z. B. das linke erregt und ihm das Uebergewicht verschafft, wir drehen uns links; der starke Knall dagegen hat es durch Ueberreiz geschwächt, sein Antagonist ist jetzt im Vortheil und wir drehen uns entgegengesetzt.

Beobachten wir nun unsere willkürliche Thätigkeit, so sehen wir überall diesen Antagonismus zwischen Zugreifen und Zurückschrecken, zwischen Angriff und Flucht, zwischen Thun und Lassen. Ich will noch ein Beispiel anführen. Es tritt uns ein physischer Feind entgegen. Ist der Eindruck auf uns ein mäßiger, so überwiegt das Kampfcentrum, wir richten uns hoch auf, athmen voll ein, das Gesicht röthet sich, die Nüstern öffnen sich und wir stürzen vorwärts zum Kampfe. Ist dagegen der Eindruck ein überwältigender, so geschieht von allem das entgegengesetzte, wir knicken zusammen, der Athem ist beklemmt, das Gesicht wird blaß und wir wenden uns zur Flucht, und zwar warum? Das Kampfcentrum ist durch Ueberreiz gelähmt und das Fluchtcentrum hat die Oberhand gewonnen.

Anknüpfend an das Verhältniß des Antagonismus muß noch das Verhältniß der alternativen Ausschließung besprochen werden, das zwischen den verschiedenartigen Apparaten des Körpers, aber nicht unter allen Verhältnissen, besteht. Wenn nämlich ein Apparat arbeitet, so stehen die andern in der Regel still, und zwar um so sicherer, je intensiver die Arbeit ist. So halten wir z. B. den Athem an, wenn wir eine anstrengende oder besondere Genauigkeit erfordernde Arbeit ausführen; oder wenn jemand im Gehen spricht, so unterbricht er ersteres, wenn er etwas besonders wichtiges sagen will; oder wer im Sprechen einen Entschluß zu einer Thätigkeit gefaßt hat, stellt plötzlich das Reden ein 2c.

Diesem Verhältniß der Ausschließung steht das der Mitbewegung gegenüber: so machen die Arme beim Gehen gänzlich nutzlose unwillkürliche Mitbewegungen, und wird das Sprechen begleitet von Mienenspiel und Gestikulationen der Hände 2c.

Stellen wir nun die Frage nach den Bedingungen der Leistungsfähigkeit der Bewegungsapparate:

Seitens der Knochen ist die erste Bedingung die genügende Festigkeit. Diese hängt einmal von der richtigen chemischen Mischung der Knochensubstanz ab. In dieser Richtung ist einmal eine Zunahme des Wassergehaltes, wie er bei schwächlichen Personen und Krankheitszuständen vorvorkommt, nachtheilig. Zweitens ist ein bestimmtes Verhältniß von Knochenerde und organischer Grundlage erforderlich; ein Ueberwiegen der ersteren macht den Knochen spröde, brüchig, ein zu geringes Quantum biegsam, also weniger tragfähig. Das zweite Moment ist die feine Struktur der Knochensubstanz, das Verhältniß von Markräumen und fester Masse und die

Anordnung derselben (siehe Kollmann, die Mechanik des Körpers), der grobe Aufbau der Knochen, so bei Röhrenknochen die Wandstärke, bei schwammigen Knochen die Dicke der compakten Rindenschichte ꝛc. Endlich kommt die Stärke des Querschnittes in Betracht.

Ein weiterer Punkt bei den Knochen sind die Hebelverhältnisse: in dieser Beziehung kommt hauptsächlich die Länge des Knochens in Betracht; ein Mensch mit langen Knochen wird in der Richtung der Geschwindigkeit mehr leisten, während bei gedrungenen Figuren die Knochen als Krafthebel relativ mehr zu leisten vermögen. Weiter, bei gleicher Länge kommt die Lage des Muskelansatzes in Betracht: ist derselbe dem Lastpunkt näher gerückt, so gewinnt der Apparat an Kraft, ist er dem Unterstützungspunkt näher, so verliert er an Kraft, aber gewinnt an Geschwindigkeit. Die höchste Leistungsfähigkeit, nämlich eine Zunahme von Kraft ohne Beeinträchtigung der Geschwindigkeit wird erreicht, wenn die Ansatzpunkte des Muskels beziehungsweise der Sehne sich weiter von der Längsachse des Knochens entfernen, dadurch, daß sie sich als ein Knochenvorsprung erheben. Dadurch wird der Knochen in einen Winkelhebel verwandelt, bei welchem weniger Kraft durch Gelenkpressung verloren geht. **Starke Entwicklung dieser Knochenvorsprünge ist deshalb ein sicheres Zeichen einer hohen Leistungsfähigkeit des betreffenden Theiles.**

Ein weiterer Faktor der Arbeitsfähigkeit ist die **Beweglichkeit der Knochen**, die von der Beschaffenheit der **Gelenke** abhängt. Hier hindert jede Rauhigkeit der an einander schleifenden Gelenkknorpel oder zu geringe Dehnbarkeit der Kapseln: sie consumiren Muskelkraft und erzeugen echauffirende Reibungswärme. Auf der andern Seite sollen die Gelenke auch die nöthige Sicherheit der Bewegung garantiren. Diese wird sofort beeinträchtigt, wenn die Zusammenpressung der Gelenkenden durch Schwächung oder Dehnung der Gelenkbänder oder durch wässrigen Erguß in die Gelenkhöhle, welche die Zusammenpressung durch den Luftdruck aufhebt, gemindert wird.

Bei den **Muskeln** hängt die Leistungsfähigkeit in erster Linie von der Erregungsfähigkeit desselben ab: je größer diese ist, um so rascher und um so energischer ziehen sie sich zusammen, und darauf beruht die **Schnellkraft** des Muskels. Wir wissen nun aus den Erläuterungen auf S. 63, daß Zunahme des Wasser- und Fettgehaltes die Erregbarkeit beeinträchtigt, Zunahme des Gehalts an Eiweiß sie erhöht, also je eiweißreicher ein Muskel, um so schnellkräftiger ist er. Der gleiche Umstand, nämlich hoher Eiweißreichthum, bedingt auch die **Tragfähigkeit** eines Muskels, die ein zweiter Faktor bei der Leistungsfähigkeit ist.

Der Grad der Erregungsfähigkeit bestimmt noch in anderer Weise die Arbeitsfähigkeit. Wir haben oben gesehen, daß alle Arbeiten auf der abwechselnden Thätigkeit von antagonistischen Muskelgruppen beruhen. Der Rhythmus der Abwechslung hängt nun insofern von der Erregungsfähigkeit ab: da die Zusammenziehung der einen Muskelgruppe eine Dehnung der antagonistischen hervorruft, so muß sie, falls nicht Kraftverschwendung mit Erhitzung eintreten soll, warten, bis der Antagonist aus der Phase der Zusammenziehung in die der völligen Erschlaffung eingetreten ist, kurz, bis dessen Zuckung abgelaufen ist, und das bestimmt das **natürliche Arbeitstempo**. Da nun bei erhöhter Erregungsfähigkeit die Zuckung rascher abläuft als bei geringer, so ist das ein Gewinn für die Arbeitsgeschwindigkeit: das **natürliche Arbeitstempo ist höher**.

Ein weiterer Punkt bei der Leistungsfähigkeit des Muskels ist das Maß der **äußeren Widerstände**, die er bei der Zusammenziehung findet. Hiebei handelt es sich um zweierlei: 1. muß er frei von Hindernissen für die Verkürzung d. h. gegen seine Nachbarn frei verschieblich sein, 2. da er sich bei der Verkürzung verdickt, so muß er möglichst frei von Seitendruck sein. In dieser Beziehung ist das Zellgewebs- und Unterhautfett besonders nachtheilig, indem das den Seitendruck vermehrt. Auch die Beschaffenheit der Haut ist durchaus nicht ohne Einfluß: Ein Mensch mit prall gespannter und wenig verschieblicher Haut ist entschieden weniger leistungsfähig als ein solcher, bei dem die Haut schlaffer, dehnbarer und verschieblicher ist.

Die Bedingungen der Ausdauer, mit welcher ein Bewegungsapparat arbeitet, sind noch so gut wie nicht studirt. Jedenfalls sind hier nicht blos die Erregungsverhältnisse der Muskelsubstanz und ihre Aktionsfreiheit maßgebend, sondern auch noch die genügende Entwicklung und Funktionirung des Blutgefäßnetzes, weil von dem Durchblutungsmaß nicht blos der Stoffnachschub, sondern auch die Ausgiebigkeit der Auswaschung der Ermüdungsstoffe abhängt.

18. Der Seelenmechanismus.

Dieser Theil des Thätigkeitsapparates, der nur von dem Großgehirn beziehungsweise dessen Hemisphären gebildet wird, ist ein reiner Molekularmechanismus und gebildet von leitenden Nervenfasern und Ganglienzellen, ohne jede Betheiligung von contraktilen Gebilden. Er zeigt eine deutliche Zusammensetzung nach dem Prinzip des „tres faciunt collegium“, diesem obersten und vollkommensten Prinzip jeder Organisation, nämlich zwei gleichwerthigen d. h. coordinirten Theilen: 1. einem sensitiven, der sich an die Sinnesmechanismen anschließt; 2. einem motorischen, bewegungsauslösenden, der in näherer Verbindung mit den Bewegungsapparaten steht, und 3. einem den zwei vorhergehenden übergeordneten, die Thätigkeit und die Verknüpfung der beiden ersten beherrschenden und regulirenden, die Einheit des gesammten willkürlichen Mechanismus repräsentirenden Theil, den wir das **Bewußtsein** nennen.

Beschäftigen wir uns zuerst mit dem **motorischen** Theil und fragen zuerst nach dessen **Inhalt**. Hierauf gibt uns das physiologische Experiment am Objekt keine Antwort, wohl aber die Beobachtung am Subjekt d. h. die Selbstbeobachtung, indem wir uns fragen: **was geht dem willkürlichen Handeln stets voraus?** Die Antwort ist: ein sogenanntes **Gemeingefühl** d. h. ein Gefühl, welches von dem später zu besprechenden Bewußtsein als eine Zustandsveränderung des eigenen Körpers gedeutet wird. Z. B. die Thätigkeit der Nahrungsaufnahme wird ausgelöst durch ein Gemeingefühl, das wir Hunger nennen, die Geschlechtsthätigkeit veranlaßt durch das Wollustgefühl; die Fluchtbewegung ist die Folge des Angstgefühls u. s w.

Betrachten wir nun die verschiedenen **Gemeingefühle**, so zeigt sich auch hier der Antagonismus und zwar doppelt, einmal in der Wirkung auf das Bewußtsein und dann in der auf die motorischen Seelencentra. In ersterer Richtung theilen wir alle Gemeingefühle in **Lustgefühle** und **Unlustgefühle**, und hiebei liegt die Sache so, daß jedem bestimmten Lustgefühl ein bestimmtes Unlustgefühl als Antagonist gegenübersteht: z. B. dem Hunger das **Sättigungsgefühl**, dem **Müdigkeitsgefühl** das **Kraftgefühl**, dem **Ekelgefühl** das **Lüsternheits-** oder **Appetitgefühl**, dem **Angstgefühl** das **Muthgefühl**, der **Trauer** die **Freude**, dem Haß die Liebe, der **Antipathie** die **Sympathie** &c.

In der Richtung des Bewegungsmechanismus knüpft der Antagonismus der Gemeingefühle unmittelbar an die

Antagonismen an, die wir in ersterem kennen gelernt haben, und zwar in zweierlei Weise: der eine Gegensatz ist der von Hemmung und Beschleunigung, d. h. während das eine Gefühl zur Thätigkeit anspornt, „excitirend" wirkt, ist der Einfluß seines Partners ein thätigkeitshemmender, „deprimirender". Im allgemeinen wirken die Lustgefühle thätigkeitsauslösend, die Unlustgefühle thätigkeitshemmend; doch ist es auch manchmal umgekehrt, z. B. das Unlustgefühl des Hungers wirkt thätigkeitsauslösend, das Sättigungsgefühl thätigkeitshemmend. Die andere Aeußerungsweise des Antagonismus ist die, daß das eine Gemeingefühl eine bestimmte Bewegung z. B. das Ergreifen, sein Partner die entgegengesetzte d. h. das Wegwerfen hervorruft. Namentlich wird hier häufig an den Antagonismus zwischen Beugemuskeln und Streckmuskeln angeknüpft; z. B. das Muthgefühl erregt die Streckmuskeln des Rumpfes, sein Antagonist, das Angstgefühl, die Beugemuskeln, ebenso der Ekel die Streckmuskeln („den Halsstrecken"), das Appetitgefühl die greifenden Beugemuskeln; die Trauer verschafft den Beuge- und Schließmuskeln die Oberhand, die Freude den Streck- und Oeffnungsmuskeln.

Wenden wir uns jetzt zu der sensitiven Seite des Seelenmechanismus. Den Inhalt dieses Theils bilden die Empfindungen und Erfahrungen. Der Unterschied zwischen den ersteren und den Gemeingefühlen besteht darin, daß wir die Ursache der Empfindungen in die Außenwelt verlegen d. h. mit einer Vorstellung verbinden, während wir die Ursache eines Gemeingefühls als eine Zustandsveränderung unserer selbst d. h. eines unserer Körpertheile oder des Gesammtkörpers auffassen. Ein zweiter Unterschied ist, daß die Empfindungen eine sehr feine Unterscheidbarkeitsscala besitzen, die Gemeingefühle eine ziemlich rohe.

Aus den Versuchen Weber's geht hervor, daß eine Empfindung nur eintritt, wenn die natürlichen peripherischen Enden eines Sinnesnerven gereizt werden, daß dagegen eine Reizung des Nerven in seinem Verlauf nur ein von der betreffenden Sinnesempfindung gänzlich verschiedenes Gemeingefühl, den Schmerz, erzeugt, dessen Ursache wir aber an das natürliche Ende des Nerven hinausverlegen. Als Beispiel diene der folgende von Weber zuerst gemachte Versuch:

Wenn wir unsern Ellbogen in eiskaltes Wasser tauchen, so entsteht zuerst an der vom Wasser berührten Hautstelle eine wahre Empfindung durch die Erregung der dort sich verbreitenden Hautnerven; nach einiger Zeit dringt die Kälte bis zu dem unter der Haut liegenden Nervenstamme, dessen Enden im Außenrand von Hand und Vorderarm sich verbreiten. Die Erregung dieses Nervenstammes durch die Kälte ruft Schmerz hervor, aber wir empfinden denselben nicht am Ellbogen, sondern am Außenrand von Hand und Unterarm. Dies ist derselbe Nerv, der bei einem ungeschickten Anschlagen des Ellbogen getroffen werden kann, was gleichfalls nicht am Ellbogen, sondern am Außenrand der Hand als Schmerz empfunden wird: das sogenannte „Vorfahren des Mäuschens".

Betrachten wir den Zusammenhang der Empfindungen mit dem motorischen Theil des Thätigkeitsmechanismus, so stoßen wir auf den gleichen Antagonismus wie bei den Gemeingefühlen, indem wir sie in angenehme und unangenehme scheiden. Die Sache ist aber hier so:

Die Empfindung ist nicht an und für sich angenehm oder unangenehm, sie wird es erst dadurch, daß sich zu der ersteren ein Gemeingefühl vom Charakter des Lustgefühls, zu den letzteren ein Unlustgefühl gesellt, und daraus ergibt sich eine dritte Kategorie von Empfindungen, die indifferenten: das sind solche, welche keinerlei Gemeingefühle hervorrufen.

Nach der entgegengesetzten Seite hin zerlegen sich die Empfindungen in Licht-, Schall-, Geruch-, Geschmack-, Druck- und Wärme-Empfindungen, räumliche Vorstellungen und Muskelgefühle. Diese Sonderung ist darauf zurückzuführen, daß der Sinnesmechanismus in eine Reihe spezifischer Mechanismen, die Sinnesorgane, zerfällt, worüber wir weiter unten sprechen werden.

Fragen wir nun nach der Construktion des Empfindungsmechanismus, so lehrt uns die Selbstbeobachtung — eine andere Untersuchungsmethode gibt es hier nicht —, daß die Empfindungscentra in sehr mannigfacher Weise mit einander verknüpft sind und zwar nach den Prinzipien des Miteinander, des Nacheinander, der Aehnlichkeit und des Contrastes. Diese Verknüpfung gibt sich darin kund, daß ein Sinnesreiz niemals nur die ihm adäquate Empfindung hervorruft, sondern stets noch eine Reihe anderartiger, die mit der primären ein Ensemble, eine Vorstellung, bilden. Wir können das so ausdrücken.

Die einzelnen Empfindungscentra sind durch leitende Fasern zu Vorstellungsmechanismen verbunden. Dieser Mechanismus ist rein auf dem Wege der Erfahrung erzeugt, denn die Vorstellung entspricht einem Gegenstand der Außenwelt und enthält alle die einzelnen Qualitäten, die wir mittelst unserer Sinneswerkzeuge an ihm im Laufe der Zeit kennen gelernt haben; z. B. wenn wir einen Pfiff hören, so wird damit nicht blos die Empfindung eines Tones von bestimmter Höhe, Stärke und Klangfarbe erzeugt, sondern sofort die Vorstellung eines pfeifenden Gegenstandes ganz bestimmter Art, einer Lokomotive, eines Vogels, eines Menschen 2c. Ja wenn es z. B. ein Vogel ist, so wird bei einem Vogelkenner eine Vorstellung erzeugt, welche einem ganz bestimmten Vogel nach Größe, Form, Farbe, Zeichnung, Stimme und Namen entspricht.

Solcher Vorstellungsmechanismen, die aus einer Gruppe verschiedenartiger Empfindungscentra zusammengesetzt sind, enthält der Empfindungsmechanismus eine staunenswerthe Zahl, nämlich ebensoviel als der betreffende Mensch Gegenstände der Außenwelt kennen und zu unterscheiden gelernt hat.

Diese Vorstellungsmechanismen sind wieder mit einander zu Mechanismen höherer Ordnung verknüpft und zwar so, daß die Erregung eines bestimmten Vorstellungsmechanismus auf die mit ihm verknüpften übergehen d. h. auch sie erregen kann. Dieser Verband gehorcht 1. dem Prinzip des Nebeneinander (zeitlich und räumlich), z. B. wenn beim Betreten eines Zimmers der Duft einer Rose die Vorstellung einer Rose hervorruft, so entsteht auch die des Blumentopfes, des Blumentisches ꝛc.; 2. dem Prinzip des Nacheinander, z. B. der Anblick einer Gewitterwolke ruft nicht blos die Vorstellung des Blitzes, sondern auch die des ihm folgenden Donners hervor; 3. dem Prinzip der Aehnlichkeit. Dieses spielt eine ungemein große Rolle. Einmal sind Vorstellungen, die einen ähnlichen Inhalt haben, zu Collektivmechanismen verknüpft. Die Vorstellungen Vogel, Baum, Strauch, Insekt, Stein entspringen der Erregung von Mechanismen, welche aus einer großen Menge von einzelnen Vorstellungsmechanismen gebildet sind. Bei der Art, wie sich die letzteren zu Collektivmechanismen verknüpfen, unterscheiden wir zweierlei: die associationsmäßige und und die begriffsmäßige. Die erste ist die einfachere, primäre, d. h. sie tritt beim Kind zuerst auf und spielt beim Ungebildeten oder in dem betreffenden Fach Ungeschulten die Hauptrolle. Bei ihr sind eben die einzelnen Vorstellungen coordinativ neben einander gestellt, bilden gewissermaßen eine Reihe. Bei der zweiten, der begriffsmäßigen Zusammenfassung, bilden sie ein systematisches, nach dem Aehnlichkeitsgrade abgestuftes Ganze, bei welchem Begriffe niederer Ordnung wieder zu solchen höherer Ordnung und so fort zusammengefaßt sind. Neben dieser collektiven Zusammenfassung der Vorstellungsmechanismen sehen wir sie nach dem Prinzip der Aehnlichkeit auch noch mit den Abstraktionsmechanismen verknüpft; z. B. es gibt viele Objekte, die in der Farbe einander ähnlich z. B. grün sind, indem nun alle Grünempfindungscentra mit einander verknüpft sind, ist eine mechanische Verbindung aller Einzelnvorstellungen gegeben, in denen die Einzelnvorstellung des Grünen enthalten ist. Diese Art von Verbindung äußert sich in dem, was der Logiker ein Urtheil nennt. Z. B. der Baum ist grün, der Hund bellt; wir können also einen solchen aus einem Concretum und einem Abstraktum zusammengesetzten Doppelmechanismus einen Urtheilsmechanismus nennen, und ein Mechanismus noch höherer Ordnung, den mehrere Urtheilsmechanismen mit einander bilden, ist der Schlußmechanismus. 4. Das letzte Verknüpfungsprinzip ist das des Contrastes; z. B. die Vorstellung von Schwarz ruft leicht auch die von Weiß hervor, und ebenso verhalten sich die Vorstellungen von Licht und Schatten, Tag und Nacht, Glück und Unglück rc.: Contrastmechanismen.

Eine besondere Besprechung verdient bei der Verknüpfung der Vorstellungsmechanismen der für den Menschen durchaus charakteristische, den Thieren fehlende Inhalt des Seelenmechanismus: der Wortvorrath. Aus den Erscheinungen der als Aphasie bezeichneten Krankheit wissen wir, daß die Wortherde nicht in dem gleichen Gehirntheil liegen wie die Vorstellungsherde, und daß die sie verbindenden Fasern durch die linke sylvische Spalte gehen.

Die psychologische Beobachtung lehrt uns nun, daß die Vorstellungsherde, und zwar sowohl die concreten als die abstrakten, und alle Mechanismen höherer Ordnung mit einem Wortcentrum verknüpft sein können, und daß, wenn dies der Fall ist, die Erregung dieser Mechanismen eine viel vollständigere, gleichmäßigere und schärfer begränzte ist, und daß eine erfahrungsgemäße Verknüpfung von Empfindungsherden auch viel dauerhafter ist, wenn sie mit einem Wortherd in Verbindung gebracht ist.

Die Leitungsbahnen, welche die Vorstellungsherde und die Wortherde mit einander verknüpfen, leiten wie alle solche Bahnen die Erregung nach beiden Richtungen, so daß von der Vorstellung aus der Wortherd und vom Wortherd aus die Vorstellung wachgerufen wird. Die Wortherde ihrerseits sind wieder in leitender Verbindung nach der sensitiven Seite mit dem Gehörorgan und bei Leuten, die lesen können, auch mit dem Gesichtsorgan, nach der motorischen Seite mit dem Sprechapparat und Schreibapparat verbunden.

Wir haben nun von dem Seelenmechanismus zwei Theile, seinen motorischen, die Gemeingefühle enthaltenden, und seinen sensitiven, die Empfindungen und Erfahrungen bergenden, kennen gelernt. Hiezu kommt als drittes, oberstes, als Spiritus rector des ganzen Mechanismus das Bewußtsein. Bei ihm handelt es sich nicht um ein Zusammengesetztsein aus Mechanismen niederer Ordnung, wie bei den Empfindungs- und Gemeingefühlmechanismen, sondern um eine Einheit, aber um eine allgegenwärtige d. h. mit allen übrigen Seelenmechanismen in leitender Verbindung stehende, so daß der Bewußtseinsherd von jedem Seelenmechanismus und umgekehrt jeder Seelenmechanismus von dem Bewußtsein aus beeinflußt werden kann.

Den Erregungszustand des Bewußtseins nennen wir die Aufmerksamkeit. Das eigenartige dieser Funktion des Bewußtseins besteht nun darin, daß stets nur Ein Punkt desselben sich im Zustand der Aufmerksamkeit befindet. Dieser Punkt kann zwar seinen Ort wechseln und zwar mit großer Schnelligkeit, allein nie können zwei Stellen zugleich im Zustand der Aufmerksamkeit sich befinden, was jeder Leser leicht an sich beobachten kann: man ist nie im Stande, seine Aufmerksamkeit gleichzeitig auf zwei Vorstellungen oder Thätigkeiten zu richten. Beim Versuch hiezu wird man merken, daß man es nur zu einem raschen Hin- und Herschwanken der Aufmerksamkeit von einem zum andern Punkt bringen kann.

Den Zustand, in welchem das Bewußtsein nicht erregt ist, nennen wir den der Geistesabwesenheit. Da die Thätigkeit des Aufmerkens stets auf einen Punkt beschränkt ist, so befinden sich die übrigen Theile des Bewußtseins im Zustand der Geistesabwesenheit. Der Unterschied ist folgender: Wird ein Seelenmechanismus durch einen Sinnesreiz in Erregung versetzt, während die Aufmerksamkeit nicht auf ihn gerichtet ist, so kommt die Erregung entweder gar nicht zum Bewußtsein, sie wird von ihm ignorirt, oder sehr verspätet, und dann nur unvollkommen, wenn sich nämlich erst nachträglich, ehe die Erregung ausgeklungen hat, die Aufmerksamkeit ihm zuwendet — „man meint etwas gehört oder gesehen zu haben“. Wird dagegen ein Seelenmechanismus erregt, während die Aufmerksamkeit auf ihn gerichtet ist, so kommt die Erregung voll, deutlich und rasch zum Bewußtsein. Eine weitere Erscheinung ist, daß die Concentrirung der Aufmerksamkeit auf einen Seelenmechanismus diesen, ohne daß es eines äußeren Anstoßes bedarf, in Erregung versetzt; deshalb ist die Aufmerksamkeit stets von Vorstellungen begleitet, weil überall wo sie ist sich auch ein Vorstellungsmechanismus befindet, den sie erregt.

Umgekehrt wird das Bewußtsein auch durch die Empfindungsmechanismen beeinflußt. Wird nämlich durch einen Sinnesreiz ein Vorstellungsmechanismus in Erregung versetzt, so lenkt er die Aufmerksamkeit des Bewußtseins auf sich und zieht sie natürlich damit von dem Ort, wo sie früher war, ab, weil sie ja immer nur an Einem Punkt thätig sein kann. Bei diesen Verschiebungen der Aufmerksamkeit gilt folgende Regel: Das Bewußtsein ist dem früher erörterten Gesetz der Ermüdung und Erholung unterworfen. Durch anhaltende Bethätigung der Aufmerksamkeit an einem Punkt tritt hier Ermüdung ein, und das hat zur Folge, daß die Aufmerksamkeit hier erlahmt und mithin jetzt viel leichter an eine andere Stelle, die sich mittlerweile erholt hat, verschoben werden kann. Andrerseits: je intensiver die Aufmerksamkeit an einem Ort des Bewußtseins ist, um so größer ist die Geistesabwesenheit im übrigen Gebiet und um so schwieriger gelingt es, die Aufmerksamkeit von dem jeweiligen Punkt ab und auf einen anderen zu ziehen. Umgekehrt, wenn ein Mensch im Augenblick keine erhebliche Aufmerkthätigkeit entfaltet, so gelingt es leicht, sie auf irgend welchem Punkt hervorzurufen.

Fragen wir jetzt, wovon die Leistungsfähigkeit des seelischen Apparates abhängt, so stehen natürlich hier die Verhältnisse der Erregbarkeit der Nervenbahnen und Centralganglien obenan. Wir nennen einen Menschen eine torpide Natur, wenn die Erregung des Seelenapparates schwer zu Stande kommt, wenn es also kräftigerer Anstöße bedarf als bei den lebhaften, erregbareren Naturen. Weiter hängt davon die Ausdehnung ab, welche die Erregung annimmt: Bei torpiden Naturen wird unter sonst gleichen Umständen eine geringere Zahl von Vorstellungs- und Denkmechanismen in Erregung gesetzt als bei erregbareren; die Denkoperationen sind beim ersteren dürftig, beim letzteren umfangreich. Neben der Extensität leidet durch mindere Erregbarkeit auch die Intensität: die Denkakte sind schwach. Nach der motorischen Seite hin fallen beim erregbareren Menschen die Gemeingefühle lebhafter, die Handlungen energischer aus und der Bewegungsreiz breitet sich auf eine größere Zahl von Bewegungsapparaten aus als beim torpiden Menschen. Dies zeigt sich namentlich darin, daß beim Erregbareren die unwillkürlichen Mitbewegungen viel häufiger vorkommen und lebhafter sind.

Ist mit der größeren Erregbarkeit auch eine größere Leitungsfähigkeit für den Erregungsvorgang verbunden, so gewinnt die Leistung des Apparates an Schnelligkeit, und das ist der höchste Zustand der Leistungsfähigkeit. Wir wissen nun aber (siehe S. 63), daß die Verbindung dieser beiden Seiten der Erregbarkeitsverhältnisse durchaus keine selbstverständliche ist; denn wir haben dort gesehen, daß Zunahme des Wassergehalts bei der Nervensubstanz die Erregbarkeit erhöht, dagegen die Leitungsfähigkeit für den Erregungsvorgang vermindert.

Diese Veränderung äußert sich am Seelenapparat in sehr störender Weise, sie schafft den Zustand der krankhaften Reizbarkeit oder Nervosität. Hierüber sei folgendes nähere angegeben.

Es läßt sich am Seelenapparat gut beobachten, daß jede Hemmung der Erregungsleitung die Erregungsstärke vermehrt: indem sie in der Entladung auf den vorgeschriebenen Bahnen gehemmt ist, bildet sich ein gewisser Spannungszustand, der dann der Entladung den Charakter des Explosiven gibt. Bei den Explosionen erfolgen die Entladungen meist nicht blos in der beabsichtigten Richtung, sondern auch in anderen Richtungen, die nicht beabsichtigt sind; es treten zweckwidrige oder unnöthige Mitbewegungen ein. Besonders störend ist, daß die Antagonismen nicht mehr richtig und prompt zusammen arbeiten. Wo es sich um regulative Vorrichtungen von Hemmung und Beschleunigung handelt, sehen wir unregelmäßige Störung ihres Gleichgewichtes. Objektiv läßt sich das besonders deutlich an den Hilfsmechanismen, insbesondere dem Herzen beobachten, wo bald die Beschleunigung, bald die Hemmung überwiegt. Im Seelenapparat zeigt es sich an der Störung im Gleichgewicht der antagonistischen Gemeingefühle, es tritt ein unstäter Wechsel zwischen Lust- und Unlustgefühlen ein. Im Bewegungsapparat zeigt das Zittern und das Auftreten von Krämpfen, daß die Hemmungscentra ihren Einfluß nicht mehr genügend zur Geltung bringen können, und plötzliche Schwächungen der Muskelkraft rühren von Hemmungen in den Beschleunigungsnerven her. Besonders deutlich tritt der Zustand auch im Sprachmechanismus zu Tage: man findet für die Vorstellungen die zugehörigen Worte nicht, weil auf der leitenden Bahn eine Hemmung ist, und die der Hemmung folgenden explosiven Entladungen treffen dann oft das falsche Wort: der Fluß der Gedanken ist gehemmt; oder er schlägt bei der Entladung falsche Bahnen ein, und im Bewußtsein äußert es sich in den Störungen in der Aufmerkethätigkeit: die Verschiebungen des Aufmerksamkeitspunktes stoßen auf Hemmnisse 2c:

Da wir nun wissen, daß einfache Steigerung des Wassergehaltes diesen eben geschilderten Zustand der Indisposition und Nervosität hervorruft, so ist W a s s e r a u f s t a u u n g im G e w e b e d e s G e h i r n s der größte Feind der geistigen A r b e i t, und dies erklärt, warum alles, was die Wasseraufstauung begünstigt, wie Behinderung der Hautausdünstung bei feuchter Witterung, unzweckmäßiger Kleidung, Aufenthalt in geschlossenen Räumen, dann Behinderung der Wasserabgabe durch die Athmung, bei anhaltender Schwachathmung, übermäßiger Genuß von Getränken, namentlich solchen, welche nicht genügend auf den Harn treiben, die geistige Arbeitsfähigkeit empfindlich beeinträchtigt, während umgekehrt alles ihr förderlich ist, was der Wasseraufstauung entgegenwirkt, wie e i w e i ß r e i c h e N a h r u n g, genügende Ventilation der Wohnräume,

Aufenthalt in freier, bewegter, trockener die Verdunstung fördernder Luft, Schwitzbäder, Beschäftigungen, welche Tiefathmungen und Schweißerguß hervorrufen.

Wie wir weiter wissen, ist der Gehalt an Sauerstoff ein Hauptfaktor der Erregbarkeit; wenn also mit Abnahme der Eiweißstoffe in der Nervensubstanz die Fähigkeit zur Sauerstoffaufspeicherung abnimmt, wenn durch Verarmung des Blutes an rothen Blutkörperchen der Nachschub von Sauerstoff spärlicher wird, so leidet die geistige Arbeitsfähigkeit sofort, namentlich an Energie und Ausdauer.

Ein weiteres stoffliches Moment bildet die Zufuhr der spezifischen Nervina, d. h. von Stoffen, welche die Erregbarkeit der Nervensubstanz erhöhen. Hieher gehören namentlich gewisse Alkaloide, unter denen das im Thee und Kaffee vorkommende, längst von Praxis erprobte Caffeïn, und dann das Carnin des Fleischextraktes die zuträglichsten sind. Ihr Genuß steigert die Reflexerregbarkeit und die Erregbarkeit des Seelenapparates sehr beträchtlich; allerdings ist dann auch die nachfolgende Tiefe der Ermüdung größer.

In hohem Grade ist die Arbeitsfähigkeit des Seelenapparates von der Kreislaufmechanik abhängig, indem Veränderungen des Blutdruckes sofort die Erregungsverhältnisse beeinträchtigen. Steigerung desselben bringt zunächst eine Erhöhung der Erregbarkeit und erhöhte Leistungsfähigkeit hervor, aber bei weiterer Steigerung sehen wir den Zustand der Nervosität, wie er oben geschildert wurde, eintreten, nämlich Steigerung der Erregbarkeit mit Störung der Leitungsfähigkeit gepaart, und zwar tritt die Hemmung um so stärker hervor, je höher der Blutdruck steigt, bis zu völliger Vernichtung der Leitungsfähigkeit also Bewußtlosigkeit.

Bei Abnahme des Blutdruckes haben die Erscheinungen den Charakter der Lähmung: Vergehen der Sinne, Schwachwerden der Muskelinnervation, Ohnmacht 2c.

Weiter handelt es sich nicht blos um das absolute Maß des Blutdruckes, sondern auch hauptsächlich um die Schwankungen desselben, wobei sowohl die Geschwindigkeit als der Betrag der Schwankung wichtig ist: Schwankung nach aufwärts wirkt erregend, Schwankung nach abwärts lähmend, um so stärker, je rascher und bedeutender sie ist. Alle die Schwankungen sind störend für die seelischen Verrichtungen, namentlich für die Denkarbeit; diese verlangt möglichste Gleichmäßigkeit eines mäßigen Blutdruckes. Kaltblütige, ruhige Naturen, bei welchen solche Schwankungen selten vorkommen, haben deshalb unter sonst gleichen Verhältnissen eine größere geistige Arbeitsfähigkeit, namentlich in Bezug auf Ausdauer, als heißblütige, leidenschaftliche, weil letztere ihre Kräfte rasch und zum Theil auf effektlose Mitbewegungen ausgeben. Ob jemand eine ruhige oder eine leidenschaftliche Natur ist, hängt natürlich einmal von der Solidität der Herzregulirungscentra ab, namentlich prompter Leitungsfähigkeit derselben (richtiger Wassergehalt), dann aber auch von einem morphologischen Charakter, nämlich von dem relativen Abstand von Herz und Gehirn.

Wir sehen nämlich, daß kleine Leute durchschnittlich heißblütiger und leidenschaftlicher sind als hochgewachsene, und derselbe Gegensatz besteht zwischen kurzhalsigen und langhalsigen. Da die Blutgefäße elastische Röhren sind, so ist klar, daß Druckschwankungen am Ende einer langen Leitung weniger energisch und weniger rasch ausfallen als in einer kurzen.

Weiter ist von Einfluß eben die Elasticität der Gefäße: sind diese starr, schwer dehnbar, so pflanzen sich Schwankungen des Herzdruckes sehr rasch und ausgiebig in die Peripherie fort, während bei größerer Dehnbarkeit die Erweiterung den Schwankungen entgegenwirkt. In derselben Weise arbeiten nämlich auch die vasomotorischen Regulirungsvorrichtungen: ein Mensch, dessen Gefäße in beiden Richtungen prompt arbeiten, wird seltener in leidenschaftliche Erregung verfallen als ein Mensch mit engen, starren, schlecht regulirten Schlagadern.

Ein weiterer Faktor bei der Arbeitsfähigkeit des Seelenmechanismus ist der quantitative: je größer die Zahl der Vorstellungsherde und Wortherde, um so größer ist die Intelligenz, um so vielseitiger und um so zielbewußter und zweckmäßiger wird die Arbeit ausfallen. Da diese Mechanismen einen bestimmten Raum einnehmen, so wächst die Leistungsfähigkeit des Seelenapparates mit der Masse des Großhirns; da weiter die Seelenmechanismen speziell in der Rinde des großen Gehirns liegen, so muß die Zahl derselben ganz besonders mit der Flächenentwicklung der Hirnrinde zunehmen, diese wächst nun zwar schon mit dem Hirnvolum, aber noch ausgiebiger, wenn sie sich faltet; deshalb ist der Reichthum an Hirnwindungen ein charakteristisches Zeichen für ein leistungsfähiges Seelenorgan.

In qualitativer Beziehung hängt die Leistung von der Sicherheit der Funktion der Seelenmechanismen ab, auf der die Qualitäten des Gedächtnisses beruhen. Je besser fixirt das Erregungsnachbild, d. h. je schärfer, treuer und zäher das Gedächtniß ist, um so klarer werden die Vorstellungen und um so schneller tauchen sie auf.

Von großer Wichtigkeit ist die Leitungsfähigkeit der Verknüpfungsbahnen; auf ihr beruht die Sicherheit und Schnelligkeit der Geistesoperationen. Weiter handelt es sich um die Vielseitigkeit der Verknüpfungen, sowohl der coordinativen als der superordinativen, und endlich um die Leichtigkeit, mit der sich neue Verknüpfungen bilden; von letzterem Umstand hängt hauptsächlich die Lernfähigkeit eines Menschen ab, die in der Jugend am größten ist und mit dem Alter successive abnimmt.

19. Die Sinnesmechanismen.

Im allgemeinen wissen wir schon aus S. 240, daß es sich hier um mehrere in ihrer Leistung verschiedene Mechanismen handelt, indem jeder dieser Apparate nur für eine bestimmte, die sogenannte adäquate Reizsorte zugänglich ist und von dieser erregt werden kann: so sind die adäquaten Reize für das Auge Lichtstrahlen, für das Ohr Schallwellen &c. Hiebei kommen also positive und negative Einrichtungen in Betracht.

Die negativen bestehen darin, daß allen nicht adäquaten Reizen für gewöhnlich der Zutritt zum reizbaren Theil des Apparates verwehrt ist; z. B. die Sehhaut ist durch ihre Lage und besonderen Schutzapparate vor mechanischer und chemischer Reizung beschützt, ebensowenig kann sie von Schallwellen oder Wärmeschwankungen getroffen werden, und dadurch, daß die durchsichtigen Augenmittel die strahlende Wärme absorbiren, ist sie auch vor ihnen beschützt. Der empfindliche Theil des Hörapparates ist für Lichtstrahlen, Wärmestrahlen, mechanische und chemische Reize ganz unzugänglich; den Geruchswerkzeugen sind alle Einwirkungen, mit Ausnahme der durch flüchtige der Athmungsluft beigemengte chemische Stoffe, entzogen. Die Geschmacksknospen sind so angebracht, daß sie mechanisch gar nicht, chemisch nur von Stoffen, die in der Mundhöhlenflüssigkeit löslich sind, getroffen werden können, und die Tastkörperchen erfreuen sich einer ähnlich beschützten Situation.

Die positive Seite ist, daß Vorrichtungen vorhanden sind, welche den adäquaten Reiz mit Sicherheit zu den percipirenden Nervenenden leiten. So besitzt das Auge lichtleitende d. h. durchsichtige Theile, das Ohr Schallwellen leitende &c. Die Leistungsfähigkeit eines Sinnesapparates wird sofort beeinträchtigt, wenn die Leitungsfähigkeit dieser Theile gemindert ist, wenn also z. B. die durchsichtigen Theile des Auges trübe werden oder die schallleitenden Theile des Ohres an Leitungsfähigkeit einbüßen, oder wenn durch Verdickung und Verhärtung der Hornschicht der Haut die Fortpflanzung der Wärme und Druckschwankungen zu den Tastnerven erschwert wird, oder wenn die Vorrichtungen, welche einen Theil der Athmungsluft in die oberen von der Riechhaut ausgekleideten Nasengänge leiten, zerstört sind, oder wenn endlich durch Bedeckung der Riechhaut mit einer Wasserschicht oder durch Quellung des Epithels die Riechzellen von dem Strom der Athmungsluft nicht mehr getroffen werden können.

Der percipirende Theil der Sinnesapparate wird von den sogenannten Sinneszellen (Sehzellen, Hörzellen, Riechzellen, Tastzellen 2c.) gebildet. Diese liegen beim Tastsinn auf der ganzen Haut zerstreut, aber so, daß sie an bestimmten Stellen des Körpers, z. B. Fingerspitze und Zungenspitze, ein Maximum von Dichtigkeit, an andern, wie z. B. an der Haut des Rückens, ein Minimum zeigen. Danach richtet sich die sensitive Leistungsfähigkeit der betreffenden Hautfläche: sie ist da am größten, wo die Sinneszellen am dichtesten stehen. Das bezieht sich nicht blos auf die Feinheit der Unterscheidung von gleichzeitigen räumlich getrennten Reizstößen und die Feinheit der räumlichen Orientirung, sondern auch auf die quantitativen: ein Reiz ruft eine um so stärkere Empfindung hervor, je größer die Zahl der von ihm getroffenen Sinneszellen ist. Stecken wir z. B. in das gleiche Gefäß mit warmem Wasser rechts die ganze Hand, links blos einen Finger, so kommt uns das Wasser rechts wärmer vor als links.

Der adäquaten Reize für den Tastsinn sind es zweierlei: Wärmeschwankungen und Druckschwankungen. Temperaturen unter der Hauttemperatur rufen die Empfindung von Kälte, solche, die höher sind, die von Wärme hervor; hohe Kältegrade und stärkere Hitzegrade dagegen erzeugen in gleicher Weise brennenden Schmerz. Mit dem Drucksinn messen wir die Ausdehnung des drückenden oder stoßenden Gegenstandes und unterscheiden die Zahl der Reizstöße, aber nur bis zu einer gewissen Geschwindigkeit der Stoßfolge; wird diese überschritten und sind die Stöße schwach, so entsteht das Gefühl des Kitzels.

Aehnlich zerstreut über größere Flächen sind die Riechzellen, sie stehen vereinzelt zwischen gewöhnlichen Gränzzellen. Die Schärfe des Geruchsinnes wächst mit der Ausdehnung der Riechhaut d. h. der Zahl der Riechzellen. Worauf die Feinheit des Unterscheidungsvermögens beruht, wissen wir nur in der Richtung, daß Uebung dieselbe erhöht. Beim Geruchsinn spielt der Athmungsapparat die Rolle eines Hilfsmechanismus, denn das Zustandekommen der Riechempfindung hängt davon ab, daß die Luft über die Riechschleimhaut rasch hin und her bewegt wird (Schnüffelbewegung), was durch rasches seichtes Aus- und Einathmen bewerkstelligt wird. Sobald wir den Athem anhalten, findet keine Riechempfindung mehr statt.

Beim Geschmacksinn sind die percipirenden Theile die sogenannten Geschmacksknospen, deren jede ein Packet von Geschmackszellen ist. Diese Knospen liegen theils zerstreut, theils auf Geschmacksfeldern gehäuft neben einander, und der Hilfsapparat des Geschmacksorgans ist der Mechanismus der Zunge. Wir schmecken zwar auch ohne dessen Beihilfe, aber wenn der zu schmeckende Stoff auf der Zunge hin und her bewegt, in sie eingerieben wird, so ist die Empfindung deutlicher und feiner.

Bei der Feinheit der Leistung von Geschmack- und Geruchsinn spielt der Umstand eine wichtige Rolle, daß jeder

Schmeck- und Riechstoff eine Nachwirkung hinterläßt, welche für einen nachher zur Perception dargebotenen entweder eine Erhöhung oder Verminderung der Erregbarkeit bildet. Besonders ausgesprochen ist das beim Geschmacksinn. Ueber die Natur der spezifischen Unterschiede in den chemischen Empfindungen wissen wir nichts, dagegen ist bekannt, daß eine Seite des Erfolgs, nämlich ob die Empfindung eine angenehme oder unangenehme oder indifferente ist, individuell außerordentlich verschieden ist.

Beim Gehörorgan sind die percipirenden Theile, die Hörzellen, dicht beisammen und bilden ein sogenanntes Hörfeld. Die Unterscheidung der Töne beruht hier darauf, daß die Hörzellen in systematischer Ordnung mit einer Klaviatur von elastischen schwingungsfähigen, durch eine bestimmte Länge auf eine bestimmte Tonhöhe gestimmten Theilen (Hörsaiten) in Berührung sind. Da eine solche Hörsaite nur schwingt, wenn sie von ihrem Eigenton getroffen wird, so erregen verschiedene Töne auch verschiedene Hörsaiten, mithin auch verschiedene Hörzellen.

Die Leistungsfähigkeit des Hörzellenapparates beruht einmal auf der Erregbarkeit der Hörzellen, dann auf der Schwingungsfreiheit der Hörsaiten, also namentlich darauf, ob jede Hörseite frei für sich zu schwingen vermag ohne von ihren Nachbarn gehemmt zu sein oder sie in Mitschwingung setzen zu müssen. Wir können also verstehen, warum Uebung das musikalische Gehör verbessert: es befreit die Hörsaiten, ihre selbständige Beweglichkeit nimmt zu. Helmholz hat gefunden, daß die Zahl der Töne, die wir zu unterscheiden vermögen, mit der Zahl der Hörsaiten in mathematischer Beziehung steht.

Als Leitapparate des Gehörorgans sind zu nennen: die Ohrmuschel, welche die Schallwellen auffängt und zum Trommelfell leitet und durch den Besitz von Tastnerven die

Entscheidung sichert, ob der Ton von vorn oder von hinten kommt; das Trommelfell, das die Schallwellen mit gleichgearteten Transversalschwingungen beantwortet; die Gehörknöchelchen, welche die Schwingungen des Trommelfells, mit dem sie verbunden sind, mitmachen und auf die Flüssigkeit übertragen, die über der Hörklaviatur steht: sie verwandelt sie in Wasserwellen, die über die Klaviatur hinstreichen und die Hörsaiten in Bewegung versetzen. Außerdem erfüllen die Gehörknöchelchen dadurch, daß sie gegen einander beweglich sind, die Aufgabe, die Spannung des Trommelfells beliebig zu ändern und dadurch als Dämpfer zu wirken, indem vermehrte Spannung die Ausgiebigkeit der Transversalschwingungen des Trommelfells schwächt und damit die Wirkung stärkerer Schallwellen mindert. Bei der Leistungsfähigkeit des Trommelfells spielt noch die Freiheit der Luftcommunication zwischen der hinter dem Trommelfell liegenden Trommelhöhle mit der Luft der Nasengänge durch den Kanal (Ohrtrompete) eine wichtige Rolle, denn sobald diese Communikation unterbrochen ist, so bildet der elastische Widerstand der in der Trommelhöhle eingeschlossenen Luft ein Hinderniß für die Schwingungen des Trommelfells, was sofort Schwerhörigkeit zur Folge hat.

Die erregbaren Theile des **Auges**, die Sehstäbe und Sehzapfen, sind zu einem einzigen Sinnesepithel, der Sehhaut, zusammengefaßt, die mithin eine Mosaik aus Sehzellen bildet. Die Erregung der Sehzellen ist nach den neuesten Forschungen in erster Instanz ein photochemischer Vorgang: in der an die Sehhaut anstoßenden, einen schwarzen Farbstoff enthaltenden Pigmenthaut wird ein rother Farbstoff, das Sehroth, erzeugt, das in die Sehzellen eindringt. Dieses Sehroth ist ein in hohem Grade lichtempfindlicher Stoff, der durch die Lichtstrahlen chemisch zersetzt wird, und zwar durch verschiedenfarbiges Licht auch in verschiedener Weise, auf welch letzteren Umstand die Unterscheidung der verschiedenen Farben zurückzuführen ist. In der Dunkelheit beladen sich die Sehstäbe mit neuem Sehroth, so daß die Dunkelheitspausen, welche die Nacht und der Lidschlag herbeiführen, es sind, in denen sich die spezifische Empfindlichkeit der Sehstäbe für das Licht, die im Licht allmählich verloren geht, wiederherstellt. Jedem Sehstab entspricht eine Einzelnempfindung, und die Gesammtempfindung bei einem Schakt ist eine Mosaik aus Einzelnempfindungen, welche die gleichen Differenzen und zwar in gleicher Lagerung enthalten, wie sie der Theil des Horizontes birgt, dessen Licht- und Farbenstrahlen auf die Sehhaut gelangen.

Die Leistungsfähigkeit des percipirenden Apparates ist in ihren Bedingungen noch sehr wenig gekannt, namentlich wissen wir noch durchaus nicht, worauf die großen individuellen Unterschiede in der Entwicklung des Farben- und Formensinns zurückzuführen sind; wir wissen nur, daß Uebung beide verbessert.

Nicht alle Theile der Sehhaut sind lichtempfindlich, sondern nur die, auf welchen sich Sehstäbe befinden; so ist die Stelle, wo die Sehnerven eintreten, blind (blinder Fleck). Auf der übrigen Fäche der Sehhaut ist die Lichtempfindlichkeit gradweisen Unterschieden unterworfen, indem eine kleine umschriebene Stelle (gelber Fleck) das Maximum von Sehkraft besitzt und derselbe von hier aus concentrisch an Energie abnimmt.

Bei dem Auge sind die leitenden d. h. durchsichtigen Theile von mehrfacher Wichtigkeit; es handelt sich hier nicht blos einfach darum, daß sie die Lichtstrahlen zur Sehhaut leiten, sondern auch darum, wie sie das thun. Das Auge ist der Camera obscura eines photographischen Apparates zu vergleichen, bei der den durchsichtigen Theilen die Aufgabe zufällt, ein umgekehrtes Bildchen der Außenwelt haarscharf auf die sensitive Sehhaut zu entwerfen. Dieser Aufgabe entsprechen die durchsichtigen Theile des Auges, indem ihnen allen mit einander die optische Leistung einer von kugliger sowie von farbiger Abweichung zwar nicht völlig aber ziemlich freien Sammellinse zukommt. Da diese Leistung nur bei mathematischer Reinheit der Krümmungsflächen stattfindet, so ruft jede unregelmäßig in der sphärischen Beschaffenheit eine Bildverzerrung hervor.

Zu den bildentwerfenden Theilen des Auges gehört ferner ein motorischer Hilfsmechanismus, der Accomodationsapparat; aus folgenden Gründen. Mit der Annäherung eines Gegenstandes an eine Sammellinse entfernt sich das von ihm hinter der Sammellinse entworfene Bild von der hinteren Fläche der Linse. Da nun deutliches Sehen nur möglich ist, wenn das Bild haarscharf auf die Sehhaut eingestellt wird, so verlangt das Sehen auf verschiedene Distanzen einen Bewegungsapparat, welcher die richtige Bildeinstellung sichert. Dies geschieht durch einen Muskel, den Accomodationsmuskel, welcher bei Annäherung des zu betrachtenden Gegenstandes durch Pressung die Wölbung der Sammellinse verstärkt, wodurch das Bild, das hinter die Sehhaut zu gelangen droht, wieder auf sie hereinverschoben wird. Entfernt sich der zu betrachtende Gegenstand, so vermindert der Accomodationsmuskel seine Spannung und damit die Wölbung der Sammellinse, weil diese mit elastischen Kräften eine flachere Ruhelage anzunehmen strebt. Die Accomodation beruht also auf dem Antagonismus zwischen einem contraktilen und einem elastischen Theil, und die Leistungsfähigkeit des Accomodationsapparates hängt mithin von der ungeschwächten Elasticität der Sammellinse und der Gleichgewichtigkeit des contraktilen Theiles ab. Zu anhaltende Accomodationsthätigkeit, wie sie bei anhaltendem Nahesehen stattfindet, und das umgekehrte — anhaltendes Sehen in die

Ferne, wodurch die Accomodation nicht geübt wird — beeinträchtigt die Leistungsfähigkeit: im ersten Fall wird der Mensch kurzsichtig, er kann nur nahe Gegenstände scharf sehen; im zweiten Fall wird er fernsichtig, d. h. er kann nur Gegenstände scharf sehen, welche sich nicht über einen gewissen Abstand herein dem Auge nähern. Normalsichtig bleibt ein Mensch nur, wenn er den genügenden Spielraum für seine Accomodation hat.

Wie das Ohr besitzt auch das Auge einen Dämpfungsapparat in der Regenbogenhaut, der von einem antagonistischen Mechanismus beherrscht ist. Starker Lichtreiz verengert reflektorisch das Sehloch und blendet so ab; bei geringer Lichtstärke erweitert sich das Sehloch, wodurch ein größeres Quantum von Lichtstrahlen ins Auge gelangen kann.

Ein weiterer Theil des Sehapparates sind die Augenmuskeln, welche die Aufgabe haben, das Auge so zu stellen, daß ein bestimmter Theil des Horizontes zur Abbildung auf der Stelle des deutlichsten Sehens gelangt, und die Sehachsen der beiden Augen so zu convergiren, daß sie sich auf dem Punkt schneiden, wo der der Betrachtung zu unterwerfende Gegenstand sich befindet. Nur die Gegenstände, welche in dem Convergenzpunkte liegen, werden einfach gesehen, die dagegen, welche näher oder entfernter liegen, doppelt, mithin undeutlich. Das diese Bewegungen begleitende Muskelgefühl ist für uns ein Maßstab für die Entfernung der Gegenstände: Nähere Gegenstände verlangen eine stärkere, entferntere eine schwächere Convergenz der Sehachsen, wenn sie scharf zur Wahrnehmung gelangen sollen.

Zu den genannten Bestandtheilen des Sehapparates kommen noch die Schutzvorrichtungen: 1. die Thränendrüse, die durch ihr Produkt, die Thränenflüssigkeit, die vordere Fläche des Augapfels benetzt, um sie vor Vertrocknung, und abwäscht, um sie vor Beschmutzung, also vor Mißständen zu beschützen, welche sofort in den Gang der Lichtstrahlen störend eingreifen würden; 2. der Lidapparat, der durch seine Bewegungen einmal Dunkelheitspausen mit der S. 256 angeführten Wirkung herbeiführt, außerdem das Auge vor fremdartiger Reizung beschützt, die Vorderfläche des Augapfels abwischt, und zugleich die Thränenflüssigkeit über sie gleichmäßig ausbreitet.

---

20. Die willkürliche Thätigkeit.

Der erste und wichtigste Anlaß zur Willensthätigkeit liegt in dem Umstand, daß der Mensch das, was er zu seiner Lebenserhaltung bedarf, nur durch eine nach außenhin d. h. auf Objekte der Außenwelt gerichtete Thätigkeit erwerben kann. Nur einer seiner Bedarfsstoffe, der Sauerstoff der Luft, bietet sich ihm an fast allen Orten von selbst, allerdings auch dieser nicht unter allen Umständen; dagegen setzt die Erlangung der festen und flüssigen Nahrungsmittel immer eine mit Vorstellung verknüpfte Thätigkeit voraus, sobald der Mensch den Leib der Mutter verlassen hat. Insofern die beiden Gemeingefühle Hunger und Durst den Menschen dazu antreiben, spricht man von dem Ernährungstrieb.

Das zweite Motiv der Thätigkeit nach außen liegt in dem Umstand, daß der Mensch von seiner Geburt an steten äußeren Einwirkungen ausgesetzt ist, welche ihn schädigen und sein Leben mehr oder minder bedrohen, gegen die er sich mithin stets zu vertheidigen hat, sei es, daß er ihnen zu entgehen sucht, sei es, daß er bestrebt ist, dieselben zu beseitigen. Die Gemeingefühle, die den Selbstvertheidigungstrieb bilden, sind der Schmerz und die Unlustgefühle in allen Formen und Abstufungen.

Ernährungs- und Vertheidigungstrieb zusammen bilden den Selbsterhaltungstrieb; zu ihm kommt im erwachsenen Alter der von Lustgefühlen gebildete Fortpflanzungstrieb als bestimmender Faktor der nach außen gerichteten Thätigkeit.

Selbsterhaltungs- und Fortpflanzungstrieb sind die angeborenen Triebe; diesen gesellen sich in der Folge die anerzogenen moralischen und intellektuellen Triebe, von denen namentlich die moralischen, vom Pflichtgefühl und den Sympathiegefühlen regierten Triebe den angeboren „egoistischen" Trieben hemmend entgegentreten. Die anerzogenen Triebe sind im allgemeinen weniger kräftig als die angeborenen, und während bei letzteren das Zwingende, Unwiderstehliche klar zu Tage tritt, sind es gerade die schwächer entwickelten intellektuellen und moralischen Triebe, bei denen Effekt und Thätigkeitsrichtung sehr viel von der Art des äußeren Anstoßes abhängt und der unten zu besprechende Wettstreit der antagonistischen Seelenapparate, den wir Ueberlegung nennen, am häufigsten eintritt.

Man streitet darüber, ob der Seelenapparat in letzterer Instanz ein automatischer d. h. ohne jeden Anstoß von außen arbeitender Mechanismus, also wahrhaftiger ureigener Initiative fähig ist, oder ob er nur eine Art von reflektorischem Mechanismus ist, der stets nur durch einen äußeren Reizanstoß in Erregung versetzt wird.

Wenn man sich aufmerksam selbst beobachtet, so kommt man zu der letzteren Ueberzeugung, daß nämlich jede willkürliche Thätigkeit auf eine unmittelbar oder nur kurze Zeit zuvor stattgefundene äußere Anregung zurückzuführen ist. Dieselbe ist allerdings oft an und für sich so geringfügig, daß wir nachher Mühe haben, uns auf sie zu besinnen, namentlich dann, wenn verschiedenartige Anregungen sich kreuzen und eine schwache Anregung durch eine gleichzeitige oder kurz darauf erfolgende stärkere verhindert wird, sogleich zur Geltung zu kommen. Am hübschesten läßt sich diese letztere Thatsache am Traume darthun.

Wenn wir von demjenigen Theile der Träume absehen, welcher durch augenblickliche körperliche Zustände, namentlich durch die unvollkommene Unterbrechung der Empfindungsnerven hervorgerufen wird, so ist der Gegenstand der Träume entweder eine Fortsetzung der Erregungen, welche kurz vor dem Einschlafen das Seelenorgan durchzogen und gewissermaßen nicht zu Ende gekommen sind, oder sie entspringen einem im wachen Zustand erfolgten Anstoß, der deshalb zunächst resultatlos blieb, weil er von anderen, stärkeren Erregungsvorgängen zunächst übertäubt wurde, der aber nach Ablauf der letzteren zur Geltung kommt. Nur so kann es erklärt werden, daß es uns oft ausführlich von Personen, Dingen und Ereignissen träumt, an die wir im Lauf des Tages nur flüchtig und durchaus vorübergehend erinnert wurden.

Diese und ähnliche Beobachtungen lassen es in hohem Grade zweifelhaft erscheinen, ob, mit Ausnahme der sogen. niederen, thierischen Triebe, andere als äußere Anregungen den ersten Anstoß zur Thätigkeit bilden. Was der Thätigkeit des Menschen den Anstrich einer so hohen Freiheit und Selbständigkeit gibt im Vergleich zu einer leblosen Maschine, liegt zumeist darin, daß ein Sinnesreiz nicht blos die adäquate Empfindung, sondern dazu noch eine nach Qualität und Quantität außerordentlich wechselnde Menge von anderartigen Vorstellungen wachruft, von denen jede einen eben so bestimmenden Einfluß auf die Einleitung der äußeren Thätigkeit ausübt als der erstere, von außen kommende Anstoß. Hierüber ist näher folgendes zu sagen.

Je mehr der Mensch gelernt und erfahren hat, um so weniger leicht wird er sich einem von außen kommenden

Anstoß zur Thätigkeit entziehen können, und zwar deshalb: Findet ein Anstoß, der durch die Sinneswerkzeuge von außen zur Seele geleitet wird, dort keine oder nur wenige adäquate Vorstellungen, die er in Erregung versetzen kann, so ist ihm die Möglichkeit benommen, eine Thätigkeit auszulösen: der Mensch bleibt gleichgiltig gegen den Eindruck, während er im andern Fall dessen Interesse wachruft, weil zahlreiche Vorstellungen in ihm auftauchen. Je größer deren Summe ist und je leichter sie erregt werden können, um so sicherer erreicht der Erregungsvorgang die nöthige Stärke, um auch Bewegungsapparate in Thätigkeit zu versetzen.

Aus dem Gesagten ist aber auch klar, daß es mit dem Gelernt- und Erfahrenhaben allein noch nicht gethan ist, daß hiezu auch die jedesmaligen äußeren Anregungen gehören; denn wie wir wissen, nimmt die Erregbarkeit der Vorstellungs- und Denkmechanismen allmählich ab, wenn man sie nicht von Zeit zu Zeit in Erregung versetzt, die Erinnerung wieder aufgefrischt wird: wir erinnern uns schwerer und immer schwerer und vergessen das Gelernte schließlich ganz, wobei wahrscheinlich der Mechanismus ganz auseinanderfällt. Aus diesem Grund ist es von entscheidenstem Einfluß auf die Thätigkeitssumme eines geistig fortgeschrittenen Menschen, ob er in seiner Umgebung stets die nöthige vielseitige, seinem Seeleninhalt entsprechende Anregung findet, die sein Seelenorgan vor qualitativen Verlusten schützt; denn es ist eine allgemeine Erscheinung, daß bei dem sprichwörtlichen „Verbauern" gebildeter Leute, wenn sie lange der geistigen Anregung entbehren, mit dem Umfang des Seeleninhaltes auch die geistige Regsamkeit abnimmt (Abnahme der Leitungsfähigkeit durch Nichtgebrauch).

Ein weiterer Punkt, der bei der Erregung zur Thätigkeit eine wichtige Rolle spielt, ist die Mannigfaltigkeit und Abwechslung der Erregungen. Nicht blos die Sinnesorgane, sondern auch die Seelenorgane werden Anregungen gegenüber, die sich in einförmiger Häufigkeit wiederholen, stumpf und theilnahmlos, so daß solche Erregungen nicht mehr im Stande sind, eine Thätigkeit auszulösen, und das ist ein weiterer Umstand, der den großen Unterschied zwischen Stadt- und Landbewohnern in Bezug auf ihre Thätigkeitssummen hervorruft.

Ueber den Verlauf des Thätigkeitsanstoßes wissen wir zunächst schon aus Kapitel 18, daß demselben zwei Wege geboten sind, entweder direkt durch die sog. Reflexcentra zum Bewegungsapparat, wo sie einen geordneten Reflex hervorrufen und zwar prompt, oder es tritt die Erregung in den Seelenmechanismus ein und zwar zunächst in dessen sensitive Seite, wo die Vorstellungsherde sich befinden.

Das was hier d. h. in dem sensitiven Abschnitt des Seelenorgans vorgeht, nennen wir die intellektuelle Arbeit, das Denken; sie besteht darin, daß von dem primär d. h. durch den Sinnesreiz zuerst getroffenen Vorstellungsherde aus der Reihe nach entweder nach dem Prinzip der Association oder nach dem Prinzip der logischen Verbindung die mit diesem verknüpften Seelenmechanismen in Erregung versetzt werden. Diese Erregung nimmt aber nur dann einen ergiebigen Fortschritt, wenn sie von entsprechenden Verschiebungen des Aufmerksamkeitscentrums begleitet wird, und das ist der Vorgang, den wir speziell das Nachdenken nennen.

Wenn die Erregung auf diesem Instanzenzug keinen Vorstellungsherd trifft, der mit einem Gemeingefühlsherd verbunden ist, so klingt der Vorgang des Nachdenkens aus und erlischt namentlich rasch, wenn ein anderartiger neuer Anstoß kommt, der die Aufmerksamkeit auf sich zieht. Wird dagegen ein Vorstellungsherd erregt, der mit einem Gemeingefühlsherd leitend verbunden ist, so tritt damit die Erregung in die motorische Seite des Seelenapparates. Wird nur ein einziger Gemeingefühlsherd erregt, so ist die einfache Folge die Auslösung einer Bewegung, sobald die Erregung stark genug ist. Wir wissen nun aber aus Kapitel 18, daß jedes Gemeingefühl einen Antagonisten hat, und daß diese Antagonisten leitend verbunden sind und zwar wahrscheinlich sowohl direkt (Contrastverknüpfung) als indirekt. Sobald nun die Erregung auf irgend einem Wege die beiden Antagonisten trifft, dann beginnt eine innere Arbeit, die wir Ueberlegung nennen, und die nichts anderes ist als der Wettstreit der antagonistischen Centra; während sie dauert, verhalten sich die betreffenden Bewegungsapparate ruhig, der Erregungsfortgang ist gehemmt. Die Zeit, die hiebei verstreicht, nennen wir die Ueberlegungszeit. Sie kann sehr lang und sehr kurz sein; allein daß selbst die einfachste Ueberlegung eine Hemmung ist, läßt sich z. B. durch folgenden Versuch nachweisen.

Man setzt mit einer telegraphischen Uhr ein telegraphisches Läutwerk in Verbindung, so daß durch Fingerdruck beides, Uhrenzeiger und Glocke, zugleich in Gang gesetzt und durch Niederdrücken eines zweiten Tasters gleichzeitig zum Stillstehen gebracht werden können. Gibt man einer Person den Hemmungsdrücker mit der Weisung, ihn sofort zu gebrauchen, wenn die Glocke ertönt, was der Experimentator mit dem ersten Drücker bewerkstelligt, so erhält man eine Zeitangabe für den Ablauf der Erregungen in dem Körper und den elektrischen Leitungen der Apparate. Darauf ändert man den Versuch in der Weise, daß mit der Uhr mittelst Drehung einer Wippe das eine oder andere zweier Läutwerke, das eine rechts das andere links, von der Versuchsperson ohne Wissen der letzteren in Verbindung gesetzt werden kann, und daß die Versuchsperson in jeder Hand einen Hemmungsdrücker hat. Beauftragt man jetzt die Versuchsperson, immer rechts zu drücken, wenn es rechts klingelt, und links, wenn die linke Glocke tönt, so verstreicht unabänderlich eine längere Zeit bis zum Zeigerstillstand, als bei dem ersten Versuch, wo die Unterscheidung zwischen rechts und links fortfiel. Durch einfache Subtraktion der beiderlei Zeitmaße findet man genau die Ueberlegungszeit. Weiter läßt sich an dem Versuch leicht zeigen, welche Rolle die Gemeingefühle beim Willen spielen. Auf der einen Seite steht die Vorstellung des Schamgefühls, das ein Mißgriff erregen würde, auf der andern die Vorstellung des Befriedigungsgefühls im Fall richtiger Wahl.

Bekanntlich spricht man beim Willen von zweierlei, gradweis verschiedenen Qualitäten, der Freiheit und der Unfreiheit desselben. Diese Eigenschaft läßt sich zurückführen auf das Kraftverhältniß, in welchen die beiden antagonistischen Centren zu einander stehen. Die Erläuterung dieses Verhältnisses muß davon ausgehen, daß von Freiheit und Unfreiheit des Willens im allgemeinen nur in dem unten zu erläuternden Sinn gesprochen werden kann und nicht im allgemeinen; denn bei einer und derselben Person ist der Wille gegenüber einem bestimmten Anstoß zur Thätigkeit frei, gegenüber einem anderartigen Anstoß durchaus nicht: im erstern Fall kann er thun was er will, namentlich handeln oder nicht handeln; im andern Fall ist er innerlich gezwungen, so und nicht anders zu handeln. Wenn man deshalb sagt, der Mensch unterscheide sich von dem Thiere durch den Besitz des freien Willens, so ist das nur in folgendem Sinne richtig. Das Thier ist weitaus den meisten, aber — namentlich bei geistig höher stehenden Thieren — durchaus nicht allen Anstößen zur Thätigkeit gegenüber unfrei, während umgekehrt der Mensch zwar den meisten, durchaus aber nicht allen Erregungen zur Thätigkeit gegenüber frei ist.

Ob der Wille in einem bestimmten Fall frei ist oder nicht, hängt davon ab, in welchem Verhältniß die beiden im Gegensatz zu einander stehenden Gemeingefühlsherde von der Erregung getroffen werden. Der Wille ist absolut unfrei und wir handeln gezwungen, wenn nur Ein Gemeingefühl erregt wird, und solche Handlungen bezeichnet der Sprachgebrauch ganz zutreffend als unfreiwillige. Frei wird der Wille erst, wenn beide Theile eines Antagonismus getroffen werden, so daß ein Wettstreit zwischen den Antagonisten entsteht. Dabei ist aber festzuhalten, daß das Verhältniß, in welchem die Erregung der beiden gegensätzlichen Centren steht, sehr verschieden sein kann. Vollkommen frei ist der Wille nur, wenn die Erregung auf beiden Seiten gleich ausfällt, oder wenn einem momentanen Uebergewicht auf der einen Seite rasch ein Uebergewicht der andern folgt und so ein Balanciren der Erregungsstärken stattfindet, wodurch das Schwanken im Entschließen zu Stande kommt. Dagegen klebt dem Willen immer eine gewisse Unfreiheit an, wenn kein Gleichgewicht in den Erregungsstärken vorhanden ist, und zwar um so mehr, je mehr die Erregung auf der einen Seite überwiegt.

Das Endergebniß der Ueberlegung ist der Entschluß, welcher immer mit einer Erregung von Bewegungsmittelpunkten verbunden ist. Man kann wenigstens leicht an sich beobachten, daß selbst, wenn der Entschluß negativ d. h. hemmend ausfällt, Bewegungen erfolgen, wenn auch in noch so geringem Umfang, z. B. in Form eines Wortes oder einer Geberde.

Auf den Effekt der Handlung und ihren zeitlichen Verlauf hat die Aufmerkethätigkeit einen ganz erheblichen Einfluß, indem sie schon vor Fassung des Entschlusses auf die Bewegungsapparate einen die Erregbarkeit erhöhenden Einfluß ausübt, wovon sogar das Muskelgefühl Kenntniß nimmt. Außerdem arbeitet die Aufmerksamkeit öfter dem Entschluß mechanisch vor, wodurch das entsteht, was wir gespannte Aufmerksamkeit nennen: z. B. wenn beim Exerciren das erste, die Art der Handlung bezeichnende Commandowort gefallen ist, spannen sich erstens die Muskeln, welche bei der auszuführenden Bewegung sich zusammenziehen müssen, zweitens ihre Antagonisten, welche diese Bewegung hemmen. Die Bezeichnung „gespannte Aufmerksamkeit" ist mithin buchstäblich richtig; denn nicht nur im Bereich der Körpermuskeln, sondern auch in dem der Sinneswerkzeuge treten Spannungen contraktiler und elastischer Theile ein. Dieser Umstand ist gleichfalls von großem Einfluß auf die Beschleunigung, da das Moment des todten Ganges beseitigt ist: Ist Muskel und Sehne bereits gespannt, wenn der Ausführungsbefehl kommt, so wird die jetzt folgende Zusammenziehung sofort auf den Knochen beziehungsweise die zu bewegende Last übertragen. Wenn dagegen Muskeln und Sehnen schlaff sind, so geht eine gewisse Zeit verloren, bis es zur Lastbewegung kommt; denn die tritt erst in dem Moment ein, in welchem die Spannung von Muskeln und Sehnen mit der Last ins Gleichgewicht gesetzt worden ist.

Wir haben nun noch etwas über die Entladungsrichtung, welche der Erregungsvorgang einschlägt, zu verhandeln; denn, wie wir früher sahen, ist eben das eigenthümliche der willkürlichen Handlung, daß ihr viele Wege offen stehen, und daß sie bald diesen, bald jenen einschlägt.

Das Gesetz lautet hier: Die Erregung schlägt stets den Weg ein, welcher im gegebenen Moment der leitungsfähigste ist. Ob ein Weg leitungsfähiger ist als ein anderer, hängt 1. ab von angeborenen Eigenschaften, worauf die verschiedenen Anlagen, Talente, Gaben eines Menschen beruhen; z. B. bei einem musikalischen Menschen ist in dem Gehörapparat und den Gehörcentren die Erregbarkeit und Leitungsfähigkeit größer als auf andern Gebieten der Sinnesmechanik. 2. hängt es ab von dem Ergebniß der Erfahrung; sie hat nicht blos Verknüpfungen geschaffen, sondern sie benützt und kultivirt dieselben auch, und solche kultivirte Bahnen, die wir gewohnheitsmäßige nennen, sind leitungsfähiger als wenig benützte, ungewohnte. 3. haben wir früher gesehen, daß die Aufmerksamkeit die Leitungsfähigkeit erhöht, und daß sie stets einseitig thätig ist, so daß sie also Ungleichheiten in der Leitungsfähigkeit hervorruft. Die Leitung, welcher die Aufmerksamkeit zugewandt ist, ist stets die wegsamste. 4. Da Ermüdung die Erregbarkeit und Leitungsfähigkeit vermindert, so schafft auch sie Ungleichheiten; die Erregung vermeidet die ermüdeten Bahnen und benützt unter sonst gleichen Verhältnissen die erholten.

Bei dieser Wahl zwischen verschiedenen Bahnen sollen hier namentlich noch einige der schon im Kapitel 17 kurz erwähnten Alternativen besprochen werden. Zuerst wenden wir uns zu der Alternative zwischen dem Sprechapparat und den übrigen Bewegungsapparaten; denn sie ist es hauptsächlich, welche dem Thun und Lassen des Menschen einen so wesentlich anderen Stempel aufprägt als der Thätigkeit des Thieres, und dieser Unterschied ist um so größer, je entwickelter die Intelligenz eines Menschen ist. Bei einem gebildeten Menschen ist die Alternative zwischen Sprechen und Handeln nicht eine nebensächliche, untergeordnete, sondern das Sprechen steht dem Handeln fast gleichgewichtig gegenüber.

Damit sind dem Erregungsvorgang vom Seelenorgane aus zwei Wege vorgezeichnet, die, wie sich leicht beobachten läßt, in einer Art von Ausschließungsverhältniß zu einander stehen und zwar so, daß ein Thätigkeitsanstoß sich entweder der Hauptsache nach auf die Sprachorgane wirft, oder der Hauptsache nach auf die Handlungsorgane. Ich habe schon früher einige geläufige Beobachtungen hiefür angeführt; es soll aber noch weiteres, was den Werth dieser Alternative für das Handeln kennzeichnet, hinzugefügt werden.

Wenn jemand eine Beleidigung mit Scheltworten vergilt, so ist eine thätliche Vergeltung äußerst unwahrscheinlich, außer wenn er sich durch fortgesetztes Schreien in höheren Erregungszustand versetzt. Dagegen steht eine solche in fast sicherer Aussicht, wenn der Beleidigte die Sprechbewegungen sichtbar unterdrückt. Weiter, wenn wir jemand einen Schwätzer nennen, so sagen wir damit, daß er schwatzt statt zu handeln, und umgekehrt mit der Bezeichnung verschlossen und schweigsam verbinden wir die Vorstellung von großer Energie im Handeln. Weiter sehen wir, wie ein Mensch durch eine stärkere Erregung in lebhafte an sich zwecklose Körperbewegung versetzt wird, wenn ihm die Möglichkeit benommen ist, sich in Worten Luft zu machen, und daß sein Körper sofort sich beruhigt, wenn ihm zu letzterem die Möglichkeit geboten ist. Allerdings ist die Sache nicht so zu verstehen, als ob immer nur entweder die Sprachorgane oder die Körpermuskeln in Erregung versetzt werden. Dies trifft sich nur bei minderen Erregungsstärken, während bei höheren Erregungsgraden die Erregung selten auf ein Gebiet allein beschränkt bleibt; denn bekanntermaßen treten zu heftigerer Sprachthätigkeit die Gestikulationen mittelst der Körpermuskeln, und zu heftiger Erregung der letzteren gesellt sich als Anfangsbegleiterscheinung sehr leicht der Aufschrei, der erleichternd wirkt (Hurrah der Soldaten).

Ob ein Thätigkeitsanstoß sich auf die Sprachorgane oder die Körpermuskeln entladet, hängt natürlich einestheils von der Art des Anstoßes, andrerseits von dem Ergebniß der Ueberlegungsthätigkeit ab; aber zudem kommt die relative Leitungsfähigkeit der betreffenden Verknüpfungsbahnen in Betracht, die theils eine angeborene sein kann, theils eine gewohnheitsmäßige.

Der gegenseitige Einfluß der Sprechthätigkeit und der Körperthätigkeit ist zu bekannt, als daß hier darüber ausführlicher zu sprechen wäre. Nur auf eines soll hingewiesen werden. Das Sprechen ist nicht nur ein Mittel, um auf einen anderen anregend einzuwirken, sondern es wirkt auch auf den Sprecher selbst anregend und zwar namentlich auf die geistige Thätigkeit, indem es dieselbe wesentlich unterstützt und zwar sowohl in Bezug auf ihren Umfang als auf ihre Exaktheit. Einmal denkt man während des Sprechens lebhafter und klarer und die Gedanken ziehen immer weitere Kreise, und dann hinterläßt das Sprechen selbst eine Erregung des Seelenorgans: man denkt über das Gesprochene nach.

Eine weitere Alternative bietet sich uns in dem Gegensatz von Denken und Handeln; denn obwohl sie auch im Verhältniß der Aufeinanderfolge stehen, so tritt doch ein gewisses Verhältniß der Ausschließung zu Tage. Dies zeigt sich in folgendem.

Ist der Erregungsvorgang gehindert, sich in einen Bewegungsapparat zu entladen, so steigt die Erregung im Denkapparat, während umgekehrt mit der Entladung der Erregung in die Muskeln die Erregung im Seelenorgan abnimmt d. h. sich beruhigt. So ist bekannt, daß bei starker Erregung des Seelenorgans der Ausdruck üblich ist: man mache sich Luft, sei es durch Körperbewegung, sei es durch Sprechen. Eine weitere dahin gehörige Erscheinung ist das Stocken der Gehbewegungen, sobald jemand zu stärkerem Nachdenken angeregt wird. Es erstreckt sich diese Erscheinung bekanntlich nicht blos auf die willkürlichen Bewegungen, sondern auch auf die unwillkürlichen, namentlich die der Athmung: bei sehr lebhaftem Nachdenken sehen wir die Leute den Athem anhalten. Jeder Lehrer weiß überdies, wie nothwendig das Stillesitzen ist, wenn es sich um ausgiebigere Denkoperationen handelt, namentlich um die perceptive Thätigkeit des Seelenorgans, bei der jede Körperbewegung störend wirkt. Dagegen ist leicht zu beobachten, daß produktive Seelenthätigkeit nicht blos die Combination mit leichteren Körperbewegungen verträgt, sondern sie auch als unfreiwillige Begleiterscheinung hervorruft. Dahin gehört, daß man während geistiger Produktionsthätigkeit das Bedürfniß fühlt und ihm Ausdruck gibt, leichtere Körperbewegungen auszuführen, entweder dabei auf- und abzugehen oder zu rauchen, mit irgend einem Gegenstand zu spielen u. dgl. mehr. Endlich hängt damit zusammen, daß mit Geistesproduktion sich so wenig umfangreiche Bewegungen, wie Sprechen und Schreiben, leicht verbinden lassen.

Die Frage, unter welchen Umständen ein äußerer Anstoß vorwaltend Denkoperationen oder vorwaltend Muskelbewegungen hervorruft, findet der Hauptsache nach ihre Beantwortung in dem, was früher über den Wegfall der Ueberlegung gesagt wurde. Sobald nämlich bei einem Anstoß die Erregung der antagonistischen Centra gleichgewichtig ist, so circulirt die an der Entladung nach außen gehinderte Erregung im Seelenorgan weiter. Hiezu kommt jedoch als zweiter Fall, daß ein Anstoß sich gar nicht auf die beiden Willensorgane fortpflanzt, weil er keinerlei Gemeingefühlsvorstellungen wachruft. Hiebei müssen wir noch einmal auf den Gegensatz von geistiger Perceptions- und Produktionsthätigkeit zu sprechen kommen. Wir haben schon oben gesehen, daß bei der ersteren die Hemmung in der Richtung der Bewegungsmittelpunkte viel ausgesprochener und auch nothwendiger ist als bei der letzteren, und daß alle Erregungen in der Richtung der produktiven Sphäre ablenkend und zerstreuend auf die Auffassungsthätigkeit wirken. Daraus geht der praktisch wichtige Satz hervor, daß solche geistige Beschäftigung, bei welcher es sich hauptsächlich um Beobachtung handelt, in hervorragendem Maße das erfordert, was der Sprachgebrauch Muse heißt, und diese beruht eben auf der Abwesenheit von ablenkenden Erregungen in der produktiven und motorischen Sphäre des erregten Seelenorgans. Da zu der letzteren die Herde der Gemeingefühle gehören, so erhellt daraus die bekannte Thatsache, daß körperlicher Schmerz, geistiger Schmerz, Kummer und Sorge die beobachtende Thätigkeit der Seele am meisten lähmen.

Ein letzter Weg, den ein äußerer Anstoß einschlagen kann, ist der, daß er sich auf die Erregungsnerven von Herz und Lunge wirft. Am ersteren gibt sich diese Erregung hauptsächlich durch eine Störung des Rhythmus zu erkennen; entweder tritt, wenn vorzugsweise die Beschleunigungsnerven erregt sind, schnellerer und stärkerer Herzschlag, das sogen. Herzklopfen ein, oder Stillstand des Herzens, wenn das Hemmungscentrum vorwaltend getroffen wird. Je nach dem einen oder anderen sind auch die sonstigen Erscheinungen verschieden. Im ersten Fall sehen wir die Erscheinungen der Gefäßaufregung und erhöhten allgemeinen Blutdrucks, von denen die Congestion zur Haut im Rothwerden und Schweißaustreten am leichtesten zu beobachten sind; daneben regellose Zuckungen einzelner Muskelgruppen. Der Herzstillstand prägt sich in dem Blaßwerden der Haut, in den Lähmungserscheinungen der Muskeln vom Wanken der Kniee und sogar Schwachwerden an bis zum Zusammensinken des ganzen Körpers, mit welchem dann immer auch Lähmung des Seelenorgans d. h. Bewußtlosigkeit verknüpft ist. Das Gesammtbild dieses höchsten Grades bezeichnen wir als Ohnmacht. Auch bei der Lungenaufregung haben wir es mit dem Gegensatz von Hemmung und Beschleunigung zu thun. Die erstere äußert sich in dem Gefühl des Zusammengeschnürtseins der Brust, dem „Nachluftringen" (offenbar begründet in einer Zusammenziehung der Bronchialmuskeln), während bei der Beschleunigung keuchende Athemzüge auftreten. Der gewöhnlichste Fall ist, daß Perioden der Beschleunigung mit solchen der Hemmung abwechseln, also abwechselndes Blaß- und Rothwerden des Gesichtes, Ringen nach Luft abwechselnd mit keuchendem Athem und ohnmachtartige Anfälle abwechselnd mit zwecklosen Gestikulationen.

Auch hier haben wir es mit einem gewissen Ausschließungsverhältniß zu thun, was sich in Folgendem ausspricht: Die Herz- und Lungenerregung fällt um so stärker aus, je weniger sich die Erregung in die Körpermuskeln entladen kann, und wird umgekehrt sofort vermindert, wie letzteres eintritt; daher die treffende Bezeichnung, daß man z. B. durch Schreien, Weinen dem gepreßten Herzen Luft mache. Weitere Erscheinungen sind das Versagen der Stimme und die lähmungsartigen Erscheinungen in den Körpermuskeln, sobald plötzliche Herz- und Lungenerregung eintritt; denn dieselben sind offenbar nicht allein durch Herzstillstand verursacht, also Folgen der Aenderungen im Kreislauf, sondern beruhen auf einer negativen Schwankung der Erregungsstärke der Muskelnerven. Uebrigens ist, wie schon aus dem eben Gesagten ersichtlich, die Ausschließung keine vollkommene; denn mit Ausnahme der Ohnmacht wird die Herz- und Lungenerregung von sog. Geberden begleitet, d. h. Bewegungen der Körpermuskeln, namentlich der des Gesichts, die unmittelbar keinen Zweck haben und auch unwillkürlich sind. Bei diesen Geberden kommt der Gegensatz zwischen Hemmung und Beschleunigung zu merkwürdig treffendem Ausdruck und zwar in folgender Weise. Wie bekannt, tritt die Herzaufregung hauptsächlich ein, wenn wir uns einer Gefahr, einem Feind, einem Unglück &c. gegenüber befinden. Die im Verhältniß des Gegensatzes stehenden Gemeingefühle, die hiebei in Betracht kommen, sind auf Seite der Beschleunigung Muth, Kampfluft, Haß &c., auf

Seite der Hemmung Furcht, Schreck, Angst ꝛc. Ueberwiegt nun die Erregung der beschleunigenden Gefühle, so fällt einmal die Herzerregung gering aus, sie ist blos die Begleiterscheinung, und die Erregung fährt in diejenigen Muskeln, von welchen die Bewegungen zu Vertheidigung und Angriff ausgehen. Ueberwiegt dagegen die Erregung der hemmenden Gefühle, so wird die Herz- und Lungenerregung die Hauptsache, und als Begleiterscheinung treten Bewegungen auf, welche das gerade Gegentheil der Angriffsbewegungen sind, also von den Antagonisten der Angriffsmuskeln herrühren.

21. Ermüdung und Erholung.

Die allgemeine Ursache der Ermüdung und Erholung der lebendigen Substanz kennen wir bereits aus Kapitel 5: Die Ermüdung ist theils Folge einer Consumtion der zur Arbeit erforderlichen Stoffe (Sauerstoff und Nährstoffe), theils Folge des Auftretens von Zersetzungsprodukten, welche auch dann schon ermüdend wirken, wenn noch Material zur Erzeugung weiterer Thätigkeit vorhanden ist. Andrerseits beruht die Erholung einmal auf der Auswaschung der Ermüdungsstoffe und dann auf der frischen Zufuhr von Bedarfsstoffen.

Wir haben nun hier noch Ermüdung und Erholung in so weit zu besprechen, als bei diesen Vorgängen in dem dem Willen unterworfenen Arbeitsmechanismus complicirte Verhältnisse und Beziehungen des letzteren zu dem Hilfsmechanismus in Betracht kommen, von denen die Ermüdungsfähigkeit und Erholungsfähigkeit des Gesammtmechanismus abhängt.

Beschäftigen wir uns zuerst mit dem Schicksal der Ermüdungsstoffe. Da die Aufgabe ihrer Entfernung dem Blute zufällt, so sind die Verhältnisse der Kreislaufthätigkeit von größtem Einfluß auf den Zeitpunkt, wann die Ermüdung eintritt; denn arbeitsistirende Anhäufung der Ermüdungsstoffe kann nur erfolgen, wenn der Blutstrom nicht mehr im Stande ist, dieselben in dem Maße aus Muskel und Nerv auszuwaschen, als sie sich bilden.

Hieraus ergibt sich, daß der Zeitpunkt, in welchem die Ermüdung eintritt, von folgenden Bedingungen abhängt: 1. von Dauer und Energie der Arbeit; 2. von der Menge von Blut, welche in gegebener Zeit den arbeitenden Theil durchströmt. Letzteres ist abhängig von der Weite der Gefäße und von der Stromgeschwindigkeit des Blutes, und die letztere ist natürlich zuerst auf die Herzaktion zurückzuführen. Complicirter sind die Bedingungen bezüglich des andern Punktes.

Die Weite der Gefäße hängt nämlich einmal von der Dehnungsfähigkeit derselben ab, über deren Bedingungen auf S. 192 gesprochen wurde, dann aber auch von der Stärke des Blutdrucks, der selbst wieder von einer Reihe von Ursachen bedingt ist.

Einmal ist derselbe ein Theil des allgemeinen Blutdrucks, der von der Gesammtmenge des Blutes und von der Energie der Herzthätigkeit abhängt. Daraus erhellt, daß vollblütige Leute weniger leicht ermüden als blutarme. Weiter geht daraus hervor, daß alle Umstände, welche die Blutmenge vermehren, der Ermüdung entgegenwirken, womit die bekannte Thatsache erklärt ist, daß schon das Wassertrinken die Ermüdung mildert und daß umgekehrt starkes Schwitzen den Eintritt desselben beschleunigt. Auch andere starke Wasserverluste durch abnorme Harnabsonderung und wässrige Stuhlentleerungen begünstigen ihren Eintritt.

Weiter ist klar, daß nach bewerkstelligter Verdauung die Ermüdung später erfolgt, weil durch Vermehrung der Blutmenge der allgemeine Blutdruck gestiegen ist, während im Gegentheil die Abnahme der Blutmenge beim Hunger in Folge der Verminderung des Blutdrucks die Ermüdung früher auftreten läßt.

Neben der Blutmenge ist, wie schon früher bemerkt, der Tonus der Gefäßwand von entscheidendem Einfluß auf die Höhe des allgemeinen Blutdrucks, und somit werden alle Momente, welche allgemein erschlaffend auf die Gefäßwände wirken, die Ermüdung begünstigen. Hier kommt besonders die erschlaffende Wirkung der Wärme in Betracht; sie ist zwar nicht allein, aber mit Ursache, daß im Sommer die Ermüdung rascher eintritt als im Winter. Weiter ist hiedurch erklärt, warum die Körpererhitzung das Eintreten der Ermüdung beschleunigt.

Von weiterem Einfluß auf die Blutmenge eines arbeitenden Theiles ist folgender Umstand: Wenn die übrigen Organe eine größere Blutmenge für sich in Anspruch nehmen, sich gewissermaßen weigern, von ihrem Blutgehalt das nöthige Quantum an den arbeitenden Theil abzugeben, so wird in diesem die Ermüdung früher eintreten müssen. Das erklärt uns z. B., warum kurz nach eingenommener Mahlzeit die Ermüdung leichter eintritt: der arbeitende Darmkanal hält eine gewisse Blutmenge fest, weigert sich gewissermaßen, dieselbe an Muskeln und Nerven abzugeben. Dasselbe ist der Fall, wenn die übrigen Hilfsmaschinen des Körpers, namentlich das Herz und die Athmungsmuskeln, stärker arbeiten. So tritt die Ermüdung früher ein, wenn zu der äußeren Thätigkeit sich die Aufregung von Herz- und Athmungsorganen, die später zu beschreibende Erhitzung, gesellt; deshalb ist es eine bekannte Arbeitsregel, mit kaltem Blute zu arbeiten. Auch seitens der Haut macht sich ein ähnlicher

Einfluß geltend: sobald dieselbe in der unten beschriebenen Weise bei Beginn der Erhitzung eine größere Blutmenge für sich in Anspruch nimmt, wird den arbeitenden Muskeln und Nerven weniger Blut zugeführt und der Eintritt ihrer Ermüdung begünstigt. Das ist ein weiterer Grund, warum die Erhitzung der Ermüdung Vorschub leistet. Endlich kommt folgendes in Betracht.

Je kleiner die Zahl der arbeitenden Muskeln und Nerven ist, um so leichter werden diese die nöthige Blutmenge sich verschaffen können. Sobald aber nur Muskel- und Nervengruppen in die Aktion hereinbezogen werden, steigert sich, um mich bildlich auszudrücken, die Nachfrage nach Blut und damit die Schwierigkeit für den einzelnen Muskel, sich dasselbe zu verschaffen. Das ist der Grund für die allgemein bekannte Erscheinung, daß bei Arbeiten, welche viele Muskel- und Nervengruppen in Anspruch nehmen, die Ermüdung viel rascher eintritt als bei solchen, die nur von wenig Muskeln besorgt werden.

Ein weiterer Punkt für das Durchblutungsmaß ist die Beschaffenheit der Schlagaderstämme, welche dem arbeitenden Theil sein Blut liefern. Ist der Schlagaderstamm unnachgiebig, so wird es den betreffenden Muskeln und Nerven schlechter gelingen, sich, wie es die Arbeit verlangt, reichlicher mit Blut zu versorgen. Besitzt jedoch der Schlagaderstamm eine große Dehnsamkeit, beantworten namentlich seine Muskelschichten und die dieselbe beherrschenden Nerven den höheren Bedarf seiner Abnehmer an Blut rasch und ausgiebig mit der nöthigen Erschlaffung, so wird durch Erweiterung des Strombettes dem Mehrbedarf genügt.

Die Elasticität der Schlagadern spielt hiebei jedoch noch eine Rolle: Soll dem ersterwähnten Schlagaderstamm eine größere Blutmenge zugeführt werden, so hängt dies auch davon ab, ob die andern Schlagaderstämme durch entsprechende

Reducirung ihres Querschnittes ihren eigenen Blutbedarf entsprechend herabmindern. Gesetzt den Fall, dieselben besäßen starre, unnachgiebige Wandungen, so würde alle Erschlaffung des bedürftigeren Schlagaderstammes nicht im Stande sein, ihm einen erheblich größeren Antheil von Blut zu verschaffen. Besitzen jedoch die erstgenannten Gefäße eine sehr vollkommene, prompte Elasticität, so werden sie jede Erschlaffung des die Arbeitsherde speisenden Schlagaderstammes mit einer Verminderung ihres Querschnittes beantworten, was einer Herabsetzung der in sie eindringenden Blutmenge gleichkommt. Daraus geht hervor, daß ein Mensch, dessen Schlagadern eine vollkommnere Elasticität und genügende Dehnbarkeit besitzen, weniger leicht ermüden wird als ein solcher mit unvollkommen elastischen, starren Schlagaderwänden, und daß derjenige bei der Arbeit in Vortheil ist, dessen Gefäßmuskeln und Gefäßnerven leichter erregbar und leitungsfähig sind, so daß der Tonus der Wandung sich rascher und ausgiebiger den wechselnden Bedürfnissen der Blutvertheilung anschließt.

Dem Körperfett begegnen wir auch hier wieder als Arbeitshemmniß, da es aus folgenden Gründen auch den Eintritt der Ermüdung befördert. Das in den Gefäßbündeln angehäufte Fett ist ein Hinderniß für die nach dem obigen nöthige Erweiterung des Schlagaderstammes, der die arbeitenden Theile mit Blut versorgt. Der Einfluß desselben wird um so größer, wenn die das Gefäßbündel umgebenden Muskeln an der Arbeit betheiligt sind, weil dann der von ihnen bei der Contraktion ausgeübte Seitendruck ungleich energischer ausfällt.

Was im bisherigen gesagt ist, gilt für die Ermüdung des einzelnen Bewegungsapparates. Da nun der Blutstrom die Ermüdungsstoffe aus den arbeitenden Theilen stetig fortführt, so muß, falls dieselben innerhalb des Blutes nicht sofort zerstört oder zur Absonderung gebracht werden, allmählich die Blutmasse mit ihnen übersättigt werden, und dies muß ihren Austrittt aus dem Blut an die nichtarbeitenden Gewebe zur Folge haben, und zwar einfach nach den Gesetzen der Osmose, weil in den ruhenden Geweben die Ermüdungsstoffe fehlen.

Die Folge davon ist, daß der örtlichen Ermüdung der arbeitenden Theile nach längerer oder kürzerer Zeit eine allgemeine d. h. auch die nicht arbeitenden Theile treffende Ermüdung folgt. Die Thatsache, daß bei größerer Tiefe der allgemeinen Ermüdung das vorher vorhandene Hungergefühl erlischt, ist wohl auf die erregbarkeitsmindernde Einwirkung der im Blut aufgehäuften Ermüdungsstoffe auf die das Hungergefühl vermittelnden Nerven zurückzuführen.

Nicht blos bei der Uebermüdung, sondern offenbar auch schon wenn die Ermüdung diese Gränze noch nicht überschritten, findet die S. 65 erwähnte Schädigung des arbeitenden Eiweißgerüstes, ja das förmliche Absterben von Muskelfasern (bei sehr hoher Ermüdung, wie es scheint, auch von Nervenfasern) statt; denn bei der mikroskopischen Untersuchung der Muskeln stößt man immer auch auf Muskelfasern, die in der Auflösung begriffen sind. Das wichtigste Produkt der Eiweißzersetzung ist der Harnstoff. Während der Arbeit steigt nun zwar die Harnstoffabsonderung nicht, weil die Harnabsonderung in Folge der geringeren Durchblutung der Niere vermindert ist, aber der Umstand, daß sie nach Beendigung einer stark ermüdenden Arbeit steigt, spricht dafür, daß die Eiweißzerstörung hiebei einen größeren Umfang angenommen hat.

Damit hängt es nun wohl zusammen, daß nach Uebermüdung die Erholung einmal nur sehr langsam eintritt, denn die der Zersetzung anheimfallenden abgestorbenen Gewebstheile erzeugen fortwährend neue Mengen von Ermüdungs=

stoffen. Endlich erklärt sich so wohl auch die weitere Thatsache, daß Uebermüdung öfters eine andauernde Zerrüttung der Constitution, namentlich Erscheinungen von Störung der regulatorischen Apparate, zur Folge hat.

Betrachten wir nun kurz, in welchem Verhältniß die Erholung zur Ermüdung steht, so ist zunächst die Thatsache zu besprechen, daß die Erholung zwar mit der Beendigung der Arbeit beginnt, daß dagegen zunächst das Ermüdungsgefühl noch steigt — nach einer großen Strapaze erwachen wir wie gerädert. Die Ursache dieser Erscheinung ist, daß mit der Erholung zuerst die Nerven, die das Müdigkeitsgefühl vermitteln, eine größere Erregbarkeit gewonnen haben. Die weitere Thatsache ist: wenn wir in diesem Fall die Arbeit neu beginnen, so weicht das Ermüdungsgefühl rascher dem Kraftgefühl, als wenn wir in der Ruhe bleiben. Dies erklärt uns folgende Anschauung.

Im Beginn der Arbeit ist die Bildung der Ermüdungsstoffe sehr gering, es überwiegt sogar, falls noch Vorrath vorhanden, die Abfuhr über die Bildung derselben, so daß der Beginn der Arbeit in uns das gerade Gegentheil von Ermüdung, nämlich erhöhtes Kraftgefühl erzeugt (erholende Wirkung der Arbeit). Mit der Zeit aber nimmt die Bildung der Ermüdungsstoffe zu, der Nachschub überwiegt endlich die Abfuhr, und von jetzt an findet eine Ansammlung derselben statt. Diese wird durch die Arbeitseinstellung zunächst nicht beseitigt. Im Gegentheil, da die Bildung der Ermüdungsstoffe fortdauert und die Abfuhr mit der Abnahme des Durchblutungsmaßes sich vermindert, so steigt sogar die Ansammlung, und namentlich wenn eine umfänglichere Gewebszerstörung stattgefunden hat.

Lassen wir jetzt die Arbeit von neuem beginnen, so befördern wir dadurch die Abfuhr, und dieselbe Arbeit, welche uns früher ermüdet hat, wirkt jetzt erholend.

Bezüglich der Gewebszerstörung bei starker Arbeit muß noch folgendes nachgeholt werden. Allem nach ist dieselbe bei gleich starker Arbeit um so größer, je länger es her ist, seit der betreffende Mensch sich einer stärkeren Arbeit unterzogen hat. Während eines längeren müßigen Lebens bilden sich Gewebstheile, die nur bei geringeren Störungen des mechanischen Gleichgewichts existiren können; dies geht sogar so weit, daß die Glieder bei längerer Unthätigkeit steif werden, ja sogar die Gelenke völlig ihre Beweglichkeit verlieren können (indische Fakire). Wird nun ein solcher Mensch zu stärkerer Arbeit verhalten, so bilden diese Gewebstheile Hemmungen, gegen welche die Muskelkräfte einen Vernichtungskampf aufnehmen, und so kommt es zu umfänglicher Gewebszerstörung, die sich in Schmerzen (Turnschmerzen) und sehr starker Ermüdung äußert, aber auch eine freiere Beweglichkeit zur Folge hat. Bei Fußtouren kann man die Beobachtung machen, daß die Zerstörung der Hemmungsgewebe mit ihren Folgen erst etwa am dritten Tage abgelaufen ist.

Nun müssen wir noch der positiven Seite, der Stoffzufuhr, einige Beachtung schenken. Die Wichtigkeit der Sauerstoffzufuhr und namentlich der Sauerstoffaufspeicherung ist schon früher zur Genüge besprochen worden, und daß hier der Reichthum an Blutroth vorzugsweise wichtig ist. Weiter soll daran erinnert werden, daß zu rascher Erholung sich unter den arbeiterzeugenden Nährstoffen insbesondere der leichtlösliche und rasch in Blut und Gewebe übergehende Zucker eignet, während das Fett hiezu weniger geeignet ist, andererseits aber Leute mit kräftiger Verdauungsthätigkeit für Fett ganz besonders zu ausdauernder Arbeit befähigt sind. Am längsten braucht der Wiederersatz der verlorenen Eiweißstoffe.

Eine besondere Wirkung auf den Erholungsprozeß kommt den sog. Genußmitteln, dem Alkohol, den Kalisalzen der Fleischbrühe und des Fleischextraktes und gewissen Alkaloiden, insbesondere dem in Thee, Kaffee und Chokolade enthaltenen Caffein zu. Ihre erholende Wirkung ist hauptsächlich dem Umstand zuzuschreiben, daß sie auf die Beschleunigungsnerven des Herzens erregend wirken. Dies muß in Folge gesteigerter Stromgeschwindigkeit des Blutes die Auswaschung der Ermüdungsstoffe beschleunigen. Von einem Wiederersatz der krafterzeugenden Substanz durch sie ist aber natürlich keine Rede, weshalb der Gebrauch dieser Genußmittel die Aufnahme von Eiweißstoffen, Kohlenhydraten und Fetten durchaus nicht zu ersetzen vermag.

Das wichtigste Erholungsmittel von der Ermüdung und wirksamer als bloße Unthätigkeit ist der Schlaf, dem wir deshalb eine eingehendere Besprechung schuldig sind. Die Erscheinungen, welche dem Einschlafen vorangehen, sind im allgemeinen solche verminderter Erregbarkeit der Nerven und Muskeln mit Erschlaffung der letzteren: Herabsinken des oberen Augenlids, Herabsinken des Kopfes auf die Brust, bis endlich alle Körpertheile dem Gesetz der Schwere folgen. Hand in Hand mit diesen Erscheinungen im motorischen Theil geht die Abnahme der Sinnesthätigkeit; die Sinnesempfindlichkeit wird abgestumpft, die Aufmerksamkeit erlahmt, bis schließlich das Bewußtsein völlig verschwindet. Daß in zweiter Instanz auch die Erregungsfähigkeit der Sinnesnerven abnehme, wird von manchen Physiologen in Abrede gestellt und alles auf eine Abnahme einer Erregungsfähigkeit in den Centraltheilen zurückgeführt, was jedoch an und für sich nicht wahrscheinlich klingt.

Mit diesen Veränderungen im Willensgebiet verlaufen Veränderungen in der Thätigkeit der Hilfsmaschinen: der Herzschlag wird langsamer, der Puls kleiner, die Zahl der Athemzüge nimmt ab. Das Blässerwerden der Haut zeigt den Beginn der unten zu besprechenden Veränderung in der Blutvertheilung an, und dieselbe Erscheinung ruft bei dem schläfrig gewordenen Menschen das Gefühl des Fröstelns hervor.

Bei tiefem Schlaf sind alle Muskeln, mit Ausnahme der die Hilfsmaschinen bewegenden, unthätig. Ist die Schlaftiefe gering, so führen bald diese, bald jene Körpermuskeln Bewegungen aus. Diese sind mannigfaltiger Natur: einmal sehen wir, daß gewohnheitsmäßig gewordene Bewegungen, die bereits im Wachezustand im Gang waren, in den Schlafzustand hinein mechanisch fortgesetzt werden können. So habe ich früher das Beispiel von der Fortsetzung der Gehbewegungen angeführt; ein anderes Beispiel bietet die Fortsetzung der Saugbewegungen bei Säuglingen Eine sehr gewöhnliche Erscheinung sind die wälzenden Bewegungen, mittelst deren der Schlafende seine Lage wechselt; sie sind eine Fortsetzung der Gewohnheit, die Körperlast abwechselnd der linken und rechten Körperhälfte zu übergeben.

In die gleiche Kategorie d. h. zu dem gewohnheitsmäßigen Stellungswechsel gehören die Lageveränderungen einzelner Gliedmaßen während des Schlafens. Eine seltenere Erscheinung ist das Sprechen im Schlafe, das meistens aus wenigen zusammenhanglosen, schlecht artikulirten Worten besteht. Ein noch selteneres Vorkommen ist das Schlafwandeln, das wohl zu unterscheiden ist von der Fortsetzung der Gehbewegungen über das Einschlafen hinaus; denn es besteht das eigentliche Schlafwandeln nicht allein aus Gehbewegungen, die mit erstaunlicher Sicherheit ausgeführt werden, sondern es werden auch verschiedenerlei, allerdings meist gewohnheitsmäßige Hantierungen dabei vorgenommen und die Sinneswerkzeuge arbeiten mit, so daß der Schlafwandel von dem wachen Zustand sich fast nur dadurch unterscheidet, daß der Schlafende sich seiner Thätigkeit nicht bewußt ist.

Durch Selbstbeobachtung kann man sich weiter von folgendem Unterschied in den Zuständen des Schlafs überzeugen. Seichter Schlaf hinterläßt die Erinnerung einer während desselben verlaufenen geistigen Thätigkeit, die wir Träumen heißen, während bei tiefem Schlaf von einer derartigen Thätigkeit in unserer Erinnerung keine Spur zurückbleibt. Wir besitzen natürlich lediglich kein Mittel, um zu entscheiden, ob im letzteren Fall die Seele wirklich vollkommen geruht d. h. nicht geträumt hat, oder ob eben nur die Erinnerung für den Vorgang fehlt.

Ueber das Verhältniß zwischen dem Träumen und den oben besprochenen Körperbewegungen ist ziemlich sicher, daß der unruhige Schlaf auch derjenige ist, während dessen wir träumen.

Was den Inhalt der Träume betrifft, so bestehen sie entweder in einer einfachen Fortsetzung derjenigen Erregungen, welche aus dem unmittelbar vorhergehenden wachen Zustand in den Schlafzustand hinein fortdauern. Dies gilt selbstverständlich von dem Träumen im Beginn des Schlafes in hervorragendem Maße und ist dieselbe Erscheinung wie die Fortsetzung der gewohnheitsmäßigen Bewegungen. Ein zweiter Anlaß der Träume ist, wie schon Kapitel 16 angegeben, die Aufnahme einer im Laufe des Tages stattgefundenen vorübergehenden Anregung, der das Seelenorgan zunächst keine Folge geleistet hat, weil die Aufmerksamkeit auf andere Erregungsvorgänge concentrirt war.

Für die Träume, welche dem Aufwachen vorangehen oder überhaupt bei geringer Schlaftiefe erfolgen, ist es charakteristisch, daß sie von gegenwärtigen Sinneswahrnehmungen beeinflußt sind, was darauf hindeutet, daß einzelne der während des Schlafes unterbrochenen Bahnen zwischen

Seele und Sinnesorgan ihre Leitungsfähigkeit gewonnen haben. Als Beispiel führe ich an, daß man häufig träumt, zu schweben, weil mit der Traumvorstellung einer Ortsbewegung sich die Gefühlsempfindung verbindet, daß die Fußsohle nicht gedrückt wird. Ein anderer Traum, der der gleichen Ursache entspringt, wird von dem Gefühl beeinflußt, daß man entkleidet ist und deshalb in Gesellschaft in Verlegenheit kommt. Auf der andern Seite ist es für die Träume charakteristisch, daß der Erregung der Vorstellungen im Seelenorgan die controlirende Thätigkeit der Sinneswerkzeuge mangelt und so die widernatürlichsten und sinnlosesten Vorstellungsketten in raschem Wechsel sich ablösen. Weiter ist charakteristisch, daß die Vorstellungsthätigkeit denselben Grad erreicht wie bei der Hallucination: d. h. die Vorstellungen erhalten den Charakter von Empfindungen und stellen das vor, was man ein Phantasma heißt; man glaubt die Personen und Gegenstände, die man sich vorstellt, zu sehen, zu hören und zu fühlen rc. Weiter: das Bewußtsein, daß die Gedanken und Vorstellungen von uns ausgehen, ist zum Theil verschwunden; denn wir lassen unsere Phantasmen sprechen, legen ihnen also unsere eigenen Gedanken unter. Den Gedankenbildungen fehlt sehr häufig die Logik und sie treten meist in sehr raschem Wechsel auf, können nicht willkürlich festgehalten werden und entschwinden sehr leicht dem Gedächtniß.

Eine weitere für den Traum nach Form und Inhalt wichtige Erscheinung entspringt der Unterbrechung des Zusammenhangs zwischen dem Seelenorgan und Muskelapparat, indem es dem Seelenorgan zum Bewußtsein kommt, daß es ohne Einfluß auf die Muskelbewegung ist. So träumt man z. B., man wolle einer Gefahr entfliehen und komme nicht von der Stelle, man wolle sich wehren und die Muskeln versagen den Dienst, man wolle verreisen und komme nicht fort ꝛc. Nach dem Einschlafen nimmt die Schlaftiefe rasch zu und dann langsam wieder ab bis zum Erwachen.

Für die Erklärung des Schlafes ist die leicht zu ermittelnde, schon in Kapitel 16 angeführte Thatsache von Wichtigkeit, daß die Reflexerregbarkeit des Sinnes- und Bewegungsapparates zwar gemindert, aber nicht aufgehoben ist, sondern nur der Einfluß des Seelenapparates auf die Mechanismen der geordneten Reflexe vermißt wird. Die Hauptursache des Schlafes ist also eine Unterdrückung der Seelenthätigkeit. Auf das, wodurch diese Unterdrückung herbeigeführt wird, läßt sich ein Schluß aus den Umständen ziehen, welche das Einschlafen begünstigen.

1. Physikalischer Natur sind folgende Umstände: wagrechte Körperlage, möglichste Abwesenheit von Sinnesreizen (Stille, Dunkelheit), monotone Sinnesreize (summende Geräusche, Geräusche von monotonem Rhythmus); Einstellung äußerer Thätigkeit, sowohl körperlicher als geistiger (namentlich rasch wirkt die Einstellung der Körperthätigkeit); passive, insbesondere wiegende, pendelnde Bewegungen des Gesammtkörpers.

2. Chemische Einschläferungsmittel sind folgende: Wenn wir von den als Arzneimittel im Gebrauch befindlichen narkotischen Stoffen (Chloroform, Aether, Chloral, Opium, Alkohol ꝛc.) absehen und nach chemischen Stoffen uns umsehen, welche den natürlichen Schlaf herbeizuführen befähigt sind, so bieten sich uns in erster Linie die Ermüdungsstoffe dar, womit durchaus übereinstimmt, daß es kein wirksameres Einschläferungsmittel gibt, als die Herbeiführung eines höheren Ermüdungsgrades. Von den verschiedenen Ermüdungsstoffen scheint nach neueren Untersuchungen die Milchsäure die Hauptrolle zu spielen, und zwar dadurch, daß sie den Sauerstoff der Gewebe für sich mit Beschlag belegt und so die zur Erregung unbedingt erforderlichen

Oxydationen hindert. Auf die Behinderung der Oxydation weist auch die einschläfernde Wirkung großer Kälte hin: dem Tod durch Erfrieren geht unwiderstehliches Schlafbedürfniß und wirkliches Einschlafen voraus.

Aus dem Gesagten ergibt sich, daß wir es beim Schlaf nicht mit einer einzigen Ursache, sondern mindestens mit zweierlei, einer chemischen und mechanischen, zu thun haben; wir wollen uns nun gerade mit der letzteren noch etwas näher beschäftigen, weil uns diese Besprechung eine gute Gelegenheit gibt, den Zusammenhang, in welchem die verschiedenen Mechanismen des Gesammtkörpers stehen, zu überblicken.

Eine, vielleicht die wichtigste der mechanischen Ursachen dürfen wir wohl in einer Steigerung des Blutdrucks und zwar nicht des arteriellen, sondern des venösen suchen, und wir wollen sehen, wie die bekannten Einschläferungsmittel hiezu stimmen.

Am klarsten ist dies bei der einschläfernden Wirkung der wagrechten Körperlage. Bei der aufrechten Stellung des Körpers hält die Schwerkraft ein gewisses Blutquantum in der unteren Körperhälfte fest, das bei Uebergang zur wagrechten Lage sich gleichmäßig im Körper vertheilt, was einer Zunahme des Blutdrucks im Kopf gleichkommt. Auf denselben Umstand läuft die Einstellung körperlicher Arbeit hinaus: da ein arbeitendes Organ während der Arbeit fast doppelt so viel Blut enthält als das ruhende, so muß bei der Arbeitseinstellung der Körpermuskeln ein beträchtliches Blutquantum den inneren Organen zurückgeliefert werden und unter diesen kann das Gehirn keinenfalls leer ausgehen. Hiezu kommt noch die Rückschwankung des Blutes aus den Sinnesorganen bei der Thätigkeitseinstellung, wobei dem Quantum nach insbesondere die Haut schwer ins Gewicht fällt.

Die einschläfernde Wirkung pendelnder Bewegungen deutet ebenfalls auf eine solche Veränderung in der Blutvertheilung hin, und zwar so: Wenn wir ein Kind, das zuvor aufrecht war, legen und in der Richtung zwischen Kopf und Fuß schwingen, so befördern wir die Ausgleichung des Blutdrucks zwischen Kopf- und Fußende. Wie das Wiegen von rechts nach links einschläfernd wirkt, hängt theils damit zusammen, daß in der Rückenlage, welche bekanntlich die für das Einschlafen günstigste ist, der venöse Blutdruck in dem das Rückenmark umspinnenden Venennetz steigen muß, und daß dieser Blutdruck sich durch das Hirn- und Rückenmarkswasser allen Nervencentren mittheilt. Wiegen nach rechts und links muß die Senkung des Blutes nach rückwärts befördern. Uebrigens ist beim Wiegen des Körpers die Hauptwirkung darin zu suchen, daß diese passive Bewegung des Körpers die aktive Bewegung unterdrückt, es wirkt beruhigend, und so läuft das Wiegen auch auf eine Einstellung der Thätigkeit hinaus.

Schlagend für die mechanische Entstehung des Schlafes ist das einfache Experiment: wenn man auf das blosgelegte Gehirn eines Thieres drückt oder bei einem Neugeborenen auf die unverknöcherten Theile des Schädels, die sog. Fontanellen, so kann man den Schlaf künstlich hervorrufen. Außerdem wissen wir, daß auch das Zusammendrücken eines äußeren Nerven seine Leitungsfähigkeit aufhebt, und so können wir leicht begreifen, wie und warum die Zunahme des Blutdrucks im Gehirn wirkt.

Warum es sich gerade um Steigerung des venösen Blutdrucks handelt, ergibt sich aus folgendem. Einmal ist im Schlaf die Zahl der Herzschläge um 3—10 per Minute gesunken und es ist auch die Energie des Herzstoßes vermindert, was sich im Kleinerwerden des Pulses zeigt. Die Folge dieser Veränderung der Herzaktion muß eine Verminderung des Blutdrucks in den Schlagadern sein, in der Art, daß ein größerer Theil des Blutes in den Venen sich aufzuhalten gezwungen ist. Mit andern Worten: der venöse Blutdruck steigt in dem Maße, als der arterielle sinkt.

Während des Schlafes sinkt auch die Körperwärme; nach den Beobachtungen von Bärensprung und Davy steht die Körpertemperatur Nachmittags zwischen 4 und 6 Uhr auf 37,48° C.; zwischen 8 und 10 Uhr Abends auf 37,02° C. Dann sinkt sie stetig auf 36,31 zwischen 2 und 4 Uhr Nachts, und erst gegen Morgen fängt sie wieder an zu steigen. Da wir wissen, daß mit der Abnahme der Körperwärme der Tonus der Schlagadern steigt, so muß auch diesen Veränderungen eine Zunahme venösen Blutdrucks entsprechen.

Warum die Steigerung des venösen Blutdrucks so ganz besonders auf die Nervencentra wirkt, erklärt sich wohl aus dem schon oben erwähnten Umstand, daß in dem Raum zwischen Rückenmark und Wirbelsäulekanal ein reiches aus Venennetzen gebildetes Schwellgewebe liegt, dessen stärkere Spannung dadurch auf das Gehirn wirkt, daß sie die sog. Cerebrospinalflüssigkeit in die Schädelhöhle verschiebt.

Einen weiteren Beweis für die Abnahme des arteriellen Blutdrucks im Schlaf ist die Abnahme aller Ausscheidungen, insbesondere der des Harns, dessen Menge unter die Hälfte des Tagesquantums sinkt.

Das Gegenstück zu der einschläfernden Wirkung höheren Drucks in den Venen ist, daß alle Umstände, welche das Gegentheil, nämlich Steigerung des Blutdrucks in den Schlagadern hervorrufen, dem Einschlafen hinderlich sind und den bereits Schläfenden wieder erwecken. So ist die häufigste Ursache der Schlaflosigkeit Herzaufregung, also die Aufrechterhaltung eines höheren Blutdrucks in den Schlagadern, der sich bei Annahme der wagrechten Lage in verstärktem Maße nach dem Kopfe hin geltend macht und dort in einen erhöhten Druck im Capillarnetz der grauen Hirnrinde aushäuft, so daß sich mit der Schlaflosigkeit immer geistige Aufregung verknüpft. Auf das Gleiche läuft die bekannte schlafwidrige Wirkung der Genußmittel, wie Thee, Kaffee, Fleischbrühe, Coca 2c. hinaus: sie verdanken dies nicht blos ihrer direkten Wirkung auf die Nervencentra, sondern auch dem Umstand, daß sie herzaufregend wirken.

Auch beim natürlichen Erwachen spielen wider chemische und mechanische Ursachen mit. Bezüglich der chemischen wissen wir, daß während des Schlafes eine Sauerstoffaufspeicherung stattfindet, und da mit der Zunahme derselben die Erregungsfähigkeit steigt, so muß diese schließlich einen Höhegrad erreichen, bei der schon die geringen, stets vorhandenen Sinnesreize durchschlagen. Hiezu kommt folgender chemische Umstand.

Die beschriebene Veränderung der Blutvertheilung und die Abnahme der Blutgeschwindigkeit muß eine Aufsammlung von Kohlensäure im Blut während des Schlafes zur Folge haben. Bestätigt wird diese Annahme schon dadurch, daß nach Scharling die absolute Menge der ausgeschiedenen Kohlensäure im Schlaf um mehr als ein Viertheil geringer ist als im wachen ruhenden Zustand, und daß unmittelbar nach dem Erwachen in Folge tiefer und beschleunigter Athemzüge die Kohlensäuremenge der Ausathmungsluft durch etwa ½ Stunde hindurch größer ist als zu den übrigen Tagesstunden. Schon im früheren erfuhren wir, daß die Kohlensäure im Blut erregend auf die Beschleunigungsnerven der Herz- und Athembewegungen wirkt. Es liegt also auch hier eine regulatorische Einrichtung vor: Die Zunahme der Kohlensäure in Folge Abnahme von Herz- und Athmungsthätigkeit wird zur Beschleunigungsursache derselben; damit beginnt eine Abnahme des venösen Blutdrucks, der Puls wird voller und schneller, und nach Beseitigung der Druckhindernisse in der weißen Hirnsubstanz stellt sich deren Leitungsfähigkeit wieder her, zuerst so, daß die unregelmäßigen Erregungen des Seelenorgans Träume wachrufen oder sich schon im Gang befindlichen Träumen beigesellen (siehe oben S. 284), und endlich das Erwachen von selbst erfolgt oder nur noch eines geringen Anstoßes von Seite der Sinnesorgane bedarf.

Daß der Abfuhr der Ermüdungsstoffe die im Schlaf eintretende Verlangsamung des Blutlaufes und die zunehmende Venosität des Blutes ungünstig ist, erhellt aus dem früher Gesagten, und daraus mag sich erklären, warum der Schlaf, um erholend zu wirken, nicht zu kurz dauern darf.

Rekapituliren wir nun das im menschlichen Körper Tag für Tag sich abwickelnde Schaukelspiel von Arbeit, Ermüdung, Ruhe, Schlaf, Erholung, neuer Arbeit ꝛc., so ergibt sich ein inniger Causalzusammenhang in der Art, daß jeder dieser Zustände mit Nothwendigkeit den folgenden hervorruft, und zwar in nachstehender Weise: Die Arbeit ist die Ursache der Ermüdung, weil sie zur Anhäufung von Ermüdungsstoffen im arbeitenden Theile führt; die Ermüdung, die im Verlust der Erregbarkeit beruht, versetzt den Körper in den Ruhezustand. Die Folge der Ruhe ist: Verlangsamung des Blutlaufes, Verdrängung des Blutes aus den Schlagadern in die Venen mit folgender Erschlaffung der Muskulatur, die den Menschen zur Annahme der wagrechten Lage zwingt. Die nothwendige Folge derselben ist die Steigerung des venösen Blutdrucks im Gehirn in Folge veränderter Schwerkraftwirkung, wodurch der Schlaf entsteht. Während des Schlafes tritt durch Aufhören der Produktion der Ermüdungsstoffe und Ladung mit Sauerstoff und Kraftstoffen die Erholung ein. Der steigende Kohlensäuregehalt des Blutes, die eine nothwendige Wirkung des Schlafes ist, weckt den Menschen wieder auf durch Erregung zweier Hilfsmaschinen, Herz- und Athmungsorgan, deren vermehrte Thätigkeit die Venosität des Blutes beseitigt, mit der Entleerung des Blutes aus den Venen in die Schlagadern den lähmenden venösen Blutdruck aufhebt und so den Zustand schafft, in welchem der gesund organisirte Mensch von neuem arbeiten muß, und zwar aus folgendem Grunde: Die Consequenz der Steigerung des Blutdrucks in den Schlagadern ist eine Steigerung des Druckes in den Capillaren, und darin besteht der Reiz zur Arbeit. Dieser ist um so größer und unwiderstehlicher, je kräftiger der Herzschlag und je regulirter die Spannung im Schlagadernetz und je größer die Sauerstoffaufspeicherung ausgefallen ist.

22. Erkältung.

Im dritten Kapitel haben wir erfahren, daß eine Begleiterscheinung des Erregungsaktes der lebendigen Substanz die Bildung der Körperwärme ist, weil ein großer Theil der frei werdenden Spannkräfte bei Verbrennung der Nährstoffe die Form von Wärme annimmt.

Hiezu kommt bei dem Gesammtkörper eine zweite Wärmequelle: Jede Thätigkeit der verschiedenen Bewegungsapparate ist mit Masseverschiebungen verbunden, die ebensowenig ohne Reibung und Hemmung denkbar sind, als es möglich ist, eine Perpetuum mobile zu construiren. Wir wissen nun, daß jede Hemmung einer mechanischen Bewegung diese in Wärme (Reibungs- oder Hemmungswärme) überführt, und solche muß deshalb reichlich im Körper entstehen.

Dieser Wärmeerzeugung steht ein stetiger Verlust von Wärme gegenüber, und zwar theils durch Leitung und

Strahlung, theils durch Wasserverdunstung. Diese Wärmeabgabe erfolgt aber nicht von selbst. Dies ist deshalb unmöglich, weil die lebendige Substanz ein sehr schlechter Wärmeleiter ist und das Verhältniß von Körpermasse und Körperoberfläche für eine Abkühlung viel zu ungünstig ist. Wir haben nun früher gesehen, welcher Mittel sich der Körper bedient, die Wärmeabgabe zu sichern, daß dies nämlich eine der Aufgaben bestimmter Hilfsmechanismen 1. des Kreislaufmechanismus, 2. des Athmungsapparates und 3. der Haut mit ihren Schweißdrüsen ist.

Aus diesem ist ersichtlich, daß Wärmeerzeugung und Wärmeabgabe in hohem Grade von einer geeigneten Beschaffenheit und Leistungsfähigkeit der Hilfsmechanismen abhängt, und wir können dies durch einen Vergleich mit einer künstlichen Maschine sofort klar machen. In einer Dampfmaschine hängt die Wärmeerzeugung von der Stärke des Verbrennungsvorgangs und von dem Maß der Reibung der Maschinentheile ab, die wir stets dadurch zu mindern suchen, daß wir die Maschine schmieren. Bezüglich der Wärmeabfuhr gleicht der menschliche Körper einer Dampfmaschine, deren Kessel wir mit Kühlschlangen umgeben und deren Heizkammer mit einem Ventilator in Verbindung ist.

Es ist nun im menschlichen Körper gerade wie in dem Kesselraum einer Dampfmaschine: wie in letzterem Heizer und Maschinist nicht mehr existiren und funktioniren können, wenn die Wärme einen gewissen Grad übersteigt, so wird auch die Körperarbeit sofort beeinträchtigt und hört schließlich ganz auf, sobald die Körpertemperatur auch nur um wenige Grade über ihre Normalhöhle von 37,5° C. steigt.

Die Körpermaschine ist nun in so fern wundervoll eingerichtet, als sie mit W ä r m e r e g u l i r u n g s v o r r i c h t u n g e n versehen ist, welche dem obersten Kommando eines Nervencentrums, dem im Gehirn liegenden Wärmeregulirungscentrum, unterstellt sind und so wirken, daß jeder Zunahme der Wärmebildung eine Steigerung der Wärmeabgabe entgegengestellt wird. Besehen wir uns das näher.

Wird bei warmer und feuchter Luft die Wärmeabfuhr durch Leitung und Verdunstung gehemmt, so sinkt der Appetit, wir essen weniger und erzeugen deshalb wenig Wärme, der Bewegungstrieb läßt nach, wir arbeiten weniger, erzeugen also weniger Reibungswärme. Die Schlagadern erschlaffen, wodurch der Blutdruck und der wärmeerzeugende Reibungswiderstand der Gefäßwand sinkt. Die Hautgefäße erschlaffen, so daß mehr Blut zur Abkühlung gelangt, wir strecken alle Viere von uns und legen die uns lästig werdenden Kleider ab, um der Abkühlung und Verdunstung möglichst wenig Hinderniß zu bereiten; die Vermehrung des Blutes in der Haut ruft Schweißbildung und damit mächtige Abkühlung durch Verdunstung hervor. Zur Unterstützung genießen wir säuerliche Getränke, weil diese erschlaffend (Säuren sind Ermüdungsstoffe) auf die Gewebe wirken, also den Blutdruck herabsetzen, und eben so wirken zuckerhaltige Getränke, weil aus dem Zucker Milchsäure entsteht; wir haben endlich einen Widerwillen gegen Fett, weil das die Wärmebildung vermehrt.

Im entgegengesetzten Fall, bei kalter und trockener Luft, welche die Wärmeverluste steigert, bietet der Organismus alles auf, um die Wärmebildung zu steigern und die Wärmeabfuhr zu mindern: der Appetit steigt, wir essen mehr, unter den Speisen ziehen wir die stärker wärmenden fetten Speisen vor (die Eskimo kneipen geradezu Thran), der Bewegungstrieb steigt, wir haben das Bedürfniß zu laufen, uns zu reiben ꝛc., der Blutdruck steigt und mit ihm die Herzkraft, so daß mehr Reibungswärme entsteht; die Hautgefäße ziehen sich zusammen, so das weniger Blut zur Abkühlung gelangt. Wir haben das Bedürfniß, uns zusammen zu kauern, um die Abkühlung durch Verkleinerung der Oberfläche zu mindern; das Frostgefühl der Haut veranlaßt uns, wärmere Kleidung zu nehmen, windfreie Orte aufzusuchen. Die im Warmen feuchte schwitzende Haut wird durch Rücktritt des Blutes trocken, so daß die Abkühlung durch Verdunstung sich mindert.

Wir sehen also, wie gewissermaßen Himmel und Hölle in Bewegung gesetzt wird, um ja keine Aenderung in der Körperwärme eintreten zu lassen, und das macht uns klar, daß in erster Linie die Beschaffenheit des Nervensystems — denn nur von ihm gehen alle Anordnungen des Wärmeregulirungscentrums aus — von größtem Einfluß darauf ist, in welchem Maße und namentlich in welcher Zeit die Regulirung sich vollzieht, und hier kommen wir sofort zur Erklärung eines der störendsten Eingriffe in die Arbeitsfähigkeit des Menschen, der Erkältung, und eines der wichtigsten Mittel, uns davor sicher zu stellen.

Wie wir S. 63 sahen, ist von größtem Einfluß auf die Leistungsfähigkeit der Nervenfasern der Wassergehalt derselben, indem eine Vermehrung desselben die Erregbarkeit steigert und die Leitungsfähigkeit vermindert, und auf dieser Veränderung beruht meiner Ansicht zufolge hauptsächlich die Erkältungsfähigkeit des Menschen. Zum Verständniß diene folgendes:

Der häufigste Ausgangspunkt der Erkältung ist die Haut. Sind die Nerven zu wasserhaltig, so kommt zuerst der Wassergehalt der Hautnerven in Betracht. Diese sind erregbarer, und die Folge ist, daß schon geringe Wärmeschwankungen eine Zusammenziehung der Blutgefäße der Haut und damit ein Verdrängen von Blut nach einwärts hervorrufen, und zwar geschieht dies um so rascher, je erregbarer die Hautnerven sind. Das aus der Haut verdrängte Blut muß nun irgendwo anders ein Unterkommen finden; dies kann nur dann geschehen, wenn durch die Thätigkeit der depressorischen Nerven die andern Gefäßprovinzen erschlafft werden. Dies setzt voraus, daß die Erregung der Hautnerven sofort nach dem im Genickmark liegenden vasomotorischen Centrum geleitet wird. Stellt sich dieser Leitung nun ein Hinderniß in Form stärkerer wässriger Durchfeuchtung entgegen, so erfolgt diese freiwillige Erweiterung der inneren Gefäßprovinzen nicht oder zu spät. Die Folge ist, daß es heißt: „und folgst du nicht willig, so brauch' ich Gewalt". Wären alle inneren Gefäßprovinzen ganz genau gleich dehnbar, so hätte das am Ende nichts auf sich; so aber ist stets eine oder die andere schwächer d. h. dehnbarer als die andere, und indem sich der Blutandrang auf diesen Punkt des geringsten Widerstandes wirft, erfolgt dort unter Einfluß des Druckes und der erschlaffenden Wärmesteigerung eine gewaltsame, zu Lähmung führende Ausdehnung, und damit ist das betreffende Organ erkrankt: man hat sich eine Erkältungskrankheit zugezogen.

Betrachten wir die Kehrseite. Ist bei einem Menschen der Wassergehalt des Nervensystems gering, so ist die Erregbarkeit der Hautnerven nieder, geringe Wärmeschwankungen wirken gar nicht gefäßverengernd. Kommt es bei stärkerer Abkühlung doch zur Verengerung, so geht diese langsamer von Statten. Damit ist einmal gewonnen, daß der Blutandrang nach innen langsamer steigt und die inneren Gefäße Zeit haben, sich allmählich und gleichmäßig zu dehnen. Auf der andern Seite bewirkt die gesteigerte Leitungsfähigkeit, daß das vasomotorische Centrum sofort von der Verengerung der Hautgefäße benachrichtigt wird und durch Erregung der depressorischen Fasern nicht blos innen Platz macht, sondern, da ein allgemeines Depressionscentrum experimentell nachgewiesen ist, auch der Verengerung der Hautgefäße entgegenwirkt d. h. sie verlangsamt.

Er handelt sich aber nicht blos um die Nervenleitung zum Gefäßregulirungscentrum, sondern auch um die zu den Herden des Bewegungstriebs. Der abgehärtete Mensch fühlt dank der großen Leitungsfähigkeit seiner Nervenbahnen die Hautabkühlung sofort und beantwortet sie mit geeigneten Maßregeln, Uebernahme wärmerer Kleidung, Reiben der Haut, überhaupt Körperbewegung, womit er theils der Deplacirung des Blutes aus der Haut entgegenwirkt, theils das Gefäßnetz der Bewegungsapparate erweitert, so daß der Blutandrang gegen die inneren Organe aufgehoben wird, theils die Wärmebildung steigert. Der verweichlichte Mensch dagegen fühlt die Abkühlung theils zu spät, theils unvollständig; er erinnert sich später, wenn er erkrankt ist, eines vorübergehenden Schauderns oder Frösteln, aber er hat es nicht weiter beachtet, d. h. die geringe Leitungsfähigkeit seiner Nerven hat verhindert, daß es den genügenden Eindruck auf seine Willensorgane und auf die Herde des Bewegungstriebs machte.

Noch kommt eine dritte Nervenleitung in Betracht. Bei dem abgehärteten Menschen wurde nicht blos vom Kältereiz auf der Haut das Gefäßregulirungscentrum und die Centra des Bewegungstriebs erregt, sondern auch die Herde des Ernährungstriebs; er bekömmt Appetit und sucht ihn zu befriedigen, und wir werden nachher sehen, wie mächtig die Ernährung dem Einfluß der Kälte entgegen zu wirken vermag. Bei dem verweichlichten bleibt auch diese reflektorische Erregung in Folge der verminderten Leitungsfähigkeit der Nervenbahnen aus.

Es wäre jedoch einseitig, für die Erkältungsfähigkeit nur die Beschaffenheit des Nervensystems verantwortlich zu machen, denn es betheiligt sich daran auch das Gefäßsystem und sein Inhalt.

Um mit dem Blut zu beginnen, so wissen wir, daß mit der Blutmenge und mit dem Gehalt des Blutes an Blutroth die Verproviantirung des Körpers mit Sauerstoff steigt. So gewiß nun ein Ofen erkaltet, wenn dem in ihm befindlichen Brennmaterial nicht die genügende Menge von Sauerstoff zugeführt, „wenn er nicht zieht“, so muß auch bei einem blutarmen oder weißblütigen oder wasserblütigen Menschen in Folge der ungenügenden Wärmeerzeugung die Gefahr der Erkältung näher liegen als bei einem blutreichen, dessen Blut auch genügend Blutroth enthält.

Bezüglich der Kreislaufmechanik ist folgendes zu sagen:

Wir sahen, daß die Erkrankung innerer Organe durch Erkältung auf einen Blutandrang aus dem abgekühlten Organ (in der Regel der Haut) gegen ein inneres Organ, dessen Gefäßnetz den geringsten Widerstand zu leisten vermag, herrührt. Der Grund, warum es dort zur Schädigung durch Hochdruck in der Blutbahn kommt, ist unter anderem der, daß die übrigen Abschnitte des Blutgefäßsystems nicht genügend dehnbar waren, um dadurch, daß sie sich erweiterten, den allgemeinen Blutdruck auf ein gebührendes Maß herabzusetzen. Aus der Erläuterung in Kapitel 14 wissen wir, daß die Erweiterung einer Gefäßprovinz nicht blos von dem schon besprochenen, durch die Gefäßnerven regierten Tonus der Gefäßmuskeln, sondern auch von der passiven Elasticität der Gefäßwand abhängt. Besitzen die Gefäße nicht die genügende elastische Dehnbarkeit, so ist die Gefahr einer örtlichen Schädigung durch Steigerung des Blutdrucks weit größer, als wenn sie leicht nachgeben.

Dies führt uns auf einen weiteren Umstand. Wir haben früher gehört, daß durch Ansammlung von Körperfett ein Seitendruck auf die Blutgefäße gesetzt wird. Dieser Seitendruck kommt auch bei der Erkältung insofern in Betracht, als sich derselbe der Erweiterung der Gefäßprovinzen in dem Fall einer Steigerung des Blutdrucks durch Kältereiz entgegengestellt, und so darf uns die notorische Thatsache, daß fette Leute sich leichter erkälten als sonst gleich gut beschaffene hagere, durchaus nicht wundern.

Der Athmungsapparat kommt bei der Erkältung insofern in Betracht, als von dessen Befähigung zu Voll- und Tiefathmungen die Verproviantirung des Körpers mit Sauerstoff abhängt, weshalb Leute mit ungenügender Athmungsfähigkeit notorisch erkältungsfähiger sind.

Ueber die Betheiligung des Ernährungsapparates an der Erkältungsfähigkeit ist folgendes zu sagen. Jede Schwächung der Verdauungsthätigkeit wird zur Steigerung der Erkältungsfähigkeit, weil der genügende Nachschub von wärmeerzeugenden Nährstoffen beeinträchtigt ist. Insbesondere wichtig ist, ob der Verdauungsapparat die Fähigkeit zur Fettverdauung, die notorisch die schwierigste ist, besitzt oder nicht; denn Fett erzeugt die größte Wärmemenge.

Endlich spielt bei der Erkältungsfähigkeit die Beschaffenheit des Muskelapparates eine erhebliche Rolle, und hiebei handelt es sich um zweierlei.

1. Wir sahen, daß zu großer Wassergehalt der Nerven eine Hauptursache der Erkältungsfähigkeit ist; nun besteht zwischen dem Wassergehalt der Nerven und dem des Blutes und zwischen dem des Blutes und dem der Muskeln ein inniger Zusammenhang. Weiche, schlaffe, also wasserhaltige Muskeln bilden ein Wasserreservoir, aus dem theils direkt, theils mittelbar durch Vermittlung des Blutes auch die Nerven immer wieder Wasser an sich ziehen, und so sind Leute mit schlaffer, weicher Muskulatur immer erkältungsfähiger als solche mit fester, also wasserarmer. Daher kommt auch der Sprachgebrauch, daß wir einen erkältungsfähigen Menschen „verweichlicht“, „weich“ nennen — er ist auch

in der That weicher — und einen widerstandsfähigen „abgehärtet“, denn er hat auch in der That ein härteres Fleisch.

2. Wir haben früher gesehen, daß die Sauerstoffaufspeicherung geraden Schritt hält mit dem Reichthum der Körpergewebe an Eiweiß. Da nun die Wärmebildung in geradem Verhältniß zur Menge des verfügbaren Sauerstoffs steht, so wird ein Mensch, dessen Muskeln, die die Hälfte seiner Körpermasse bilden, eiweißreich sind, der Abkühlung auch in Gestalt von ausgiebiger Wärmebildung einen beträchtlichen Widerstand zu leisten vermögen.

Da wir über die Abhärtung später in einem eigenen Kapitel handeln, so soll hier nur noch von dem Schutz gegen Erkältung gesprochen werden.

Hier muß ich ein tadelndes Wort über den in den gebildeten Ständen einreißenden Unfug von übermäßiger Anwendung des Schutzes, den die Kleidung gewährt, einfließen lassen. Man vergißt dabei, daß, wie ich bei Besprechung der Abhärtung erläutern werde, jede Kleidung bis zu einem gewissen Grad verweichlichend wirkt und zwar um so stärker, je dicker und dichter sie ist, weil sie die Abfuhr des auf der Haut zur Verdunstung kommenden Wassers, also die Entwässerung der Hautnerven und des Gesammtkörpers hemmt. Dem gegenüber muß darauf hingewiesen werden, daß der menschliche Körper in reichlicher Nahrungsaufnahme ein Mittel besitzt, welches ihn gegen die stärksten Kältegrade und gegen die heftigsten Wärmeschwankungen schützt. Zum Beleg will ich nur zwei eigene Erfahrungen mittheilen.

Bei einer Reise im Januar hatte ich vor Abfahrt eine Tasse Kaffee und 1 Brot genossen; die Temperatur war einige Grade über Null; mich fror es in dem Eisenbahncoupé trotz der Fußwärmer, und noch empfindlicher, als ich von der letzten Station noch 2 Stunden in offenem Jagdwagen durch den schmelzenden Schnee fuhr. In der Nacht fiel Frost von 24° R. ein, und den ganzen andern Tag stieg das Thermometer nicht höher als 15° unter Null. Trotzdem daß ich an diesem Frosttag in genau der gleichen Kleidung von 9 Uhr bis 5 Uhr Abends mich im Freien befand, theils fahrend im offenen Wagen, theils im Schnee oder Bachwasser stehend und watend — es galt einer Inspektion wegen Anlage einer Fischzuchtanstalt — fror mich nicht einen Augenblick, ja mir wurden sogar die Handschuhe zu warm, und das nur deshalb, weil vor der Abfahrt eine reiche Mahlzeit aus 5—6 Gängen eingenommen wurde. Ebensowenig fror es meinen Begleiter, einen 70 jährigen Herrn, und ich sehe denselben noch heute im Geist am Bachrand auf einem Markstein sitzen, wie ein schneidender Nordost mit seinen weißen Haaren spielte, ich vor ihm im Schnee, und so saßen und standen wir über eine Stunde, bis der Wagen kam. Dabei ist noch zu bemerken, daß in den ganzen 8 Stunden weder Speise noch Trank über unsere Lippen kam.

Die zweite Erfahrung ist folgende: Im Dezember, bei einer Lufttemperatur, welche den ganzen Tag einige Grade unter dem Gefrierpunkt blieb, stach mich bei einer Fischerei auf Aeschen der Uebermuth, in das Bachwasser bis zur Hüfte zu steigen, daselbst — allerdings in lebhafter, anstrengender Bewegung — über 2 Stunden auszuhalten, und trotzdem daß ich in den tropfnassen Kleidern noch eine Stunde zu Wagen und 3 Stunden per Eisenbahn zu fahren, im ganzen von 3 Uhr Mittags bis 11 ½ Uhr Nachts völlig naß ausharren mußte, zog ich mir keine Erkältung zu, da ich Chokolade, Beafsteak mit Ei und Käse reichlich gefrühstückt, während des Aufenthalts im Wasser nahezu ½ Liter Kirschengeist und nach dem Verlassen des Wassers eine reichliche Mahlzeit eingenommen und noch eine andere Vorsichtsmaßregel angewandt hatte, über die ich einiges sagen will.

Warum das Naßwerden der Haut den Eintritt einer Erkältung so sehr begünstigt, rührt nicht blos davon her, daß das Wasser bei seiner Verdunstung viel Wärme bindet, also stark abkühlt, sondern auch davon, daß das Wasser in die Haut eindringt, sie aufweicht und den Wassergehalt der Hautnerven erhöht, wodurch die oben geschilderte Disposition der Nerven für Erkältung geschaffen ist. Diesem Uebelstand kann man dadurch vorbeugen, daß man die Haut tüchtig einfettet. Wenn man nasse Füße zu bekommen die Aussicht hat, sichert das weit mehr als das Einfetten der Stiefel, bei denen es doch höchst selten gelingt, sie wasserdicht zu behalten.

Ueber ein anderes beliebtes Mittel, sich des Kälteeinflusses zu erwehren, den Genuß starker alkoholischer Getränke, ist folgendes zu sagen: Sie schützen vor Erkältung, weil sie den Rücktritt des Blutes aus der Haut hindern, oder das Blut, wenn es schon zurückgetreten, wieder hinaustreiben und dadurch das Kältegefühl beseitigen; allein eben dadurch, daß fortwährend viel Blut in der Haut kreist, wird viel Wärme nach außen abgegeben, d. h. sind die Wärmeverluste groß; deshalb erfrieren Betrunkene viel leichter als Nüchterne. Aus diesem Grunde kann der Alkohol nur vorübergehende Dienste leisten, nie aber die Aufnahme der Nahrung, die durch vermehrte Wärmebildung wärmt, ersetzen.

Bezüglich des Schutzes vor Erkältung durch Bekleidungsmittel ist noch folgendes zu sagen:

In der Kälte gleicht der Körper des Menschen einem Ofen, der die anliegende Luft erwärmt, wodurch sie spezifisch leichter wird, also in die Höhe steigt. Ein bekleideter Mensch gleicht deshalb einem Meidinger'schen Ofen, in welchem zwischen Ofen und Mantel ein aufsteigender Luftstrom sich bewegt. Die Stelle, wo dieser Luftstrom ins Freie tritt, ist die Spalte zwischen dem Hals und Halskragen. Diese spielt deshalb eine sehr große Rolle beim Wärmehaushalt: erweitern wir sie in der Hitze, so geht die Abkühlung viel flotter von Statten, und umgekehrt können wir die Wärmeverluste bei kaltem Wetter oder schwitzendem Körper augenblicklich bedeutend herabsetzen, wenn wir diese Ventilationsöffnung durch Umwinden eines Halstuchs verschließen. Aber eben so gewiß ist, daß kein Kleidungsstück verweichlichender wirkt als eben das Halstuch, weil es die Abdunstung des Hautwassers empfindlich hemmt. So wichtig also das Halstuch bei Abwendung einer drohenden Erkältungsgefahr ist, so verwerflich ist das anhaltende Tragen desselben.

---

23. Erhitzung.

Bei der Erhitzung handelt es sich theils um die Einwirkung erhöhter Luftwärme, theils um die Erhitzung aus inneren Ursachen.

Wie der Wärmeregulirungsapparat hoher Luftwärme entgegenwirkt, haben wir im vorigen Kapitel gesehen, und wir wissen, daß das letzte und energischeste Mittel, zu welchem derselbe greift, die Schweißbildung ist. Dieser Umstand ist gleichbedeutend mit Verminderung der Blutmasse, und in Folge dessen nimmt der allgemeime Blutdruck in den Schlagadern ab, weshalb der Eintritt des Schweißes erleichternd wirkt, sobald der Blutdruck eine bedrohliche Höhe erreicht. Dieser günstigen Wirkung steht gegenüber, daß eine zu starke Herabminderung des Blutdrucks nach dem früher Gesagten den Eintritt der Ermüdung beschleunigt. Bis zu einem gewissen Grade tritt jedoch auch hier wieder eine Regulirung ein. Das Blut wird durch den Wasserverlust dickflüssiger und setzt seiner Bewegung in den Haargefäßen Widerstände entgegen, wodurch der Blutdruck in den Schlagadern wieder gesteigert wird. Auf der andern Seite ist diese Verdickung des Blutes eine Gefahr; denn sobald die Eindickung eine gewisse Gränze überschreitet, so stockt die Blutbewegung und die Folge ist der sogen. Sonnenstich oder Hitzschlag, der sehr häufig momentan tödtet. Für diese Eventualität ist übrigens in dem Mechanismus des Wärmeregulirungsapparates durch die Erregung des Durstgefühls gesorgt, und durch genügendes Trinken kann der Hitzschlag vollkommen vermieden werden. Ueber den kalten Trunk im erhitzten Zustand soll weiter unten etwas gesagt werden.

Ausführlichere Besprechung bedarf die Körpererhitzung, die inneren Ursachen entspringt; wir beschränken uns jedoch auf diejenige, welche Folge einer erhöhten Thätigkeit der äußeren Arbeitsmaschine ist, da die Fieberhitze Gegenstand ärztlicher Behandlung ist.

Einmal tritt leicht Erhitzung ein, wenn wir irgend eine Muskelarbeit, und sei es auch eine, die wenig Kräfte erfordert, über ihr natürliches Tempo zu beschleunigen versuchen. Warum das so ist, geht aus dem hervor, was S. 235 über das natürliche Tempo gesagt wurde: es tritt ein Kampf zwischen antagonistischen Muskelgruppen ein mit Bildung von Reibungswärme.

Ein zweiter Fall, in welchem bei der Arbeit leicht Erhitzung eintritt, ist, wenn wir eine ungewohnte Arbeit verrichten oder eine gewohnte Arbeit über ihren gewöhnlichen Betrag steigern. Hier liegt die Ursache in folgendem: Im Körper besteht ein unausgesetztes Bestreben, alle Theile fest mit einander verwachsen zu lassen (Verwachsungstendenz); die freie Beweglichkeit der Theile gegen einander wird nur dadurch erhalten, daß sie sich Bewegung machen, und nur in so weit, als sie sich bewegen und nur in der Art, wie sie sich bewegen. Verschieben sich z. B. zwei benachbarte Muskeln gewöhnlich nicht an einander, weil sie gleichzeitig gebraucht werden, so verwachsen sie mit einander, und um so fester, je seltener eine gegenseitige Verschiebung vorkommt. Führen wir nun eine ungewohnte Arbeit aus, so muß es geschehen, daß von derlei verwachsenen Muskeln der eine allein arbeiten soll, und dabei stößt er nun auf ein Hinderniß, dessen Bekämpfung Arbeit, also auch vermehrte Wärmebildung verlangt, und dabei wird erst noch alle Arbeit, die auf die Ueberwindung des Widerstandes verwendet wird, wieder in Reibungswärme umgewandelt. Das gleiche tritt ein, wenn eine Bewegung, z. B. eine Gliedmaßenbeugung, die für gewöhnlich nur bis zu einer gewissen Winkelstellung ausgeführt wird, ausgiebiger gemacht werden soll: sobald sie die gewöhnliche Exkursionsweite überschreitet, stößt sie auf Verwachsungshindernisse, was Kraftaufwand, Verbrennungswärme und Reibungswärme erzeugt.

Der dritte Fall ist der, wenn entweder ungewöhnlich umfangreiche Muskelthätigkeit oder ungewöhnlichen Kraftaufwand erforderliche Arbeiten verrichtet werden sollen.

So lange sich nun die Steigerung der Körperwärme in mäßigen Grenzen hält, wirkt sie förderlich auf die Arbeit, insofern die Erregungsfähigkeit von Nerv und Muskel mit zunehmender Wärme steigt, und es ist eine bekannte Thatsache, daß die Arbeit leichter und rascher von Statten geht, wenn man etwas warm geworden ist; diese Erleichterung hat auch darin noch ihren Grund, daß die zunehmende Wärme erschlaffend auf die Gefäßwände wirkt, so daß die durch die vermehrte Herzthätigkeit hervorgerufene Steigerung des Blutdrucks sich mindert. Sobald jedoch die Wärmesteigerung eine gewisse Gränze (Ueberhitzungsgränze) übersteigt, so treten Störungen ein:

Einmal wird die Herzaktion unregelmäßig: auf Perioden mit gesteigerter Pulszahl folgen solche, in welchen die Schläge seltener werden, und sobald diese Schwankungen in Blutdruck und Herzaktion eintreten, erleidet auch die Innervation der thätigen Körpertheile Störungen, und es treten die Symptome der Erschöpfung ein, welche die äußere Arbeit beendigen. Setzt man die Beobachtung des Pulses auch über den Zeitpunkt der Arbeitseinstellung hinaus fort, so ergibt sich folgendes: Der Puls, der um mehr als 60 Schläge in der Minute vermehrt sein kann, sinkt in der ersten und zweiten Minute der Ruhe oft bis zu 20 Schlägen unter der Mittelzahl, hebt sich darauf nach einigen Minuten noch einmal über die Mittelzahl, auf etwa 85 Schläge, sinkt noch einmal unter die Norm, steigt ein drittes Mal über das Mittelmaß, jedoch nicht mehr so hoch, und geht endlich in das normale über.

Die Antheilnahme der Athmungsorgane an der Ueberhitzung ist ganz ähnlicher Natur, es sind Störungen des Rhythmus: Perioden von kurzen, schnellen und flachen Athemzügen wechseln mit einzelnen tiefen und langen Einathmungen und stoßweisen Ausathmungen.

Da der Zustand der Ueberhitzung unbedingt zur Einstellung der Arbeit zwingt, wenn nicht durch Steigerung der Körperwärme über die Gerinnungstemperatur gewisser Eiweißstoffe (40° C.) eine empfindliche, bleibende Störung des Arbeitsmechanismus, ja schließlich der Tod eintreten soll, so ist vom Grade der Erhitzungsfähigkeit eines Menschen die Höhe seiner Arbeitsfähigkeit beeinflußt. Ein Mensch, der sich leicht erhitzt, ist unfähig zu schneller Arbeit, zu anstrengenden Leistungen und zu ausdauernder Arbeit. Es ist deshalb wichtig zu wissen, worauf die Erhitzungsfähigkeit beruht; denn daraus ergibt sich, wie sie beseitigt werden kann.

Die eine Seite der Erhitzungsfähigkeit kennen wir schon aus obigem: sie besteht darin, daß jemand die Arbeit überhaupt oder die spezielle Arbeit nicht gewohnt ist und deshalb wie eine schlechtgeschmierte oder eingerostete und deshalb mit Reibungsmomenten behaftete Maschine sich warm läuft, zu viel Wärme erzeugt. Die andere Seite ist eine ungenügende Leistungsfähigkeit der Vorkehrungen, auf denen die Steigerung der Wärmeabgabe beruht.

Betrachten wir zuerst, wie es der Körper angreift, um sich des durch vermehrte Arbeit erzeugten Wärmeüberschusses durch vermehrte Wärmeabgabe zu entledigen.

Der eine Regulirungsfaktor ist, daß bei vermehrter Verbrennung von Nahrungsstoffen, wie es die Vermehrung der Arbeit verlangt, auch mehr Kohlensäure erzeugt und dem Blute beigemischt wird. Wir haben nun früher gesehen, daß Vermehrung der Kohlensäure im Blut einen bestimmten Hilfsmechanismus des Körpers, den Athmungsapparat, zu gesteigerter Thätigkeit aufruft: es tritt Beschleunigung des Athmens ein in Folge von Reizung des im Genickmark liegenden Athmungscentrums durch Kohlensäure.

Wir haben früher die Lunge als Wärmeabsonderungsorgan kennen gelernt und begreifen nach dem dort Gesagten, wie jede Steigerung der Athmungsthätigkeit eine Erhöhung der Wärmeabgabe zur Folge haben muß; aber die Frage ist jetzt die: Kann die Lunge den vermehrten Anforderungen genügen? hat sie die Fähigkeit, die Menge der in der Zeiteinheit aus- und eingeathmeten Luft entsprechend zu vergrößern durch größere Zahl oder Tiefe der Athemzüge? Weiter handelt es sich um die Leichtigkeit, mit welcher diese gesteigerte Thätigkeit erfolgt, also um das Maß der Athmungshindernisse; denn jede Bekämpfung derselben durch die Athmungsmuskeln vermehrt nicht blos den Umfang und die Stärke der Athmungsarbeit, was eine Kraftvergeudung ist, sondern dieses Plus von Arbeit setzt sich auch in Reibungswärme um, so daß der Wärmeabsonderung durch die Lunge eine gleichzeitige Wärmebildung durch sie entgegengesetzt, also die Herabminderung der Körperwärme durch die Athmungsarbeit geringer wird. Kurz gesagt, es handelt sich um einen Zustand des Athmungsorgans, bei welchem dasselbe eine möglichst große Wärmemenge abgeben kann, ohne zugleich erheblichere Mengen von Reibungswärme zu bilden.

Diese Qualität setzt sich aus folgendem zusammen: Einmal, je größer die Luftfassungsfähigkeit der Lunge im Verhältniß zum Körper ist, um so leichter wird sie die obige Aufgabe lösen können. Zweitens: je geringeren Widerstand ihre Elasticität der Ausdehnung entgegengesetzt, um so weniger Muskelkraft ist erforderlich und um so geringer die gebildete Reibungswärme. Dabei darf jedoch die Vollkommenheit ihrer Elasticität nicht beeinträchtigt sein. Denn es ist eben so wichtig, daß sich die Lunge bei der Ausathmung rasch und völlig zusammenzieht; deshalb echauffiren sich Emphysematiker so leicht. Drittens: der Brustkorb muß möglichst frei bewegliche Gelenke haben. Viertens: sollen die Widerstände der anliegenden Weichtheile, die bei der Einathmung verschoben werden müssen, möglichst gering sein. Fünftens: die Stellung der Hartgebilde des Brustkorbs zu einander muß der vermehrten Exkursionsweite der Lunge angepaßt sein (richtige Körperhaltung).

Um die Sache mit einem Male zu sagen: es handelt sich um die Fähigkeit der Lunge, Tiefathmungen auszuführen und die Athmungsbewegungen über das gewohnte Maß hinaus zu steigern. Je seltener nun ein Mensch das gethan hat, um so weniger vermag er es jetzt, und so muß Erhitzung eintreten. Also der erste Faktor zur Beseitigung der Erhitzungsfähigkeit ist eine genügende Schulung der Lunge.

Wenden wir uns jetzt zu dem Kreislaufapparat. Hier kennen wir den letzten Grund der Vorgänge noch nicht klar, sondern nur die Thatsache steht fest, daß jede Thätigkeit die Zahl der Pulsschläge steigert und um so leichter und stärker, je geringer seine Leistungsfähigkeit. Z. B., bei schwachen Kranken genügt schon das Aufrichten im Bett, um die Pulszahl zu erhöhen, während bei kräftigen Personen hiezu schon ausgiebigere Bewegungen gehören. Die Ursache liegt einmal in der Zunahme der Körperwärme, denn es ist an ausgeschnittenen Froschherzen festgestellt, daß Erwärmung die Pulszahl erhöht; dann kommt folgendes in Betracht:

Wir haben bei der Blutbewegung gesehen, daß die Knetungen, die thätige Muskeln ausüben, die Fortbewegung von Blut und Lymphe gegen das Herz beschleunigen. Dies steigert den venösen Blutdruck auf das Herz, und jede Steigerung des Blutdrucks — das steht experimentell fest — erhöht die Schlaggeschwindigkeit des Herzens. Wir können auch so sagen: In der Ruhe haben die Druckverhältnisse sich ausgeglichen; mit der Thätigkeit treten Drucksteigerungen ein, die deshalb nothwendig auf das Herz zuerst wirken müssen, weil in den weiten Blutgefäßen der Druck sich viel leichter gegen das Herz als gegen die engen, einen großen Widerstand leistenden Haargefäßnetze fortpflanzt. Von Seite der Venen und Lymphgefäße wird das deshalb stärker als bei den Schlagadern ausfallen, weil hier die Klappen gar keine andere Verschiebung des Inhalts als die gegen das Herz hin gestatten.

Diese Pulssteigerung hat nun, so lange sie eine gewisse Gränze nicht übersteigt, ihre sehr guten Folgen; es wird die Kreislaufgeschwindigkeit erhöht, und dies kommt dem arbeitenden Theil zu gute: er wird reichlicher durchblutet. Auf der andern Seite ist aber nicht minder sicher, daß mit der Beschleunigung der Blutbewegung die Menge der daraus entstehenden Reibungswärme steigt. Deshalb besteht ein Regulirungsverhältniß, das einmal der Pulssteigerung entgegenwirkt und andrerseits die Wärmeabgabe steigert, also auch dem Eintritt der Erhitzung einen Hemmschuh anlegt. Dies besteht in folgendem:

Wärmesteigerung erschlafft die Gefäßwände; damit sinkt der Blutdruck, was das Herz mit Rückgang der Pulszahl beantwortet; damit ist der Bildung von Reibungswärme durch die Blutbewegung vorgebeugt. Die Erweiterung der Blutgefäße der Haut durch die Wärme, die man am Rothwerden derselben so leicht erkennt, steigert weiter die Wärmeabfuhr bedeutend, schon durch Leitung und Strahlung und schließlich durch Schweißbildung. Wir fühlen deshalb auch ganz deutlich, daß das Hitzegefühl bei echauffirender Arbeit sofort sich mäßigt, sobald der Schweiß ausgebrochen ist. Bei Versuchen, die ich im türkischen Bad anstellte, fand ich in der Beziehung folgendes:

Bei Personen, die schwer schwitzen, steigt die Pulszahl rasch bis zu 115 Schlägen in der Minute, um mit Ausbruch des Schweißes um 5—10, selbst noch mehr Schläge zurückzugehen und dann erst sehr langsam zu steigen; bei Personen, die rasch und leicht schwitzen, bleibt diese Oscillation aus.

Von hier aus können wir jetzt die Frage beantworten: Worauf kommt es seitens des Kreislaufes an, wenn er seine Schuldigkeit als Wärmeregulator bei Gefahr innerer Erhitzung soll thun können? Die Antwort ist einfach: auf die **Dehnbarkeit** seiner Blutgefäße, insbesondere seiner Schlagadern und Haargefäße und ganz besonders auf die **Dehnungsfähigkeit der Hautgefäße und Lungengefäße**, und alle Umstände, welche diese beeinträchtigen, beschleunigen den Eintritt der **Ueberhitzung**, die zur Einstellung der Arbeit zwingt.

Ich darf hier nur kurz aus Kapitel 14 rekapituliren:

1. Leute mit starren, wenig nachgiebigen Schlagadern und Capillarwänden erhitzen sich leichter als solche mit leicht dehnbaren.

2. Verweichlichte Leute, bei denen wässrige Beschaffenheit der Körpergewebe in den Nerven, welche die Spannung der Gefäßmuskeln reguliren, die Leitungsfähigkeit vermindert hat, erhitzen sich leichter und fallen auch leichter in hitzige Krankheiten als abgehärtete. Hier muß ich einen Irrthum aufklären: Man hört so häufig von Personen, die sich eine Erkältungskrankheit zugezogen haben, die Ursache sei eine Erhitzung gewesen, und deshalb haben so viele Leute eine ungemeine Angst vor Erhitzung. Die Sache ist die, daß verweichlichte Leute sich eben so leicht erhitzen als erkälten. Man erkältet sich zwar, wovon unten die Rede sein wird, im erhitzten Zustand leichter als im nicht erhitzten, aber die Leichtigkeit, mit der sich jemand erhitzt, entspringt derselben Ursache wie die Erkältungsfähigkeit, nämlich einer wässrigen, verweichlichten Körperconstitution.

3. Leute, bei denen die Dehnungsfähigkeit der Hautgefäße gering und das Hautvenennetz schlecht entwickelt ist, erhitzen sich leichter.

4. Auch die Lunge kommt noch einmal in Betracht, insofern sie nicht blos Luft, sondern auch eine große Masse von Blut führt: eine geringe Athmungsfähigkeit hindert auch die Blutbewegung durch die Lunge, und das trägt ungemein viel zur Erhitzung bei.

5. Fette Leute erhitzen sich bekanntlich sehr viel leichter als magere, weil hier das Körperfett die Ausdehnung der Gefäße hindert, und zwar handelt es sich hiebei nicht blos um die Behindernng der Erweiterung, sondern auch um die mindere Verschieblichkeit: je weniger ein Gefäß dem

Druck eines arbeitenden Muskels seitlich ausweichen kann, um so schneller und sicherer wird jede Bewegung des Muskels zur Steigerung des Blutdrucks und damit zur Herzaufregung führen, und es scheint gerade dieser Punkt eine Hauptursache zu sein, warum fette Leute so außerordentlich rasch sich echauffiren.

Ueberblickt man die genannten 5 Punkte, so sieht man, daß die 4 ersten direkt und der fünfte indirekt darauf hinauslaufen, daß solche Leute sich leicht überhitzen, deren Kreislaufapparat nicht gewöhnt ist, höhere Anforderungen an seine Leistungen zu befriedigen, kurz, daß sich am leichtesten überhitzt, wer das Erhitzen nicht gewöhnt ist, und daß die Neigung zur Erhitzung und die Fähigkeit zu hitziger Erkrankung am besten dadurch bekämpft ist, daß man sich zeitweilig erhitzt.

Sprechen wir nun noch von den Erholungsvorgängen nach vorausgegangener Erhitzung, da diese nicht blos für die momentane Herstellung der Arbeitsfähigkeit von Wichtigkeit sind, sondern auch in diätetischer Beziehung. Auf der einen Seite nämlich liegt die Gefahr vor, daß während des Erholungsstadiums der Körper der „Erkältung" mehr ausgesetzt ist als sonst, so daß der Laie nicht ganz mit Unrecht einen gewissen Respekt vor der Herbeiführung höherer Erhitzungsgrade hat. Allein andrerseits ist eben der Mensch nicht nur oft gezwungen, sich zu echauffiren, sondern das Echauffement ist ein so wichtiges Erziehungsmittel zur Gesundheit und Arbeitsfähigkeit und zugleich Heilmittel gegenüber bestimmten Krankheiten, daß man es oft genug absichtlich hervorrufen muß. In all diesen Fällen ist es von dem Verhalten des Menschen während des Erholungsstadiums abhängig, ob der Erhitzung Erkältung folgt oder nicht.

Bei der Beseitigung höherer Echauffementsgrade ist natürlich der wichtigste Vorgang die Beseitigung des Wärmeüberschusses aus dem Körper. Da die Funktionen, welche die Wärmeabfuhr zu besorgen haben, an der Gränze ihrer Leistungsfähigkeit angelangt sind, so kann dies natürlich nur dadurch geschehen, daß die Wärmebildung durch das Sistiren der Arbeit vermindert wird und die Wärmeabsonderungsfunktionen noch eine Zeit lang ihre ursprüngliche Höhe behalten. Wenn ein erhitzter Mensch die Arbeit einstellt, so kehrt in der That auch die Herz- und Athmungsthätigkeit nicht sofort auf ihr ursprüngliches Maß zurück. Aber namentlich in dem Fall, wenn Schweißverdunstung die Haut rasch abkühlt und das Blut aus ihr zu rasch in das Innere verdrängt wird und wenn dasselbe seitens der Lunge geschieht, dadurch daß dieselbe ihre ausgiebigen Bewegungeu zu rasch einstellt und weniger Blut durchläßt, so ist die Wärmeabsonderung gehemmt und der Wärmeüberschuß fällt den inneren Körpertheilen zur Last. Bildet schon dies eine Gefahr für die inneren Theile, so steigt dieselbe noch durch den Rücktritt des Blutes aus der Haut, der eine beträchtliche Steigerung des innerlichen Blutdrucks zur Folge hat.

Um das zu vermeiden, hat man sich zur Regel zu machen, die Erholung vom Echauffement nicht mittelst plötzlicher Einstellung aller Thätigkeit zu suchen, sondern anfangs noch mäßige Bewegungen auszuführen. Eine höchst zweckmäßige derartige Maßregel ist das Forterhalten einer gesteigerten Athmungsthätigkeit neben mäßiger Bewegung des übrigen Körpers, und die beste Form, in der das erstere geschehen kann, ist beim Menschen das Singen. Das beruht auf folgendem:

Wir haben bereits früher gesehen, daß von den beiden in Betracht kommenden Organen, der Haut und der Lunge, die letztere die wichtigere ist, weil die Haut nur Eine Echauffementsursache, die Wärme, die Lunge dagegen beide, nämlich neben der Wärme noch die Kohlensäure fortschafft. Mithin ist schon aus diesem Grunde die Fortdauer einer gesteigerten Lungenthätigkeit nothwendiger. Weiter ergibt sich obige Regel einfach daraus: wenn beide Organe, Haut und Lunge, gleichzeitig ihren Blutüberschuß auf die inneren Organe werfen, so werden diese weit mehr darunter leiden, als wenn zuerst die Haut allein und dann erst die Lunge dies thut. Zudem spielt die Lunge deshalb, weil sämmtliches Blut des Körpers sie durchfließt, eine viel wichtigere Rolle bei der Ausgleichung des Blutdrucks im Körper.

Eine weitere wichtige Regel für die Erholung aus dem Echauffement ergibt sich mit Rücksicht eben auf den Blutdruck. Wenn schon an und für sich das Zurückgedrängtwerden des Blutes von Haut und Lunge in die inneren Organe die Gefahr von Störungen durch Steigerung des Blutdrucks in sich birgt, so wird die Gefahr in dem Augenblick steigen, wo wir durch Trinken größerer Flüssigkeitsmengen die Blutmasse vermehren und damit den allgemeinen Blutdruck steigern. Die Gefahr des Trinkens in der Erhitzung fällt nur unter zwei Bedingungen weg: 1. wenn die Ausgleichung der Blutdrucke bereits erfolgt ist, durch Einstellung der übermäßigen Thätigkeit, wozu jedoch ein Zeitraum von 10 bis 15 Minuten im allgemeinen reichlich ausreicht; 2. wenn dem Trinken sofort wieder eine erhöhte Körperthätigkeit folgt. Ein durch rasches Marschiren erhitzter Mensch kann unbedenklich sofort seinen Durst stillen, wenn er unmittelbar danach im selben Tempo weiter marschirt und das Getränk nicht zu kalt ist, denn im letzteren Fall wirkt die Kälte als nachtheiliger Reiz auf die Magenschleimhaut, nicht aber, wie der populäre Glaube ist, auf die Lunge. Es können also in Folge eines kalten Trunks Magenkatarrhe entstehen, die Lunge dagegen wird nur dann gefährdet, wenn nebstbei durch plötzliches, vollständiges Einstellen der Körperbewegung die früher beschriebenen Schwankungen in der Blutvertheilung sich geltend machen.

Wer die in obigem enthaltenen Regeln streng befolgt, braucht nicht zu befürchten, daß er durch das Echauffement sich eine Erkältung zuzieht.

24. Wuchs und Haltung.

Die Erziehung zur Arbeitsfähigkeit hat zwei verschiedene Gruppen von Aufgaben zu erfüllen: gestaltliche und funktionelle.

In gestaltlicher Beziehung hängt die Arbeitsfähigkeit einmal von Masse, Proportionalität und Haltung des Gesammtkörpers ab. Kleine Leute sind zwar für gewisse Berufsarten besser zu gebrauchen als große, allein abgesehen davon, daß große Leute muskelkräftiger sind, haben wir früher gesehen, daß sie günstigere Blutkreislaufverhältnisse haben. Die erste Aufgabe der Erziehung ist also, einen großen Wuchs herbeizuführen. Hiezu haben drei Umstände zusammenzuhelfen: Warmhaltung, namentlich in den ersten Lebensjahren, Ernährung und Ermüdung.

Bezüglich der ersteren muß daran erinnert werden, daß jede Wärmeentziehung vom Körper mit vermehrter Wärmebildung beantwortet wird, und daß das gleichbedeutend mit Stoffverbrauch ist. Die Thierzüchter wissen recht wohl, daß in kalten Stallungen die Thiere „verbutten" nnd zwar trotz reichlichster Ernährung, und ich habe durch zahlreiche Messungen an Vögeln ermittelt, daß bei ihnen die Stärke des Wuchses in geradem Verhältniß zu all den Umständen steht, welche das Ei und das wachsende Thier vor Wärmeverlusten schützen (Größe des Eies, geschützter Neststand und Dicke des Gefieders).

Daß das Wachsthum reichliche Ernährung voraussetzt, versteht sich eigentlich von selbst; allein weniger bekannt ist, daß hiezu ermüdende Körperbewegung gehört. Wir haben früher gesehen, daß hungrig und müde bei der lebendigen Substanz zusammenfallen; will man eine kräftige Aufsaugung von Nahrungsstoffen erzeugen, so muß man die lebendige Substanz ermüden. Ich habe in dieser Beziehung folgende Erfahrung gemacht.

Es wurde mir ein submikrocephalischer 14jähriger Knabe übergeben, der nach Angabe seiner Angehörigen seit 2 Jahren zwar größer geworden, aber durchaus nicht an Gewicht zugenommen hatte. Der Junge hatte weder Bedürfniß nach Nahrungsaufnahme noch nach Kothentleerung und vergaß beides, wenn man ihn nicht daran mahnte. Ich ließ ihn nun täglich bis zu tüchtiger Ermüdung turnen, und schon nach 8 Tagen trat kräftiges Hungergefühl und Entleerungsbedürfniß ein, und nach 5 Monaten hatte sich sein Körpergewicht (morgens nüchtern gewogen) von 30 auf 35 Kilo gehoben und die mit epileptischen Anfällen vergesellschaftete Blutarmuth war beseitigt.

Die Art der Bewegung ist natürlich für die verschiedenen Lebensalter nicht dieselbe. Für den Säugling spielt das Schreien die Hauptrolle, und das Sprüchwort „Schreikinder Gedeihkinder" ist vollständig richtig. Man lasse deshalb die Säuglinge nur alle Tage sich wenigstens einmal müde und hungrig schreien, und auch noch später, wenn die Kinder zwar gehen, aber noch nicht im Laufschritt sich bewegen können, ist das Schreien viel nothwendiger als später, wo die Laufspiele und endlich das Turnen an seine Stelle treten.

Die zweite gestaltliche Aufgabe betrifft die Herstellung der richtigen Körperproportionen. Hiebei ist vor allem anzustreben: genügendes Längewachsthum der Wirbelsäule und der Beine. Als das geeignetste Mittel hiezu erweist sich die Laufgymnastik, indem die mit dem Lauf verbundenen Stöße auf die Herde des Längewachsthums, nämlich die Knorpelscheiben zwischen den Epiphysen und Diaphysen der Wirbel= und Gliedmaßenknochen, die besten Wachsthumsreize sind. Für das Wachsthum der zwei wichtigsten Wirbelsäule=abschnitte, nämlich der Halswirbelsäule und Lendenwirbel=säule scheinen Torsionsbewegungen ganz besonders förder=lich zu sein.

Bezüglich der Proportionalität sind die Aufgaben der Schulgymnastik bei Knaben und Mädchen etwas ver=schieden. Bei den letzteren ist die Erweiterung des knöchernen Beckenringes wegen der späteren Muttergeschäfte eine der wichtigsten pädagogischen Aufgaben, und das einzige Mittel hiezu ist die Lauf= und besonders die Hüpfgymnastik. Die Stöße, welche die Fugen des Beckenringes beim Hüpfen erhalten, sind Wachsthumsreize, welche die Erweiterung der knöchernen Geburtswege herbeiführen müssen. Es ist nicht bloße Geschmackssache, wenn wir Frauen schön finden, welche eine schlanke Taille und volle Hüften haben; dieselbe Ursache, welche die Hüften d. h. das Becken weit macht, streckt auch die Lendenwirbelsäule, und beide Umstände kommen der Ab=wicklung des Muttergeschäfts in hohem Grade zu Hilfe, da mit der Länge der Lende die Geräumigkeit der Bauchhöhle und mit der Hüftweite die Passirbarkeit der Geburtswege zunimmt. Mit vollem Recht hat sich deshalb das Tanzen als die geeignetste Mädchengymnastik fast bei allen Völkern der Erde Eingang verschafft, und diejenigen Tanzweisen sind die besten, bei denen die hüpfende Bewegung am ausge=sprochensten ist.

Beim Knaben fällt die Rücksicht auf die Entfaltung des Beckenringes fort. Die sociale Arbeitstheilung stellt an ihn die Aufgabe einer stärkeren Entfaltung der obern Gliedmaßen und des sie tragenden knöchernen Beckenringes. Eben weil die Frau ihrer Geschlechtsthätigkeit wegen Becken und untere Gliedmaßen möglichst entwickeln muß, was nur auf Kosten der Entwicklung der oberen Gliedmaßen und der Schulter geschehen kann, tritt an den Mann die Aufgabe heran, die letztgenannten Theile des physischen Arbeitsapparates zu entwickeln, um die Arbeiten übernehmen zu können, zu denen der schwache Oberkörper der Frau nicht befähigt ist. Deshalb muß sich zu der für beide Geschlechter nöthigen Laufgymnastik bei dem Knaben Armgymnastik gesellen, während für die Mädchen diese letztere zu verwerfen ist, weil sie die Entwicklung des Oberkörpers steigert und das nach dem Gesetz von der Discorrelation des Wachsthums nur auf Kosten der Entwicklung der unteren Körperhälfte geschehen kann.

Bei der Herstellung der richtigen Körperproportionen sind natürlich die Knochen der maßgebende Umstand, d. h. speziell die Umstände, welche das Längewachsthum derselben bestimmen. In dieser Beziehung habe ich seinerzeit eine Reihe vergleichender Messungen an Menschen und Thieren durchgeführt, welche unwiderleglich darthun, daß das Längewachsthum der Knochen im geraden Verhältniß zu ihrer mechanischen Leistung steht. Daraus geht hervor, daß die Arbeit bestimmend auf die Proportionalität des Körpers einwirkt. Keinem aufmerksamen Beobachter kann es entgehen, daß die verschiedenen Berufsarten einen umgestaltenden Einfluß auf die Massenvertheilung des Körpers ausüben, wobei die relative Länge und Stärke der einzelnen Skelettheile den Hauptantheil hat. Ich will in dieser Beziehung nur auf einige Unterschiede hinweisen.

Bei Leuten, die grobe und schwere Handarbeit verrichten (Schlossern, Schmieden, Holzspältern, Schreinern 2c.) trifft man nicht blos eine schwerere, grobknochige Hand, sondern auch wahrnehmbar längere Arme und größere Schulterbreite; letzteres in Folge Verlängerung der Schlüsselbeine. Unter Leuten, die von Jugend auf viel und angestrengt laufen müssen, wird man viel seltener kurzbeinige Exemplare finden, als unter solchen, welche eine sitzende Lebensweise zu führen haben. Auch im Rumpf tritt der wachsthumsfördernde Einfluß des Gebrauchs auf die Knochen klar zu Tage. Sieht man Leute mit kurzem Hals und kurzer Lende, so kann man sicher darauf rechnen, daß sie eine Beschäftigung haben, bei welcher sie selten veranlaßt werden, diese Partieen der Wirbelsäule um ihre Längsachse zu drehen, und dies wird dadurch bestätigt, daß diese Theile auch in der That weniger beweglich sind; diese Leute kostet es Anstrengung, den Kopf zu wenden, und nicht minder ist die Drehungsfähigkeit ihrer Lende beeinträchtigt, ein deutlicher Beweis, daß es an der nöthigen Uebung dieser Bewegung gefehlt hat. Umgekehrt haben Leute mit schlankem und langem Hals und schlanker, langer Lende eine Beschäftigung hinter sich, die mit häufigen Torsionen der Wirbelsäule verbunden war. Dieselbe Bedeutung für das Längewachsthum hat auch das Lasttragen: Personen, welche Lasten auf dem Kopfe tragen, haben eine gestrecktere Wirbelsäule als andere.

Zu obiger Darstellung der Gebrauchswirkung auf die Knochen muß jedoch hinzugefügt werden, daß andauernder Druck, der auf einen Knochen geübt wird, Schwund des Gewebes erzeugt, ein Umstand, auf welchem die so häufigen Verkrümmungen der Wirbelsäule in Folge schlechter Körperhaltung beruhen. Wachsthumsfördernd wirkt nur die Abwechslung von Stoß und Zug mit Erschlaffung, wie sie mit der eigentlichen Arbeit immer verbunden ist, also die Rüttelung und Zerrung und stoßweise Pressung.

Die dritte gestaltliche Aufgabe der Erziehung ist die Herbeiführung einer richtigen Körperhaltung. Hiebei handelt es sich in erster Linie um die Krümmungsverhältnisse der Wirbelsäule, da diese von entscheidendstem Einfluß auf die Geräumigkeit der Eingeweidehöhle sind. Alle Hilfsmaschinen, Lunge, Kreislaufapparat, Verdauungskanal mit seinen Nebenapparaten, der Harn- und Geschlechtsapparat, liegen in ihr, und alle brauchen zu ihrer ungehemmten Thätigkeit Raum und möglichste Fernhaltung von Seitendruck, und da jeder höhere Seitendruck in der Eingeweidehöhle auch den Seitendruck im Gehirn und Rückenmark erhöht, was deren Thätigkeit hemmt, so ist die Geräumigkeit der Leibeshöhle ein ganz außerordentlicher Faktor für die Höhe der Arbeitsfähigkeit des gesammten Körpers.

Von den drei beweglichen Abschnitten der Wirbelsäule ist die Lende die wichtigste: je stärker diese nach rückwärts gekrümmt gehalten wird, d. h. je stärker die sog. Einziehung des Kreuzes ist, desto geräumiger wird die Eingeweidehöhle, weil sich hiebei der vordere Rand des Brustkorbes von dem obern Rand des Beckens entfernt. Aus diesem Grunde ist es durchaus sachgemäß, daß das militärische Exercitium auf die Herstellung einer ausgiebigen Kreuzbeuge ein ganz besonderes Gewicht legt.

Weniger, aber immer noch erheblich wichtig ist die Haltung der Halswirbelsäule. Auch sie soll eine Biegung mit der Hohlseite nach rückwärts annehmen, und zwar weil dadurch der Druck auf die Blut- und Luftwege am Halse am geringsten ausfällt, was Athmung und Kreislauf, namentlich aber der Thätigkeit des Gehirns zu gute kommt.

Die Krümmung der Brustwirbelsäule kommt insofern weniger in Betracht, als deren Haltung viel weniger dem Willen unterworfen ist, also auch viel weniger der erzieherischen Beeinflussung bedarf, als die bei den willkürlichen Körperhaltungen so sehr betheiligten Hals- und Lendenabschnitte. Aber das muß gesagt werden, daß Zunahme der

Krümmung, wobei der Rücken sich stärker wölbt, die Geräumigkeit der Brusthöhle schädigt und somit eine Haltung im Sinne der Geradestreckung verlangt werden muß. Die seitlichen Verkrümmungen der Wirbelsäule, die schon ins Gebiet der krankhaften Veränderungen gehören, lassen wir unbesprochen.

Bei der Körperhaltung ist der Zeitmoment einer besondern Besprechung werth. Das Ziel der Erziehung ist, die richtige Körperhaltung zu einer dauernden zu machen, welche von den Wechselfällen der verschiedenen willkürlichen, mit der Arbeitsleistung verbundenen, vorübergehenden Körperhaltungen unabhängig ist. Dieses Ziel ist nun nicht zu erreichen, solange die Wirbelsäule noch in die Länge wächst, sondern nur in dem Zeitpunkt, wo mit dem Aufwachsen der Epiphysen der Wirbelkörper das Längewachsthum beendigt wird: die Haltung, welche zu dieser Zeit d. h. zwischen dem 18. und 20. Lebensjahre die gewöhnliche war, ist dann für die Zukunft fixirt, d. h. nicht absolut unveränderlich, aber nur schwierig zu ändern.

Daraus geht hervor, daß die militärische Präsenzzeit, die im 20. Jahre beginnt, gerade noch, aber nicht bei allen Individuen das Ende dieser Verknöcherungsperiode erreicht, mithin etwas post festum kommt, weshalb es bei vielen Rekruten sehr herb geht, bis sie die richtige Körperhaltung — und das ist die militärische — gewinnen, wenn sie ihr Lebensberuf schon vorher in eine falsche Körperhaltung hineingedrängt hat.

Bei der Körperhaltung ist wichtig zu wissen, daß das Kind in Mutterleib eine durchaus bogig gekrümmte Wirbelsäule bekömmt (siehe Fig. 9 b) und daß die Aufgabe darin besteht, dieselbe in die Form von Fig. a zu bringen. Dies geschieht nun schon beim Säugling von selbst, sobald man ihn auf den Rücken legt: das Zurücksinken des Kopfes erzeugt die Rückwärtsbeugung der Halswirbelsäule und die Kreuzbeuge wird zuerst einfach durch das Hinuntersinken des Gesäßes und dann durch folgenden Umstand herbeigeführt.

Das Kind kommt, wie aus Figur 9 b ersichtlich, in einer Gliedmaßenstellung zur Welt, welche die eines vierfüßig gehenden Thieres ist. Da es aber Monate lang nicht die Kraft hat, sich von der Stelle zu bewegen, und die enorme Entwicklung des Gehirnschädels das Gesicht mit seinen Zugangsöffnungen so herabverschoben hat, daß die

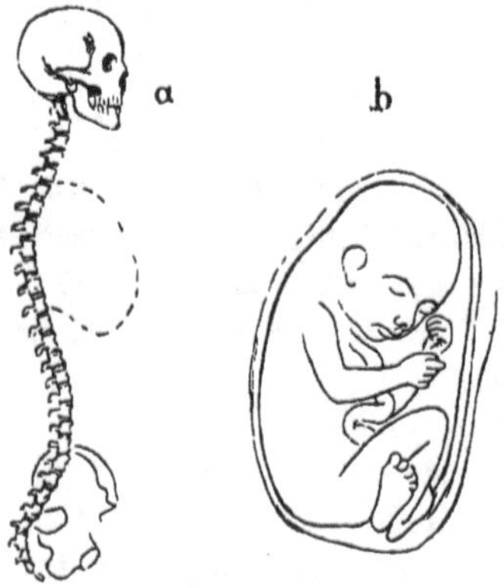

Fig. 9.

Bauchlage unmöglich ist, so nimmt es die Rückenlage an, bei der die Gliedmaßen in die Luft stehen. Diese Stellung können sie auf die Dauer nicht behaupten, sie sinken herab und die Füße wirken hiebei auf das Gesäß derart drehend, daß das Kreuzbein mit der Lendenwirbelsäule einen nach hinten geöffneten Winkel bilden muß.

Die Erziehung hat nun darüber zu wachen, daß sich diese Stellungsveränderung möglichst gut vollzieht, und da ist wichtig zu wissen, daß dieselbe in der Rückenlage von selbst erfolgt, während das Umhertragen des Kindes in sitzender Stellung derselben entgegenwirkt. Dieses soll deshalb auf das mindeste Maß eingeschränkt werden. Zwar ist die Bildsamkeit der Wirbelsäule noch lange Zeit hindurch groß genug, um die Haltung auch noch später zu erzeugen, allein Fehler, die in dieser Richtung beim Säugling gemacht werden, beeinträchtigen die Erlernung des aufrechten Ganges.

Angemerkt muß noch werden, daß bei der Rückenlage des Säuglings auch eine gestaltliche Veränderung der Brust in Folge des Herabsinkens der Arme eintritt: unter Verkürzung ihres Tiefedurchmessers verbreitert sie sich und die Krümmung der Brustwirbelsäule flacht sich ab. Eine solche Brust ist athmungsfähiger als die sogen. Hühnerbrust des Säuglings, die mit starker Rückenkrümmung verbunden ist.

Ein entscheidender Vorgang für die gestaltliche Entwicklung ist die Erlernung des aufrechten Ganges. Hier handelt es sich erstens um die soeben angedeutete Vorbehandlung während der ersten Lebensmonate: je vollständiger die Geradestreckung in der Rückenlage geworden, um so sicherer vollzieht sich die Aufrichtung — zweitens um die Herbeiführung der letzteren. Hier ist die wichtigste Regel: man überlasse das Kind seinen eigenen Kräften. Es braucht durchaus nichts anderes als eine Einfriedigung von circa 35 Centimeter Höhe (Achselhöhe) und etwa 1½ Quadratmeter lichtem Raum, in der es sich frei und gefahrlos bewegen kann. Sobald es hier genügend umhergeturnt, wird es mit den Händchen die obere Kante der Einfriedigung fassen und sich aufziehen, wobei jede Hilfeleistung schädlich ist; man muß ihm nur die paar ersten Male behilflich sein, sich wieder zu setzen. Fast alle falschen Haltungen und Knochenverkrümmungen, die zu dieser Zeit eintreten, rühren davon her, daß man das Kind gegen seinen Willen und sein Können aufzustellen versucht.

25. Uebung und Gewöhnung.

Eine jedem Kinde geläufige Thatsache ist, daß „Uebung den Meister macht“, d. h. daß sie das Hauptmittel ist, um den Menschen arbeitsfähig im allgemeinen und fähig zu bestimmten Arbeitsformen zu machen, und in einer Schrift, welche sich die Schilderung der menschlichen Arbeitskraft zur Aufgabe stellt, muß der Besprechung der Uebung und dessen, was dabei vorgeht, ein gebührender Platz eingeräumt werden. Um so nöthiger ist das, als die naturwissenschaftliche Seite dieses Vorgangs von der Forschung nicht in dem Maße, wie sie es verdient, berücksichtigt worden ist. Freilich legt uns die Rücksicht auf den Raum eine Beschränkung auf, angesichts der Thatsache, daß die Uebung ein sehr complicirter Vorgang ist, denn es handelt sich dabei nicht blos um den Einfluß derselben auf die verschiedenen Gewebe und Theilmechanismen des Körpers, sondern auch auf das Zusammenarbeiten der Theile im Dienste des Gesammtmechanismus.

Zuerst müssen wir feststellen, was unter Uebung zu verstehen ist. Man versteht darunter nicht jede Form der Thätigkeit eines Körpertheils, sondern nur eine solche, bei welcher eine bestimmte Arbeit öfter wiederholt, aber nicht bis zur *Ueberarbeitung* fortgesetzt wird. Während Uebung kräftigend wirkt, die Leistungsfähigkeit erhöht, wirkt Ueberarbeitung stets ruinirend. Wir verstehen also unter Uebung vorzugsweise ein *bestimmtes* Maß von Arbeit, an das die im folgenden zu besprechenden Wirkungen geknüpft sind.

Die Uebungswirkung besteht in Veränderungen der Masse, der chemischen Zusammensetzung und physikalischen Eigenschaften der gebrauchten Gewebe und Körpertheile und damit auch seiner Verrichtungen.

Um zuerst das Allgemeine zu besprechen, so unterscheidet sich ein geübter Körpertheil von einem ungeübten in der Masse: der geübte ist relativ größer als der ungeübte. Was die Zusammensetzung betrifft, so besitzt der geübte Theil relativ mehr leistende Gewebstheile als der ungeübte. Unmittelbar leistende Gewebstheile sind, wie wir früher sahen, die Eiweißstoffe, während das Wasser als nichtleistend und das aufgespeicherte Fett als nur mittelbar leistend bezeichnet werden müssen. Also geübte Theile sind reicher an Eiweiß und ärmer an Fett und Wasser als ungeübte. In physikalischer Beziehung unterscheiden sie sich im allgemeinen durch größere Festigkeit, höheres specifisches Gewicht und andere Erregbarkeitsverhältnisse. Hiezu müssen wir uns jedoch die einzelnen Theile gesondert besehen.

Am augenfälligsten sind die Veränderungen der Muskeln, über die man sich am leichtesten orientiren kann, wenn man das Muskelfleisch wilder Thiere mit dem von eingestallten Hausthieren vergleicht, oder wenn man an einem und demselben Thiere die stärker gebrauchten Muskeln mit den selten gebrauchten zusammenhält, z. B. Fuß- und Brustmuskeln bei den des Fliegens entwöhnten Hausvögeln. Die gebrauchten Muskeln haben eine dunklere Farbe als die weniger gebrauchten, was namentlich beim Kochen auffällig zu Tage tritt; ferner haben sie gröbere Fasern, sind weniger zerreißlich und behalten nach dem Kochen eine größere Zähigkeit; auch ist der Verband der Fasern fester, während die weniger gebrauchten Muskeln beim Kochen leichter in die einzelnen Fasern sich auflösen; der stärker gebrauchte Muskel fühlt sich derber an, namentlich ist er während der Contraktion von bretartiger Härte, während unthätige Muskeln in Ruhe und Contraktion sich schlaff anfühlen. Damit geht eine leicht nachweisbare Zunahme des spezifischen Gewichtes Hand in

Hand. Ich habe am lebenden Menschen diese Thatsache in folgender Weise ziffermäßig ermittelt.

Es wurden von 25 Rekruten und 25 gedienten Soldaten des zweiten und dritten Jahrgangs das Körpergewicht, die Körperhöhe und der mittlere Brustumfang in der Höhe der Brustwarze gemessen. Aus den zwei letztern Maßen ließ sich eine schematische Vorstellung des Körperinhaltes bilden. Wenn man sich den Brustumfang als die Peripherie eines Kreises denkt, daraus die Kreisebene berechnet und dieses Flächenmaß mit der Körperhöhe multiplicirt, so erhält man den kubischen Inhalt eines Cylinders für jeden Mann, der zwar kein absolutes Maß seines Volums ist, aber eine Vergleichung der Mannschaften unter einander zuläßt. In dieser Weise fand ich für den Kubikdecimeter (Liter) Körperinhalt bei den 25 Rekruten im Durchschnitt ein Gewicht von 643 g, während die 25 gedienten Soldaten pro Liter 672 g, also 29 g mehr wogen, was für einen Mann von etwas mehr als 102 Liter genau 3 Kilo ausmacht. Bei einem ursprünglichen Gewicht von 70 Kilo gibt dies eine spezifische Gewichtszunahme von 4,3 %; es wäre natürlich irrthümlich, diesen ganzen Mehrbetrag den Muskeln allein zuzuschreiben, da namentlich auch die Knochen entschieden daran Theil nehmen; allein da die Muskeln allein die Hälfte des Gesammtgewichtes ausmachen, so kann diese Steigerung des spezifischen Gewichts weder allein den Knochen noch dem Schwund des Körperfettes allein zugeschrieben werden. Der Einwand, es könnte die gefundene Gewichtszunahme nicht Folge der militärischen Arbeit, sondern eine mit dem vorrückenden Alter sich von selbst einstellende Veränderung der Körperbeschaffenheit sein, wird dadurch beseitigt, daß sowohl an der Central-Turnanstalt in Stuttgart als an der zu Berlin die gleiche Veränderung auch an älteren Männern im Zeitraum weniger Monate beobachtet worden ist. So betrug z. B. an der ersteren die Gewichtszunahme in Folge 4 monatlicher Trainirungsarbeit bei 11 Theilnehmern eines Lehrkurses 2 ½ bis 6 Kilo, während bei zweien das Körpergewicht gleichblieb und ein zuvor fettleibiger ½ Kilo an Gewicht verlor. Bei einem andern Kurs von 11 Mann betrug die durchschnittliche Gewichtszunahme pro Kopf circa 1 Kilo.

Diese Zunahme des spezifischen Gewichts kann auf nichts anderes zurückgeführt werden, als auf die relative Zunahme des spezifisch schwereren Eiweißes (und der Knochenerde) auf Kosten der leichteren Stoffe (Fett und Wasser). Daß die Muskeln dabei eine Hauptrolle spielen, konnte ich durch vergleichende Bestimmung des Wassergehaltes an Muskeln verschiedener Gebrauchsstärke an einem und demselben Thiere nachweisen; sie betrug zwischen ½—1 ½ %.

In funktioneller Beziehung ist der auffälligste Erfolg der Muskelübung die Zunahme von Kraft und Geschwindigkeit der Bewegung. In welcher Weise sich die Geschwindigkeitszunahme auf die einzelnen Abschnitte der Muskelzuckung vertheilt, ist experimentell noch nicht geprüft; allein es scheint sich dieselbe über alle Akte gleichzeitig zu erstrecken, d. h. sich sowohl die Latenzzeit abzukürzen, als auch die ganze Zuckungskurve, und zwar in ihren beiden Theilen, in dem ansteigenden sowohl als in dem absteigenden Stück; d. h. es wird nicht blos kürzere Zeit verstreichen vom Beginn der Zuckung bis zum Eintritt der höchsten Verkürzung, sondern auch die Erschlaffung wird rascher erfolgen. Wir haben bereits früher gesehen, welch wichtige Rolle bei der Geschwindigkeit der Arbeit die Dauer der Erschlaffung spielt, sobald es sich, wie das bei so vielen Arbeiten der Fall ist, um ein rhythmisches Wechselspiel zweier antagonistischer Muskelgruppen handelt. Je rascher nun der Muskel nach seiner Erregung wieder erschlafft, um so rascher kann ihm die

Zusammenziehung seines Partners folgen, woraus hervorgeht, daß für die Arbeitsbeschleunigung die Erschlaffungszeit genau so wichtig ist, wie die Verkürzungszeit. Ohne sorgfältige Messung mittelst der bekannten selbstregistrirenden Apparate läßt sich natürlich über das Verhalten der Zuckungskurve nichts bestimmtes sagen; aber daß durch die Uebung eine Abkürzung derselben hervorgebracht wird, darf mit Bestimmtheit erwartet werden.

Weiter dürfen wir auch erwarten, daß durch die Uebung die Geschwindigkeit zunimmt, mit welcher die Zuckungswelle über den Muskelfaden dahinläuft; ein Zeitmaß, welches nicht minder wichtig ist für die Zeit, die vom Moment der Muskelerregung bis zu dem Augenblick verstreicht, in welchem die Verkürzung des Muskels anfängt auf die Last bewegend zu wirken.

Auch in Bezug auf die zweite Veränderung der Muskelleistungsfähigkeit durch Uebung, nämlich die Zunahme der Kraft, sind wir noch durchaus nicht genügend aufgeklärt. Wir können nur aus der Zunahme der Härte des Muskelfleisches, dem größeren Eiweißreichthum, darauf schließen, daß nicht blos die Querschnittzunahme, die wir bei geübten Muskeln bemerken, sondern auch Aenderungen der Cohäsionsverhältnisse und der Erregbarkeit zu der notorischen Ueberlegenheit geübter Muskeln das ihrige beitragen.

Daß bei der Zunahme von Kraft und Geschwindigkeit auch noch die Veränderungen in Betracht kommen, welche die Uebung an Knochen, Gelenken und Sehnen hervorruft, soll unten besprochen werden.

Eine dritte funktionelle Wirkung der Uebung auf den Muskel besteht in einer vollkommeneren Regulirung seiner Thätigkeit, d. h. daß der Willenseinfluß das Maß der Zusammenziehung völliger in seiner Gewalt hat, und zwar nach Kraft, nach Geschwindigkeit und nach Ausgiebigkeit. Diese empirische Thatsache läßt sich nur auf die promptere Erregungsleitung der regulirenden Nerven zurückführen, also derer, welche das Muskelgefühl vermitteln, und der die Zusammenziehung hemmenden und beschleunigenden Nerven.

Die vierte Wirkung der Uebung ist eine Erhöhung der Ausdauer des Muskels. Bei dieser Qualität ist es am fraglichsten, ob wir es mit einer Veränderung der Muskelfaser selbst zu thun haben. Hier kommt jedenfalls eine Veränderung der schon ausführlich besprochenen Ermüdungsbedingungen in Betracht, also das Thätigkeitsmaß der Blutgefäße des Muskels bezüglich der Entfernung der Ermüdungsstoffe; jedoch bleibt die Vermuthung unbeseitigt, daß der geübte Muskel auch darum ausdauernder ist, weil ihm eine größere Summe von krafterzeugender (inogener) Substanz zu Gebot steht, denn die früher beschriebene physikalische Aenderung des geübten Muskels, namentlich sein geringerer Wassergehalt, kann zu Gunsten dieser Vermuthung gedeutet werden; immerhin bleibt auch hier der Experimentalphysiologie noch ein weiter Spielraum zur Forschung.

Die fünfte Wirkung der Uebung im Bereich der Muskeln besteht in einer größeren Unabhängigkeit der Muskeln von einander. Während bei ungeübten die Erregung leicht auf benachbarte Muskeln, deren Bewegung nicht beabsichtigt ist, ausstrahlt — was sich namentlich an den Bewegungen der einzelnen Finger deutlich zeigt —, kann die Uebung derartige Mitbewegungen verhindern; dies rührt einerseits von einer besseren Isolirung der Nervenleitung, andrerseits von der besseren Isolirung neben einander liegender Muskeln selbst her: das sie verheftende Bindegewebe wird zugiger.

Wenden wir uns jetzt zu den passiven Theilen des Bewegungsapparates, um zu sehen, wie sie von der Uebung beeinflußt werden.

Bezüglich der Knochen ist schon S. 318 gesagt worden, daß der Gebrauch ihr Längewachsthum steigert. Damit steigt bei den Knochen, welche Geschwindigkeitshebel sind, die Geschwindigkeit und Schwungkraft: z. B. ein langbeiniger Mensch erlangt unter sonst gleichen Verhältnissen eine größere Laufgeschwindigkeit als ein kurzbeiniger, und der Faustschlag eines langarmigen ist ausgiebiger als der eines kurzarmigen.

Eine weitere Gebrauchswirkung an den Knochen ist die stärkere Entwicklung der Knochenvorsprünge, an denen sich die Sehnen ansetzen. Der Vortheil ist folgender: je mehr dieselben über die Fläche des Knochens sich erheben, desto günstiger wird der Angriffspunkt der bewegenden Kraft und zwar insofern, als ein geringerer Betrag derselben auf die Gelenkpressung verwendet wird.

Thatsache ist weiter, daß stärker gebrauchte Knochen fester, derber, mithin tragfähiger sind, als wenig gebrauchte, die oft eine ganz ungeheure Steigerung ihres Wassergehaltes zeigen.

Vergleicht man an einem und demselben Thiere stärker gebrauchte Gelenke mit solchen, die seltener und in geringerem Umfang bewegt werden, so begegnet man folgendem Unterschiede: bei gebrauchteren Gelenken ist der Gegensatz zwischen dem weichhäutigen Theil der Gelenkkapsel und den sogen. äußeren Gelenkbändern, die morphologisch als örtliche Verdickungen der Kapsel aufzufassen sind, entschieden deutlicher. Die Bänder sind stärker, deutlicher abgesetzt und der weichhäutige Theil der Gelenkkapsel schlaffer, dehnbarer, so daß das Gelenk an Freiheit der Beweglichkeit und Festigkeit des Zusammenhaltes gewonnen hat. Daß wir berechtigt sind, das als Gebrauchswirkung anzusehen, wird durch die Beobachtung am Lebenden zur Genüge bestätigt, und zwar nach beiden Richtungen hin: einmal nimmt die freie Beweglichkeit eines Gelenks in hohem Maße ab, wenn, wie dies bei

Knochenbrüchen so häufig geschehen muß, die Bewegung im Gelenk längere Zeit unterbleiben muß; fürs zweite steigt die Beweglichkeit, je öfter und ausgiebiger die Bewegungen in ihm gemacht werden.

Auch an den Sehnen können wir die Wirkung der Uebung erkennen. Sie sind am stärker gebrauchten Muskel entschieden deutlicher von der Muskelsubstanz gesondert. Fürs zweite ist ihr Gewebe fester, ihre Elasticität größer, d. h. sie leisten der Dehnung einen größeren Widerstand. Die Gewebsuntersuchung zeigt in ihnen öfter Knorpelablagerungen, und man wird nicht unrecht thun, wenn man die Knochenablagerung in den Sehnen mancher Thiere (z. B. der hühnerartigen Vögel) gleichfalls als Gebrauchswirkung auffaßt, denn sie findet sich gerade in den Muskeln, die am stärksten gebraucht werden.

Ob in den Sehnen des Menschen der Gebrauch bis zur Knochenentwicklung gesteigert werden kann, ist fraglich; dagegen wird in der gebrauchtesten Sehne des Thierkörpers, der an der Ferse befestigten Achillessehne, ziemlich häufig Knorpelbildung angetroffen. Die geringere Dehnbarkeit der Sehne muß den Nutzen haben, daß die Muskelzusammenziehung rascher auf den Knochen bewegend wirkt — der todte Gang wird vermindert.

Eine weitere günstige Wirkung der Uebung auf die Leistungsfähigkeit des Bewegungsapparates ist folgende:

Auf Kraft und Geschwindigkeit der Bewegung ist von Einfluß das Maß von Widerständen, welches die seitlich dem Muskel anliegenden Weichtheile darbieten, da der Muskel bei seiner Zusammenziehung seinen Querdurchmesser vermehrt, also die anliegenden Weichtheile verdrängen muß. Wir haben schon früher zu wiederholten Malen das Körperfett als ein derartiges Hinderniß kennen gelernt; es muß somit die durch angestrengtere Arbeit erfolgende Entfettung des Körpers auch der Geschwindigkeit und Kraft der Muskelzusammenziehungen zu gute kommen.

Von weiterem Einfluß auf die Zunahme der Bewegungsgeschwindigkeit sind diejenigen Widerstände, welche sich der seitlichen Verschiebung des sich zusammenziehenden Muskels entgegensetzen; jeder Muskel ist mit seinem anliegenden Nachbar oder andern anliegenden Körperbestandtheilen durch interstitielles Bindegewebe in Zusammenhang gesetzt; je zugiger und weicher dieses Bindemittel ist, desto weniger Widerstand wird es leisten. Dasselbe gilt von den Sehnen: je freier sich diese in ihren Scheiden bewegen, d. h. je weniger die Sehne mit ihrer Scheide durch Bindegewebe verheftet ist, desto weniger kann von hier aus eine Verzögerung erfolgen.

Ein weiterer, ganz ungemein wichtiger Gewinn bei der Uebung des Bewegungsapparates ist das, was man den „Vortheil“ nennt. Hiebei handelt es sich, soweit der letztere in Betracht kommt, um Annahme derjenigen Winkelstellungen des Bewegungsapparates, bei welchen mit dem geringsten Kraftaufwand die größte Kraft oder Geschwindigkeit, oder, wenn es sich um feine Arbeit handelt, die größte Sicherheit der Bewegung ermöglicht ist.

Wenden wir uns jetzt zum Nervensystem. Auch hier muß wiederum zuerst das Bedauern darüber ausgesprochen werden, daß wir von Seite der Experimentalphysiologie noch zu wenig genaues über die Gebrauchswirkung wissen; doch läßt sich hierüber folgendes unschwer beobachten.

Bei Thieren mit sehr lebhaften Gewohnheiten ist namentlich die Masse der Centralorgane entschieden bedeutender als bei trägen Thieren: man vergleiche z. B. den Ganglienstrang einer Seidenraupe mit dem einer gleich großen Garnele. Einen weiteren Fingerzeig gibt, daß bei den Gliederthieren (Insekten, Krebsen, Spinnen) die Nervencentra in den stärker arbeitenden Leibesabschnitten (Kopf und Brust) weit größer sind als in den schwächer arbeitenden, z. B. dem Bauch der Insekten und Spinnen, während bei den Krebsen, Raupen &c., bei denen die Arbeit gleichmäßiger über den ganzen Körper vertheilt ist, diese Ungleichheit nicht besteht.

Beim Menschen steht fest, daß Leute, die vorzugsweise geistig thätig sind, ein windungsreicheres Gehirn haben, als solche, die von Jugend auf mehr nur körperliche Arbeit gethan haben. Da der Windungsreichthum des Gehirns ein Ausdruck seiner Oberflächenentwicklung ist, so weist das auf eine Massezunahme der als Seelenorgan zu betrachtenden grauen Hirnrinde durch den vermehrten Gebrauch hin. Auch die vergleichenden Untersuchungen Meynert's über das Gehirn der mit den Vordergliedmaßen sich bewegenden Fledermäuse und der mit den Hintergliedmaßen sich bewegenden Känguruhs stimmen mit der Voraussetzung, daß bei stärkerem Gebrauch eines Körpertheils auch das zu ihm in näherer Beziehung stehende Nervencentrum an Masse gewinnt. Endlich darf wohl auch die Thatsache hier angezogen werden, daß bei Vögeln und Säugethieren die kleinen lebhaft sich bewegenden Arten ein relativ größeres Gehirn haben als die großen trägen Arten.

Auch bezüglich der ausstrahlenden Nerven scheint der Satz aufgestellt werden zu müssen, daß der Gebrauch den Nervenreichthum eines Theiles erhöht. Die Vergleichung an Thieren zeigt bei lebhaften Thieren entschieden dickere Nervenstränge als bei trägen, z. B. bei der schon genannten Garnele im Vergleich zur Seidenraupe. Bezüglich der Struktur der Nervenfaser wissen wir positiv, daß derselbe durch Nichtgebrauch eine Gerinnung seiner Markscheide erfährt und schließlich der fettigen Zerstörung anheimfällt. Dies gestattet uns den Satz auszusprechen, daß der Nerv die Aufrechthaltung seiner Lebenseigenschaften in erster Linie der fortgesetzten Uebung verdankt.

Die **funktionelle Veränderung**, welche die Uebung an den Nerven hervorbringt, besteht darin, daß die Erregbarkeit und die Leitungsfähigkeit zunimmt. Ich zeige letzteres an einigen Versuchen, welche ich unter gefälliger Mitwirkung meines Collegen Professor Dr. Zech anstellte.

Die Versuche wurden an 13 Turnlehrern, lauter erwachsenen Männern, vorgenommen, die zu einem 4 monatlichen Uebungskursus an die unter Leitung meines Brudes, Dr. O. H. Jäger, stehende Turnlehrerbildungsanstalt einberufen waren. Vorausgeschickt sei, daß die in Betracht kommende Körperarbeit in einer auf Commando erfolgenden, mit lebhaftem Echauffement verbundenen systematischen Trainirungsarbeit besteht. Die Theilnehmer wurden vor Beginn des Kurses, nach Ablauf der halben Kurszeit und am Schluß des ganzen Kurses drei Experimenten unterzogen, die den Zweck hatten, die durch die Trainirungsarbeit hervorgebrachte Veränderung einiger Aktionszeiten ziffermäßig festzustellen.

Der zeitmessende Apparat war ein Chronometer von Hipp und Weatstone, der eine Unterscheidung von $1/2000$ Sekunde zuläßt. Er ist derart eingerichtet, daß die stillstehenden Zeiger von dem Experimentator telegraphisch in Gang gesetzt und von der Versuchsperson durch einen leichten Fingerdruck telegraphisch zum Stillstand gebracht werden konnten.

Das erste Experiment hatte die optische Leitungszeit zum Gegenstand. Die Versuchsperson wartete auf den Beginn der Zeigerbewegung, die in einem plötzlichen Verschwinden desselben besteht, und hatte sofort durch Fingerdruck den Stillstand des Zeigers zu bewirken. Der Unterschied beider Zeigerstände gab die Zeit vom Beginn der Zeigerbewegung bis zu der durch den Fingerdruck bewerkstelligten Feststellung, von der allerdings nur ein Theil auf die Abwickelung der Erregungsvorgänge in dem nervösen und muskulösen Apparat fällt, weshalb die erhaltenen Zahlen kein absolutes Maß für diese physiologische Zeit abgeben, sondern etwas zu groß sind. Dieselbe Bemerkung gilt auch für die zwei folgenden Experimente. Von diesen hatte das erste die Leitungszeit von Ohr zu Finger (akustische Zeit) zu ermitteln, indem mit dem Beginn der Uhrzeigerbewegung ein telegraphisches Läutwerk das Signal zur Arretirung des Zeigers durch Fingerdruck gab.

Beim dritten Experiment waren zwei solcher Läutwerke vorhanden, von denen je nach der Stellung, die man einer Wippe gab, bald das eine, bald das andere mit der Uhr in Verbindung gebracht werden konnte. Für die Versuchsperson waren zwei Drücker behufs Arretirung des Zeigers aufgestellt, der eine für die rechte, der andere für die linke Hand; ebenso waren die Läutwerke das eine rechts, das andere links postirt, und der Versuchsperson aufgetragen, rechts niederzudrücken, wenn die rechte Glocke erklang, links, wenn das Signal linksseitig herrührte. Hier kam nun zu der Leitungszeit von Ohr zu Finger die Zeit der Ueberlegung, auf welcher Seite gedrückt werden müsse, und diese letztere war leicht dadurch zu ermitteln, daß man das bei dem vorhergehenden Versuch gewonnene Zeitmaß für die einfache Leitung von Ohr zu Finger in Abzug brachte.

Jeder dieser drei Versuche wurde von jeder Versuchsperson sechsmal hinter einander wiederholt und aus allen sechs Posten die Mittelzahl genommen. Die Ergebnisse waren folgende:

Vor Beginn des Kurses betrug die optische Zeit im Mittel aus allen 13 Versuchspersonen 0,255 Sekunden, die akustische Zeit 0,247 Sekunden, die Ueberlegungszeit 0,180 Sekunden. Am Schlusse des Turnkurses war die optische Zeit auf 0,218 Sekunden, also um 14,3 %, die akustische Zeit auf 0,172, also um 30,3 % und die Ueberlegungszeit auf 0,094 d. h. um 47,7% zurückgegangen. Diese Zeitabkürzung war bei allen Versuchspersonen eingetreten, aber nicht bei allen in gleichem Maße; denn bei einzelnen Versuchspersonen betrug die Verkürzung der optischen Zeit bis zu 39%, die der akustischen bis zu 46,6% und die der Ueberlegungszeit sogar bis zu 75%, was eine Abkürzung auf den vierten Theil der ursprünglichen Zeit bedeutet.

Erwägt man, welche Theile des Körpers bei obigen Versuchen in Thätigkeit versetzt wurden, so lassen die zwei ersten Experimente keinen direkten Schluß auf die Veränderung in der Leitungsfähigkeit des Nerven zu; denn wir erfahren daraus nicht, wie viele Zeit auf den Erregungsvorgang der Fingermuskeln und der Fortpflanzung der Muskelcontraktion auf den Drücker von obiger Summe abzurechnen ist. Anders beim dritten Versuch; die Ueberlegungszeit ist reine Nervenzeit, d. h. die in Betracht kommende Erregung hat nur Nervenbahnen zu durchlaufen, deren Länge wir zwar nicht kennen, die aber am Schluß des Uebungskurses sicher keine andere war als vor demselben, und so beweist dieser dritte Versuch zweifellos, daß die Uebung die Leitungsfähigkeit der Nervenfasern erhöht.

Aus dieser Thatsache lassen sich weitere Schlußfolgerungen ziehen. Wir wissen aus andern Experimenten, daß die größere Leitungsfähigkeit des Nerven nur eines der Kennzeichen größerer Erregungsfähigkeit ist, während das andere in einer Herabminderung des Schwellenwerthes d. h. darin besteht, daß zur Erregung des Nerven eine geringere Reizstärke gehört; der Nerv ist sensibler, reizbarer geworden.

Diese Veränderung am Nerven ist von weitgehendstem Einfluß auf die Arbeitsfähigkeit eines Menschen. Der eine Punkt ist ein unleugbarer Zeitgewinn, entsprechend der Zunahme der Raschheit der Leitung; der zweite Punkt ist, daß ein reizbareres Nervensystem die Empfänglichkeit des Menschen für alle die äußeren und inneren Anstöße zur Arbeit steigert. Während ein Mensch mit minder wegsamem Nervensystem stärkerer Anregungen bedarf, um in Arbeit versetzt zu werden, während mithin an ihm leichtere Anregungen wirkungslos abprallen, werden reizbarere Naturen auch von den letzteren mithin nicht blos leichter, sondern auch öfter in Thätigkeit versetzt. Uebersetzen wir uns diese Aenderungen in die Sprache des täglichen Lebens, so müssen wir sagen: die Uebung macht den Menschen einerseits *flinker*, andrerseits *rühriger* und *fleißiger* und mit Bezug auf die Leitung vom Willensorgan nach den Muskeln *entschlossener*. Die gegentheiligen Eigenschaften der Naturen mit minder wegsamen Nervensystemen bezeichnen wir mit Trägheit, Faulheit, Stumpfsinnigkeit und Unentschlossenheit.

Eine andere Wirkung der Uebung auf das Nervensystem veranlaßt die Erscheinung, die wir die *Coordination* nennen. Die Bewegungsarbeit eines Menschen, selbst die einfachsten Akte derselben sind das Ergebniß eines *Zusammenwirkens* von mehreren Muskeln und Muskelgruppen, die von Hause aus mehr oder weniger unabhängig von einander sind. Das zweckmäßige Ineinandergreifen dieser verschiedenen Elemente, wie wir es bei einem erwachsenen Menschen sehen, ist, wie die Beobachtung des Kindes lehrt, keineswegs eine *angeborene* Eigenschaft seiner Leistungsmaschine. Bei letzterem sieht man, wie zu der Bewegung jedes einzelnen Muskels oder jeder einzelnen Muskelgruppe ein eigener Willensakt erforderlich ist, während bei dem Erwachsenen sämmtliche zu der betreffenden Handlung nöthigen Bewegungen durch einen einzigen Willensakt ausgelöst werden.

Zur Bestätigung des Gesagten vergleiche man die ersten Gehversuche eines Kindes, die ersten Versuche desselben, einen Gegenstand mit der Hand zu ergreifen, zu schreiben, zu lesen, zu sprechen ꝛc., mit der Leichtigkeit der Abwickelung dieser complicirten Bewegungen bei einem Erwachsenen. Diese Thatsache, daß mehrere zu einer complicirten Handlung gehörige Muskeln in eine derartige nähere Beziehung zu einander treten, daß sie durch einen einzigen Willensanstoß in Bewegung gesetzt werden können, nennt man die Coordination derselben. Manche dieser Coordinationen sind zwar angeboren oder durch angeborene Verhältnisse vorbereitet, aber weitaus die meisten im willkürlichen Apparat vorkommenden sind durch Uebung entstanden.

Eine andere Wirkung der Uebung, welche sich an die Coordination anschließt, ist das, was wir die Gewöhnung nennen. Coordinirte Bewegungen, die sehr häufig ausgeführt werden, gewinnen den Charakter der Gewohnheitsmäßigkeit, die darin besteht, daß ihre Ausführung der steten Begleitung durch die Aufmerksamkeit entbehren kann.

Wählen wir als Beispiel hiefür die Gehbewegungen. Beim Erlernen derselben ist das erste die Herstellung der Coordination der Muskeln, die zu einer Schrittbewegung gehören. Ist das erreicht, so erfordert eine Zeit lang jeder einzelne Schritt einen Willensanstoß, bis endlich Ein Anstoß genügt, um eine ganze Reihenfolge von Schritten hervorzurufen; ja, es ist noch eine weitere Steigerung der Gewohnheitsmäßigkeit gerade beim Gehen zu beobachten, nämlich dahin, daß die Gehbewegungen, die in der Regel nur im Wachezustand andauern und mit dem Beginn des Einschlafens eingestellt werden, nicht einmal hiedurch mehr eine Unterbrechung erfahren. Ein derartiges Beispiel war mein eigener Vater. Zur Abfassung seines Werkes über die Geschichte der Stadt Heilbronn hatte er lange Zeit hindurch fast täglich den dreistündigen Weg von seinem Wohnort nach Heilbronn und zwar den Rückweg bei Nacht zu machen. Hiebei wurde von verschiedenen Personen constatirt, daß er während des Gehens schlief und zwar ohne daß ihm hiebei ein Fehltritt oder eine Verfehlung der Richtung seines Weges passirte, ein Beweis für die hohe Sicherheit und Regelmäßigkeit, welche schließlich solche gewohnheitsmäßigen Handlungen erreichen können.

Ueber die Willensthätigkeit bei den gewohnheitsmäßigen Handlungen muß noch folgendes bemerkt werden. Es genügt nicht blos ein einziger Willensanstoß, wo ohne den Einfluß der Gewohnheit mehrere erforderlich gewesen wären, sondern es bedarf auch einer geringeren Stärke des Willensanstoßes, um eine solche Handlung einzuleiten, womit harmonirt, daß die gewohnheitsmäßige Handlung rascher auf den Entschluß folgt, was beides auf eine erhöhte Erregungsfähigkeit der betreffenden Nervenbahnen hinweist. Auf der höchsten Stufe der Ausbildung erreichen die gewohnheitsmäßigen Handlungen mehr oder weniger den Charakter der Unfreiwilligkeit, was wir treffend mit dem Wort: „die Macht der Gewohnheit“ bezeichnen. In diesem Stadium unterscheiden sie sich fast in nichts mehr von dem, was wir früher als geordneten Reflex kennen gelernt haben.

Wir würden so für die verschiedenen Uebungsgrade folgende Stufenleiter erhalten: erstens die überlegte Bewegung, zweitens die gewohnheitsmäßige Bewegung, drittens die unfreiwillige, viertens die geordnete Reflexbewegung. Dieselbe Stufenfolge würde auch maßgebend sein für den zeitlichen Verlauf und zwar so, daß bei der überlegten Handlung vom Anstoß durch Sinnesreiz bis zur Ausführung die längste Zeit verstreicht, beim geordneten Reflex die kürzeste, und auch in folgendem Punkt würden sich die Bewegungssorten von einander unterscheiden: während bei der überlegten Handlung die Thätigkeit nach Richtung und Stärke am wenigsten abhängig ist von Art und Stärke des Anstoßes, findet bei dem geordneten Reflex fast völlige Uebereinstimmung statt, d. h. einem bestimmten Sinnesreiz entspricht eine genau vorausbestimmte Bewegung, deren Ausgiebigkeit im geraden Verhältniß zur Stärke des Anstoßes steht.

Ein weiterer Unterschied zwischen den überlegten und den durch Uebung gewohnheitsmäßig gewordenen Handlungen besteht in Bezug auf die Möglichkeit in der gleichzeitigen Ausübung verschiedener Handlungen. In Früherem erfuhren wir, daß es unmöglich ist, zu gleicher Zeit zwei Thätigkeiten auszuüben, von denen jede eine gesonderte Thätigkeit der Aufmerksamkeit erfordert, während nichts leichter ist als die Verknüpfung einer überlegten Thätigkeit mit einer gewohnheitsmäßigen, und bei vielen Hantierungen sehen wir eine derartige Verknüpfung und zwar nicht blos mit Einer gewohnheitsmäßigen Handlung, sondern selbst mit mehreren. Wenn z. B. jemand zu seiner Arbeit raucht und nebstbei auf- und abgeht, so verknüpft er zwei gewohnheitsmäßige Handlungen mit einer überlegten.

Interessant ist noch, zu sehen, wie diese so gewöhnliche Verknüpfung zu Stande kommt. So lange eine Handlung Aufmerksamkeit, Ueberlegung erfordert, läßt sie neben sich nicht leicht eine andere zur Geltung kommen; sobald sie jedoch in Folge der Uebung den Charakter des Gewohnheitsmäßigen angenommen hat, so ist die Möglichkeit einer gleichzeitigen Bethätigung der Ueberlegung und Aufmerksamkeit in anderer Richtung gegeben und zwar um so mehr, je gewohnheitsmäßiger die erste geworden. Soll eine dritte Thätigkeit sich damit verknüpfen, so ist es erst dann wieder möglich, wenn auch die zweite gewohnheitsmäßig geworden ist. Nehmen wir z. B. das Klavierspielen. So lange der Anfänger die Aufmerksamkeit auf die Fingermuskeln richten muß, gelingt es ihm nicht, den Noten die genügende Beachtung zuzuwenden; dies wird erst möglich, wenn die

Fingerbewegungen gewohnheitsmäßig geworden sind. Weiter: so lange das Ablesen der Noten Aufmerksamkeit erfordert, ist man nicht im Stande, sich mit dem akustischen Theil des Musikstückes geistig zu beschäftigen.

Wir müssen nun noch die Frage stellen, welche Thätigkeiten auf dem Wege der Uebung den höchsten Grad von Gewohnheitsmäßigkeit erreichen. Es sind dies die unbedingt zweckmäßigen; denn nur bei diesen ist ein Wegfallen des Ueberlegungsaktes möglich. Im Früheren haben wir gesehen, daß die Ueberlegung auf einem Wettstreit zwischen Hemmungs- und Bewegungsmittelpunkten, zwischen angenehmen und unangenehmen Gefühlen beruht. Dieser Wettstreit entsteht bei allen Handlungen, die nicht unbedingt, sondern nur unter gewissen Umständen zweckmäßig sind, und fällt nur bei Handlungen aus, deren Vornahme stets einen angenehmen Erfolg hat.

Im bisherigen haben wir mehr nur den Erfolg betrachtet, welchen die Uebung bei einer einzelnen Thätigkeit hat. Wir müssen nun auch noch sehen, wie weit die Uebung ihre Herrschaft auf den Gesammtkörper ausdehnt. Denn hier kommt das Verhältniß der Hemmung zum Ausdruck, in welchem verschiedenartige Thätigkeiten zu einander stehen.

So lange eine Arbeit noch Ueberlegung erfordert, also noch nicht gewohnheitsmäßig geworden ist, schließt sie, wie wir sahen, während der Dauer der Uebung jede andere überlegte Thätigkeit aus. Je mannigfaltiger deshalb der Thätigkeitskreis eines Geschöpfes ist, je öfter eine bestimmte Arbeit unterbrochen wird und je geringer die Zeit ist, die auf ihre Uebung verwendet werden kann, ob so weniger ist es möglich, daß sie durch Uebung der Charakter des Gewohnheitsmäßigen erlangen kann.

Wir nennen jemand einen Gewohnheitsmenschen, in dessen Thätigkeitskreis gewohnheitsmäßig gewordene Arbeiten eine große Rolle spielen. Aus den obigen ergeben sich leicht die Bedingungen, unter welchen jemand zum Gewohnheitsmenschen wird.

1. Wenn der Seeleninhalt eines Menschen einförmig ist, d. h. wenn er wenig gelernt, gesehen und erfahren hat.

2. Wenn seine Arbeit einförmig und regelmäßig ist.

3. Wenn die äußeren Umstände, unter denen er arbeitet, einfach sind, so daß der Erfolg der Arbeit nicht von zu vielen Nebenumständen abhängt.

4. Wenn die äußeren Anregungen zur Thätigkeit einförmig, die Veranlassungen zur Zerstreuung gering und selten sind.

Hier ist der gelegenste Ort, um etwas über den Ausdruck *instinktmäßig* anzugeben. Sehr häufig verwechselt man im täglichen Leben das Instinkt- und Gewohnheitsmäßige, was allerdings sehr entschuldbar ist, weil die beiderlei Thätigkeiten in Bezug auf Aeußerungsform wenig verschieden sind, sondern sich nur durch die Entstehung unterscheiden: die gewohnheitsmäßige Handlung ist ein Produkt der *Uebung*, die instinktmäßige fußt auf einer *angeborenen Anlage*. Was wir unter letzterer Bezeichnung zu verstehen haben, läßt sich so angeben: es handelt sich um eine angeborene relativ größere Erregbarkeit gewisser Nervenbahnen,' sowie um angeborene anatomische Verknüpfung bestimmter Nervenmittelpunkte. Erläutern wir die Sache mit einem Beispiel. Gesetzt den Fall, die Hörnerven und Hörcentra eines Menschen besitzen eine angeborene relativ größere Erregbarkeit als die übrigen Sinnesnerven, so werden von allen Sinnesreizen der Außenwelt die akustischen am leichtesten in das Seelenorgan vordringen und dort eine größere Summe von Vorstellungsherden mit Beschlag belegen als bei einem unmusikalischen Menschen, und dieser Umstand steigert sich, weil die Aufmerksamkeit ihrer Natur nach sich immer auf bestimmte Erregungsbahnen concentrirt. Damit sind natürlich sofort alle die Bedingungen hergestellt, welche den Erregungsvorgängen im motorischen Gebiet den Charakter des Gewohnheitsmäßigen verleihen, und somit wird jede instinktmäßige Handlung mit der Zeit auch zugleich eine gewohnheitsmäßige.

Einige weitere Worte sind nöthig über die Wirkung der Uebung auf die Sinnesorgane. Selbstverständlich kommt auch hier in erster Linie eine Steigerung der Erregbarkeit und Leitungsfähigkeit der nervösen Theile in Betracht, indem dadurch die Wahrnehmung sich auf immer feinere Sinnesreize auszudehnen vermag und der Erfolg bei gleicher Reizstärke kräftiger und rascher eintritt. Hiezu gesellt sich eine zunehmende Schärfe der Unterscheidungsgabe. Es ist jedermann bekannt, daß z. B. durch die Uebung die Unterscheidungsfähigkeit des Tastsinns eine enorme Steigerung erfahren kann, worin namentlich die Blinden das Erstaunlichste zu leisten vermögen. Daß auch bei der landläufigen Entwickelung der Feinheit des Tastsinns die Uebung den Hauptfaktor spielt, macht folgender Versuch wahrscheinlich.

E. H. Weber hat die Thatsache, daß die Tastempfindlichkeit der verschiedenen Körperstellen beträchtliche Stärkeunterschiede aufweist, in folgender Weise zu mathematischem Ausdruck gebracht. Er berührte die verschiedenen Körperstellen mit den zwei Spitzen eines geöffneten Zirkels und bestimmte, wie weit die Spitzen entfernt sein müssen, um eine doppelte Empfindung hervorzurufen. Er fand für die Zungenspitze diesen Abstand = 1,1 mm, für die Fingerspitze = 2,2 mm, für den rothen Theil der Lippen = 4,4 mm, und an dem Rücken des Rumpfes muß der Abstand der Zirkelspitze 66 mm erreichen, um eine gedoppelte Empfindung hervorzubringen.

Ich habe mich nun durch Wiederholung des Versuchs an Kindern überzeugt, daß diese Differenz in der Empfindlichkeit der einzelnen Körperstellen vor dem sechsten Lebensjahr noch nicht vorhanden ist. Ich habe drei Stellen verglichen: die Spitze des Zeigefingers, die innere Fläche der Hand auf dem Daumenballen und die Rückseite der Hand. Bei meiner eigenen Hand erhielt ich die Ziffern 2, 10 und 18 mm; dieselben Ziffern ergab die Hand eines siebenjährigen Knaben. Bei einem vierjährigen Mädchen waren die Ziffern 8, 14, 19; bei einem dreijährigen Knaben waren die Antworten so schwankend, daß es nicht möglich ist, bestimmte Ziffern zu geben; aber alles wies darauf hin, daß der Unterschied in der Tastempfindlichkeit zwischen diesen drei Punkten fast gleich 0 war, und was den absoluten Werth betrifft, alle drei Stellen die Tastempfindlichkeit des wenig geübten Handrückens eines Erwachsenen besitzen.

Was vom Tastsinn bezüglich des Einflusses der Uebung gilt, hat auch für alle übrigen Sinneswerkzeuge seine Geltung. Jeder weiß, wie die Unterscheidungsfähigkeit des Gehörsinns bei Musikern und namentlich wieder bei Blinden durch die Uebung beträchtlich erhöht wird, wie beim Künstler durch die Uebung der Sehorgane die Feinheit des Raumsinns und Farbensinns gesteigert wird. Für den Geschmacksinn liefern die Weinkenner den Beweis und für den Geruchsinn, dessen Ausbildung bei den Culturvölkern sehr vernachlässigt wird, manche Apotheker und Chemiker.

Die Frage nach den inneren Vorgängen, auf welchen die Steigerung der Unterscheidungsfähigkeit beruht, kann bis jetzt auch noch nicht annähernd beantwortet werden. Es wird sich darüber nur sagen lassen, daß hiebei nicht etwa blos das peripherische Sinnesorgan oder blos das Seelenorgan eine erhöhte Fertigkeit erlangt, sondern daß die Gebrauchswirkung beide trifft, wenn auch vielleicht das Seelenorgan die wesentlichere Rolle dabei spielen mag.

Nicht vergessen darf dabei werden, daß bei der Wahrnehmungsthätigkeit der Sinne auch Muskelbewegungen und zwar sowohl nach Feinheit und Sicherheit der Bewegung, als nach Feinheit des Muskelgefühls in Betracht kommen. Dies läßt sich am deutlichsten beim Tastsinn zeigen, indem zitterige Menschen zur Ausführung feiner Tastempfindung unfähig sind.

Beim Hören ist die durch Muskelthätigkeit regulirte Spannung des Trommelfells und bei den Thieren die Spannung und Stellung der Ohrmuschel von Einfluß auf die Feinheit der Schallwahrnehmung. Beim Sehen spielt die Uebung der Accommodationsmuskeln eine erhebliche Rolle. Ich habe mich öfter davon überzeugt, daß bei Leuten aus dem Volk, die nicht gewohnt sind, mit kleinen Dingen umzugehen, die Wahrnehmung letzterer nicht etwa deshalb erschwert war, daß sie häufig fernsichtig sind, sondern wegen der Ungelenkigkeit ihrer Accommodationsmuskeln, denen es erst nach längerem Probiren gelingt, die für so geringe Abstände richtige Accommodationsstellung zu gewinnen.

Indem wir bezüglich der bleibenden Veränderungen, welche die äußere Arbeit an den inneren Hilfsmaschinen hervorruft, auf andere Abschnitte verweisen, erübrigt jetzt noch, etwas über die Dauer der im Vorstehenden geschilderten Veränderungen zu sagen; denn die tägliche Erfahrung des „Aus der Uebung kommen" beweist klar, daß die Dauer keine unbegrenzte ist.

Die, von welchen man dies noch am ehesten sagen kann, sind die Veränderungen in Form und Beschaffenheit der Knochen, denn man sieht noch dem hochbetagten Greise, der längst die Arbeit eingestellt hat, an seinen Knochen an, ob sie eine arbeitsvolle Vergangenheit hinter sich gehabt haben; dagegen sind die Veränderungen in den übrigen Geweben nur dann von längerer Dauer, wenn sie fortfahren zu arbeiten, andernfalls stellen sich über kurz oder lang die Wirkungen des Nichtgebrauchs ein, die allerdings ebensowenig genau ins einzelne experimentell verfolgt worden sind, wie die gegentheiligen Wirkungen des Gebrauchs.

Von wesentlichstem Einfluß auf die Dauerhaftigkeit der physiologischen Veränderungen ist offenbar die erhöhte Erregungsfähigkeit des Nervensystems; denn sie ist es, welche das Zurückverfallen in den Zustand der Trägheit verhindert. Wir sagen, einem fleißigen Menschen sei die Arbeit zur Gewohnheit oder zum Bedürfniß geworden. Dies beruht offenbar auf der obigen Beschaffenheit des Nervensystems: dasselbe ist für jeden von außen oder innen kommenden Anstoß zur Arbeit in hohem Grad empfindlich geworden; wir drücken uns so aus: ein solcher Mensch könne nicht sehen oder nicht hören, daß dies oder jenes nicht in Ordnung sei, oder daß er sich um alles kümmere, was um ihn vorgehe. Dabei spielt natürlich nicht blos die Erregungsfähigkeit der Sinnesnerven, sondern auch die Erregungsfähigkeit der Seelenorgane eine wichtige Rolle, und es ist bekannt, daß die letzteren ihre höhere Erregungsfähigkeit selbst dann noch bewahren, wenn, wie dies im höheren Alter der Fall ist, der Bewegungsapparat schon mehr oder weniger der deprimirenden Wirkung des Mindergebrauchs und den ebenfalls deprimirend wirkenden Unzulänglichkeiten der inneren Hilfsmaschinen unterlegen ist.

Gehen wir kurz die einzelnen Erscheinungen, welche mit dem Mindergebrauch verknüpft sind, durch.

Wohl die erste auffällige Erscheinung ist die Störung der zweckmäßigen Coordination; darauf beruht wesentlich das, was wir bei bestimmten Arbeiten als „Aus der Uebung kommen" bezeichnen, und es läßt dies uns einen tieferen Einblick in das Wesen der Coordination thun. Es gibt wenig Körpermuskeln unter denen, die wir zu unseren Hantierungen benützen, welche wir ausschließlich zu einer bestimmten Arbeit verwenden; deshalb steht jeder Muskel mit mehr als einer Muskelgruppe in Coordination. Sobald wir nun ein bestimmtes Coordinationsverhältniß einseitig pflegen und das andere vernachlässigen, so thun wir an dem letzteren zweierlei: einmal vermindert sich die Wegsamkeit der Coordinationsnerven, durch welche der betreffende Muskel mit den zur Ruhe verurtheilten in Verbindung steht; fürs zweite kommen die letzteren unter die Herrschaft von Hemmungsnerven, die ihrerseits jetzt in Coordination zu treten scheinen zu dem allein aufrecht bestehenden, im Uebungsstand befindlichen Coordinationscomplex z. B.:

Wenn wir einen Muskel, der zuvor einer andern Muskelgruppe coordinirt war, in ein neues Coordinationsverhältniß zu anderen bringen wollen, so bemerkt man anfangs häufig zweckwidrige Mitbewegung derjenigen Muskeln, die im alten Coordinationsverhältniß standen. Soll die neue Hantierung vollkommen eingeübt werden, so müssen wir diese Neigung zu Mitbewegung in diesen nicht zur Sache gehörigen Muskeln unterdrücken, und diese Unterdrückung, die anfangs einen eigenen Willensakt erfordert, muß schließlich gleichfalls gewohnheitsmäßig d. h. eine Coordinationshemmung werden. So ist natürlich das alte Coordinationsverhältniß nach beiden Richtungen hin sehr bald zerstört und die betreffende Bewegung außer Uebung gekommen. Damit stimmt, daß man am schnellsten aus der Uebung kommt, wenn man von einer Hantierung dauernd zu einer andern übergeht, die derart ist, daß sie das alte Coordinationsverhältniß zersetzen muß.

Ganz dasselbe gilt augenscheinlich auch von der Coordination der Vorstellungsmechanismen; auch hier beruht das Vergessen und Verlernen auf Zerstörung der Verknüpfungsbahnen, die um so rascher erfolgt, wenn neue an ihre Stelle treten.

Ein anderer Punkt, der sich ziemlich rasch ändert, ist die Beweglichkeit der Gelenke, das bekannte Steifwerden, das man im gemeinen Leben viel zu häufig für Alterserscheinung nimmt, während es als Trägheitswirkung betrachtet werden muß; es wird der allgemeinen früher erwähnten Verwachsungstendenz nicht der genügende Widerstand durch häufige Bewegung entgegengesetzt.

In den Muskeln scheint die Gebrauchswirkung ziemlich lange anzuhalten, namentlich die Muskelkraft, weniger die Geschwindigkeit, obwohl bei letzterer auch einfach die Steifigkeit der Gelenke, überhaupt die Zunahme der äußeren Widerstände die Hauptsache sein mag. Bei den Muskeln ist weiter eine bekannte Erscheinung des Nichtgebrauchs, daß ihr Querschnitt abnimmt.

26. Abhärtung.

In den bisherigen Schilderungen ist mehrfach von dem Gegensatz zwischen verweichlichten und abgehärteten Naturen die Rede gewesen, und wir haben gesehen, daß der Vergleich jedesmal zu Ungunsten der ersteren ausfiel und zwar mit Rücksicht sowohl auf die Leistungsfähigkeit als auf die Widerstandsfähigkeit gegen eine der wichtigsten Krankheitsursachen, nämlich den Erkältungsvorgang. Wir haben weiter namentlich aus früheren Erörterungen erfahren, worin der Unterschied besteht, nämlich in einem anderartigen Mischungsverhältniß der lebendigen Substanz in Bezug auf deren drei wichtigste Bestandtheile, Eiweiß, Wasser und Fett.

Ueberall sahen wir, daß die Leistungsfähigkeit der Körpergewebe und der Körpermechanismen und ihre Widerstandsfähigkeit mit ihrem Gehalt an Eiweiß zunimmt, und wie sowohl die Zunahme des Wassergehaltes als die des Fettgehaltes ein nachtheiliger Faktor ist. Wir sahen, wie die Zunahme des Wassergehaltes insofern äußerst schwere Störung der Arbeitsfähigkeit bringt, als es die Leistungsfähigkeit der Nervensubstanz empfindlich beeinträchtigt, nämlich ihre Erregbarkeit steigert, ohne gleichzeitig auch die Leitungsfähigkeit zu erhöhen, wodurch der bekannte Zustand der krankhaften Nervosität entsteht, der jede Arbeit, die geistige, die körperliche und die der Hilfsmechanismen in nachtheiligster Weise beeinflußt, weil er die Aktion der Regulirungsmechanismen beeinträchtigt, stürmische örtliche Reaktionen hervorruft, weil die Antagonismen nicht rechtzeitig benachrichtigt werden, an die Stelle des regelmäßigen Erregungsflusses Hemmungen wechselnd mit explosiven Entladungen nach unzweckmäßigen Richtungen, örtliche Indispositionen ꝛc. schafft und der Erkältung Thür und Thor öffnet.

Das Fett haben wir zwar als den Träger hoher Verbrennungswärme und damit als wichtigen Faktor bei der Erzeugung von Arbeitskraft kennen gelernt, aber auf der andern Seite sind wir ihm auch überall als einem Hemmschuh für die Thätigkeit begegnet. Um diese zwei Seiten des Fettes auseinanderhalten zu können, will ich mich der von Pettenkofer und Voit eingeführten Bezeichnung bedienen, welche beim Eiweiß Organeiweiß und Circulationseiweiß unterschieden haben, und im folgenden von Organfett und Circulationsfett sprechen. Unter ersterem verstehe ich dasjenige Fett, welches entweder in seiner Zertheilung in der lebendigen Substanz abgelagert oder in eigenen Fettzellen in großen Tropfen als Fettgewebe enthalten ist, während ich unter Circulationsfett das flottante im Blut und den Gewebssäften als Neutralfett oder als Fettseife vorhandene verstehe. Diese zweierlei Fettzustände unterscheiden sich nun darin, daß das Circulationsfett ein günstiges Moment für die Arbeitsfähigkeit und Widerstandsfähigkeit ist als Vorrath zur Kraft- und Wärmeerzeugung, während das Organfett ein nachtheiliger Faktor der Constitution ist, indem es die Erregbarkeit und mechanische Leistungsfähigkeit der lebendigen Substanz beeinträchtigt und die aus ihm sich entwickelnde Wärme weniger der Erzeugung von nützlicher Arbeit als dem frühzeitigen Eintritt der Körpererhitzung zu gute kommt.

Wenn wir nun wissen, daß Vermehrung des Eiweißgehaltes die Consistenz der lebendigen Substanz d. h. deren Härte und spezifisches Gewicht erhöht, während sowohl die Vermehrung des Fettes als die des Wassers die Consistenz herabsetzt, die Gewebe weich und spezifisch leichter macht, so können wir die eiweißreichen Körper ohne weiteres die abgehärteten, die wasser- oder fettreichen die verweichlichten nennen.

So kommen wir denn zur Einsicht, daß eine der wichtigsten Maßregeln zur Erhaltung und Wiederherstellung der Arbeitsfähigkeit und zwar nach allen Richtungen die Abhärtung ist und daß dieselbe auf eine Verhinderung oder Beseitigung der Aufsammlung von Wasser und Fett hinausläuft. Es ist mithin eine höchst einseitige Vorstellung, wenn man bei dem Worte „Abhärtung“ nur an eine Gewöhnung an die Einwirkung höherer Kältegrade denkt und glaubt, nur solche Leute bedürfen der Abhärtung, welche sich wie Jäger, Fischer, Kutscher, Soldaten, Holzspälter rc. stärkeren Kältegraden aussetzen müssen. Im Gegentheil: bei diesen Berufsarten erfolgt die Abhärtung von selbst, ohne absichtliches Hinzuthun, während gerade die Berufe, welche den Menschen zum Stillsitzen in geschlossenen Räumen zwingen, der Abhärtung ihres Körpers besondere Sorgfalt zuwenden müssen, um ihre Gesundheit und Arbeitsfähigkeit gegen die ihnen gerade aus ihrem Beruf erwachsenden Gefahren sicher zu stellen. Der Gelehrte, der Lehrer, der Krämer, der Handwerker, der Fabrikarbeiter, das Schulkind, die Hausfrau sind der Gefahr der Verweichlichung ausgesetzt, nicht deshalb, weil sie sich der wechselnden Witterung nicht auszusetzen haben, sondern weil bei ihnen die Bedingungen zur Wasseraufstauung oder zur Fettansammlung oder zu beidem vorhanden sind.

Ob mehr Wasser oder mehr Fett angesammelt wird, das hängt hauptsächlich von den Ernährungsverhältnissen ab. Sind diese ungünstig, so nimmt die Verweichlichung mehr den Charakter der Wasservermehrung an, andernfalls den der Fettansammlung; zu letzterer gibt es aber auch ererbte Disposition.

Wir wollen uns nun zuerst mit den Verhältnissen des Wasserwechsels bekannt machen, weil dieser bei Verweichlichung und Abhärtung die wichtigste Rolle spielt. Bei ihm kommen eine größere Zahl von Umständen in Betracht.

In erster Linie bergen alle Verhältnisse die Gefahr einer Wasseransammlung im Körper, welche die Wasserabgabe desselben beeinträchtigen; wir wollen die wichtigsten hier durchgehen.

Ein allgemein wirkender ist zu hohe Luftfeuchtigkeit, welche die Wasserabgabe durch Verdunstung auf der Haut und Lungenoberfläche beeinträchtigt. Hiebei handelt es sich wieder um vielerlei. In feuchtem, namentlich feuchtheißem Klima, in Sumpfgegenden, dann bei anhaltendem regnerischen Wetter ist die Wasserabgabe gehemmt und damit die Gefahr der Verweichlichung mit ihren schlimmen Folgen (Erkältungsfähigkeit, nervöse Indisposition 2c.) vorhanden.

Weiter wirkt der gleiche Faktor beim Aufenthalt in geschlossenen Räumen. Wir haben schon in Kapitel 11 gesehen, daß in solchen der Mensch selbst sich die Luft durch seine Ausscheidungen verdirbt. Unter diesen Ausscheidungen muß jetzt auch der Wasserdampf genannt werden: die Luft eines bewohnten Raumes sättigt sich immer mehr mit Feuchtigkeit, wenn die Räume nicht genügend ventilirt sind; damit sinkt die Möglichkeit der Wasserabgabe und es tritt Verweichlichung ein, und zwar um so schneller und stärker, je schlechter ventilirt ein solcher Raum und je mehr er mit Menschen erfüllt ist. Ganz besonders empfindlich wirkt deshalb der Aufenthalt in feuchten Lokalen, wo nicht blos von Haus aus die Luftfeuchtigkeit zu groß ist, sondern auch noch die Feuchtigkeit der Wände die Porenventilation aufhebt.

Aus dem Gesagten erklärt sich, daß das wichtigste Abhärtungsmittel der Aufenthalt in der freien Luft ist, sofern die klimatischen Verhältnisse dieser nicht in der oben angedeuteten Weise ihre Abhärtungsfähigkeit rauben.

Ein weiterer Punkt ist die Kleidung und Körperbedeckung bei Nacht. Während von den Verhältnissen der allgemeinen Luftfeuchtigkeit die Wasserabgabe durch Lunge und durch Haut abhängt, handelt es sich hier nur um die Wasserabgabe durch letztere: *jede Körperbedeckung, welche dieselbe behindert, wirkt verweichlichend.* Allerdings ist von dieser Wirkung keinerlei Sorte von Körperbedeckung frei zu sprechen, allein es besteht in dieser Beziehung doch ein sehr großer Unterschied zwischen den verschiedenen Bekleidungsstoffen, und dann handelt es sich hier um ein aktives und ein passives Moment.

Das letztere ist die Durchlässigkeit des Bedeckungsstoffes für den Wasserdampf. Der verwerflichste Bedeckungsstoff ist der *Kautschuk*, weil derselbe für Wasserdampf ganz undurchlässig ist; nächst ihm kommt das *Leder*. Etwas durchlässiger, aber immer noch sehr wenig, ist die Leinwand, noch durchlässiger das Baumwollengewebe, während der Vorzug der größten Durchlässigkeit für Wasserdampf dem Wollengewebe gebührt, das deshalb am wenigsten verweichlichend wirkt und der zweckmäßigste Bekleidungsstoff ist. Aus diesem Grunde ist das Wollhemd dem baumwollenen und noch mehr dem leinenen vorzuziehen, und auch für die Oberkleidung ist die Wolle das geeignetste Material. Für die nächtliche Bedeckung empfiehlt sich aus dem gleichen Grund die blanke nicht in ein Leintuch eingenähte Wolldecke, während die aus Leinwandschläuchen gefertigten Federdecken von diesem Standpunkt aus absolut zu verwerfen sind; sie bilden die wirksamsten Verweichlichungsinstrumente.

Das aktive Moment bei der Bekleidung ist folgendes: die Energie der Wasserabgabe durch die Haut hängt von dem Durchblutungsmaß derselben ab; dieses fällt nun höher aus, wenn die Kleidung einen mechanischen die Blutgefäße erweiternden sog. Frottirungsreiz ausübt. Aus diesem Grunde wirkt eine weiche Körperbedeckung, wie feine Leinwand oder Seide verweichlichend, während rauhe Leinwand, noch mehr aber der eine förmliche Kitzlung der Haut verursachende Wollstoff abhärtend, weil ausdünstungsbefördernd wirkt.

Der dritte Punkt ist, daß das Durchblutungsmaß der Haut nicht blos von dem Maß ihrer Frottirung, sondern auch davon abhängt, daß die Haut warm gehalten wird, weil Wärme die Hautgefäße erschlafft, Kälte sie zusammenzieht. Durch Pettenkofer ist nun festgestellt, daß der Preis der geringsten Wärmedurchlassungsfähigkeit unter den gewöhnlichen Bekleidungsstoffen den wollenen Geweben zukömmt, während Leinwand die größte Diathermansie besitzt. Somit sind die Wollgewebe von drei Seiten her die geeignetste Körperbedeckung: sie lassen den Wasserdampf am leichtesten durch, wirken am meisten frottirend und halten am besten warm. Der letzte Umstand ist auch noch deshalb von Wichtigkeit, weil hiedurch ein Schutz gegen Erkältungsreiz gegeben ist. Es ist ein hohes Verdienst der Militärverwaltung, daß sie das erkannt und das Wollhemd obligat gemacht hat. Schon dadurch allein zahlt sie die Kosten, welche das Militärwesen verursacht, reichlich in Gestalt erhöhter Gesundheit und Arbeitsfähigkeit heim.

Bei der Bekleidung handelt es sich jedoch nicht blos um die Anwendung des geeignetsten Stoffes, sondern auch um den Schnitt derselben.

Wir haben den bekleideten Menschen früher mit einem Mantelofen verglichen, weil zwischen Haut und Kleidung ein aufsteigender Luftstrom sich bewegt. Dieser Luftstrom kommt nun allerdings insofern der Verdunstung, also der Abhärtung zu gut, als er den Wasserdampf der Haut mit sich nimmt. Allein weil er zugleich abkühlend wirkt, setzt er durch Zusammenziehung der Hautgefäße die Wasserdampfproduktion herab und hemmt dadurch die Wasserabgabe aus dem Körper. Aus diesem Grunde wird eine enger anliegende Kleidung, vorausgesetzt daß sie aus wasserdampfdurchlässigem Stoff besteht, abhärtender wirken als eine schlappe, wenig anliegende, und deshalb ist die beim Militär eingeführte knapp anliegende Kleidung vom sanitären und arbeitsökonomischen Standpunkt aus durchaus richtig.

Ein zweiter Faktor, von dem Verweichlichung resp. Abhärtung abhängt, ist die Ernährungsweise. Festgestellt ist, daß eine an Eiweiß reiche Nahrung, also Fleischnahrung, Käsenahrung, Milchnahrung entwässernd auf den Körper wirkt, während umgekehrt bei einer Nahrung, die zu wenig Eiweiß enthält, wie Kartoffel, Reis 2c., sehr leicht eine Wasseraufstauung eintritt, wenn die andern Bedingungen dazu vorhanden sind. Eiweißnahrung wirkt in dieser Richtung vorbeugend und heilend. Die sog. Bantingkur ist eine Eiweißkur, und ihr erster Erfolg ist eine außerordentliche Steigerung der Wasserabgabe aus dem Körper. Daß eiweißreiche Nahrung auch der Wasseraufstauung vorbeugt, mögen sich insbesondere diejenigen gesagt sein lassen, welche ihr Beruf in geschlossene Räume bindet. So ist namentlich im Lehrerstand der Verweichlichungszustand deshalb so häufig, weil hier zum Aufenthalt in überfüllten, schlechtventilirten Räumen noch eine so schlechte Bezahlung kommt, daß sie sich die theurere eiweißreiche Nahrung nicht verschaffen können. Auch bei dem Beamtenstand ist Verweichlichung aus denselben Gründen endemisch.

Weiter ist in Bezug auf die Nahrung noch vor übermäßigem Gebrauch des Kochsalzes zu warnen, da der Eintritt von Kochsalz in die lebendige Substanz als Organkochsalz einen Austritt von Eiweiß und eine Wasseraufstauung zur Folge hat.

Beim Trinken liegt es nahe, anzunehmen, daß der Körper um so wässriger werden müsse, je mehr man ihm Wasser im Getränk zuführe. So ist aber die Sache nicht; denn es weiß jeder, daß es Getränke genug gibt, die theils harntreibend, theils schweißtreibend wirken und so gerade das Gegentheil von Wasseraufstauung hervorbringen: in diese Kategorie der harn- oder schweißtreibenden Getränke gehören alle, die Kohlensäure oder Alkohol oder gefäßaufregende Beisätze wie Caffeïn, Kalisalze, ätherische Oele 2c. enthalten, und auch alle warmen Getränke. Hier wirkt nur das Uebermaß schädlich. Aber auch nur beim Gewohnheitssäufer tritt Wasseraufstauung ein; denn daß die Berauschung entwässernd auf den Körper wirkt, erhellt daraus, daß ein Hauptsymptom des Katzenjammers der große Durst ist. Beim Gewohnheitssäufer tritt wohl die Wasseraufstauung nur deshalb ein, weil bei ihm die Ernährung nothleidet;

denn Uebermaß an Alkohol stört, wie wir früher sahen, die Verdauung: alle Gewohnheitssäufer leiden an chronischem Katarrh der Verdauungswege.

Damit kommen wir zu einer weiteren Verweichlichungsursache: Jede quantitativ ungenügende Ernährung führt zu Verwässerung des Blutes und der Gewebe.

Ein sehr wichtiges Abhärtungsmittel ist eine geeignete Körperbewegung, die natürlich um so kräftiger wirkt, wenn sie in freier Luft geschieht. Wir müssen aber das eingehender besprechen, weil hier falsche Ansichten herrschen.

Jede Körperbewegung, auch sehr mäßige, steigert die Wasserabgabe des Körpers schon deshalb, weil die dabei stattfindenden Verschiebungen der Bekleidung der Stagnation der Kleiderluft entgegentreten und auch durch den Frottirungsreiz eine flottere Ventilation des Körpers erzeugen. Deshalb ist jede mit körperlicher Bewegung verbundene Arbeit gesünder als eine solche, bei der sie fehlt. Allein nicht jede Bewegung ist unter allen Umständen genügend, um den Körper so weit abzuhärten, als für Erhaltung seiner Arbeitsfähigkeit und Widerstandsfähigkeit erforderlich ist. Wo mehrere Umstände, welche Wasseraufsammlung begünstigen, zusammenwirken, ist nur eine zeitweilige Vornahme von energischer bis zur Erhitzung und Schweißbildung gehender Körperbewegung im Stande, die richtige Körperverfassung aufrecht zu erhalten. Wenn Leute mit sitzender Lebensweise glauben, es genüge für sie der tägliche Spaziergang in frischer Luft, so sind sie völlig im Irrthum; sie bedürfen, wenn auch nicht täglich, so doch einen Tag um den andern einen Bewegungsexceß, der bis zu starker Erhitzung und starker Ermüdung geht.

Ob jemand die richtige Körperverfassung besitzt, läßt sich durch ein einfaches Experiment feststellen: je leichter und stärker bei heftiger ungewohnter Körperbewegung Schweiß eintritt, desto höher ist der Grad der Verweichlichung d. h. der Wasseraufstauung. Dabei ist jedoch eine Restriktion zu machen: Ein sehr verweichlichter Mensch schwitzt schwer, weil durch Nichtgebrauch die Blutgefäße seiner Haut zu eng sind. Bei ihm äußert sich die Verweichlichung nun darin, daß starke Körperbewegung sehr rasch zu starker Erhitzung mit hohem Blutdruck führt. Ist aber einmal durch systematische Anwendung der Erhitzungsgymnastik dieses Hinderniß beseitigt, so tritt reichliche Schweißbildung ein, und von jetzt an besteht der Fortschritt in der Abhärtung darin, daß man sich während der gymnastischen Leistung immer weniger rasch und stark erhitzt und der Schweiß später und spärlicher kommt: der trainirte völlig abgehärtete Mensch kennzeichnet sich eben dadurch, daß er selbst bei sehr heftiger und lange fortgesetzter Bewegung, z. B. stundenlangem Dauerlauf, nicht mehr in Schweiß kommt.

Noch muß ich eines Irrthums erwähnen. Es gibt Leute, die glauben, die abhärtende, erholende Wirkung des bloßen Spazierganges könne einfach durch Verlängerung desselben gesteigert werden. Das ist nicht richtig: lange fortgesetztes ruhiges Gehen hat den Nachtheil, daß das Blut immer mehr und mehr dem Gesetz der Schwere folgend in die unteren Körpertheile gelangt und so allmählich ein Deficit am obern Körperende d. h. Gehirnanämie eintritt. Diese kann sich bei lange anhaltenden Märschen derart steigern und zwar gerade bei verweichlichten Personen, deren Venen dehnbarer sind, daß schwere Schädigung von Hirntheilen, namentlich Schädigungen der Wärmregulirungs- und Gefäßregulirungscentra, mit dauernder Vernichtung der Arbeitsfähigkeit entsteht.

Dem steht gegenüber, daß bei der Erhitzungsgymnastik, dem Schnelllauf und dem Dauerlauf gerade umgekehrt das

Blut nach oben drängt, was schon das Rothwerden des Kopfes anzeigt.

Dieser Unterschied zwischen beiden Bewegungsarten ist natürlich ein gradweiser. Je behaglicher man dahinschlendert, um so bälder entsteht durch die veränderte Blutvertheilung Schwere und Müdigkeitsgefühl in den Beinen und Oede und Abspannung im Kopf; je rascher die Gangart wird, um so mehr arbeiten die venösen Pumpvorrichtungen in Leiste und Kniekehle und der vermehrte Herzstoß, der ja die Richtung nach oben hat, der Senkung des Blutes entgegen. Daher die bekannte Erscheinung, daß man bei entsprechend raschem Marschiren länger aushält als beim Schlendern.

Noch haben wir jetzt einige künstliche Entwässerungs-, also Abhärtungsmethoden zu erwähnen, die bislang bei uns mehr nur als Heilmethoden angewendet werden.

Die erste ist das Schwitzbad, von dem es zwei Formen gibt, das russische Dampfbad, bei welchem die Luft mit heißem Wasserdampf übersättigt wird, und das türkische oder römisch-irische, bei welchem es sich nur um heiße Luft von mittlerem Feuchtigkeitsgrad handelt. Diese Bäder sind — und dafür sollte das Verständniß allgemeiner werden — nicht blos Heilmittel von allerlei Krankheiten, wo es sich um Aufsaugung durch Bluteindickung und Anspornung des Kreislaufs handelt, sondern ein treffliches vorbeugendes Abhärtungsmittel und zwar in beiden Formen, nur daß das türkische dem russischen für gewöhnlich vorzuziehen ist. In seiner Wirkung kommen diese Bäder der Erhitzungsgymnastik sehr nahe, insofern sie nicht blos entwässern, sondern auch die elastischen Eigenschaften der Blutgefäße durch die dabei eintretende Herzaufregung bessern. Allein vollkommen das gleiche leistet das Schwitzbad doch nicht, weil die Erhöhung der Athmungsfähigkeit hier wegfällt und weil mit dem Wegfall der Muskelarbeit die Blutgefäßprovinzen der Muskeln, die doch die Hälfte der Körpermasse bilden, an der Verbesserung der Gefäßwegsamkeit nicht theilnehmen und auch die Muskeln ihr Gewebswasser nicht in dem Maß abgeben wie bei der gymnastischen Trainirung, weshalb auch die Wirkung der Entwässerung nicht lange vorhält. Dagegen ist die Wirkung auf die Erhöhung der Leitungsfähigkeit der Nervenfaser beim Schwitzbad eine prompte.

Ich habe hierüber an mir und drei anderen Personen die Sache in der gleichen Weise untersucht, wie ich es früher für die Echauffementsgymnastik gethan habe: durch Bestimmung der akustischen, optischen und Ueberlegungszeit vor und nach einem Schwitzbad. Die erste Messung geschah Nachmittags 4 Uhr, das Schwitzbad wurde den folgenden Tag um 11 Uhr genommen, und die zweite Messung geschah am gleichen Tag Nachmittags 4 Uhr. Im Durchschnitt aus allen 4 Personen sank die optische Zeit von 0,178 Sekunden auf 0,165, also um 8,5%, die akustische Zeit von 0,166 auf 0,162, also um 2,1%, die Hirnzeit von 0,175 auf 0,129, also um über 26%!!

Diese Ziffern beweisen, daß dem Schwitzbad, was auch sonst bekannt, eine ganz besonders energische Wirkung auf die Leistungsfähigkeit des Gehirns zukommt, während das peripherische Nervensystem weniger Vortheil hat. Daß auch die Muskelsubstanz durch das Schwitzbad nicht geändert wird, haben mir die mit obigem Versuch verbundenen Kraftmessungen bewiesen: sie ergaben keinen deutlichen Unterschied.

Ueber die von der ärztlichen Praxis angewendeten schweißtreibenden Arzneistoffe will ich mich hier nur dahin äußern, daß dieselben überall da am Platz sind, wo die vorigen Mittel nicht angewendet werden können; nur eignen sie sich zur vorbeugenden Diätetik weniger.

Zwei andere Entwässerungsmethoden, die durch Vermehrung der Harnabsonderung und Hervorrufung reichlicher Stuhlentleerung, lassen wir abseits liegen, weil ihre Anwendungsfähigkeit eine zu spezielle ist. Ich bemerke nur bezüglich der letzteren, daß z. B. in den bäuerlichen Kreisen meiner Heimat das Laxiren eine sehr übliche diätetische Maßregel ist, etwa wie man in gebildeten Ständen von Zeit zu Zeit ein Schwitzbad nimmt. An dem unläugbaren erholenden Effekt nimmt sicher die damit verbundene Verstärkung der Wasserabgabe einen nicht unbedeutenden Antheil.

Alles in allem kommen wir zu dem Resultat, daß die beste Entwässerungs- und Abhärtungsmethode die Erhitzungsgymnastik ist, indem hier die ausgiebigste und alle Körpertheile umfassende Erhöhung der Arbeitsfähigkeit und Widerstandsfähigkeit erzielt wird.

Hiebei muß ich noch folgende Bemerkung einschalten. Man hält im allgemeinen dafür, daß die Nothwendigkeit einer absichtlich zum Zweck der Körperentwässerung vorgenommenen Muskelbewegung bei solchen Leuten wegfalle, deren Beruf an und für sich mit körperlicher Bewegung verbunden sei. Das ist aber nicht ganz richtig. Bei der Berufsarbeit ist es aus den im 23. Kapitel angeführten Gründen im Interesse der Arbeitsökonomie geboten, die Körpererhitzung zu vermeiden, weil hiebei Kräfte vergeudet und Unterbrechungen geschaffen werden. Ohne Herbeiführung des Erhitzungszustandes findet aber keine genügende Entwässerung statt; deshalb gibt es nur wenige Berufsarten, die an und für sich abhärtend wirken, es sind das nur solche, die von Zeit zu Zeit echauffirende Maximalleistungen verlangen, wie der Seemannsberuf, das militärische Exercitium 2c.

Nun haben wir uns noch mit dem Fett, dem zweiten Verweichlichungsstoff, zu befassen, dessen Bedeutung wir bereits kennen.

Im Vergleich zu dem beweglichen Wasser ist das Organfett weit schwerer zu entfernen. Während das Wasser einfach durch Verstärkung des Blutdrucks und des Gewebstonus sich aus der lebendigen Substanz auspressen läßt und eigene Abfuhrwege demselben offen stehen, ist all das beim Fett unmöglich: es läßt sich als solches nicht auspressen und abführen, bei ihm handelt es sich um vorgängige Oxydation, Zerstörung zu Kohlensäure und Wasser. Hat sich also Organfett angesammelt, so muß eine vermehrte Sauerstoffzufuhr stattfinden. Es gibt deshalb auch nur zwei brauchbare nicht medikamentöse Entfettungsmethoden: die Bantingkur und die Erhitzungsgymnastik.

Die Bantingkur, deren Wirkung auf die Entwässerung wir schon oben kennen lernten, wirkt durch zwei Umstände auch entfettend. 1. Die vermehrte Eiweißzufuhr steigert die Absorptionsfähigkeit des Körpers für den Sauerstoff; 2. dadurch, daß man sich bei der Bantingkur möglichst der Aufnahme der leicht oxydabeln Kohlenhydrate (Mehlspeisen und Zucker) enthält, die durch ihre Anwesenheit im Blut das Organfett vor Oxydation beschützen, weil sie den Sauerstoff vorwegnehmen, wird das Organfett der Einwirkung des Sauerstoffs in erhöhtem Maße zugänglich.

Die zweite Entfettungsmethode ist die Erhitzungsgymnastik. Sie wirkt auch durch mehrere Umstände. 1. Haben wir früher die Thatsache kennen gelernt, daß die Sauerstoffaufspeicherung bei Nacht um so kräftiger ausfällt, je stärker man sich ermüdet hat; 2. hat die Beschleunigung des Athmens, die bei der Erhitzung eintritt, eine lebhaftere

Sauerstoffzufuhr zur Folge; 3. wenn eine starke Arbeit verrichtet wird, reicht der Vorrath von Kohlenhydraten und Circulationsfett nicht aus, es wird rasch aufgebraucht und dann kommt die Reihe an das Organfett; 4. die Steigerung der Körperwärme erleichtert die oxydative Zerstörung des Fettes; 5. kommt in Betracht, daß bei umfangreicher Muskelarbeit dem nicht arbeitenden Fettgewebe das Blut entzogen wird, indem es den im Gebrauch stehenden Theilen zuströmt. Das scheint den Zerfall dieses parasitären Gewebes zu beschleunigen, vollends wenn dazu die Steigerung der Körperwärme kommt. Es muß übrigens bemerkt werden, daß das Fett des eigentlichen Fettgewebes der Beseitigung einen größeren Widerstand entgegensetzt als das fein zertheilte Fett, das sich in der arbeitenden Substanz selbst bei längerer Unthätigkeit und reichlicher Ernährung ansammelt.

Vergleichen wir beide Entfettungsmethoden, so muß unbedingt der letzteren der Vorzug gegeben werden. Die passive Entfettung durch die Bantingkur birgt Gefahren in sich, die wir so verständlich machen wollen:

Die einzelnen Gewebe und Gewebstheile stehen trotz aller Cooperation unter einander in einem Kampf ums Dasein, im Concurrenzverhältniß, aus dem immer der stärkere, und das ist hier der arbeitende, siegreich hervorgeht. Wir können auch sagen, die arbeitenden Theile leben stets auf Kosten der nicht arbeitenden. Wenn wir nun zur Entfettung Erhitzungsgymnastik anwenden, so setzen wir alle zum Bestand des Körpers nothwenigen Theile, den Arbeitsmechanismus und die Hilfsmechanismen, in Arbeit, und die eingeleitete stärkere Zerstörung trifft nur das nichtsnutzige und nichtsarbeitende Fettgewebe, während die arbeitenden Theile eben dadurch, daß sie arbeiten, vor ihr sicher sind. Bei der Bantingkur, in welcher kein Theil des Körpers in besondere Arbeit versetzt wird, bleibt eben sehr häufig die Zerstörung nicht auf das Fettgewebe beschränkt, sondern sie greift auch wichtige und nothwendige, nur im Augenblick nicht arbeitende Theile an, und so kann eine ähnliche Zerrüttung der Körperconstitution eintreten wie die bei Ueberarbeitung. Hiezu kommt der weitere Uebelstand, daß bei der Bantingkur eine bedeutende Störung der Gewebsspannung eintritt, der ganze Körper wird schlotterig wie ein halb entleerter Sack; darunter leidet die sichere Lagerung der Theile, z. B. der Eingeweide, und das hat andere Gefahren im Gefolge. Auch das fällt bei der Entfettung durch Gymnastik fort, weil die Muskeln durch den erhöhten Tonus das Gleichgewicht der Gewebsspannung aufrecht erhalten und auch die bindegewebigen Theile sich ganz entsprechend der Volumsverminderung zusammenziehen, die überschüssige Bindesubstanz durch die mit den Muskelbewegungen verbundenen Zerrungen zerstört und so auch hier das richtige Volumen hergestellt wird.

Ist somit die reine Bantingkur zu verwerfen, so ist eine mäßige Anwendung derselben d. h. der Gebrauch einer eiweißreicheren Kost als Beihilfe und Unterstützung der gymnastischen Entfettung sehr werthvoll und ganz ungefährlich; aber es muß die Gymnastik stets die Hauptrolle, gewissermaßen die Führung des Prozesses übernehmen. Dabei ist dann wichtig, daß die Gymnastik eine möglichst vielseitige ist, d. h. alle zum Bestand des Körpers nöthigen Apparate in höhere Arbeit setzt, und da muß wieder vor einem Mißverständniß gewarnt werden: die lebenswichtigsten Theile des Körpers sind die Hilfsmaschinen und von denen insbesondere der Athmungs- und Kreislaufapparat; eine Gymnastik, an welcher diese nicht oder nur wenig theilnehmen, schützt diese nicht vor den Angriffen des Sauerstoffs; das ist nur der Fall, wenn sie auch energisch mitarbeiten, also bei einer Gymnastik, die von Herz- und Lungenaufregung begleitet ist, und darin besteht ja, wie wir früher sahen, die Erhitzungsgymnastik.

Bei der Entfettung ist natürlich von hoher Wichtigkeit, daß man einschreitet, ehe sie einen hohen Grad erreicht hat; denn sie ist nicht blos um so leichter zu bewerkstelligen, je früher man dazu thut, sondern sie ist auch mit viel geringeren Gefahren verbunden.

27. Abwechslung.

Fragen wir uns: was ist Arbeit? so lautet die Antwort:

Arbeit ist eine Bewegung, und jede Bewegung ist die Folge der Störung einer Gleichgewichtslage, hört mithin auf, sobald das Gleichgewicht erreicht ist.

Soll eine Maschine in Thätigkeit erhalten werden, so kann dies nur durch fortgesetzte Störung der Gleichgewichtslage bewirkt werden. Nehmen wir ein Beispiel: Die Dampfmaschine wird bewegt, indem das Gleichgewicht zwischen dem äußeren Druck der atmosphärischen Luft und dem Dampfdruck im Innern des Kessels gestört wird. Es genügt nicht, diese Störung einmal bewirkt zu haben; denn sobald der Dampfkessel sich selbst überlassen wird, setzen sich diese beiden Druckgrößen durch die Abkühlung des Kessels in kurzer Zeit von selbst ins Gleichgewicht.

Ganz dasselbe gilt für den Organismus, daß nämlich seine Thätigkeit auf einer fortgesetzten Störung gewisser Gleichgewichtslagen beruht.

Seite 81 sahen wir, daß die Thätigkeit der wichtigsten Bestandtheile des Organismus, der Nerven und Muskeln, durch eine Störung der elektrischen Gleichgewichtslage ihrer Moleküle erzeugt wird.

S. 12 erfuhren wir, welch wichtige Rolle die Diffusionsvorgänge bei der Abwickelung der Lebensthätigkeiten spielen, und daß die Diffusionsbewegungen zwischen zwei Flüssigkeiten in dem Augenblick aufhören, in welchem Mischungsgleichgewicht erreicht worden ist. Sollen sie mithin fortdauern, so muß stets verhindert werden, daß der Gleichgewichtszustand erreicht werden kann.

S. 61 wurden wir darüber belehrt, daß nur solche Bewegungen der Außenwelt als Reize zu wirken vermögen, die Dichtigkeitsschwankungen zeigen, also die Erzielung einer Gleichgewichtslage verhindern.

S. 49 sahen wir endlich, daß die Quelle aller Arbeit des Organismus das Freiwerden von Spannkräften in Folge Sättigung chemischer Affinitäten ist. Also auch hier handelt es sich um Störung chemischer Gleichgewichtslagen; denn sobald irgendwo chemisches Gleichgewicht erreicht ist, hört auch die chemische Bewegung auf.

Angesichts dieser Umstände ist zunächst die Thatsache zu erörtern, daß der Organismus die trotz aller Aufklärung wunderbare Einrichtung besitzt, daß diese mannigfaltigen Gleichgewichtsstörungen gewissermaßen von selbst eintreten müssen. Betrachten wir uns das kurz im einzelnen.

Der Hauptstörenfried des menschlichen Körpers ist das Herz. So lange das Blut durch die Herzkraft im Umlauf gehalten wird, kann nirgends im Körper Diffusionsgleichgewicht entstehen. Denn ehe das Blut Zeit hat, mit der Gewebsflüssigkeit durch die Wandungen der Capillargefäße hindurch in Mischungsgleichgewicht sich zu versetzen, ist es bereits wieder in die Venen abgeflossen, deren dickere Wandungen die Fortsetzung des Austausches unterbrechen. Hiezu kommt, daß das Blut fortwährend zwischen zweierlei Austauschherden, Lungen- und Körpercapillaren, hin und her bewegt wird, welche in entgegengesetzter Weise den Gehalt an Kohlensäure und Sauerstoff zu verändern bestrebt sind. Ein ähnliches antagonistisches Verhältniß in der Blutmischung besteht zwischen mehreren übrigen Organen des Körpers, so zwischen den Absonderungsflächen und den Aufsaugungsflächen, zwischen diesen und den verbrauchenden Parenchymtheilen, und in letzter Instanz kommt die Lymphe hinzu, um fortwährende Störungen des Mischungsgleichgewichts nicht blos zwischen Blut- und Gewebssaft, sondern auch innerhalb der Blutmasse herbeizuführen. Das Wunderbare ist nun die merkwürdige Selbstregulirung des Herzens, die bewirkt, daß jede Abschwächung des Mischungsunterschiedes zwischen Blut- und Gewebssaft das Herz zu beschleunigter Thätigkeit reizt und umgekehrt jede Zunahme des Mischungsunterschiedes die Herzthätigkeit herabmindert.

Eine weitere Regulirung bezüglich der Gleichgewichtsstörungen ist mit gewissen Gemeingefühlen gegeben, die eintreten, sobald die nöthigen Differenzen zu gering geworden sind. Dahin gehört die Athemnoth, sobald der Unterschied im Gasgehalt zwischen Blut- und Gewebssaft zu gering geworden ist; der Durst, sobald die Differenz im Wassergehalt vom Blut und Gewebe abgenommen hat; der Hunger, sobald die nöthige Differenz im Gehalt des Blutes und der Gewebe an gelösten Eiweißstoffen verschwunden ist. Bei Muskel und Nerv spielt das Ermüdungsgefühl eine wichtige regulirende Rolle, indem es uns zu stätigem Wechsel von Ruhe und Thätigkeit an einem und demselben Organ zwingt, womit jedesmal die Störung eines gewissen Gleichgewichtszustandes verbunden ist. Ich erinnere z. B. nur an den früher erwähnten Wechsel im Blutgehalt, an die Störung der chemischen Mischung durch das Auftreten und Wiederverschwinden der Ermüdungsstoffe.

Trotz dieser Regulirungsvorrichtungen im Innern des Körpers, die bis zu einem gewissen Grade das Zustandekommen eines schädlichen Gleichgewichtszustandes verhindern, ist die Regulirung doch nicht unter allen Umständen vollkommen, und zwar in Folge des Gewöhnungsvorganges, und dem Menschen erwächst daraus die Aufgabe, durch ein geeignetes Verhalten diese Unvollkommenheit der Regulirung auszugleichen, indem er durch zweckmäßige Abwechslung aller seiner Verrichtungen der inneren wie der äußeren, sowie durch die geeignete Abwechslung in Bezug auf die äußeren Existenzbedingungen dem Zustandekommen schädlicher Gleichgewichtszustände entgegenwirkt. Im Unterlassungsfall wird er regelmäßig seine Arbeitsfähigkeit und selbst seine Gesundheit schädigen. Bei der Wichtigkeit der Sache wird es angezeigt sein, sich die Abwechslung auf den wichtigsten Gebieten näher zu besehen.

a) Der Beschäftigungswechsel.

Wie tiefgehend das Bedürfniß nach einer Abwechslung in der Thätigkeit der einzelnen Körperorgane ist, läßt sich mit einigen schlagenden Beispielen belegen.

Wenn wir z. B. aufrecht stehen, so verlegen wir unwillkürlich das Körpergewicht abwechselnd von dem einen Bein auf das andere, und wenn wir versuchen gleichbeinig zu stehen, so werden wir finden, daß diese Stellung in der kürzesten Zeit durch ein eigenthümliches Ermüdungsgefühl unerträglich wird. Ganz das gleiche tritt ein bei liegender Stellung; denn selbst im Schlafe stellt sich ein Lagewechsel von einer Seite auf die andere ein, der nur dann ausbleibt, wenn innere Erkrankungen bestimmte Lagen des Körpers unerträglich sein lassen; so können z. B. Leute mit einseitiger Lungenerkrankung nur auf der kranken Seite liegen, während bei Lage auf der gesunden Beklemmungen entstehen. Auch in sitzender Stellung verschieben wir unsern Schwerpunkt stets, bald nach rechts, bald nach links.

Wir haben früher gesehen, daß Ruhe des Körpers eine Erholung ist, wenn wir uns durch körperliche Bewegung ermüdet haben, daß wir uns aber ebenso durch Körperbewegung von den nicht minder nachtheiligen Einwirkungen zu lange dauernder Körperruhe erholen, z. B wer viel sitzen muß, macht zu seiner Erholung einen Spaziergang, und wer viel gegangen ist, erholt sich durch Niedersetzen.

Dasselbe gilt auch von den Sinnesorganen, z. B. dem Auge mit dem wechselnden Lidschlag; wer es versucht, den gewohnten Lidschlag zu hemmen, wird finden, daß sein Sehvermögen nach wenigen Sekunden eine erhebliche Abnahme erfährt. Man glaubte früher, die Beeinträchtigung des Sehens bei längerem Ausbleiben des Lidschlags rühre von der Ansammlung der Thränenflüssigkeit und der in Folge der Verdunstung ungleich werdenden Vertheilung derselben her. Das wirkt wohl dabei mit, allein wichtiger ist der Wegfall der Verdunkelungspausen, während welcher, wie die Forschungen Boll's dargethan, das zur Sehempfindung nöthige, durch die Lufteinwirkung zerstörte Sehroth in den Sehzellen wieder ersetzt wird. Deshalb ist bei starkem Lichtreiz die Verdunkelung durch den Lidschlag viel öfter nothwendig als bei geringeren Lichtreizen. Auch darin zeigt das Auge, wie tief begründet das Bedürfniß zum Beschäftigungswechsel ist, daß das dauernde Fixiren einer bestimmten Farbe, eines bestimmten Gegenstandes sehr rasch ein unangenehmes Gemeingefühl und eine Abnahme der Sehschärfe erzeugt, von dem wir uns nur dadurch erholen, daß wir eine andere Farbe und einen andern Gegenstand betrachten. Instinktiv lassen wir deshalb unsern Blick stets von einem Punkt zum andern wandern, um unser Auge in leistungsfähigem Zustande zu erhalten.

Auch beim Gehörorgan ist das Bedürfniß nach Abwechslung vorhanden. Wo sie fehlt, treten theils unangenehme Gemeingefühle, theils unvollständige Funktionirung ein, indem z. B. monotone, langandauernde Geräusche schließlich gar nicht mehr zum Bewußtsein kommen, und dann umgekehrt das Aufhören des Geräusches zum Reiz wird, der sich in das Seelenorgan fortsetzt.

Auch auf dem Gebiet der übrigen Sinnesorgane erzeugt Monotonie der Reize eine Art von Gleichgewichtszustand, der die Reizwirkung immer mehr herabmindert.

Ein praktisch sehr wichtiger Beschäftigungswechsel ist der zwischen geistiger und körperlicher Thätigkeit, und es kann hier nicht eindringlich genug darauf hingewiesen werden, daß die Erholung von geistiger Anstrengung durch Körperbewegung viel leichter und vollständiger erzielt wird als durch körperliches und geistiges Nichtsthun. Allem nach beruht diese bekannte Erscheinung auf folgendem Umstand: die Erholung erfordert, wie schon früher auseinandergesetzt, eine Abnahme des Blutgehaltes im arbeitenden Theil. Ein solcher wird um so rascher erfolgen, wenn andere Organe dadurch, daß sie in Thätigkeit gesetzt werden, ein größeres Blutquantum beanspruchen. Handelt es sich nun um Ableitung des Blutes vom Gehirn, so gibt es kaum ein wirksameres Mittel, als die demselben möglichst entgegengesetzte Körperpartie d. h. die Fußmuskeln in Thätigkeit zu versetzen.

Selbst innerhalb der geistigen Arbeit ist der Beschäftigungswechsel aufs engste mit der Leistungsfähigkeit verknüpft, und das psychische Gemeingefühl der Langweile ist zum Wächter darüber aufgestellt, daß wir diesen Wechsel ausführen. Es gibt nichts thörichteres, als den Warnungen dieses Gemeingefühls kein Gehör zu schenken; denn eine beharrliche Ignorirung erzeugt eine Abstumpfung der Erregungsfähigkeit des Seelenorgans, was eine quantitative und qualitative Herabminderung der Geistesfähigkeiten ist. Zuerst nimmt die Lebhaftigkeit des Geistes ab, und mit der Zunahme der Geistesträgheit wächst die Geistesarmuth, während umgekehrt ein Mensch, je mehr er durch die Vielseitigkeit geistiger Beschäftigung die Möglichkeit des Beschäftigungswechsels erhöht, in jeder Beziehung an geistiger Leistungsfähigkeit gewinnt. Das erklärt die bekannte Thatsache, daß die Heroen auf geistigem Gebiete mit eminenter Leistungsfähigkeit eine eminente Vielseitigkeit verbanden; durch die letztere haben sie die erstere gewonnen. Ich erinnere an Humboldt, Cuvier, Göthe, Michel Angelo ꝛc.

Hier kann ich nicht umhin, einen Tadel auszusprechen: es ist kein Zweifel, daß Arbeitstheilung ein wesentlicher Faktor bei Erzielung von Fortschritten auch auf intellektuellem Gebiet ist; allein das Spezialistenthum setzt auf der andern Seite die quantitative und qualitative Leistungsfähigkeit des Individuums herab, und deshalb ist es ein Fehler, daß auf unsern Hochschulen das Spezialistenthum gegenwärtig zu sehr in den Vordergrund gestellt wird.

Eine wichtige Rolle bei diesem Wechsel wie bei den andern spielt der zeitliche Rhythmus der Abwechslung. Man ist gemeinhin der Ansicht, daß der tägliche Wechsel zwischen Wachen und Schlafen, zwischen Arbeiten und Ruhen und der Wechsel in der Arbeit selbst, der sich pro Tag macht, zur Aufrechterhaltung der Gesundheits- und Arbeitsfähigkeit genüge. Allein, daß dem nicht so ist, beweist schon die Einrichtung des unter den Schutz religiöser Vorschriften gestellten Ruhetages, des Sonntages, die Einrichtung des dies academicus an den Hochschulen, der schulfreien Mittwoch- und Samstagnachmittage an unsern mittleren und niederen Schulen. Jedoch selbst mit dieser innerhalb der Woche sich abwickelnden Abwechslung im Maß und Gegenstand der Thätigkeit ist die Sache bekanntlich nicht abgethan. Die Schulferien, Gerichtsferien, Erholungsreisen sind Concessionen an das tief in der menschlichen Natur liegende Bedürfniß nach einem in längeren Zeiträumen sich wiederholenden Thätigkeitswechsel, dessen Unterlassung sich durch Herabminderung der Arbeitsfähigkeit ohne weiteres rächt.

Es darf als einer der größten Fortschritte in der Heilkunst begrüßt werden, daß man nicht blos bei der Behandlung wirklicher, greifbarer Erkrankungen, sondern auch bei jenen leichteren Herabminderungen der Energie des Stoffwechsels und der Arbeitsfähigkeit in immer ausgedehnterem Maße von der kräftigenden Wirkung des jährlichen und halbjährlichen Beschäftigungswechsels, verbunden mit dem später zu besprechenden Luftwechsel, Gebrauch macht.

Allein selbst damit ist die Sache noch nicht erschöpft. Die wunderbare Regulationsfähigkeit des Organismus weiß selbst diesen rhythmischen Thätigkeitswechseln gegenüber eine Art von Gleichgewichtszustand herbeizuführen, der nur dadurch gebrochen werden kann, daß ihrer Zeit nach ganz unregelmäßige Abwechslungen in die Einförmigkeit täglicher Beschäftigung gebracht werden.

In dieser Beziehung muß es als ein gänzlich verständnißloses Vorgehen seitens der Nationalökonomen bezeichnet werden, daß sie gegen die irregulären Feiertage bezw. gegen die Arbeitseinstellung an denselben sich ereifern, indem sie ziffermäßig berechnen, wie viel Arbeitsverlust durch die Einstellung während so und so vieler Tage pro Jahr entsteht. Diese Leute gehen von der falschen Vorstellung aus: der Mensch sei eine Maschine, deren Leistung sich nur nach der Zeit berechnen lasse, während sie doch der tägliche Augenschein belehren könnte, welch großer Unterschied ist zwischen einem Menschen, der durch Ruhe Kraft sammelt, und einer

Maschine, die durch Ruhe höchstens rostig wird, jedenfalls aber nichts gewinnt.

Allerdings, wenn die Feiertage nur zu einer die Gesundheit schädigenden Völlerei benützt werden, welche die Arbeitsfähigkeit auf mehrere Tage hinein beeinträchtigt, so sind sie ein Krebsschaden an der nationalen Arbeitsfähigkeit; allein sobald sie im Sinne eines verständigen Thätigkeitswechsels z. B. einer Abwechslung von körperlicher und geistiger Thatigkeit, zur Ausführung des nöthigen Luft- und Nahrungswechsels benützt werden, so sind sie ein wirksames Mittel zur Erhöhung der Gesundheit und Arbeitsfähigkeit. Dabei soll freilich nicht in Abrede gezogen werden, daß es auch hier wie überall ein Zuviel gibt; aber ehe man an das Abbrechen hergebrachter Sitte geht, sollte man zuförderst darüber genauere Erhebung pflegen, wo die Grenze ist, über welcher das Zuviel anfängt. Das ist freilich viel schwieriger, als zu bestimmen, wie viel ein Mensch täglich schlafen soll und wie lange arbeiten; allein jeder Arbeiter, der sich selbst gewissenhaft beobachtet, kann — und ich spreche hier aus eigener langjähriger Selbstbeobachtung — zur Ueberzeugung gelangen, daß der conventionelle wöchentliche und jährliche Thätigkeitswechsel durchaus nicht ausreicht, um das höchste Maß von Arbeitsfähigkeit und Gesundheit zu erhalten, und daß jeder zu irregulären Thätigkeitswechseln gezwungen ist.

Wenn ich z. B. an einer bestimmten Arbeit durch einige Wochen festgesessen bin, so stellt sich regelmäßig nicht blos eine Abnahme an Arbeitslust ein, sondern auch an Befähigung zur Arbeit: der Gedankengang wird schwerfällig, die Diktion entbehrt der Frische, es mangelt an neuen Gedanken und schließlich erlahmt die gesammte Arbeit. Dieser Nachlaß ist durchaus an keine Regelmäßigkeit der Zeit geknüpft; er tritt bald früher, bald später ein, je nach der Natur des Gegenstandes und sicher auch je nach dem Maß der körperlichen Befähigung, und die einzige Abhilfe ist — Thätigkeitswechsel, — nicht Ruhe, auch das Schwitzbad nützt dann nichts mehr. Ich pflege in solchen Fällen und zwar mit jedesmal absolut sicherem Erfolg entweder zum Sport des Jagens und Fischens oder Insektensammelns, oder zu einer technischen Beschäftigung mit meinen Sammlungen, ja wenn alles nicht Stich halten will, selbst zum Todtschlagen der Zeit in geselligem Kreise zu greifen und, wie ich noch einmal sage, nie ohne völligen Erfolg: die Frische des Geistes, die Zähigkeit und Ausdauer in der Arbeit wird jedesmal wieder hergestellt.

Es ist bekannt, daß Maler immer mehr als ein Gemälde in Arbeit haben; sie wissen ganz genau, daß ihr Beurtheilungsvermögen für ihre Leistung abnimmt, sobald sie über eine gewisse Zeit hinaus sich mit einem und demselben Gemälde beschäftigt haben. Stellen sie es einige Zeit bei Seite und beschäftigen sich mit einem andern, so finden sie bei Wiedervornahme des ersteren Fehler in Farbe, Contour und Modellirung, für deren Wahrnehmung sie zuvor gänzlich abgestumpft waren.

Ein weiterer wichtiger Punkt bei der Abwechslung ist der Wechsel in der Intensität. Wir haben schon mehrfach gehört, daß zur Erhaltung der Leistungsfähigkeit eines Organs von Zeit zu Zeit die Vornahme einer Maximalleistung, einer excessiven Thätigkeit gehört; namentlich haben wir als besonders wichtig erkannt, daß von Zeit zu Zeit die beiden wichtigsten Hilfsmaschinen des Körpers, Kreislauf- und Athmungsapparat, in die lebhafte Aktion versetzt werden müssen, welche die Ursache der Körpererhitzung ist.

Wir können diesen Exceß in den verschiedensten Formen vornehmen, und es ist nothwendig nicht nur, daß man ihn überhaupt vornimmt, sondern daß man auch mit den verschiedenartigen Exceßformen wechselt, und deshalb sollen sie hier auch einzeln besprochen werden.

Eine Form excessiver Thätigkeit ist die, welche durch erheiternde Beschäftigung, durch das **Vergnügen** gegeben ist. Wir haben schon früher gehört, daß freudige Gemüthserregungen, Kunstgenuß ꝛc. einen mächtigen Einfluß auf den Umsatz der Eiweißstoffe ausüben, während umgekehrt gedrückte Gemüthsstimmung das Gegentheil d. h. Verzögerungen des Stoffumsatzes herbeiführt. Allerdings mangeln uns noch genauere Untersuchungen über die inneren Vorgänge. Daß bei den freudigen Erregungen die vermehrte Herzthätigkeit in Betracht kommt, ist außer Zweifel und leicht zu beobachten; aber der Umstand, daß die Harnstoffausscheidung so erheblich gesteigert ist, weist darauf hin, daß die Freude wesentlich anders wirkt als lebhafte Körperbewegung, bei der gleichfalls die Herzthätigkeit gesteigert wird, denn bei letzterer ist die Harnstoffvermehrung äußerst gering. Trotz dieser Unvollständigkeit unserer Einsicht unterliegt es keinem Zweifel, daß das Vergnügen schon allein vom Standpunkt des Thätigkeitswechsels aus einen förderlichen Einfluß auf Gesundheit und Arbeitsfähigkeit haben muß und daß weiter in der Beschleunigung des Stoffumsatzes an und für sich ein förderliches Moment liegt, namentlich überall da, wo entweder Ueberernährung oder Verzögerungen des Stoffwechsels aus anderen Ursachen die Arbeitsfähigkeit bedrohen.

In der Praxis des täglichen Lebens ist auch die Bedeutung der Vergnügungen als Erholungs- und Kräftigungsmittel längst zur Geltung gekommen, und es war schon den alten Römern bekannt, daß der Arbeiter nicht blos panem, sondern auch circenses braucht, während andererseits dem Arzte zur Genüge bekannt ist, wie andauernde gedrückte Gemüthsstimmung selbst wirkliche tiefere Erkrankungen hervorzurufen vermag. Es ist deshalb auch anerkanntermaßen die schlechteste Oekonomie, Beamte und Arbeiter so gering zu bezahlen, daß sie Jahr aus, Jahr ein mit Kummer und Sorgen arbeiten und sich die Erholung durch anständiges Vergnügen versagen müssen; denn der Minderbetrag der Arbeit übersteigt weitaus die durch den niederen Lohnsatz erzielte Ersparniß. Am empfindlichsten wird auch hier, wie überall, die geistige Arbeit beeinträchtigt. Bei der körperlichen Arbeit wird nur das Tempo gemindert, mithin ist der Verlust nur ein quantitativer; bei der geistigen Arbeit dagegen leidet nicht blos das Tempo, sondern auch die Qualität; denn mit der Abnahme der Erregungsfähigkeit wird der Umfang vermindert, in welchem das Seelenorgan an der Erregung Theil nimmt, und wir sprechen mit Recht von einer Abstumpfung oder Depression der geistigen Fähigkeiten durch Kummer und Sorgen.

Eine besondere Besprechung unter den Vergnügungen verdient der Sport, besonders deshalb, weil in Deutschland namentlich aber in Süddeutschland diese Sorte von Vergnügen in einer wirklich unglaublichen Weise mißverstanden und vernachlässigt wird. Allerdings besitzen die Continentalstaaten Europas in ihren stehenden Heeren, durch die bei ihnen geübte Körpertrainirung und durch die wiederholten Einberufungen zu Uebungen und Manövern, wobei die heilsamen Wirkungen des Bewegungsexcesses, des Luft- und Beschäftigungswechsels voll zur Geltung kommen, eine reiche Quelle nationaler Arbeitsfähigkeit und Constitutionskraft. Allein wenn wir die Continentalstaaten mit England vergleichen, in welchem in Ermanglung der Zucht durch das stehende Heer der Sport die Hauptquelle der Arbeitsfähigkeit und Constitutionskraft für die besseren Stände ist, so muß es aufs tiefste beklagt werden, daß in Deutschland im großen und ganzen das Verständniß für die nationalökonomische Bedeutung des Sports fehlt; denn die landläufige Vorstellung ist, daß er gleichbedeutend sei mit Zeit todtschlagen und nur gut für Leute, die nichts zu thun haben.

Dem gegenüber muß hervorgehoben werden, daß für Leute, die ihr Beruf zu sitzender Lebensweise zwingt, namentlich im vorgerückteren Lebensalter, der Sport eines der wirksamsten Mittel zur Aufrechterhaltung von Energie, Entschlossenheit, Temperament und Ausdauer in der Arbeit ist und zudem von größter sanitärer Bedeutung, wie aus dem Folgenden klar hervorgehen wird.

Der Sport, worunter man die Jagd, die Angelfischerei, den Rudersport, das Reiten, gymnastische Spiele 2c. verstehen kann, ist einmal schon vom Standpunkt des Thätigkeitswechsels aus ein Erholungs- und Kräftigungsmittel und zwar in sehr hohem Maße, weil er nicht blos Thätigkeitswechsel, sondern auch Luft- und Ortswechsel und in der Regel auch Nahrungswechsel ist, und zwar letzteres in qualitativer, quantitativer und rhythmischer Beziehung, d. h. man ißt anderes, ißt mehr und ißt zu anderer Zeit als im gewöhnlichen Verlauf der Dinge; er bringt den Gegensatz zwischen Zimmerluft und freier Luft, zwischen der ausgeglichenen Temperatur der Wohnräume und Hitze und Kälte in freier Natur, man steht Morgens früher auf, begibt sich Abends früher zur Ruhe, kurz der Wechsel ist fast nach allen Richtungen hin wirksam.

Hiezu gesellt sich der mächtige Einfluß der freudigen Erregung, die mit dem Naturgenuß unter allen Umständen und im Fall günstigen Verlaufs mit dem Erfolg verbunden ist, während andererseits die Gefahren des Excesses, die mit anderartigen Vergnügungen so oft verbunden sind, hier nicht vorliegen. Hiezu gesellt sich der direkt belebende Einfluß der frischen Luft, der ausgiebigen körperlichen Bewegung, die den Stoffwechsel befördern, das Temperament erhöhen und abhärtend wirken. Am günstigsten wirkt natürlich in dieser Beziehung solcher Sport, mit welchem ein bis zur Erhitzung sich steigernder Bewegungsexceß verbunden ist. Ein weiterer heilsamer Einfluß liegt in der erhöhten Thätigkeit von Sinneswerkzeugen, Nerven- und Bewegungsapparat und dem strikten Zusammenwirken aller dieser Theile, indem hiedurch die Erregungsfähigkeit des gesammten Apparates Schärfe der Beobachtung und Unterscheidung, Raschheit und Besonnenheit, Kraft und Gewandtheit, Thatkraft und Entschlossenheit, also lauter Eigenschaften, welche bei jeder Arbeit von Vortheil sind, zur Entwicklung gelangen.

Es ist gewiß keine Uebertreibung, wenn wir sagen, daß die Eigenschaften, welchen die englische Nation ihre universale Stellung als handel- und gewerbtreibendes Volk verdanken, der hohen Ausbildung entspringen, welche das Sportwesen bei ihnen erlangt hat; namentlich ist noch ein Unterschied zwischen der Erziehung durch den Sport und der continentalen Erziehung durch das stehende Heer hervorzuheben.

Die letztere erzeugt den Massenmuth, erhöht die Energie des Handelns im Verein und das Geschick des Einfügens in eine Masse. Der Sport dagegen erzieht den persönlichen Muth, das individuelle Selbständigkeitsgefühl, das Savoir vivre des Individuums, das Vertrauen in die eigene Kraft und Leistungsfähigkeit, mit einem Wort Muth und Fähigkeit zur Initiative, welche sich an die Bewältigung der höchsten Aufgaben wagt und vor keiner Schwierigkeit zurückschreckt. Das sind Eigenschaften, welche nicht blos für die Erwerbsfähigkeit in Betracht kommen, sondern auch in politischer und sozialer Beziehung von hoher Bedeutsamkeit sind: sie sind die Basis des politischen Selbständigkeits- und Freiheitsgefühls, dem der englische Staat trotz seiner unvollkommenen mittelalterlichen Organisation es verdankt, daß unbeschadet des staatlichen Zusammenhaltes das Individuum eine größere Selbständigkeit und ein menschenwürdigeres Dasein besitzt. In sozialer Beziehung gibt die Cultivirung des Sportwesens den besseren Klassen des englischen Staates den nöthigen Muth, die nöthige Kraft und Fähigkeit, selbst ohne die Beihilfe großer bewaffneten Mächte ihre Stellung an der Spitze der Gesellschaft und des Staates zu behaupten, während bei uns die besseren Klassen unter dem verderblichen Einfluß der monotonen, sitzenden Lebensweise entnervt, in letzter Instanz auf die Beihilfe der bewaffneten Macht recurriren müssen und so in sozialer und politischer Beziehung eine unselbständige und abhängige Rolle spielen.

Diese sozialen und politischen Mißstände in unsern Continentalstaaten treten besonders in neuerer Zeit, in welcher man fälschlicherweise geglaubt hat, England schöpfe seine nationale Arbeitskraft aus seiner sozialen Gesetzgebung und man brauche sie nur einzuführen, um dieselben Erfolge zu haben, besonders schroff hervor. Man hat die Kräfte der unteren Klassen entfesselt, ohne zuvor den oberen Klassen die nöthige Kraft und Energie gegeben zu haben, welche dazu gehören, um diese Kräfte von der Beschreitung destruktiver Bahnen abzuhalten und sie zur Erreichung allgemeiner produktiver Zwecke zusammenzufassen. Wenn wir speziell in Deutschland nicht dazu gelangen, unser nationales Erziehungssystem — ich will nicht sagen, nach englischer Schablone umzumodeln, sondern unser System der Massenerziehung durch das englische System der Einzelerziehung zu ergänzen, so wird uns ein Rückschlag in politischer und sozialer Beziehung nicht erspart bleiben, wenn anders unsere nationalen Kräfte im Kampf ums Dasein auf dem Gebiet der Arbeit ihre Concurrenzfähigkeit behaupten wollen.

b) Nahrungswechsel.

Im deutsch-französischen Krieg konnte man im größten Maßstab die Beobachtung machen, daß selbst die beste und zuträglichste Nahrung, sobald sie längere Zeit die alleinige bildet, entweder ganz verweigert oder nur mit dem größten Widerwillen noch genommen wird. Wir können weiter bei jeder Tagesmahlzeit die Wahrnehmung machen, daß jede Speise nach Genuß einer bestimmten Menge ein Gemeingefühl in uns erzeugt, das nicht Sättigung ist, sondern ein einfacher Widerwille, der uns veranlaßt zu einer zweiten, anderen Speise zu greifen und schließlich zur dritten und vierten, und wenn die Gelegenheit geboten ist und die Reihenfolge der Speisen richtig gewählt wurde, so weicht vorübergehendes Sättigungsgefühl mit jedem Wechsel neu auftauchendem Appetit. Wir haben bereits früher gesehen, daß diese Gemeingefühle keine trügerischen sind, daß sie auf eine stärkere Leistungsfähigkeit des Verdauungsapparates hinweisen.

Auch hier gilt die diätetische Regel, daß wir diesen von den Regulatoren unseres Körpers gegebenen Winken zu gehorchen haben, und es läßt sich unschwer feststellen, welche Folgen im Ungehorsamsfall eintreten. Die augenfälligste Wirkung monotoner Nahrung auf den Darmkanal ist Verlangsamung der Verdauungsthätigkeit und schlechtere Ausnützung der Nahrung, also Nahrungsverschwendung. Bei Leuten, die sich viele körperliche Bewegung machen, fällt dies weniger ins Gewicht, weil die Körperbewegung die Verdauungsthätigkeit des Darms steigert; dagegen bei Leuten mit sitzender Lebensweise ist die Beeinträchtigung des Verdauungsgeschäftes deutlich und steigert sich oft genug zu wirklichen Störungen, weshalb solche Leute ein besonderes Augenmerk auf den nöthigen Nahrungswechsel haben müssen.

Die nachtheiligen Wirkungen reichen aber entschieden noch weiter, worüber allerdings die Experimentalphysiologie die Antwort schuldig bleibt, so daß wir nur symptomatisch sprechen können und zwar dahin: es leidet schließlich das Temperament Noth, die Leute werden träge, apathisch, es nimmt Trieb und Fähigkeit zur Arbeit ab.

Das Pflanzenreich bietet uns ein ganz analoges Beispiel. Wenn wir in einem und demselben Boden längere Zeit eine bestimmte Pflanzenart bauen, so tritt eine Art Degeneration ein, lange bevor das betreffende Nahrungsmaterial der Pflanze im Boden aufgezehrt ist; es ist also nicht Mangel an Nährstoffen, sondern wohl nichts anderes, als daß ein gewisses Diffusionsgleichgewicht zwischen den Gewebssäften der Pflanze und den Salzlösungen im Boden eingetreten ist. So scheint denn auch im thierischen Organismus die nachtheilige Wirkung monotoner Nahrung darin zu liegen, daß die Mischungsgegensätze zwischen Verdauungssäften und Nahrung und zwischen Speisebrei und Blut abgeschwächt werden und mit ihnen die Lebhaftigkeit der Diffusionsbewegungen zunächst im Darm, später aber auch zwischen Blut und Gewebssäften abnimmt. Wir können also sagen, es tritt ein gewisser Sättigungszustand ein, der auf den ganzen Stoffverkehr mit der betreffenden Speise und der differenten Gewebe unter einander nachtheilig einwirkt. Am meisten sind auch hier wieder die geistigen Fähigkeiten bedroht, indem die Abnahme der Lebhaftigkeit hier sich zuerst zeigt. Der Ausspruch, daß eine große Summe geistiger Mittelmäßigkeit dem Verkennen dieser elementaren Regel der Ernährungsdiät ihre Entstehung verdankt, dürfte nicht ungerechtfertigt sein.

Ueber die Natur des Nahrungswechsels nur einige Andeutungen:

1. Es soll die Hauptmahlzeit mindestens aus einigen Speisen bestehen, wobei freilich von größter Wichtigkeit ist, daß sie zusammenpassen.

2. Es sollen sich nicht bei den verschiedenen Tagesmahlzeiten dieselben Speisen wiederholen.

3. Es soll in den Hauptspeisen pro Tag und pro Jahreszeit eine Abwechslung stattfinden. So wechsle man z. B. mit dem Frühstückgetränk zwischen Thee, Kaffee 2c. entweder von Monat zu Monat, oder von Jahreszeit zu Jahreszeit, man lasse den Unterschied in den Produkten der Jahreszeit zur vollen Geltung kommen, den Unterschied zwischen Fleischnahrung, Gemüse und Mehlspeisen und den Unterschied in der Zubereitungsweise der verschiedenen Nährmittel.

Man verstehe jedoch die Sache nicht falsch. Es enthält obiges keine Aufforderung zu üppiger Lebensweise; wer z. B. jeden Tag ein aus vielen Gängen zusammengesetztes Gastmahl zu sich nimmt, beraubt sich der viel wichtigeren täglichen und wöchentlichen Abwechslung, weil der chemisch-physikalische Unterschied zwischen zwei verschiedenen Gastmahlen, deren jedes eben nur aus Fleisch, Eiern, Gemüse und Mehl bestehen kann, viel geringer ist als der zwischen zwei einzelnen Speisen, wie z. B. zwischen einer Fleischspeise und einer Mehlspeise. Es ist auch eine bekannte Thatsache, daß eine einfache Hausmannskost, welche die nöthige tägliche Abwechslung bringt, trotz der geringeren Zahl der Speisen bei der einzelnen Mahlzeit schmackhafter und anregender gefunden wird, als die Kosttische in Gasthäusern mit ihrer größeren Speisezahl und dem täglichen Einerlei von Fleischsuppe, Ochsenfleisch mit Beilage und Braten mit Beilage.

Bei der Besprechung des qualitativen Wechsels will ich nicht unterlassen, auf die Zweckmäßigkeit des wöchentlichen Fasttages der katholischen Kirchengesetzgebung hinzuweisen, womit eine hochwichtige diätetische Regel, welche so leicht der Gewohnheit und Bequemlichkeit geopfert wird, unter den Schutz einer unantastbaren Religionsvorschrift gestellt wird.

Der Fasttag führt uns übrigens auch noch auf den quantitativen Wechsel. Wir haben früher von der leicht sich einstellenden Abstumpfung der die Nahrungsaufnahme regulirenden Gemeingefühle gesprochen, und schon aus diesem Grunde sollte in denjenigen Kreisen, wo die Gefahr der Ueberernährung vorliegt, darauf Bedacht genommen werden, daß man sich von Zeit zu Zeit bis zum Eintritt wirklicher höherer Hungergrade der Nahrung enthält, und als Gegensatz hiezu darf auch die gelegentliche Hingabe an reichlichere Tafelfreuden als eine von den Gleichgewichtsstörungen bezeichnet werden, die in das System zweckmäßiger Arbeitsdiät gehören.

Zum gesammten Verständniß der Abwechslung gehört jedoch auch hier der schon beim Beschäftigungswechsel besprochene Umstand, daß die Abwechslung nur dann völlig wirkt, wenn ihr Rhythmus kein regelmäßiger ist. Eine wöchentliche Abwechslung zwischen einer mittleren Werktagskost, dem Fasttag, an welchem spärlicher oder eine minder nahrhafte Pflanzenkost gegessen wird, und einer etwas besseren reichlicheren Sonntagskost ist noch nicht genügend, und wir können auch hier wieder von den Speisegesetzen der katholischen Kirche lernen: sie hat mit richtigem Verständniß eine jährliche Fastenzeit und als Gegensatz hiezu den Fasching und die russische Butterwoche mit ihrem üppigeren Leben angeordnet. Selbst die irregulären Feierlichkeiten, wie Kirchmeßfeiern, Herbstfeiern, Erntefeiern 2c., an denen besser und reichlicher gegessen wird, sind von günstigem Einfluß auf Gesundheit und Arbeitsfähigkeit, sofern des Guten nicht zu viel gethan wird.

Von den Getränken gilt bezüglich der Abwechslung dasselbe wie von den Speisen, daß Einförmigkeit nach Quantität und Qualität herabstimmend auf die Thätigkeitsenergie wirkt. Der Volkswitz hat diese Thatsache längst heraus, wie die despektirlichen Beziehungen Mostkopf, Bierbauch ꝛc. beweisen. Das sind Bezeichnungen, welche sich nicht auf das Zuviel, also auf die schlimmen Wirkungen der Trunksucht beziehen, sondern auf die abstumpfende Wirkung des ausschließlichen Genusses eines einzigen Getränkes auf die Geistesthätigkeit. Allerdings scheint das Bier und der Obstmost diese Abstumpfung rascher und in höherem Maße herbeizuführen, allein wenn man häufig behaupten hört, dem Wein komme diese träg- und stumpfmachende Wirkung nicht zu, so ist das nicht richtig:

Der habituelle Weintrinker, welcher immer nur das Gewächs der gleichen Gegend trinkt, und namentlich derjenige, welcher sich fest an seinen eingelegten Haustrunk hält, sich mithin der größeren Abwechslung, welche die verschiedenen Sorten von Weinen darbieten, entzieht, verfällt genau so schnell dem früher geschilderten Marasmus seiner Arbeitsfähigkeit wie Bier- und Mosttrinker. Es ist überhaupt merkwürdig: während für die Nothwendigkeit der Abwechslung im Essen, wenigstens in besseren Kreisen der Gesellschaft, ziemliches Verständiß besteht, stößt man viel seltener auf Leute, welche den richtigen Verstand in Bezug auf das Trinken, haben und es mag hiebei das die Schuld sein, daß beim gewöhnlichen Manne die Möglichkeit der Abwechslung zu gering ist, namentlich in früheren Zeiten, wo man geradezu von einem Nationalgetränk sprechen konnte, das in großen Gebieten die Alleinherrschaft behauptete, wie das Bier in Bayern, der Obstmost in gewissen Gegenden Süd- und Westdeutschlands, der Wein in Oesterreich, Ungarn und Westeuropa ꝛc.

In Folge der Entwicklung der Verkehrsmittel, des Handels und der Gewerbe ist die Sache jetzt entschieden besser geworden, insofern als die örtliche Mannigfaltigkeit der Getränke bedeutend gestiegen ist. Namentlich verdient in dieser Beziehung der Fortschritt in der Bierbrauerei einer rühmenden Erwähnung. Warum in den Weingegenden im Vergleich zu den Bierländern eine größere Regsamkeit und Arbeitsamkeit herrscht, rührt entschieden davon her, daß mit der großen Verschiedenheit der Jahrgänge, des Alters, der Weinberglage, der Rebsorten, der Behandlungsmethode dem Weintrinker die Möglichkeit einer ausgiebigen Abwechslung stets geboten war, während die Bierbrauerei eben früher Jahr aus, Jahr ein örtlich ein- und dasselbe Getränk producirte. Wer das Gesetz der Abwechslung nicht kennt, wird den Heißhunger unbegreiflich finden, mit dem die Bayern über ihre Spezialbiere, das Bock und Salvator, herfallen, und doch ist es genau dasselbe, was unsere Soldaten bei der Rückkehr an die heimischen Fleischtöpfe aus dem ewigen Einerlei von Erbswurst und Hammelsbraten empfanden. Jetzt, nachdem man nicht blos örtlich verschiedene Biere braut, neue Biersorten gemacht werden, sondern auch das Exportgeschäft eine örtliche Mannigfaltigkeit von Biersorten zuwege bringt, hat sich die Sache auch auf dem Gebiete des Biertrunks gebessert und der verständige Biertrinker wird sich leichter im Besitz seiner ursprünglichen Arbeitsamkeit behaupten können, als dies früher der Fall war, freilich zunächst nur in den größeren Städten.

Trotzdem ist jedem, welcher seine Arbeitskraft auf die höchste Stufe entwickeln und dort behaupten will, zu rathen, sich jeden Wechsels zu bedienen, der im Bereich der Möglichkeit liegt, also weder ausschließlich Wein noch ausschließlich Bier oder Obstmost zu genießen, und diesem Wechsel einen ähnlichen Rhythmus zu geben wie dem Speisewechsel.

Um spezieller zu sprechen: 1. man soll einen täglichen Wechsel vornehmen, z. B. Vormittags oder zur Mittagsmahlzeit Wein und Abends Bier; 2. soll man von Zeit zu Zeit mit den Wein- und Biersorten wechseln und gelegentlich einmal an die Stelle des regelmäßigen abendlichen Biertrunks einen Weintrunk setzen oder umgekehrt. 3. Trinkgelage sollen nie mit einerlei Getränke abgehalten werden. Wer z. B. größere Mengen von Bier getrunken hat, soll Wein oder Schnaps darauf setzen, und ein Weingelage soll aus verschiedenen Weinsorten bestehen und zwar in richtiger Stufenfolge, d. h. zuerst die schwächeren, zuletzt die stärkeren oder moussirenden, und schickt man dem Weingelage ein Glas Bier voraus, so ist das noch zweckmäßiger.

Neben der Abwechslung in der Qualität muß auch noch von der Abwechslung in der Menge, vom Exceß, gesprochen werden. Mit Recht sagt schon der alte Hufeland in seiner Makrobiotik, daß ein gewöhnliches Räuschchen der Gesundheit zuträglich sei, und das alte Studentenlied: „wer niemals einen Rausch gehabt, der ist kein braver Mann", ist nicht bloße Poesie. Aber auch hier verlangt der „gute Tag" auf der andern Seite seinen Fasttag, d. h. gelegentliche Tage und Zeiten, in denen man sich des regelmäßigen Genusses der alkoholischen Getränke entschlägt und dem Flüssigkeitsbedarf seines Körpers mit Quellwasser, Mineralwassern, milch- oder theeartigen Getränken deckt. Im allgemeinen wird die Bedeutung der Enthaltung und des ihr gegenüberstehenden Excesses in Essen und Trinken viel zu wenig gewürdigt, denn sie sind es, mit denen man am wirksamsten der in dem Wechsel liegenden Gefahr der Ueberreizung begegnet. Der Sturm, welcher beim Trunkexceß den Körper durchtobt, ist das sicherste Mittel, um den überreizten Organismus wieder in den Zustand der Gelassenheit zurückzuversetzen; eine Beobachtung, die jeder leicht an sich zu machen vermag. Am deutlichsten wirkt nämlich die Berauschung auf das Nervensystem, sofern dieselbe keine stärkere Störung der Verdauungsorgane nach sich zieht, was allerdings nicht blos von der Güte des Getränkes und von Maß und Uebermaß abhängt, sondern auch von dem individuell so verschiedenen Empfindlichkeitsgrad der Verdauungsorgane selbst. So zerstörend für Gesundheit und Arbeitsfähigkeit das habituelle tägliche sich Berauschen ist, so vorzüglich ist gegenüber geistiger Ueberreizung und Ueberspannung eine seltenere mäßige Berauschung, das „Räuschchen in Ehren" des Sprichwortes, denn der apathische Zustand, der ihm folgt, kommt einer Beruhigung des Nervensystems gleich.

Im allgemeinen haben die Aerzte vor dem diätetischen Exceß einen viel zu großen Respekt, weil er, was nicht zu bestreiten ist, direkt schädigend wirken kann, wenn ein gewisses Maß überschritten wird, überhaupt dasselbe nicht mit Verstand gemacht wird, und weil er auch bei Anwesenheit gewisser körperlicher Mißstände, z. B. Herzfehlern, chronischen Verdauungsstörungen 2c., wirkliche Nachtheile bringt. Allein wo das nicht vorliegt, wird er in Zuständen von Ueberreizung und auch bei gewissen Verzögerungen des Stoffwechsels ein wirksames Wiederherstellungsmittel sein.

c) Der Luftwechsel.

Ueber die Bedeutung der Luftqualität haben wir uns schon im 11. Kapitel zur Genüge orientirt. Hier soll deshalb nur die Thatsache besprochen werden, daß der Wechsel, wie ihn die verschiedenen Luftzustände möglich machen, eine Rolle bei der Erhaltung der Arbeitsfähigkeit und Gesundheit spielt, so wichtig wie jeder andere Wechsel. Auch hier kann an ganz bekannte Erscheinungen appellirt werden.

Sind wir längere Zeit in der ruhenden, warmen, ozonarmen, staubreichen Luft des Zimmers gewesen, so wirkt die

Versetzung in die reine, kühlere, bewegte und ozonreichere Luft im Freien erfrischend und belebend auf den Körper; umgekehrt, sind wir lange in frischer, kühler Luft gewesen, so wirkt die Versetzung in warme, ruhige Zimmerluft wohlthuend und belebend, sobald sie nicht durch handgreifliche Unreinlichkeit direkte Schädlichkeiten enthält. Nicht anders ist es mit allen Luftunterschieden, ob wir aus der warmen, trockenen, reinen, bewegten Luft des freien Feldes in die kühle, feuchte, ruhigere, von Pflanzenausdünstung geschwängerte Waldluft eintreten, oder ob wir den Wechsel in umgekehrter Folge durchmachen, ob wir aus der dichteren Luft der Thäler in die dünnere Luft einer Gebirgshöhe oder umgekehrt uns versetzen: jeder solche Wechsel ist eine gewisse Gleichgewichtsstörung, die als Reiz wirkt und die gesammten körperlichen Thätigkeiten beeinflußt. Hiebei müssen wir uns freilich daran erinnern, daß jeder Reiz zur Krankheitsursache werden kann, sobald er zu stark ist, und das gilt auch vom Luftwechsel. Sind die Unterschiede in Wärme, Druck und Feuchtigkeit zu groß und wirken zu plötzlich, so fallen die Störungen im Gleichgewicht der Blutvertheilung zu groß aus. Halten sie sich dagegen innerhalb eines gewissen Maßes, so wirkt jeder Reiz, auch der im Luftwechsel liegende, erfrischend und belebend und jedes Ausbleiben des Wechsels auf längere Dauer stimmt die Lebhaftigkeit der Körperfunktionen herunter.

Besprechen wir nun einige dieser Wechsel in Bezug auf die Luft, oder, weil wir hier auch vom Bade zu handeln haben, in Bezug auf die Aufenthaltsmedien, genauer.

Der größte Wechsel, den sich der Mensch in Bezug auf sein Aufenthaltsmedium bereiten kann, ist mit dem Bade gegeben, also mit dem Wechsel zwischen dem Aufenthalt in der Luft und im Wasser. Es ist natürlich hier nicht möglich, auf die direkte Wirkung des Bades genauer einzugehen, besonders da die verschiedenen Sorten von Bädern, namentlich der Mineralbäder, uns weit über die Gebühr beschäftigen würde. Ich beschränke mich deshalb auf eine allgemeine Angabe.

Zuförderst muß als allgemeine Regel aufgestellt werden, daß regelmäßiges, tägliches Baden unbedingt zu verwerfen ist, wie jede regelmäßige Gewohnheit. Die Gewohnheitswasserpatscher zeichnen sich weder durch höhere Gesundheit noch höhere Arbeitsfähigkeit aus. Am wenigsten nachtheilig ist der Mißbrauch mit kalten Bädern, während die warmen Bäder rasch erschlaffend wirken. Aber auch bezüglich der kalten Bäder muß folgendes gesagt werden: Wer täglich kalt badet, gewöhnt seinen Körper an das höchste Maß von Hautreiz und beraubt sich dadurch der Möglichkeit einer Abstufung; schwache Reize wirken bei ihm nicht mehr, und wenn Umstände eintreten, welche ein höheres Reizmaß verlangen, so bleibt ihm nichts mehr übrig. Die Sache ist ungefähr so wie auf dem Gebiet des Trinkens das Schnapstrinken. Der Schnaps ist von Zeit zu Zeit und in kleinen Dosen ein wirsames Mittel zur Steigerung der Arbeitsfähigkeit und Widerstandsfähigkeit des Gesammtkörpers und des Darmkanals. Allein der Gewohnheitsschnapser stumpft seine Verdauungsorgane und seinen Gesammtkörper ab; er kann ohne Schnaps nicht mehr leben und verdauen und beraubt sich der Möglichkeit, einen höheren Reiz zur Hand zu haben, wenn es nöthig ist. Also auch im Gebrauch des kalten Wassers muß eine richtige Skala und ein richtiger Rhythmus eingehalten werden, und es gilt hier für diese beiden Punkte gerade so wie für jede andere Abwechslung: daß man zum täglichen Wechsel die niedersten Reizstärken verwenden soll und die höheren Reizgrade zu den wöchentlichen, monatlichen und jährlichen Wechseln.

Der niederste Reizgrad bei Anwendung des kalten Wassers ist die kalte Waschung, und hier sind wieder zweierlei

Stufen zu unterscheiden: die Waschung einzelner Körpertheile und die des Gesammtkörpers. Für den täglichen Wechsel soll nur die erstere verwendet werden in Form der täglichen kalten Waschung von Kopf, Hals und Armen. Diese Waschung hat einen direkten Zweck. Wie wir früher sagen, findet während des Schlafes eine Kohlensäureaufspeicherung statt, und nach dem Erwachen handelt es sich um die Beseitigung des genannten Gases. Das wirksamste Mittel hiezu ist anerkanntermaßen der durch kalte Waschung erzeugte Hautreiz, weil er kräftige Ausathmungen, das bekannte Nachluftschnappen, erzeugt. Dies wird aber nur durch kaltes Wasser hervorgerufen; es ist deshalb ein reiner Unverstand, zur Morgenwaschung laues Wasser zu verwenden; es soll im Gegentheil so kalt sein, daß man nach Luft schnappen muß. Dieser Unverstand rührt davon her, daß man diese Waschung nur als Hautreinigungsmittel betrachtet, anstatt als Mittel zur Reinigung des Blutes von der Kohlensäure. Für den ersteren Zweck ist allerdings das warme Wasser besser; allein wir haben in der Seife ein Mittel, die Reinigung durch kaltes Wasser in der vollendetsten Weise zu besorgen.

Die kalte Waschung des ganzen Körpers ist, wenn täglich vorgenommen, ein Mißbrauch. Als der stärkere Reiz kann sie mit Vortheil nur bei der wöchentlichen Abwechslung verwendet werden. Zur monatlichen Abwechslung taugt am besten ein warmes Bad, und auch das Fußbad soll nur in größeren Zwischenräumen angewendet werden. Endlich ist das kalte Bad des ganzen Körpers ein Gegenstand des jährlich zu bewerkstelligenden Wechsels, es findet seine richtige Anwendung in der heißen Jahreszeit als Gegengewicht gegen die erschlaffende Wirkung höherer Wärmegrade. Allein auch hier soll kein Mißbrauch getrieben werden, und die Leute, die im Sommer täglich baden, haben für ihre Gesundheit und Arbeitsfähigkeit denen gegenüber, die bei kühler Witterung oder aus sonst einer Ursache hie und da ein bis mehrere Tage aussetzen, lediglich nichts gewonnen, sondern nur Zeit verloren. Hiebei sei die gelegentliche Bemerkung eingefügt, daß als Schutzmittel gegen sehr hohe Sommerwärme die Schwitzbäder mit darauffolgender starker kalter Abtuschung (russische Dampfbäder, römisch-irische oder türkische Bäder mit trockenheißer Luft) viel wirksamer sind als kalte Flußbäder.

Ueber die allgemeine Wirkung der Wasserbenetzung des Körpers, namentlich die mit kaltem Wasser, genüge die Bemerkung, daß es als kräftiger Hautreiz den Stoffumsatz im Körper beschleunigt, die Ausscheidung der Kohlensäure fördert und von günstigem Einfluß ist auf die Elasticität und Contraktilität der Hautgefäße, wodurch die geregelte Hautausdünstung gesichert wird und mit ihr die für die Erhaltung der Arbeitskraft und Abhärtung so wichtige Entwässerung der Körpergewebe. Auch die damit verbundene Reinigung des Körpers kommt auf das gleiche d. h. auf die Erleichterung der Hautausdünstung hinaus.

Eine Sorte des Luftwechsels, nämlich die nöthige Ventilation der Zimmer- und Kleiderluft ist schon in Kapitel 26 besprochen worden. Wir beschränken uns deshalb hier nur auf die Betonung der Nothwendigkeit eines gewissen Rhythmus des Wechsels zwischen verschiedenen Luftqualitäten; über dieselbe gilt Aehnliches wie von den übrigen Wechseln. Der tägliche Wechsel in Form des kurzen Spaziergangs muß sekundirt werden von einem ausgiebigeren, seltener, etwa wöchentlich ausgeführten, halb- oder ganztägigen Ausflug, und Ziel desselben sollen Orte sein, die sich in ihrer Luftbeschaffenheit erheblicher von dem Wohnorte unterscheiden. Solche Verschiedenheiten bietet der Gegensatz von Thalluft und Bergluft, Seeluft, Waldluft, Laub- und Nadelwaldluft, Stadt- und Landluft rc.

Die nächste Stufe des Luftwechsels ist ein noch ausgiebigerer halbjährlicher oder jährlicher mittelst länger dauernder Erholungsreisen, Badereisen rc. Je länger, je mehr gelangen Arzt und Publikum zu der Einsicht, daß der größte Theil des heilsamen Einflusses der Badereise nicht der spezifischen Natur der Heilquellen, sondern der einfachen Luftveränderung zuzuschreiben ist, worunter wir allerdings nicht blos den Gegensatz der Luftbeschaffenheit verstehen dürfen, sondern den durchgreifenden Wechsel der ganzen Lebensweise: andere Nahrung nach Qualität und Quantität und Tempo, andere Getränke, gänzlich andere Beschäftigung, Befreiung von den deprimirenden Einflüssen der täglichen Berufsarbeit und häuslicher Sorgen, statt dessen freudige Gemüthserregungen durch Natur und Kunstgenuß und Verkehr mit anderartiger Umgebung. Die Charlatanerie sucht sich zwar auch dieser Sache zu bemächtigen, indem man Luftkurorte errichtet und dem Publikum weismacht, man sei im Besitz besonders vorzüglicher Luftarten. Dem gegenüber muß gesagt werden, daß zu Luftveränderungen jede Luft gut ist, die nicht an sich schlecht ist und im nöthigen Gegensatz zu der Luft des Wohnortes steht. Nur bei Lungenleidenden kommt die Qualität der Luft in erhöhtem Maße in Betracht. Bei wem es sich dagegen nicht um eine spezielle Krankheit, sondern nur um jene allgemeine Herabstimmung des Stoff- und Kräftewechsels handelt, in welche unausweichlich jeder Mensch durch die einförmige Abwicklung seines täglichen Berufs verfällt, der kann gehen, wohin er will; er muß aber auch gehen, wenn er nicht dem Marasmus des Einerlei verfallen will.

In letzter Instanz steht die periodische b l e i b e n d e Verlegung des Wohnsitzes. Man glaube ja nicht, daß das eine zu weit gehende Consequenzmacherei sei. Jeder Beamte kann an sich die Beobachtung machen, daß einer Versetzung an einen neuen Aufenthaltsort, sofern dort nicht besondere Schädlichkeiten herrschen, ausnahmslos ein Zustand besseren Wohlbefindens, höherer Arbeitslust und Arbeitsfähigkeit folgt; die Leute fühlen sich häufig wie neugeboren. Diese Thatsache ist um so sprechender, als mit solchem Wohnsitzwechsel in der Regel fast kein Beschäftigungswechsel verbunden ist und als es sich meist nur um geringfügigere Aenderungen in den übrigen Lebensbeziehungen handelt. Was sich erheblich geändert hat, sind nur die Personalbeziehungen. Die neuen Personen, die einem entgegentreten, sind die neuen Reizmittel, welche dem Stoff- und Kräftewechsel von Geist und Körper einen neuen Aufschwung verleihen. Das Sprichwort: „neue Besen kehren gut" verdankt der erfrischenden Wirkung irgend eines ausgiebigeren Wechsels, wie ihn ein neues Amt, ein neuer Wohnort mit sich bringt, seine Entstehung. Es darf hier z. B. darauf hingewiesen werden, welch ausgedehnten, vom größten Erfolg begleiteten Gebrauch beim Militär mit dem Wohnsitzwechsel gemacht wird: mit der Abcommandirung zu anderen Branchen, in andere Garnisonen, mit der Versetzung vom Regiment zum Generalstab und wieder zurück zum Regiment. Die unleugbar höhere Rührigkeit und Arbeitsfähigkeit der höheren Offiziere, ihre entschieden längere Lebensdauer und große Rüstigkeit im hohen Alter, wodurch sie sich vortheilhaft von unseren vorzeitig dem Siechthum der Stubenhockerei anheimfallenden Civilbeamten unterscheiden, ist außer ihrer sorgenfreieren Stellung dem Umstand zuzuschreiben, daß bei ihnen das Gesetz der Abwechslung in der Lebensweise in jeder Beziehung und in jeder Abstufung in wunderbarer Weise durchgeführt ist.

Die Frage, wie oft ein Wohnsitzwechsel im Leben vorgenommen werden soll, läßt sich nicht nach der Elle bestimmen; doch können einige Anhaltspunkte gegeben werden. Geeignete Zeitpunkte sind die früher bezeichneten Zeiten, in welchen das sog. Vollsaftigwerden einzutreten beginnt, also insbesondere die Zeit um das vierzigste Lebensjahr. Weiter ist die Verlegung des Wohnsitzes für Leute mit sitzender und monotoner Lebensweise öfter nöthig als bei solchen, deren Beschäftigung an und für sich mit größeren und häufigeren Wechseln und einer größeren Summe von Körperbewegungen verbunden ist. Endlich ist er am wenigsten zu entbehren bei Leuten, von welchen das höchste Maß geistiger Leistungsfähigkeit verlangt wird; denn, was nicht oft genug betont werden kann, eine Mißachtung des Wechselbedürfnisses schädigt in erster Linie die geistige Arbeitsfähigkeit.

Um die Bedeutung des Luftwechsels in genügendes Licht zu setzen, wollen wir noch dem, ohne unser Zuthun sich vollziehenden Witterungswechsel und den klimatischen Unterschieden einige Aufmerksamkeit widmen. Wenn wir uns auch im allgemeinen bei sog. gutem Wetter besser befinden und zwar offenbar deshalb, weil heiteres Wetter heitere Gemüthsstimmung und damit lebhafteren Stoffwechsel erzeugt im Vergleich zu düsterem, trübem, herabstimmend wirkendem Himmel, so ist doch auch der sogen. ewig heitere Himmel auf die Dauer ermüdend, und mit Recht sehnen wir uns nicht minder als die dürstende Kreatur nach dem erfrischenden Regen, nach der Zerstörung des Luftgleichgewichts durch Wind und Sturm, und das, was wir sonst schlechtes Wetter heißen, wird für uns zur Wohlthat. Mit Recht ist darauf hingewiesen worden, daß die höchste Summe von Arbeitskraft den Bewohnern der Zone der veränderlichen Niederschläge zukommt, während die Zonen der sich gleichbleibenden Niederschläge an geistiger und körperlicher Leistungsfähigkeit zurückstehen. Hiebei kommt übrigens nicht blos der irreguläre Witterungswechsel, sondern auch der Jahrzeitenwechsel in Betracht; denn dieser ist in den gemäßigten Zonen mit seinen vier Jahreszeiten bedeutend größer als in den warmen und Polargegenden, die nur zwei Jahreszeiten besitzen.

Einen weiteren Unterschied in Maß und Häufigkeit des Witterungswechsels bedingt der Gegensatz von oceanischem und Continentalklima. Hier ist die Sache jedoch nicht so einfach, weshalb wir sie ausführlicher besprechen müssen.

Der eine Punkt ist die Weite des Wechsels oder besser gesagt die Größe der Schwankungen in Bezug auf Wärme, Feuchtigkeit und Luftbewegung. Bekanntlich sind diese Schwankungen in dem Continentalklima viel ausgiebiger als im oceanischen Klima. So beträgt z. B. der Unterschied zwischen der mittleren Temperatur des Januar und des Juli für Marseille und London 10 bis 11 Grad, für Pesth 19 ½ und für Moskau 24 Grade, und in demselben Maße ist auch die irreguläre Schwankung im continentalen Klima größer als im oceanischen.

Ein für die Arbeitsfähigkeit höchst wichtiger Punkt ist weiter die Größe der Schwankungen in der Luftfeuchtigkeit, die bekanntlich im continentalen oder richtiger gesagt halbcontinentalen Klima um ein Namhaftes größer sind. Die Wirkung ist nun eine sehr complicirte; die nächste ist, daß größere Schwankungen direkt abhärtend wirken. Die bedeutendste Rolle spielt hier die Feuchtigkeit der Luft. Wie wir in dem Kapitel über Abhärtung gesehen haben, besteht diese in der Herabsetzung des Wassergehaltes der Körpergewebe. Bei der stets gleichen hohen Luftfeuchtigkeit des oceanischen Klimas, ist der Körper zu geringen Wasserverlusten ausgesetzt, was erschlaffend auf ihn wirkt.

Es ist deshalb durchaus kein Zufall, daß die Irländer die Schwitzbäder in hohem Maße kultiviren, und just die Engländer, welche dem erschlaffenden oceanischen Klima nach den Iren am meisten unter allen Bewohnern Europas ausgesetzt sind, die Trainirung des Körpers bei Mensch und Vieh zu einem so hohen Grad der Vollkommenheit entwickelt und in so allgemeine Anwendung gesetzt haben; denn wer es nicht thut, verfällt dem „Spleen". Durch dieses Mittel haben es die Engländer dahin gebracht, daß sie mit den Bewohnern des Continentalklimas an Arbeits- und Constitutionskraft wetteifern können, während Oceanier, die sich gegen den erschlaffenden Einfluß des Seeklimas nicht wehren, dem Continentalmenschen entschieden nachstehen; denn beim letzteren ist nicht nur der mittlere Feuchtigkeitsgehalt der Luft ein niederer, sondern die langen Perioden hoher Lufttrockenheit wirken ohne sein Zuthun entwässernd auf ihn. Allerdings liegt auch hier eine Art natürlicher Ausgleichung vor und zwar in doppelter Beziehung.

Das eine Moment ist der förderliche Einfluß des Seefahrergewerbes, das unter allen Erwerbsthätigkeiten der systematischen Trainirungsarbeit und dem Sport mit seinem günstigen Einfluß auf eine Reihe der wichtigsten Arbeitseigenschaften gleichkommt, und wir können mit Recht um die Küsten unserer Continente einen bald mehr, bald minder breiten Saum erhöhter Arbeits- und Constitutionskraft legen, der dem abhärtenden Einfluß der genannten Beschäftigung entspricht.

Ein zweiter günstiger Einfluß, der sich unmittelbar an der Küste geltend macht und der erschlaffenden Einwirkung des oceanischen Klimas entgegenwirkt, liegt in dem größeren Wechsel der Luftbewegung. Der tägliche Wechsel von Land- und Seewind ist ein Vortheil, den der Binnenländer nicht in dem Maße hat. Hiezu kommt, daß die Luftbewegung größere Unterschiede in der Heftigkeit aufweist, weil die Windbewegung auf der Meeresfläche nicht jene mannigfachen Hemmungen erfährt wie auf dem Lande. Hiebei handelt es sich nicht blos um das Gesetz der Abwechslung, sondern auch noch um die durch die starke Windbewegung bewirkte Reizung der Hautnerven, die, wie Beneke nachwies, die Energie des Stoffwechsels, namentlich die Ausscheidung der Kohlensäure steigert. Nicht minder kräftigend und das Temperament erhöhend wirken die Erregungen der Sinnnesorgane und des Gemüthes, die der Ruhelosigkeit des flüssigen Elementes mit seinem ewigen Formen- und Lichtreflexwechsel entspringen. Endlich kommt hiezu der mächtige Wechsel, welcher von dem regelmäßigen Gebrauch der kalten Bäder ausgeht und der deshalb so energisch ist, weil im Wogenschlag des Meeres ein Moment des Wechsels und Reizes während des Bades selbst liegt, deren das Bad in Binnengewässern entbehrt.

Wir sehen also, daß eine Reihe von Umständen bei dem Küstenbewohner die Entwicklung der Arbeitsfähigkeit und Constitutionskraft in hohem Maße begünstigen und die erschlaffende Einwirkung des oceanischen Klimas neutralisiren; allein es trifft dies eben doch nur einen vergleichsweise schmalen Saum, und trotz all dieser Ausgleichung ist es eine von mir in mehreren Publikationen hervorgehobene Thatsache der Menschen- und Thiergeschichte, daß die Continentalnaturen im Kampf ums Dasein unter sonst gleichen Umständen an Constitutionskraft überlegen sind und daß die Ströme der Völkerwanderungen und die Ströme der sekularen Thier- und Pflanzenwanderungen stets ihren Siegesmarsch vom Innern der Continente gegen ihre Ränder und Ausläufer gemacht haben, während die rückläufigen Versuche — man erinnere sich nur an den russischen Feldzug des ersten Napoleon — an der Differenz der Constitutionskraft gescheitert sind.

Eine weitere Wirkung der größeren Witterungsschwankungen auf Arbeits- und Constitutionskraft ist die, welche ich im Gegensatz zu der eben besprochenen momentanen Einwirkung die sekulare nennen möchte. Sie beruht darin, daß beträchtlichere Witterungsschwankungen, namentlich dann, wenn sie sehr rasch eintreten, für alle schwächlichen Naturen verderbenbringend sind. Diese stete Vernichtung des Schwächlichen, ehe es mittelst der Fortpflanzung seine Constitutionsschwäche auszubreiten vermag, führt schließlich dahin, daß es immer seltener auftritt, und sobald alle an der Propagation sich betheiligenden Individuen kräftige Naturen sind, so ist nicht nur die Gesammtconstitutionskraft eines Volkes eine größere, sondern es ist die Gefahr ihrer sekularen Abschwächung beseitigt.

Die obigen Auseinandersetzungen bedürfen noch einer bedeutsamen Ergänzung, indem nicht blos die Größe der Witterungsschwankungen, sondern auch die Häufigkeit derselben von größtem Einfluß auf die Entfaltung der Arbeitskraft ist, und in dieser Beziehung bietet weder das oceanische Klima noch das ausgesprochene Continentalklima die günstigsten Bedingungen, sondern eine mittlere Zone, die durch den fortwährenden Kampf zwischen See- und Landluft am häufigsten Störungen des Wettergleichgewichts erfährt.

Der Continentalmensch, also in Europa der Russe, ist allerdings weit abgehärteter, constitutionskräftiger und ausdauernder als die westlicher wohnenden Nationen. Allein die Seltenheit des Witterungswechsels bedingt einen höheren Grad von Reizlosigkeit, und das ist von dem entscheidendsten Einfluß auf die Entwicklung des Temperaments; deswegen ist der Russe träg und apathisch gegenüber den lebhafteren, rührigeren westlichen Nationen. Dieser Umstand ist nicht blos von Einfluß auf die individuelle Arbeitskraft, sondern auch auf die Entwicklung der Gesammtkraft des Volkes und zwar deshalb: mit der Rührigkeit der Individuen wächst das Bedürfniß nach sozialer und politischer Organisation, und da jedes derartige Bedürfniß schließlich befriedigt wird, so entwickelten sich in der mittleren Region Europas jene vollkommeneren und damit nach jeder Richtung hin leistungsfähigeren Volks- und Staatsorganismen, die einen wirksamen Damm gegen die Ueberfluthung Europas durch die continentalen Russen bilden und in denen die nationale Arbeitskraft auf allen Gebieten des Wissens und Könnens und die nationale Wehrkraft ihre höchste Vollendung erlangt haben.

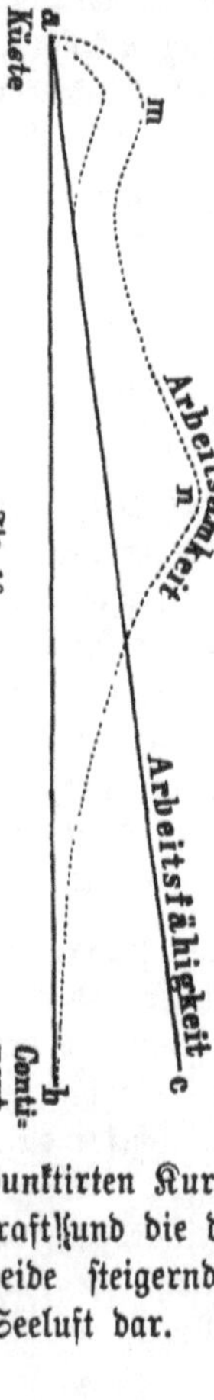

Fig. 10.

Wir können die eben beschriebenen Verhältnisse der Volkskraft in der nebenanstehenden Weise graphisch darstellen. Auf der Grundlinie a b bezeichnet a die Küste mit ihrem Seeklima, der Punkt b das Centrum des Continents; die geradansteigende Linie a c stellt das stetige Ansteigen der Constitutions- und Arbeitskraft von der Küste ins Innere des Continentes vor. Die gebrochene Linie a m n b versinnbildlicht das Anwachsen der Rührigkeit oder Arbeitsamkeit von der Küste bis zu einer mittleren Region und ihre Abnahme von dieser mittleren Zone gegen das Innere des Continents. Die punktirten Kurven, welche bei a auf die Linie der Arbeitskraft und die der Arbeitsamkeit aufgetragen sind, stellen den beide steigernden Einfluß des Seefahrergewerbes und der Seeluft dar.

d) Der Blutwechsel.

Mit diesem Wort betreten wir ein höchst interessantes, allerdings weniger der Initiative des einzelnen zugängliches als bei öffentlichen Maßnahmen zu berücksichtigendes Gebiet in Sachen der menschlichen Arbeits- und Constitutionskraft; denn dasselbe bezieht sich auf die Erzeugung der Nachkommenschaft. Zum Verständniß der Sache sind einige Vorbemerkungen nöthig.

Bei der Thierzucht hat man sich längst von der Thatsache überzeugt, daß das Maß von Aehnlichkeit, welches zwischen Vater und Mutter besteht, von großem Einfluß auf die Beschaffenheit der Nachkommmenschaft ist und zwar in folgender Weise. Wenn zwischen den beiden Erzeugern ein hohes Maß von Constitutionsgleichheit besteht, so ist einmal die gegenseitige Fruchtbarkeit entschieden geringer, wofür ich nachher ein schlagendes Beispiel anführen werde; fürs zweite sind die so erzeugten Nachkommen entschieden schwächlicher als dann, wenn die beiden Erzeuger sich erheblicher von einander unterscheiden. Diese Schwächlichkeit zeigt sich in mehrfacher Weise, einmal in einer geringeren Erregungsfähigkeit oder populärer gesprochen Lebhaftigkeit der Nachkommen; es überwiegt bei ihnen das phlegmatische Temperament und die Triebe sind minder stark. Fürs zweite besitzen sie eine geringere Widerstandsfähigkeit gegen eine Reihe von Krankheitsursachen, namentlich von solchen, welche tiefer gehende Ernährungsstörungen, basirt auf Verzögerungen des Stoffwechsels, hervorrufen. Drittens sind unter solchen Nachkommen Individuen mit angeborenen Defekten, namentlich Mißgeburten in der Richtung des Kretinismus häufiger als unter den Nachkommen von Eltern, bei denen eine größere Blutdifferenz bestand.

Ob zwischen zwei Erzeugern eine höhere oder geringere Blutdifferenz besteht, hängt, soweit man bis jetzt darüber orientirt ist, von zwei ganz verschiedenen Gruppen von Ursachen ab. Am längsten bekannt und am besten studirt ist die Thatsache, daß die Blutübereinstimmung um so größer ist, je enger das Blutverwandtschaftsverhältniß ist, in welchem die beiden Gatten stehen, und umgekehrt, daß das Blut um so differenter ist, in je entfernterem Grade die Gatten mit einander verwandt sind. Hiebei kommt es nicht blos darauf an, ob sie überhaupt in keinem nachweisbaren Blutverhältniß stehen, sondern auch noch um die Differenz zwischen den Stämmen eines Volkes, zwischen den verschiedenen Völkern und endlich zwischen den verschiedenen Rassen. Allerdings hat die Sache auch ihre Gränzen, indem es eine zu große Blutdifferenz geben kann, deren Wirkung freilich beim Menschen weniger studirt worden ist als bei Thieren. Bei den letzteren hat man gefunden, daß schon die Rassenkreuzung gewisse Nachtheile mit sich bringt und zwar in dem häufigeren Auftreten von Rückschlägen bei den Hausthieren und Neigung zur Verwilderung. Endlich ist es eine bekannte Thatsache, daß bei Kreuzung verschiedener Arten die daraus hervorgehenden Bastarde in der Regel nicht mehr fruchtbar sind, und endlich daß bei Kreuzung von Angehörigen verschiedener Gattungen gar keine Befruchtung mehr eintritt. Da dieser Einfluß der Verwandtschaftsverhältnisse auf die Nachkommenschaft für die Thierzucht von höchster Wichtigkeit ist, so hat sie längst technische Bezeichnungen für die verschiedenen Grade von Blutdifferenz zwischen den beiden zur Nachzucht bestimmten Geschlechtern geschaffen, deren wir uns hier gleichfalls bedienen wollen: sind die beiden Eltern Geschwister, so spricht man von Incestzucht; sind sie Geschwisterkinder oder sonst nachweisbar nahe verwandt, so spricht man von Familienzucht; unter Inzucht im engeren Sinne versteht der Thierzüchter, wenn die beiden Erzeuger derselben Heerde oder demselben Stamm und Schlag angehören. Für größere Differenzen hat man die Bezeichnung Kreuzung. Ich will nun zunächst einige Beispiele für die Wichtigkeit dieser Verhältnisse bei der Thierzucht aus denen auswählen, welche Darwin in seinem Werk über das Variiren zusammengestellt hat.

Ein sehr bekannter englischer Schweinezüchter kreuzte einen und denselben Eber mit der Tochter, Enkelin und Urenkelin u. s. f. durch sieben Generationen. Das Resultat war, daß in vielen Fällen die Nachkommen sich nicht mehr fortpflanzten, in andern Fällen wenige Junge producirten, welche lebten, von denen aber viele idiotisch, selbst ohne den Instinkt zum Saugen waren, und wenn sie sich zu bewegen versuchten, nicht geradeaus gehen konnten. Das dem Ansehen nach beste weibliche Schwein, welches während der ganzen sieben Generationen producirt wurde, gehörte der letzten Descendenzstufe an, allein der ganze Wurf bestand nur aus diesem einzigen Individuum. Dieses wollte sich mit dem Eber der eigenen Familie nicht mehr begatten, begattete sich aber beim ersten Versuch mit einem, der ihrem Blute gänzlich fremd war, erfolgreich. Nathusius theilt folgendes mit: Ein weibliches Schwein, das in letzter Instanz aus dreimaliger engster Inzucht hervorging, erzeugte mit seinem eigenen Onkel einen Wurf von sechs und einen zweiten von nur fünf schwachen jungen Schweinen. Als er dasselbe mit dem Eber einer andern Rasse, welcher bei einer Befruchung weiblicher Schweine seiner Eigenrasse 7 bis 9 Junge erzeugte, paarte, lieferte es im ersten Wurf 21, im zweiten 18 Junge, also 39 Schweine in einem Jahr.

Allerdings wenn wir uns unter den andern Hausthieren und dem Menschen umsehen, so sind die nachtheiligen Wirkungen der Inzucht lange nicht so auffällig wie bei den Schweinen. Dies hat offenbar darin seinen Grund, daß das Maß von Blutgleichgewicht zwischen zwei Gatten nicht allein von den Verhältnissen der Blutsverwandtschaft abhängig ist, sondern auch von äußeren Umständen, d. h. von der größeren oder geringeren Gleichheit der Existenzbedingungen, unter welchen die beiden Gatten aufgewachsen sind. Bei der Art und Weise, wie die Schweine gehalten werden, eng eingeschlossen und separirt in gleichartigen Ställen bei gleichartigem Futter, wirkt diese Uebereinstimmung allein schon dahin, ein hohes Maß von Blutgleichheit zu erzielen. Bei Hausthieren dagegen, welchen größere Freiheit der Bewegung gegönnt ist, und vollends bei dem Menschen, bei welchem zwischen der Beschäftigungsweise von Mann und Weib ein größerer Unterschied besteht, wird sich nur selten eine so hochgradige von dem Maß der Blutsverwandtschaft unabhängige Blutgleichheit entwickeln können wie bei den Schweinen.

Trotzdem zeigen auch die Menschen ganz dieselben Erscheinungen, d. h. daß Inzucht die Arbeits- und Constitutionskraft der Nachkommen nachtheilig beeinflußt und daß jede größere Blutdifferenz vortheilhaft wirkt. Es weist darauf schon die Thatsache hin, daß unter den verschiedensten Völkern der Erde in weiter Ausdehnung Geschwisterehen gänzlich verboten sind und Geschwisterkindehen entweder ganz unstatthaft oder erschwert sind. Weiter kann man sich außerordentlich leicht von folgendem Unterschied überzeugen:

In Dörfern oder Gebirgsthälern, in welchen seit vielen Generationen nur Ehen zwischen Ortsangehörigen geschlossen werden und beide Geschlechter auch das ganze Leben hindurch an die Scholle gefesselt bleiben, trifft man in der Regel eine schwächliche, namentlich aber eine geistig verkommene Bevölkerung, und es zeigt sich auch hier wieder, was schon öfter hervorgehoben wurde, daß eine Nichtbeachtung des Gesetzes der Abwechslung vor allem die geistige Leistungsfähigkeit und Rührigkeit schädigt.

Im Gegensatz hiezu mangeln die obigen Uebelstände einmal in solchen Orten und Gegenden, in welchen ein häufiges Zuheirathen von Ortsfremden stattfindet, wie das namentlich in den Städten gegenüber dem platten Lande der Fall ist, so daß ich nicht anstehe, den großen Unterschied, der namentlich im Gebiet geistiger Leistungsfähigkeit und Regsamkeit zwischen dem Städtebewohner und dem Landvolk besteht, zu nicht geringem Theil den besseren Blutmischungsverhältnissen bei der städtischen Bevölkerung zuzuschreiben.

Auf der andern Seite fehlen aber auch die nachtheiligen Wirkungen der Inzucht in solchen Gegenden, in welchen es üblich ist, daß das eine Geschlecht, in der Regel das männliche, längere Zeit ortsabwesend ist. In dieser Weise glaube ich ist der schöne, kräftige Menschenschlag mancher Gegenden zu erklären, z. B. der Südtiroler,[1] die als Bau- und Eisenbahnarbeiter, der Nordtiroler, die als Hausirer und Sänger, der Kroaten, die als Mausfallenhändler, der Hanaken, die als Erdarbeiter entweder während einer bestimmten Lebensperiode oder während gewissen Jahreszeiten unter ganz andern Bedingungen leben als das zurückbleibende weibliche Geschlecht. Ueberhaupt ist für den Menschen diejenige Blutdifferenz, welche durch Differenz in der Lebensweise von Mann und Weib erzeugt wird, von äußerst wichtiger Bedeutung, eigentlich von größerer als die Verwandtschaftsverhältnisse, und in dieser Beziehung möchte ich folgendes hervorheben:

Für Leute der besseren Stände und namentlich für solche, bei denen der Mann geistige Arbeit mit sitzender Lebensweise verbindet, tritt, selbst wenn gar keine Blutsverwandtschaft besteht, sehr leicht schädliches Blutgleichgewicht zwischen beiden Ehegatten ein, was sich in einer schwächlicheren Nachkommenschaft rächt. Um diesem Uebelstand vorzubeugen, muß jede mit dem Familienzusammenhalt verträgliche Gelegenheit benützt werden, welche zu Differenzen in der Lebensweise zwischen Mann und Frau führen kann, also Differenzen in Bezug auf Essen und Trinken, in Bezug auf Bewegungsmaß in frischer Luft, geselliger Anregung, Gebrauch von Bädern und zeitweilige Lösung der Orts- und Lebensgemeinschaft mittelst Erholungs- oder Badereisen der einen Ehehälfte.

Von diesem Gesichtspunkt aus muß auch die Militärpräsenz beurtheilt werden und zwar nach zwei Richtungen hin. Die Ortsveränderung und der Beschäftigungswechsel, dem der einberufene Soldat unterworfen ist im Gegensatz zum ortsanwesend bleibenden weiblichen Theile, setzt schon vor Beginn des ehelichen Zusammenlebens eine gewisse Blutdifferenz, welche der Nachkommenschaft in Form erhöhter Constitutionskraft und Arbeitsfähigkeit zu gute kommt, und die später erfolgenden Einberufungen zu den jährlichen Uebungen sollten auch auf die Verheiratheten ohne weiteres ausgedehnt werden; nicht nur würde das dieselbe für die Erzeugung der Nachkommenschaft günstige Blutdifferenz erzeugen wie die Erholungs- und Badereisen der höheren Stände, sondern die dadurch hervorgebrachte Abwechslung käme auch direkt der Gesundheits- und Arbeitsfähigkeit des von der Einberufung betroffenen Gatten zu gute.

Bezüglich des ersteren Punktes sei nur an die bekannte Thatsache erinnert, daß nach Feldzügen der Menschenverlust sehr rasch durch eine größere Zahl von Geburten ausgeglichen wird und daß ein höheres Maß von Rührigkeit, selbst nach einem unglücklichen Kriege, auf allen Gebieten, wo menschliche Arbeitskraft thätig ist, leicht constatirt werden kann. Ich erinnere z. B. nur an die Erscheinungen, welche in Oesterreich den beiden unglücklichen Kriegen, dem von 1859 und 1866, folgten, und der wirthschaftliche Aufschwung, welcher Deutschland nach dem 1870er Kriege zum Theil über das richtige Maß hinaus trieb, ist zu nicht geringem

Theil eine Folge des Umstandes, daß die aus dem Feldzug zurückkehrenden Soldaten an Regsamkeit und Arbeitsfähigkeit durch den mit dem Kriege verbundenen ausgiebigen Luft-, Orts-, Nahrungs- und Beschäftigungswechsel gewonnen hatten.

Ob es möglich sein wird, in solchen Gegenden, deren Bevölkerung durch lang fortgesetzte Inzucht an Geist und Körper heruntergekommen ist, wieder eine größere Blutdifferenz und damit eine Erhöhung ihrer nationalökonomischen Leistungsfähigkeit zu erzielen, soll hier nicht erörtert werden. Jedenfalls sind die allgemeine Wehrpflicht und all diejenige Freizügigkeits- und Niederlassungsgesetzgebung, welche einen Blutwechsel erleichtert, namentlich für solche Gegenden ein beträchtlicher Fortschritt.

Ueber das entgegengesetzte Extrem in der Blutmischung, d. h. eine zu große Differenz, gilt vom Menschen das gleiche, was auf S. 400 für die Hausthiere angeführt wurde. Bei Kreuzung so weit aus einander liegender Rassen wie Weißen und Australnegern ist eine entschiedene Abnahme der Fruchtbarkeit constatirt. Die andere unliebsame Erscheinung, d. h. Verwilderung wird sehr allgemein beobachtet bei Kreuzung von Weißen mit afrikanischen Negern und Indianern. Darwin schreibt über diesen Gegenstand folgendes:

„Diese letzteren Thatsachen erinnern uns an die so häufig von Reisenden in allen Theilen der Welt gemachten Angaben über den gesunkenen Zustand und das wilde Temperament gekreuzter Menschenrassen. Daß viele ausgezeichnete und mild gesinnte Mulatten existirt haben, wird niemand bestreiten, und eine mildere und freundlichere Sorte von Menschen könnte man kaum finden, als die Einwohner der Insel Chiloë, welche aus Indianern und Spaniern, in verschiedenen Verhältnissen mit einander vermischt, bestehen. Andrerseits überraschte mich viele Jahre, ehe ich über den vorliegenden Gegenstand nachdachte, die Thatsache, daß in Südamerika Menschen complicirter Abstammung von Negern, Indianern und Spaniern selten einen guten Ausdruck hatten, was auch die Ursache hievon sein mag. Livingstone, und eine tadellosere Autorität kann kaum angeführt werden, spricht von einer Mischlingsrasse von Menschen am Zambesi, welche die Portugiesen als seltene Monstren der Inhumanität beschreiben, und bemerkt: „Es ist unerklärlich, warum Halbrassen, so wie diese, um so viel grausamer sind als die Portugiesen; doch ist dies unzweifelhaft der Fall“. Einer der Einwohner machte gegen Livingstone die Bemerkung: „Gott schuf die weißen Menschen und Gott schuf schwarze Menschen, aber der Teufel machte die Halbrassen“.“

28. Die Berufsarbeit.

Stellen wir die Frage, wie die Berufsarbeit auf die Arbeitsfähigkeit und Gesundheit einwirkt, so sieht man sich in Folge der weit gediehenen Arbeitstheilung bei dem Culturmenschen einer reichen Casuistik gegenüber gestellt. Fast jede Berufsart hat nicht nur ihre eigenartigen Constellationen in Bezug auf die allgemeinen Lebensbedingungen wie Beschaffenheit von Licht, Nahrung, Bewegungsmaß und -Art 2c., sondern bei sehr vielen Handwerken findet eine Einwirkung durch das Arbeitsmaterial statt, indem sich Theile desselben der Luft und der Nahrung beimischen und so chemisch und mechanisch in das Getriebe der Leibesmaschinen eingreifen und zwar meistens störend.

Diese Seite der Berufsarbeit näher zu besprechen ist nicht die Absicht dieser Schrift. Solchen Schädlichkeiten hat der Mensch, um seine Arbeitskraft zu conserviren, die allgemeine Aufgabe der Reinlichkeit; er hat Maßregeln zu treffen, welche die Verunreinigung der Athmungsluft und der Nahrung auf den geringsten Betrag zurückführen. Dagegen soll hier davon gesprochen werden, welchen Einfluß das physiologische Verhalten des Körpers bei der Berufsarbeit auf die Leistungsfähigkeit des Gesammtkörpers hat.

Im allgemeinen gilt hier der Satz, daß die Arbeit gesund und arbeitstüchtig macht im Vergleich zu trägem, faullenzerischem Leben. Die Arbeit erhöht einmal, insofern sich mit ihr die Uebung verbindet, die Befähigung zu der speziellen Arbeit, um die es sich handelt; sie wirkt aber auch sanitär, insofern jede Arbeit — im Gegensatz zu völliger Unthätigkeit — den Kraft- und Stoffwechsel anspornt, ohne den die lebendige Substanz überhaupt nicht auf die Dauer existiren kann, weil sie der fettigen Degeneration und damit dem Schwund anheimfällt. Allein eben so sicher ist, daß Berufsarbeit für sich allein in den wenigsten Fällen im Stande ist, den Körper auf die höchste Höhe der allgemeinen und speziellen Leistungsfähigkeit und Dauerhaftigkeit zu erheben. Hiebei kommen folgende Gesichtspunkte in Betracht.

Der wichtigste Punkt bezieht sich auf den Gegensatz zwischen den eigentlichen, aus Nerven, Muskeln und Knochen bestehenden Arbeitsmechanismen und den Hilfsmechanismen (der Athmung, des Kreislaufs, der Ernährung und Absonderung). Es ist eine unabweisliche Forderung der Arbeitsökonomie, zu einer Berufsarbeit möglichst wenig Körpertheile zu verwenden, und speziell mit Bezug auf die Hilfsmaschinen ist es Arbeitsregel, nicht so zu arbeiten, daß diese, namentlich Herz und Lunge, in lebhafte Mitbewegung versetzt werden. Sobald dies seitens der zwei letztgenannten Organe geschieht, wird nicht blos unnöthig Kraft verbraucht, sondern es stellt sich leicht Körpererhitzung ein, und diese stört die Berufsarbeit. Das gilt nicht nur von Herz und Lunge, sondern auch, nur in anderer Weise, von dem Ernährungsapparat: nicht blos kürzt das Essen die Arbeitszeit, sondern bei vollem Magen ist auch die Arbeit gehemmt.

Dem steht auf der andern Seite als eben so unbestritten die Thatsache gegenüber, daß jeder Theilmechanismus des Körpers das höchste Maß von Leistungsfähigkeit und damit auch an Widerstandsfähigkeit gegen schädliche Einflüsse nur auf dem Wege der Uebung gewinnt: eine ungeübte Lunge leistet weniger und erkrankt leichter als eine geübte, ein ungeübter Kreislaufmechanismus ist weit leichter Störungen ausgesetzt und viel weniger befähigt bei Einbruch von schädlichen Einflüssen das Gleichgewicht wieder herzustellen, als ein geübter, und das gilt, wie wir nachher sehen werden, von allen Hilfsmechanismen.

Daraus folgt, daß Berufsarbeit, wenigstens in den meisten Formen derselben, *für sich allein* die inneren Hilfsmechanismen der Gefahr einer Schwächung durch Mindergebrauch aussetzt und daß dieselbe als Gegengewicht einer Arbeit bedarf, welche ich im Gegensatz zur Berufsarbeit die *Erholungsarbeit* nennen will und deren Hauptzweck sein muß, die inneren Hilfsmechanismen in erhöhte Thätigkeit zu setzen, *um sie im Uebungszustand zu erhalten.* Am nöthigsten ist das natürlich bei den Berufsweisen, welche an und für sich kein Moment enthalten, das die inneren Hilfsmechanismen zeitweilig anspornt, und das müssen wir uns etwas genauer ansehen.

Der schärfste Gegensatz ist begreiflicherweise der zwischen sitzender Beschäftigung und solcher Thätigkeit, welche mit Ortsbewegung des Gesammtkörpers verbunden ist. Bei der ersten Sorte von Berufsarten handelt es sich meistens nur um Bewegungen der Arm- und Handmuskeln, die an Masse den Fußmuskeln beträchtlich nachstehen, und zudem sehr häufig fast nur um die Thätigkeit des einen Armes. Sobald wir aber mit der Arbeit Ortsbewegung verbinden, so werden die mächtigen Beinmuskeln in Arbeit versetzt und zwar in eine ziemlich intensive, da es sich um Hebung und Fortbewegung des gesammten Körpergewichtes handelt.

Der Unterschied in der Wirkung von sitzender und wandelnder Beschäftigung auf Herz und Lunge ist so erheblich, daß schon beim bequemen Gehen die Pulsschläge voller und etwas zahlreicher sind als beim Sitzen, und gleiches gilt von der Athmung. Betrachten wir uns nun die Veränderungen, welche die Körpermaschine bei einseitiger Berufsarbeit, insbesondere der mit sitzender Lebensweise verbundenen, erfährt.

Bei der Lunge handelt es sich beim Mindergebrauch um folgende Veränderungen:

1. Um Abnahme der Beweglichkeit des Brustkorbes in Folge der allgemeinen Verwachsungstendenz im Körper.

2. Wieder in Folge der Verwachsungstendenz führt Mindergebrauch der Lunge zu Verwachsung von Brustwand und Lunge, und zwar um so leichter, je weniger ausgiebig Lunge und Brustwand sich gegen einander verschieben. Dies zeigt sich schon in dem einfachen Sektionsbefund, daß die Verwachsungen an der Lungenspitze, die sich am wenigsten gegen die Brustwand verschiebt, viel häufiger sind als an den ausgiebiger sich verschiebenden unteren Partien, und daß sie wieder an der hinteren Seite der Lunge häufiger sind als am vorderen Umfang, weil die vorderen Partien stärker verschoben werden als die hinteren.

3. Gesellt sich zu Mindergebrauch noch eine anhaltende gebückte Haltung, so wird der Brustkorb mehr in Einathmungsstellung verschoben und dort fixirt, so daß die Ausgiebigkeit seiner Bewegungen auch von dieser Seite beeinträchtigt ist: die Lunge kann nicht mehr von selbst ausgiebig ausathmen.

4. Verbindet sich mit mangelnder Lungenübung reichliche Ernährung, so tritt Fettleibigkeit ein, die gleichfalls

die Athmungsfähigkeit herabsetzt, weil sie die Bewegungen des Zwerchfells hemmt.

5. Das Lungengewebe verliert durch Mindergebrauch an Dehnungsfähigkeit und Elasticität, und so leidet die Durchgangsfähigkeit für Luft und Blut.

6. leidet ganz entschieden die normale Ernährung des Lungengewebes noth, wie sich aus dem folgenden darthun läßt.

Nicht nur unter allen Krankheiten der Lunge, sondern unter allen Krankheiten überhaupt nimmt die Lungenschwindsucht eine der ersten Stellen ein, indem nach Niemeyer bei den Culturvölkern „etwa ein Siebentel bis ein Fünftel (bei Stadtbevölkerungen selbst ein Viertel) aller Todesfälle durch Lungenschwindsucht bedingt sind und fast in der Hälfte aller Leichen die der Lungenschwindsucht zu Grunde liegenden Ernährungsstörungen oder die Residuen derselben in der Lunge gefunden werden". Dem steht gegenüber, daß bei den Zigeunern und bei den wilden Völkern, deren Lebensweise eine kräftige Lungenübung bedingt, die Lungenschwindsucht fast gar nicht vorkommt. Weiter lassen sich folgende Verhältnisse nur dahin deuten, daß mangelnde Lungenübung die wichtigste Disposition für diese Culturkrankheit bildet.

1. ergreift sie fast immer zuerst und am schwersten die Lungenspitze, welche unter allen Lungenabschnitten am wenigsten geübt wird; denn bei der ruhigen Zwerchfellathmung arbeiten fast nur die unteren Abschnitte.

2. Wir haben früher gehört, daß die Frauen mehr mit der Lungenspitze, die Männer mehr mit den unteren Lungenpartien athmen, und dieser Unterschied kommt in der Statistik der Lungenschwindsucht ganz entschieden zum Vorschein. Zwar werden im allgemeinen Männer und Weiber annähernd gleich häufig von der Lungenschwindsucht ergriffen, allein das scheint mir davon her zu kommen, daß es sich

bei der Lungenschwindsucht nicht blos um die Disposition der Lunge zu dieser Erkrankung, sondern um eine weitere Summe von äußeren Veranlassungen, namentlich um Luftverunreinigung handelt, welche die Frauen entschieden häufiger treffen als die Männer. Denn daß unter sonst gleichen äußeren Verhältnissen die Sterblichkeit an Lungenschwindsucht bei den Frauen geringer ist als bei den Männern, das springt besonders aus der Arbeit von Emil Müller in Winterthur über den Zusammenhang von Berufsart und Lungenschwindsucht deutlich in die Augen. Nach ihm beträgt im Kanton Zürich im Schneidergewerbe die Sterblichkeit der Männer an Schwindsucht 4,96, die der Weiber 2,82; beim Spinnen und Weben die der Männer 3,85, die der Weiber 2,59; bei Seidenwebern 3,62, bei Seidenweberinnen 2,07. Zieht man in der langen Tabelle Müller's das Mittel aus den Mortalitäten der Professionistinnen einerseits und das aller etlich und dreißigerlei angeführten männlicher Professionisten, so beträgt bei den ersten die Sterblichkeitsziffer an Schwindsucht 2,22, bei den letzteren 3,55. Die Günstigkeit der Ziffer der Professionistinnen geht auch daraus hervor: die Mortalität der Gesammtbevölkerung des Kantons Zürich an Lungenschwindsucht ist 2,57; also bleiben sie hinter dieser um 0,35 zurück. Bei der Mortalität der Frauen bezüglich der Lungenschwindsucht kommt übrigens auch noch ein anderer Uebungsfaktor für ihre Lungen in Betracht: die Frau ist geschwätziger und erregbarer und übt auch deshalb ihre Lunge vergleichsweise besser als der Mann. Wenn nun trotzdem im großen und ganzen die Frauen fast eben so häufig an Lungenschwindsucht erkranken als die Männer, so rührt dies wohl nur davon her, daß sie denjenigen äußeren Schädlichkeiten mehr ausgesetzt sind, welche notorisch die Entstehung der Lungenschwindsucht begünstigen, und das ist, wie schon oben angedeutet, schlechte Luft.

Schon der Name „Hausfrau“ spricht aus, daß die Frau durch ihre Lebensstellung mehr an den Aufenthalt im Haus gebunden ist als der Mann, und die schlechte Luft findet sich just in den Häusern, während, wie die Zigeuner beweisen, die gesunde Luft die im Freien ist. Namentlich fällt ins Gewicht, daß der für die Lunge schlimmsten Luftverunreinigung, der mit Staub, der weibliche Theil der Bevölkerung sich durchschnittlich weit mehr aussetzen muß als der männliche, weil die Reinigung der Wohnungen und Kleider vom Staub und Schmutz fast überall Weiberarbeit ist. Fügen wir hinzu, daß das weibliche Geschlecht durch die regelmäßigen monatlichen Blutverluste tiefgehenden, für die Entwicklung der Lungenschwindsucht notorisch günstigen Ernährungsstörungen weit mehr ausgesetzt ist als der Mann, so dürfen wir alles in allem in der Gleichheit beider Geschlechter bezüglich der Erkrankungsfähigkeit an Tuberkulose einen Beleg dafür finden, daß Lungenübung dieser Kranheit einen erheblichen Damm entgegen stellt.

3. Dieser Satz bestätigt sich weiter aus dem bekannten Ausschließungsverhältniß, in welchem die Lungenschwindsucht zu dem früher geschilderten Emphysem steht: eine emphysematische Lunge wird nicht tuberkulos, und das Emphysem ist ein Zustand der Lunge, welcher übermäßigem und namentlich einseitigem Lungengebrauch (durch Husten, Singen, Instrumentblasen ꝛc.) entspringt.

4. ist es Thatsache, daß bei allen mit geringem Lungengebrauch verbundenen Berufsarbeiten die Mortalitätsziffer der Lungenschwindsucht größer ist als bei Professionen, welche mit starker Lungenübung verbunden sind. Ich gebe folgende Ziffern aus der Statistik mit der Bemerkung, daß es bei denselben sich immer um Lokalstatistiken handelt.

Von hundert in Pesth gestorbenen Schneidern erlagen 45 der Lungenschwindsucht; von Schustern fallen ihr nach

Neufville 42,5% zum Opfer. Nach Perron, der die Bevölkerung von Besançon zum Gegenstand seiner Untersuchungen machte, waren unter hundert gestorbenen Personen, die nicht zum Uhrenmachergewerbe gehörten, im Jahre 1857 sieben, im Jahre 1859 sechzehn, im Jahre 1860 zwölf Lungenschwindsüchtige; bei den Uhrmachern dagegen betrugen die betreffenden Ziffern 36, 60 und 69 vom Hundert Gestorbener. Unter hundert kranken Bürstenbindern zählte Hirt 49 tuberkulöse, unter hundert kranken Feilenhauern 62; diese Ziffern werden sofort geringer bei Professionen, welche mit stärkerer Lungenübung verbunden sind. Hirt fand unter je hundert erkrankten Grobschmieden 10,7, Schlossern 11,5, Nagel- und Messerschmieden 12,2, Sattlern 12,8, Hutmachern 15,5, Müllern 10,9, Bäckern 7,0, Conditoren 11,5 Schwindsüchtige. Bei den Matrosen der englischen Handelsmarine waren unter den von 1838 bis 1848 gestorbenen gar nur 4% Lungenschwindsüchtige, wobei allerdings nicht blos die vortreffliche Lungenübung, die dieses Gewerbe mit sich bringt, sondern auch die Staubfreiheit der Luft, welche der Matrose athmet, ins Gewicht fällt.

Eine andere Rolle spielt die Lungenübung bei den entzündlichen Lungenkrankheiten. Eine ungeübte Lunge hat nicht blos eine geringere Wegsamkeit und Fassungsfähigkeit für Luft, sondern auch für das Blut. Wird nun durch eine Lungenentzündung ein Theil der Lunge funktionslos, so daß der unverletzt gebliebene Rest das ganze Athmungsbedürfniß befriedigen und alles vom rechten Herzen kommende Blut durchpassiren lassen muß, so wird eine verminderte Wegsamkeit der Blut- und Luftbahnen die Erkrankung weit gefährlicher gestalten, als wenn diese funktionstüchtig sind. Oder nehmen wir einen andern Fall: wenn durch eine einseitige Rippenfellentzündung mit Erguß von Flüssigkeit in die eine Brusthöhle die eine Lunge außer

Funktion gesetzt wird, so daß die andere plötzlich für beide arbeiten muß, so wird Funktionsschwäche derselben die Erkrankung weit schwerer gestalten. Die Thatsache, daß Lungenentzündung und Rippenfellentzündung für fettleibige Leute so gefährlich ist, beruht zum Theil darauf, daß die Fettleibigkeit den noch gesunden Rest der Lunge, der jetzt für die ganze Lunge eintreten soll, am Athmen hindert.

Bei der dritten häufigen Lungenerkrankung, dem Emphysem, ist die Sache eigener Art. Sie entsteht, worauf oben hingewiesen, einerseits bei einem übermäßigen Gebrauch der Lunge, andrerseits aber bei einseitigem Gebrauch, d. h. dann, wenn verstärkte Athmung nicht von verstärktem Herzschlag begleitet ist. Das Emphysem beruht auf einer Erweiterung der Luftwege auf Kosten der Wegsamkeit der Blutbahnen, woraus folgt, daß eine dem Mindergebrauch entgegenzusetzende Lungenübung von Herzaufregung begleitet sein muß, wenn die Leistungsfähigkeit des Athmungsorganes erhalten bleiben soll.

Endlich ist anzuführen: Wenn es sich bei einem Menschen niemals um etwas anderes als um seine Berufsarbeit handeln würde, so könnte er natürlich auch mit einer schwachen Lunge fortexistiren und fortarbeiten; allein da keinem Menschen auch bei der vorsichtigsten und mäßigsten Lebensweise gelegentliche Aufregungen und Maximalleistungen erspart bleiben, so schwebt der, welcher eine geschädigte, lahme, wenig wegsame Lunge hat, in beständiger Gefahr zusammenzubrechen.

Wenden wir uns jetzt zu dem Kreislaufmechanismus, so sehen wir auch hier bei allen Berufsarten, welche mit geringer Körperbewegung und geringer geistiger Anstrengung verbunden sind, denselben durch Mindergebrauch theils wirklich erkranken, theils in einen Zustand verminderter

Leistungsfähigkeit gelangen, der nach allen Seiten hin Nachtheil mit sich führt.

Eine ganz gewöhnliche Wirkung des Mindergebrauchs am Herzen ist die Verfettung desselben, welche das betreffende Individuum der Gefahr einer Berstung bei einer vorkommenden Aufregung oder des plötzlichen Todes durch Herzstillstand aussetzt. Die damit verbundene Schwächung der Herzkraft raubt allen Theilen des Körpers, dem Arbeitsmechanismus sowie den Hilfsmechanismen, die Möglichkeit einer Leistungssteigerung, sei es um erhöhte Anforderungen des Daseinskampfes zu befriedigen, sei es um den Kampf mit hereinbrechenden Schädlichkeiten zu bestehen. Solche Leute müssen sich vor jeder anstrengenden Arbeit hüten, fast auf jeden Lebensgenuß verzichten und erliegen äußeren Schädlichkeiten viel leichter.

Zu dieser unmittelbaren krankmachenden Wirkung des Mindergebrauchs auf das Herz, kommen die mittelbaren Erkrankungen des Herzens, welche den Veränderungen des Mindergebrauchs in den Gefäßprovinzen entspringen, und zwar in der Weise:

Die Leistung der Gefäße paßt sich stets der Durchblutungsstärke an, d. h. ein Gefäßrohr, das viel Blut zu führen hat, bleibt weiter als eines, das wenig Blut zu führen hat. Der anhaltende Mindergebrauch hat also Gefäßenge und zwar Schlagadernenge zur Folge. Diese erstreckt sich über alle Körperprovinzen, die selten in Arbeit gesetzt werden, und schließlich über gar alle, wenn die Kreislaufgeschwindigkeit überhaupt anhaltend eine geringe ist, weil dann ein größerer Theil des Blutes in den Venen verweilt. Sobald nun irgend ein Affekt oder der Eintritt einer Schädlichkeit das Herz in Alarm bringt (Fieber), so setzt die Gefäßenge der Herzthätigkeit einen sehr beträchtlichen Widerstand entgegen, der zu gefährlicher Steigerung der Herzaufregung und Körpertemperatur führt.

Der Schlagadernenge steht, wie schon die einfachste theoretische Erwägung ergibt, abnorme Weite der Venen gegenüber, weil die Blutmasse bei geringer Herzthätigkeit sich zum weit größeren Theil in den Venen aufzuhalten gezwungen ist. Diese Venenerweiterung erstreckt sich jedoch nicht gleichmäßig über alle Abschnitte des Venensystems. Von größtem Einfluß auf die Vertheilung des Venenblutes wird, sobald die aktive Thätigkeit des Herzens zu gering ist, die Erdschwere: das Venenblut senkt sich um so stärker nach der unteren Körperhälfte, je geringer die Kreislaufgeschwindigkeit ist. Daraus entwickeln sich zwei Uebel, die fast stets mit sitzenden Berufsarten verknüpft sind: die sog. Hämorrhoiden — Venenerweiterungen des Darmendes und der Harn- und Geschlechtswege, die einem das Leben sehr sauer machen — und Krampfadergeschwülste an den Beinen. Warum bei bewegter Lebensweise diese beiden Siechthume sich nicht leicht entwickeln können, rührt nicht blos davon her, daß hiebei die Blutfülle der Venen überhaupt geringer ist, sondern auch noch von zwei weiteren Umständen.

1. Die Richtung, in welcher das Arterienblut aus dem Herzen ausgetrieben ist, weist gegen den Kopf; je stärker deshalb das Herz arbeitet, um so mehr wird das Blut gegen den Kopf getrieben, je lahmer seine Arbeit, um so mehr fließt auch in den Schlagadern das Blut, der Schwere folgend, nach abwärts.

2. Befindet sich in Kniekehle und Leiste ein venöser Pumpapparat, der bewirkt, daß bei jeder Beugung des Beines in diesen beiden Gelenken eine Portion Venenblut vom Volum eines Mannesfingers aus den Beinen heraus nach oben gepumpt wird. Ueber den bedeutenden Einfluß

dieses Pumpapparates auf die Bluterfüllung der Fußvenen führe ich folgende Beobachtung an.

Bei einer Frau hatten sich, wie das bei den meisten Frauen geschieht, durch wiederholte Schwangerschaften, bei denen die Leibesfrucht den Rückfluß des Blutes aus den Füßen hemmt, Krampfadern entwickelt, welche sie in hohem Grade belästigten. In diesem Frühjahr übersiedelte sie in eine nach englisch-amerikanischem System erbaute Wohnung, in welcher die Zimmer nicht horizontal neben einander liegen, sondern in drei Stockwerken über einander. Die daraus sich ergebende Nöthigung zum Treppensteigen, das obgenannten Pumpapparat in Bewegung setzt, hat nicht nur das schon seit Jahren bestehende Krampfaderleiden beinahe völlig beseitigt, sondern eine auffällige bessere Ernährung der oberen Körperhälfte, die zur Erweiterung der Bekleidung zwang, bildete den positiven Vortheil dieser besseren Vertheilung der Blutmasse.

Eine andere Folge der Kreislaufträgheit bei sitzender Lebensweise ist eine ungünstige Blutvertheilung zwischen der Haut und den inneren Körpertheilen; wir haben schon früher gesehen, wie allgemeine Körperarbeit die Blutfülle der Haut und damit die Weite ihrer Blutbahnen beeinflußt, und indem bei sitzender Lebensweise die Congestionen zur Haut wegfallen, wird dieselbe blutarm. Allerdings wirkt hiebei noch der Umstand mit, daß bei sitzender Lebensweise der Aufenthalt in geschlossenen Räumen und der Wegfall der Frottirung der Haut durch die Bekleidungsstücke verweichlichende Faktoren sind.

Eine blasse, blutarme, leistungsunfähige Haut ist nun gegen Erkältungsursachen entschieden empfindlicher und bildet so eine Erkrankungsgefahr für ihren Besitzer. Andrerseits bedeutet die Blutarmuth der Körperoberfläche einen Blutüberschuß in den Eingeweiden, was als Anlaß zu mancherlei andern Störungen an der Maschine, wie Verdauungsstörungen, Leberleiden, Blasenleiden rc., geben kann.

Eine direkte Gefahr für das Leben liegt in der zunehmenden Brüchigkeit der Schlagaderwandungen, welche bei sitzender Lebensweise, aber allerdings erst im vorgerückteren Alter, groß genug werden kann, um die Gefahr der Zerreißung bei plötzlicheren Steigerungen des Blutdrucks nahe zu legen. Am meisten gefährdet sind bekanntermaßen in dieser Beziehung die Hirngefäße, deren Zerreißung den sog. Hirnschlag verursacht. Weiter dürfen wir den arteromatösen Prozeß der Schlagadern, der eine sehr verbreitete und mannigfache Gefahren mit sich bringende Erscheinung des vorgerückteren Alters ist, gleichfalls mit sitzender Lebensweise in ursächlichen Zusammenhang bringen, da er bei Leuten mit bewegter Lebensweise nicht nur später eintritt, sondern überhaupt seltener zu sein scheint.

Daß auch in Menge und Beschaffenheit des Blutes Unterschiede eintreten, die im Zusammenhang mit dem verschiedenen Maß der Körperbewegung stehen, kann so gut als gewiß betrachtet werden; aber es fehlt durchaus an exakten Untersuchungen derselben, und die Redensarten, mit denen der praktische Arzt im Verkehr mit den Laien diese Unterschiede zu bezeichnen pflegt, sind bloße Redensarten, ja theilweise geradezu falsch, wie z. B. das Wort Vollblütigkeit, das man so oft von fettleibigen Leuten gebraucht. Was den Schein erweckt, als haben solche Leute zu viel Blut, sind nur die Folgen der Gefäßenge und des verstärkten Seitendrucks auf die Gefäße. Fettleibige Leute sind immer ärmer an Blut als hagere, und wir können wohl durchaus sagen, daß mangelhafte Kreislaufthätigkeit, wie sie mit sitzender Lebensweise gegeben ist, stets Blutarmuth zur Folge hat, und zwar bei reicher Ernährung die unter dem Schein der sog. Vollblütigkeit sich bergende Blutarmuth mit Fettleibigkeit, bei mäßigem Leben die Blutarmuth im gewöhnlichen Sinne des Wortes.

Wie das Uebungsmaß des Kreislaufmechanismus auf die so verderbliche Fettleibigkeit einwirkt, sieht man am besten daran, daß sie trotz sitzender Lebensweise und reichlicher Ernährung sich nicht entwickelt, wenn ein Mensch durch die äußeren Lebensverhältnisse oder durch eine höhere Erregbarkeit seines Nervensystems häufigeren Herzaufregungen ausgesetzt ist, und daß sie ebenfalls trotz sitzender Lebensweise bei den gelehrten Berufsarten weit seltener ist. Die geistige Arbeit wirkt nämlich durch Steigerung des den gesammten Stoffumsatz belebenden Cerebrospinalreizes auch auf die Lebhaftigkeit der Kreislaufthätigkeit ein, und dies verhindert Fettansammlung eben so stark wie Muskelarbeit. Daraus ergibt sich, daß die sitzende Lebensweise viel an ihrer Gefährlichkeit verliert, wenn sie mit lebhafterer Geistesarbeit sich verbindet.

Bei der Entstehung der Fettleibigkeit wirkt die sitzende Lebensweise auch noch dadurch begünstigend, daß die Steigerung des venösen Blutdrucks eine vermehrte Gallenabsonderung und dadurch eine stärkere Fettaufsaugung aus dem Darmkanal zur Folge hat.

Wenden wir uns jetzt zu dem Einfluß der Berufsarbeit auf die Verdauungsorgane. Hier haben wir es mit sehr verwickelten Verhältnissen zu thun, die mit dem im Nachstehenden Angedeuteten jedenfalls nicht erschöpft sind.

Am leichtesten ist festzustellen, daß ein Beruf, welcher mit starkem Stoffverbrauch, also bewegter Lebensweise verbunden ist und deshalb den Verdauungsapparat in steter Uebung erhält, auch von dieser Seite der Gesundheit und Arbeitsfähigkeit förderlich ist, und daß deshalb sitzende Lebensweise, welche ein geringeres Ernährungsmaß verlangt, ganz entschieden zu Verdauungsstörungen disponirt. Daß geistige Arbeit hier die Leibesbewegung nicht zu ersetzen vermag, läßt sich leicht beobachten. Ich führe aus dem Gebiet meiner Selbstbeobachtung folgendes an.

Wenn ich mich längere Zeit bei sitzender Lebensweise vorwaltend mit geistiger Arbeit befasse, so verliert der Koth seine normale physikalische und chemische Beschaffenheit, er wird dünnflüssig, hat einen säulnißartigen Geruch und es werden reichlicher Darmgase entwickelt. Dies ändert sich schon am zweiten Tage, wenn ich zu bewegter Lebensweise übergehe: die Gasentwicklung hört fast ganz auf, der Koth nimmt die natürliche Festigkeit an und den natürlichen Kothgeruch. Ferner steigt der Appetit bei vermehrter Körperbewegung sofort; es entschwindet das Schlafbedürfniß nach Tisch, zum Beweis, daß die Verdauung flotter von statten geht, und es werden namentlich schwerer verdauliche Speisen, wie Kartoffel, Hülsenfrüchte 2c., viel weniger Veranlassung zu übermäßiger Bildung von Magensäure.

Ein Beweis dafür, daß ein größeres Uebungsmaß die Leistungsfähigkeit und Widerstandsfähigkeit des Verdauungsapparates erhöht, ist, daß Angehörige der besseren Klassen, welche mehr leicht verdauliche nahrhafte Speisen genießen, viel häufiger an Verdauungsstörungen und chronischer Verdauungsschwäche leiden, als Leute aus dem Volke, deren Nahrung rauher, reicher an unverdaulichen Theilen ist, und die deshalb oft geradezu kolossale Massen von Speisen in sich aufnehmen müssen.

Ein weiterer Einfluß der Berufsarbeit auf den Verdauungsmechanismus liegt in der von ersterer erforderten Körperhaltung. Sitzende Lebensweise setzt durch die mit ihr meist verbundene gebückte Haltung den Verdauungsapparat Pressungen aus, welche nothwendig mit der Zeit nachtheilig auf die Verdauung und die Arbeitstüchtigkeit des Apparates wirken müssen.

Davon, daß geringe Körperbewegung auch Trägheit der Darmbewegungen und damit Schlaffheit der Darmwände zur Folge hat, muß es unter anderem herrühren, daß Leute von sitzender Lebensweise entschieden leichter zu Diarrhöen disponirt sind als strapaziöser arbeitende, wozu natürlich kommt, daß bei sitzender Lebensweise, zumal in geschlossenen Räumen, durch Steigerung des Wassergehaltes von Blut und Gewebe auch die Neigung zu wässrigen Ausscheidungen steigen muß.

Trägheit der Darmbewegungen muß auch den Fortgang des Speisebreis und des Kothes durch das Verdauungsrohr verlangsamen, die Aufsaugung der verdauten Stoffe hemmen, und dadurch die Fäulnißzersetzung des Kothes begünstigen; denn es sind gerade die verdaulichen Theile der Nahrung, die Eiweißstoffe, welche der Fäulnißgährung besonders zugänglich sind, und diese tritt unfehlbar ein, wenn sie nicht rasch und vollständig aus dem Darm in die Blutmasse übergehen; daher der üble Geruch des Kothes und der Darmgase bei sitzender Lebensweise, worauf ich schon oben hinwies.

Daß die im früheren geschilderte Veränderung der Blutvertheilung zwischen Venen und Schlagadern zu Gunsten der ersteren den Darm so gut wie alle andern Organe beeinträchtigen muß sowohl in Bezug auf die unmittelbare Funktion, als dadurch, daß die Gewebsernährung nothleidet, liegt auf der Hand; namentlich dürfen wir wohl annehmen, daß die verminderte arterielle Durchblutung die Widerstandsfähigkeit des Darms gegen die sog. Selbstverdauung herabsetzt und so Verletzungen des Darmrohrs, namentlich der Magenwand mit folgender Geschwürsbildung oder katarrhalische Affektion begünstigt.

Einer besondern Erwähnung verdient die Leber. Sie leidet an der durch Herzträgheit herbeigeführten Steigerung des venösen Blutdrucks am meisten, weil ihr sekretorisches

Gefäßnetz venöser Natur ist. Es ist experimentell nachgewiesen, daß vermehrte Körperbewegung sofort die Gallenabsonderung vermindert in Folge Verminderung des Blutdrucks in dem Pfortaderkreislauf. Auf der andern Seite zeigt uns die enorme Vergrößerung der Leber, die beim Mästen der Gänse eintritt, wie dieses Organ durch träge Lebensweise empfindlich getroffen wird. Dies erklärt uns die Thatsache, daß Berufsarten, die mit wenig Bewegung, namentlich wenig Herzaufregung verbunden sind, ganz besonders zu Leberleiden disponiren. Aber auch so lange die Leber noch gesund genannt werden kann, muß die vermehrte Gallenbildung schädlich auf die Leibesbeschaffenheit einwirken, weil die Gallenprodukte, wenn sie durch Aufsaugung ins Blut gelangen, fast alle Funktionen beeinträchtigen. Bekannt ist die nachtheilige Beeinflussung der Gemüthsstimmung, sie erzeugt die sog. Hypochondrie, und wer wüßte nicht, daß gerade diejenigen Berufsarten die meisten Hypochonder liefern, welche das geringste Thätigkeitsmaß der Kreislauforgane erfordern, und daß nichts der Hypochondrie so rasch entgegenwirkt als vermehrte Körperbewegung oder herzbeschleunigende Gemüthsaffekte. Daß und wie die Stauung des Lebervenenblutes die Entstehung der Fettleibigkeit begünstigt, haben wir oben erfahren.

Wenden wir uns jetzt zu den Aussonderungsorganen. Hier handelt es sich einmal um Harn- und Hautabscheidung. Wie sich die Berufsarbeit zu diesen stellt, hängt wieder hauptsächlich davon ab, in welchem Umfang sie von Herzarbeit begleitet ist. Wir wissen aus dem früheren, daß Niere und Schweißdrüsen sog. Filtrirdrüsen sind, deren Leistung in geradem Verhältniß zur Stärke des arteriellen Blutdrucks steht. Bei allen Berufsarten, welche die Herzthätigkeit wenig anspornen, sind deshalb beide Absonderungen geringer, und mit der sich in Folge dessen allmählich einstellenden Gefäßenge wird auch die Leistungsfähigkeit sich vermindern. Dies hat folgende Nachtheile:

Gefäßenge der Haut vermindert deren Befähigung im Dienst des Wärmehaushalts; ein solcher Mensch kann weder der Wärme noch der Kälte widerstehen. Wird er von akuten Krankheiten befallen, so ist er weniger im Stande, der inneren Wärmesteigerung eine entsprechende Erhöhung der Wärmeabgabe durch die Haut auf dem Wege der Leitung und Schweißbildung entgegenzustellen, weshalb er solchen Erkrankungen leichter erliegt.

Weiter leidet der Wasserhaushalt. Wir sahen früher, wie schädlich für die Leibesbeschaffenheit eine Vermehrung des Gewebs- und Blutwassers ist, und die wird bei einer wenig funktionstüchtigen Haut viel leichter eintreten.

Bei der Niere kommt der direkte Einfluß des Körperregimes weniger deutlich zu Tage, weil sie in engem vikarirenden Verhältniß zur Haut steht und diese weit empfindlicher auf die Veränderung des körperlichen Verhaltens reagirt. Es sind deshalb auch Nierenleiden überhaupt keine besonders häufigen Krankheiten, und noch weniger kann man sagen, daß eine bestimmte Berufsart dafür disponirt; es macht sich hier nur folgendes deutlich. Verbindet sich üppige Lebensweise mit wenig Körperbewegung, so steigt die Menge der Zerfallsprodukte der Eiweißkörper, deren Ausstoßung durch den Harn zu erfolgen hat, und da die Oxydation im Körper nicht lebhaft genug ist, so verbrennt ein geringerer Theil dieser Produkte zu Harnstoff, der größere Theil gelangt nur auf die Oxydationsstufe der Harnsäure. Da diese nicht so leicht im Harn ausgeschieden wird wie der Harnstoff, namentlich leicht schon in den Harnkanälchen auskrystallisirt und sie verstopft, so kommt es zu Ablagerung von harnsauren Salzen in den Geweben, also zu gichtischen Erkrankungen, freilich nicht ohne daß andere Umstände, namentlich erbliche Anlage dazu mitwirken.

Dagegen leidet die Niere indirekt, wenn ihr vikarirendes Organ, die Haut, funktionsuntüchtig und zu Erkältungen disponirt ist; denn die als Bright'sche Krankheit bekannte Nierenerkrankung scheint meist eine Folge von Erkältungen.

Bei den Ausscheidungen müssen wir noch daran erinnern, daß auch die Lunge ein Ausscheidungsorgan für Kohlensäure, Wasser und Wärme ist und daß deshalb Berufsweisen, welche die Lunge zu wenig in Uebung erhalten, auch von dieser Seite her Gefahren laufen.

So sind wir denn von allen Seiten zu dem Ergebniß gelangt, daß zwar Berufsarbeit der Erhaltung der menschlichen Arbeitskraft günstiger ist als völlig unthätiges Leben, daß aber im allgemeinen die Berufsarbeit in den wenigsten Fällen für sich allein genügt, um den Körper in bester Verfassung zu erhalten, weil dabei nur selten die inneren Organe in genügender Uebung stehen. Es bedarf deshalb, wie schon oben gesagt, die meiste Berufsarbeit eine Ergänzung durch eine Erholungsarbeit, deren Ziel und Aufgabe ist, das von der Berufsarbeit Versäumte hereinzuholen. Daraus läßt sich mit Leichtigkeit bestimmen, was die Erholungsarbeit zu leisten hat.

1. Hat sie Lungen- und Herzaufregung hervorzurufen, sei es durch vermehrte anstrengende Körperbewegung, sei es, wie das Vergnügen, durch seelische Einwirkungen oder Sinnesreize;

2. hat sie durch Hervorrufung stärkerer Stoffconsumtion und Hungererzeugung den Verdauungsmechanismus in Uebung zu setzen;

3. durch Herbeiführung der Körpererhitzung die Haut- und Lungenabscheidung zu Maximalleistungen anzuspornen, den Körper zu entwässern und die Haut abzuhärten;

4. durch die Steigerung der Athmungsthätigkeit eine reichere Sauerstoffzufuhr zu bewerkstelligen, unter deren Einfluß die Produkte einer unvollkommenen Oxydation der Körpergewebe ihre höchste, ausscheidbarste Oxydationsstufe erreichen, nämlich möglichst vollständig zu Kohlensäure, Wasser und Harnstoff verbrennen.

29. Das Turnen.

Obwohl in allen einschlägigen Kapiteln gelegentlich der Einfluß der Gymnastik auf die verschiedenen Mechanismen des Körpers geschildert wurde, so halte ich es bei der hohen Bedeutung, welche das Schulturnen für die Entwicklung der Arbeitsfähigkeit und Gesundheit hat, und bei der noch nicht allseitig durchgedrungenen Abklärung über die beste Turnmethode für geboten, in einem eigenen Abschnitt mich über das Turnen und in einem folgenden über das militärische Exercitium zu äußern, das mit Bezug auf die Arbeitsfähigkeit eine nicht minder hohe, aber von althergebrachten Vorurtheilen verschleierte Bedeutung hat.

Bei dem Turnen sind schon nach der Zeit verschiedene Wirkungen wohl zu unterscheiden: 1. momentane auf die jeweilige Leistungsfähigkeit des turnenden Individuums, 2. die mehr oder weniger andauernden, die namentlich beim Schulturnen ganz besonders ins Gewicht fallen.

Die momentane Wirkung können wir einmal unter dem Gesichtspunkt der Erholung betrachten. Wir haben in Kapitel 27 gesehen, daß ein jeder Beschäftigungswechsel und zwar der qualitative wie der quantitative erholend wirkt.

Ein Mensch, der längere oder kürzere Zeit hindurch eine sitzende Lebensweise geführt hat, bereitet schon dadurch seinem Körper und Geist eine Erholung, wenn er eine Zeit lang vorwaltend seine Muskeln beschäftigt. Er ändert damit die Blutvertheilung so, daß den vorher in Arbeit gestandenen Theilen Blut entzogen und so die Möglichkeit zur Ausruh und Kraftsammlung wieder gegeben wird. Auch die durch solch ungewohnte Thätigkeit erzeugte Steigerung der Athmung, der Herzthätigkeit und des Stoffumsatzes, insbesondere der Hautausscheidung, hat einen wohlthätigen Einfluß auf den Gesammtkörper, der augenblicklich zu Tage tritt. Aus diesem Grunde ist das Turnen für Alt und Jung gesund, besonders nöthig als Erholung von geistiger Berufsarbeit und sitzender Lebensweise.

Die zweite Seite der Ersprießlichkeit der Gymnastik hat uns das vorige Kapitel kennen gelehrt. Sie liegt darin, daß die bei der Berufsarbeit fast immer vernachlässigte Uebung der inneren Hilfsmechanismen durch richtige Gymnastik sich leicht herbeiführen läßt. Diese Wirkung ist schon nicht mehr von blos momentaner Bedeutung, sondern besteht in länger andauernden zweckmäßigen Veränderungen der Leibesbeschaffenheit; aber die Dauer ist doch eine begränzte, sofern schon nach mehrmonatlicher Unterbrechung des Turnens ein Rückgang der erzielten Qualitäten eintritt, woraus die Nothwendigkeit sich ergibt, zur Erhaltung der richtigen Leibesbeschaffenheit, sofern der Beruf hiezu nicht ausreicht, einem *stetigen* Betrieb einer gewissen Gymnastik sich zu unterziehen.

Die dritte Seite ergibt sich aus Kapitel 24: das Turnen wirkt im wachsenden Alter auf Wuchs und Haltung, und diese Wirkung, namentlich die auf den Wuchs, ist die dauerhafteste, deshalb auch die, welche bei der Frage nach der besten Methode des Schulturnens in den Vordergrund gestellt werden muß, was bis jetzt noch nicht überall in genügender Weise geschehen ist.

Die vierte Seite bei der Turnfrage ergibt sich aus der Wirkung der Gymnastik auf die sensitive und psychische Seite des Nervensystems, wovon im folgenden genauer gehandelt werden wird.

Stellen wir im folgenden die Anforderungen fest, welche an das Turnen, insbesondere das Schulturnen zu richten sind.

Voran setze ich die rein quantitative Forderung: das Turnen muß unbedingt höhere Grade von Körpererhitzung herbeiführen, d. h. Echauffements-gymnastik sein, wenn es den Werth einer Erholungsarbeit im Sinne von Kapitel 28 haben d. h. eine sanitäre Maßregel sein soll. Es ergibt sich diese Forderung hauptsächlich aus Kapitel 28 und dem, was in Kapitel 22 und 28 über Abhärtung und Erkältung gesagt wurde, und ich kann das auch noch durch eine statistische Angabe erhärten.

Um einen positiven Anhaltspunkt zu gewinnen, ob das Schulturnen einen günstigen Einfluß auf den Gesundheitszustand der Jugend habe, unternahm ich eine statistische Untersuchung der Schulversäumnisse an den beiden Stuttgarter Gymnasien, welche den Zeitraum von 1852—1874, also 23 Jahrgänge, die früheren allerdings wegen Lückenhaftigkeit des Materials nicht vollständig, umfaßt. Ich ging hiebei von der Voraussetzung aus, daß weitaus die Mehrzahl der Schulversäumnisse in derartigen Schulen, namentlich in den unteren und mittleren Klassen, durch Krankheiten verursacht werde, und weiter versprach mir folgender Umstand maßgebende Aufschlüsse.

Seit dem Jahre 1864 wirkt mein Bruder, Professor Dr. O. H. Jäger, an diesen beiden Schulanstalten neben mehreren andern Lehrern als Klassenturnlehrer (er ist zugleich Landesturninspektor und Vorstand der Turnlehrerbildungsanstalt), und zwar geht von den verschiedenen Klassen etwa der 6te—8te Theil durch die Hand desselben. Nun ist es stadtbekannt, daß mein Bruder der schneidigste Turnlehrer ist und seine Schüler am meisten bis zu hochgradiger Körpererhitzung treibt, so daß ihm verschiedenfach der Vorwurf des Uebertreibens in dieser Richtung in allen Formen und von den verschiedensten Seiten gemacht wurde. Ich stellte deshalb einen Vergleich zwischen den von ihm turnerisch unterrichteten Klassen mit derjenigen der andern Lehrer bezüglich der Schulversäumnisse an. Die Berechnung wurde folgendermaßen gemacht: In jeder Klasse wurde die Zahl der Schüler multiplicirt mit der Zahl der Tage im Jahr, an welchen Schulbesuch stattfand, damit war die Zahl der Besuchstage der Schule gegeben; dann wurde die Zahl der Schulversäumnisse pro Kopf und Tag aus den Lektorheften ermittelt (und zwar nicht die Versäumnisse der Turnstunden, sondern die der Lehrstunden), diese Ziffer ergab die Absenztage. Als Präsenztage bezeichne ich die Ziffer, welche von den Besuchstagen nach Abzug der Absenztage übrig bleibt. Das Resultat war folgendes.

Im humanistischen Gymnasium kamen bei den turnenden Klassen (III—Xte) in den Jahrgängen 1864—1874 auf 968607 Präsenztage 39324 Absenzen; diese vertheilten sich auf meinen Bruder und die übrigen Klassenturnlehrer in folgender Weise:

Die 34 Klassen, die mein Bruder unterrichtete, zählten 108375 Präsenzen und 3907 Absenzen, also kamen auf 100 Präsenzen 3,60 Absenzen, auf die Klassen der übrigen Lehrer entfielen 860232 Präsenzen mit 35417 Absenzen, was eine Absenzziffer von 4,12 % ergibt. Setzt man die Absenzziffer meines Bruders gleich 100, so ist die der übrigen Lehrer gleich 114, d. h. die Klassen der letzteren hatten 14 % mehr Schulversäumnisse. Ich berechnete die betreffenden Ziffern auch für die verschiedenen Altersklassen:

In der Klasse der 10jährigen Knaben waren die übrigen Turnlehrer gegen meinen Bruder um 5,2% im Nachtheil, bei den 11jährigen um 38,4%! bei den 12jährigen um 22,5%, bei den 14jährigen um 17,7% und nur in Obersekunda und Unterprima ergab sich ein Vorsprung der übrigen. Von diesen hatte er aber nur je eine Klasse unterrichtet und das in der ersten Zeit seiner Thätigkeit, wo sein Urtheil über das Maß noch nicht so genau feststand. Dieser Fortschritt zeigt sich denn auch deutlich in der Statistik des anderen Gymnasiums, des realistischen, an welchem er seine Thätigkeit 6 Jahre später begann.

Untersucht wurden am Realgymnasium 118 Klassen aus den Jahren 1870—1874, von denen mein Bruder 17 Klassen turnerisch unterrichtete; die Gesammtpräsenzziffer war 377018, die Gesammtabsenzziffer 15015. Hievon fielen auf meinen Bruder bei 62123 Präsenzen 2068 Absenzen, also eine Absenz von 3,33%; auf die übrigen Lehrer kamen bei 314895 Präsenzen 12947 Absenzen, also eine Absenz von 4,18%. Setzt man die Absenzziffer meines Bruders gleich 100, so ist die der übrigen Lehrer gleich 125,5, d. h. ihre Absenzziffer ist um 25½% höher!

Auch noch in anderer Weise ergab sich mir aus der Prüfung der Schulversäumnisse der sanitäre Werth des Schulturnens. In den beiden Klassen der Quinta wird noch nicht geturnt; die Prozentziffer der Schulversäumnisse betrug nun am humanistischen Gymnasium in der Quinta 5,64%, am Realgymnasium 4,23%. In der ersten Klasse der Quarta, in der das Turnen beginnt, geht die Absenzziffer am humanistischen Gymnasium auf 3,90, also um 44½%, und am Realgymnasium auf 3,58, also 18% zurück.

Da hier der Einwand erhoben werden konnte, daß das lediglich eine mit dem fortschreitenden Alter sich einstellende Besserung des Gesundheitszustandes sein könne, so unterzog ich mich weiter der Arbeit, die Schulversämnisse an der hiesigen höheren Töchterschule, an welcher damals das Turnen noch nicht eingeführt war, zu ermitteln. War diese plötzliche erhebliche Abnahme der Schulversäumnisse beim Uebergang vom 10ten zum 11ten Lebensjahr lediglich Alterserscheinung, so mußte sich auch bei den Mädchen ein solcher Fortschritt zeigen, wo nicht, so war der sanitäre Fortschritt bei den Knaben Folge des Turnens; denn daß andere Ursachen ein derartig verschiedenes Verhalten der Geschlechter in diesem Alter herbeiführen können, liegt nicht im Bereich der Möglichkeit. Die Untersuchung fiel zu Gunsten des Turnens aus: die Absenzziffer der Mädchenklassen, welche der Quinta entsprechen, war in 5jährigem d. h. dem des Realgymnasiums parallelen Durchschnitt 8,39 % und sank in der der Unterquarta entsprechenden Klasse auf 8,12, also nur um 4,4 %, was gegen das Sinken bei den Knaben im Betrag von 44 ½ resp. 18 % fast gleich Null ist. Die von mir gemachte Mittheilung dieses Befundes an das Rektorat der höheren Töchterschule beseitigte denn auch sehr rasch die letzten Hindernisse, welche hier der Einführung des Turnens entgegenstanden.

Werfen wir nun noch einen Blick auf die Art und Weise, wie das Turnen diese Minderung der Erkrankungsfähigkeit hervorbringt. Hiefür ist die Thatsache von größter Wichtigkeit, daß die Unterschiede zwischen den Absenzziffern der Klassen meines Bruders und denen der übrigen Lehrer durchaus nur durch die *Intensität* der gymnastischen Arbeit, nicht durch eine qualitativ andere Behandlung erzielt worden ist; denn es unterrichten alle Lehrer nach der von meinem Bruder begründeten Methode, die für alle höheren Schulen Württembergs obligatorisch gemacht ist (d. h. es werden alle Uebungen auf militärisches Commando von allen Schülern zumal ausgeführt; das wesentlichste Turngeräth ist ein eiserner Stab, so daß die meisten Uebungen in Stand und Marsch ausgeführt werden, während die Uebungen im Hang mehr in den Hintergrund treten). Dies beweist, daß die stattgefundene Veränderung einfach als Abhärtung zu betrachten ist, herbeigeführt durch Entwässerung mittelst Körpererhitzung, wie es in Kapitel 26 geschildert wurde. Zu der Zeit als ich das obige Resultat erhalten hatte, war mir allerdings nur erst die Beziehung des Wassergehaltes zu der Erkrankungsfähigkeit durch Erkältung bekannt, nicht aber die in einem späteren Kapitel zu schildernde, zur Erkrankungsfähigkeit an ansteckenden Krankheiten, so daß mich die außerordentliche Größe des Unterschiedes fast stutzig gemacht hätte. Jetzt aber, da ich weiß, daß auch die im jugendlichen Alter so häufigen ansteckenden Krankheiten durch Entwässerung des Körpers ihre Macht verlieren, ist das Ergebniß völlig klar.

Daß es sich bei den Erfolgen der Gymnastik um Entwässerung handle, lehrte mich damals auch noch folgendes Resultat. Ich fand nämlich eine eigenthümlich ungleiche Vertheilung der Schulversäumnisse über die verschiedenen Wintermonate. Ich habe allerdings in dieser Richtung nur 14 gleichaltrige Klassen (Unterquinta), die nicht turnen und 14 verschiedenen Jahrgängen (1852 bis 1865) angehören, geprüft und auch nur die absoluten Zahlen erhoben. Die Summe aller Schulversäumnisse in diesen 14 Klassen und Jahrgängen betrug im Oktbr. 320, Novbr. 532, Dzbr. 527, Januar 682, Februar 896, März 812. Dies deute ich so:

Der Winter führt eine allmähliche Zunahme des Wassergehaltes der Körpergewebe herbei, weil aus verschiedenen Ursachen die Hautausdünstung darniederliegt und der gezwungene Aufenthalt in den Häusern mehr zu sitzender Lebensweise führt. Diese winterliche Wasseraufstauung, die gleichbedeutend ist mit Zunahme der Erkrankungsfähigkeit, muß natürlich ihr Maximum am Schluß des Winters erreichen und der Wendepunkt auf den März fallen, der mit seinen trocknenden Winden der Wasseraufstauung im Körper entgegentritt und auch die Leute wieder mehr zu Bewegung in freier Luft treibt.

Daraus, daß eigentlich nur in der Intensität der gymnastischen Arbeit die sanitäre Wirkung beruht, ergibt sich zunächst auch eine bestimmte Methode des Turnunterrichts, nämlich die Forderung der Massenübung. Bei dem Gerätheturnen, wobei je ein Knabe eine Uebung macht und die andern so lange ruhen, bis die Reihe an sie kommt, ist der für die Abhärtung nöthige Grad von Körpererhitzung nicht herbeizuführen, da man die Abtheilungen nicht zu klein machen kann. Bei Uebungen, an denen sich die ganze Abtheilung gleichmäßig betheiligt, steht dagegen kein Hinderniß entgegen, dieselben so lange fortzusetzen, bis bei allen Maximalathmung und maximale Kreislaufgeschwindigkeit erzwungen ist. Die Gränze, bis zu welcher in dieser Richtung gegangen werden muß, läßt sich physiologisch genau bestimmen: Die Gränze ist erreicht, sobald sich Unregelmäßigkeiten des Bewegungsrhythmus einstellen: lange, tiefe Athemzüge wechselnd mit raschem Flachathmen, Unregelmäßigkeit des Pulses, abwechselndes Sichröthen und Erblassen des Gesichts und Schwankendwerden der Muskelbewegungen. Diese Gränze ist jedoch nicht blos einzuhalten, sondern auch jedesmal zu erreichen, wenn eine Leistungssteigerung erzielt werden soll.

Die Einzelnübungen ganz auszuschließen wäre jedoch ein Fehler. Sie haben einmal ihren eigenthümlichen Werth, wovon wir später einiges auffinden werden; dann aber eignen sie sich sehr gut als Ausfüllung in der Pause, welche nothwendig zwischen zwei erhitzende Massenübungen eingeschaltet werden muß, da nach Erreichung eines hohen Erhitzungsgrades nicht plötzlicher Uebergang zu völliger Ruhe stattfinden darf, sondern die hochgesteigerte Thätigkeit der Hilfsmaschinen langsam auf das Normalmaß zurückzuführen ist, und zwar nicht in gerader Linie, sondern oscillirend. Dazu soll nicht blos der Intensitätsunterschied der gymnastischen Arbeit, also z. B. der Unterschied zwischen dem erhitzenden Laufschritt und dem calmirenden Marschschritt benützt werden, sondern der Thätigkeitswechsel: auf den erhitzenden Laufschritt der Fußgymnastik sollen Einzelnübungen im Bereich der Armgymnastik treten, und zwar deshalb: der Blutüberschuß in den Beinen, der Folge der Fußgymnastik ist, soll in die Arm- und Schultermuskeln abgeladen werden, weil die Gymnastik unter anderem die Aufgabe hat, der Schlagaderenge in allen Theilen des Körpers entgegenzutreten.

Bezüglich der Qualität der Gymnastik gilt folgendes. Die Widerstandsfähigkeit des Körpers gegen äußere Schädlichkeiten beruht weniger auf der Qualität des aus Nerven und Muskeln bestehenden Arbeitsmechanismus, als vielmehr auf der Tüchtigkeit der inneren Hilfsmechanismen, und da gerade diese, wie Kapitel 28 zeigte, bei der Berufsarbeit vernachlässigt werden, so ist das Hauptobjekt der turnerischen Ausbildung nicht der Muskelapparat, sondern das Ensemble der inneren Hilfsmechanismen, Lunge, Gefäßapparat, Verdauungskanal und Absonderungsorgane.

In dieser Beziehung sind die Anschauungen durchaus noch nicht allseitig abgeklärt und wird vielfach im Publikum Gymnastik für gleichbedeutend mit Athletik gehalten. Das Ziel des Athleten ist möglichste Steigerung der Muskelkräfte durch qualitative und quantitative Entwicklung seines Muskel- und Knochenapparates. Dieses Ziel hat weder für den Beruf noch für die Gesundheit besonderen Werth. Die Zahl der Berufsarten, bei welchen große Körperkraft einen besonderen Vortheil gibt, ist sehr klein; weitaus in den meisten Fällen ist die ausschlaggebende allgemeine Körperqualität weniger die Kraft als die Geschwindigkeit, und bei der letzteren spielt nicht der Muskel, sondern der Nerv die Hauptrolle, worauf wir später noch zurückkommen werden.

Weiter geschieht die excessive Entwicklung des Muskelapparates nur auf die Kosten der Qualität und Quantität der übrigen Organe des Körpers, namentlich der Hilfsmechanismen und des Nervensystems. Der Athlet zeichnet sich durchaus nicht durch feste Gesundheit aus. Die neuere Statistik gibt uns hier bei der Seltenheit der Athleten keinen Aufschluß, wohl aber besitzen wir darüber Angaben aus dem klassischen Alterthum. Alle alten Schriftsteller sind darüber einig, daß die Athleten eine hinfällige Constitution haben. Plato sagt: Siehst du nicht, daß diese Kämpfer ihr Leben lang schlafen und, wenn sie in einer Kleinigkeit die vorgeschriebene Lebensart überschreiten, in große und schwere Krankheit fallen? Aristoteles ist der Athletik entgegen, weil sie die gleichmäßige und hygienische Ausbildung des Leibes hindere, empfiehlt dagegen eine gemäßigte Gymnastik als ein vortreffliches Erziehungsmittel. Petrus Taber, ein Schriftsteller des 16ten Jahrhunderts, beweist mit großer Gelehrsamkeit, daß die Leiber der Athleten, auch wenn diese noch so sorgfältig in Muskelübung und Diät sich verhielten, doch nicht normal und stets zu schweren Leiden disponirt seien. Ich erlaube mir darüber kurz folgendes zu sagen.

Der Athlet muß sich an eine sehr genaue Diät binden. Um die großen Stoffverluste zu decken, hat er sich ausschließlich an leicht verdauliche, sehr nahrhafte Nahrungsmittel wie Fleisch und Käse zu halten und darf seinen Verdauungsapparat nie überladen; dabei verkümmert sein Darmkanal und wird wegen zu geringer Uebung leistungsschwach. Damit ist die Disposition zu Krankheiten desselben gegeben.

Auch die Lunge ist beim Athleten gefährdet, und zwar deshalb: bei großen Muskelanstrengungen wird der Athem angehalten, so die Luft in größerer Menge in die Lungenspitzen gedrückt und diese über ihr richtiges Maß ausgedehnt, so daß sie erlahmen. Bei der Maximalathmung im Zustand der Erhitzung folgt der starken Ausdehnung bei der Einathmung prompt die Zusammenziehung bei der Ausathmung, bei dem Anhalten des Athems in höchster Einathmungsstellung dagegen wird die Lunge unnatürlich lang gedehnt erhalten, und so erlahmt sie, es entwickelt sich Emphysem.

Seitens des Kreislaufmechanismus gilt folgendes. Bei großen Kraftleistungen steigt der Blutdruck in abnormer Weise, wobei die Pressung der Brusteingeweide durch das Anhalten des Athmens und den Muskeldruck eine Hauptrolle spielt. Dadurch wird der Herzrhythmus gewaltsam gestört und die Grundlage zu Herzhypertrophien geschaffen.

Es ist Thatsache, daß der Typhus, diese verbreitetste der gefährlichen Seuchen, muskelkräftige Leute schwerer befällt als hagere, daß die Ansteckungsfähigkeit durch vorgängige starke Muskelanstrengungen gesteigert wird und daß Leute, welche nach einer Strapaze vom Typhus befallen werden, viel schwerer erkranken, als solche, die zuvor ein gemächlicheres Dasein führten. So ist der Kriegstyphus deshalb so besonders gefährlich, weil die strapazirten Leiber der Soldaten einen günstigen Boden für den Ansteckungsstoff bilden. Die große Abmagerung der Muskeln bei Typhus, die große Muskelschwäche bei der Reconvalescenz nach Typhus und das häufige Auftreten von Lähmungen als Nachkrankheit, auch die sichtbaren anatomischen Veränderungen der Muskeln weisen außerdem darauf hin, daß unter den verschiedenen Organen und Geweben des Körpers gerade das Muskelgewebe der günstigste Boden für das Typhuscontagium bildet, daß also ein Mensch um so schwerer an dieser Seuche leidet, je größer sein prozentischer Besitz an Muskelgewebe ist. Aus all dem geht hervor, daß der Athlet dieser Seuche mehr ausgesetzt ist als andere Menschen.

Die Verkümmerung anderer Organe zu Gunsten der Muskelentwicklung springt am deutlichsten am Nervensystem zu Tage. Die Athleten sind durchaus geistesschwach und stumpfsinnig und stehen auf niederer Stufe der Intelligenz und meist auch auf niedriger Stufe der Moral.

Mit dem obigen soll aber nicht gesagt sein, daß die Gymnastik von der Ausbildung des Muskelapparates ganz absehen soll; dies wäre wieder ein Fehler, und zwar darum:

Die Muskeln machen bei einem Durchschnittsmenschen dem Gewicht nach ungefähr die Hälfte des ganzen Körpers aus, und damit sind dieselben von höchstem Einfluß auf die Beschaffenheit des Gesammtkörpers, wofür ich nur zwei Punkte herausgreife. Ich habe früher geschildert, welch nachtheiligen Einfluß ein zu hoher Wassergehalt des Nervensystems auf die geistige Arbeitsfähigkeit hat, und daß auf ihm zugleich die Erkrankungsfähigkeit beruht. Ist nun ein Mensch mit schlaffen, wasserhaltigen Muskeln ausgestattet, so ist er nicht im Stande, den Wassergehalt der übrigen Körperorgane auf das richtige Maß zurückzuführen, weil das Blut stets sich bezüglich seines Wassergehaltes mit dem Muskelfleisch ins Gleichgewicht setzt und der Blutwassergehalt maßgebend ist für den Wassergehalt der übrigen Gewebe. Ein zweiter Punkt bezieht sich auf die Blutvertheilung und Blutmenge. Hat ein Mensch ansehnliche Muskeln mit einem genügend entwickelten Blutgefäßnetz, so ist er im Besitz eines Blutreservoirs, das ihm erlaubt, größere Mengen von Blut zum Verbrauch für das arbeitende Organ, z. B. bei geistiger Arbeit für das Gehirn, zu beherbergen, und das ihm außerdem erlaubt, große Mengen von Blut in ihm unterzubringen, wenn er in den andern Organen zum Zweck der Erholung den Blutdruck und das Durchblutungsmaß vermindern will.

Die Aufgabe der Gymnastik besteht also immerhin darin, den Muskelapparat zu entwickeln, nur nie auf Kosten der übrigen Organe, sondern stets harmonisch mit ihnen. Genauer gesagt: zweckmäßige gymnastische Uebungen sind solche, deren Ausführung zwar Kraftaufwand erfordert, aber gleichzeitig die Hilfsmechanismen, insbesondere Athmungs-, Kreislauf- und Absonderungsorgane zu erhöhter Thätigkeit anspornt und auch die nervösen Apparate nicht vernachlässigt. Aus diesem Grunde können wir die mit der Gymnastik verbundene Muskelübung mehr wie Mittel zum Zweck, anstatt als Selbstzweck betrachten.

Die nächste Frage ist: Wenn die Muskeln Mittel zum Zweck sind, mit welchen der Hauptmuskelpartien des Körpers erreichen wir den vorgesteckten Zweck am besten? Hier handelt es sich hauptsächlich um den Gegensatz von Arm- und Fußgymnastik, und den müssen wir uns genauer besehen, weil er für die Turntechnik ganz besonders wichtig ist.

Die Antwort kann keinen Augenblick zweifelhaft sein: das Hauptgewicht ist auf die Fußgymnastik zu legen, und zwar aus hygienischen und praktischen Gründen, deren wichtigste ich in folgendem gebe.

Unter den hygienischen Gründen tritt obenan die Verschiedenartigkeit der Beziehungen, in welchen Arme und Beine zu den inneren Hilfsmechanismen stehen: die Thätigkeit der Schulter- und Armmuskeln beeinflußt die Brusteingeweide ganz direkt, die der Beine nur indirekt.

Wenn wir durch Uebungen im Hang die Schultermuskeln stärker entwickeln, so ist die nächste Wirkung, daß wir deren Tonus d. h. ihre natürliche Spannung erhöhen. In der folgenden Figur ist die Zugsrichtung eines Theils derselben schematisch dargestellt, und aus derselben geht hervor, daß sie alle Rippenheber sind. Damit ist klar, daß eine Vermehrung ihrer natürlichen Spannung eine dauernde Höherstellung der Rippen und damit eine dauernde Ausdehnung der Lunge, d. h. Gewöhnung an eine Stellung zur Folge hat, welche sie andernfalls erst einnimmt, wenn sie einen gewissen Betrag der Einathmung vollzogen hat. Das ist eine Beeinträchtigung der Athmungsfähigkeit. Die Ausgiebigkeit der Rippenathmung hängt von der Ausgiebigkeit der Rippenbewegung ab; je tiefer die Rippe steht, um so größer ist der ihr für die Hebung bleibende Spielraum. Nehmen wir beispielsweise an, bei der höchst möglichen Hebung bilde die Rippe einen Winkel von 80°; steht nun für gewöhnlich die Rippe in einem Winkel von 60°, so kann sie sich um 20° bewegen, steht sie aber für gewöhnlich auf 65, so beträgt der Spielraum nur 15°. Es ist also ganz falsch, wenn man meint, der hochbusige Reck- und Barrenturner habe eine leistungsfähigere Lunge. Es steht mir auch eine direkte Messung zu Gebot.

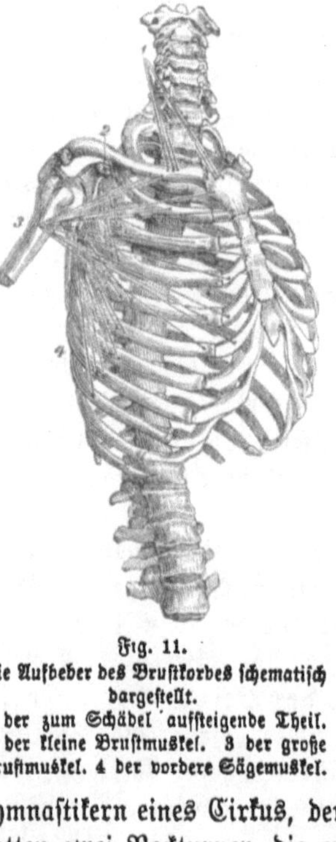

Fig. 11.
Die Aufheber des Brustkorbes schematisch dargestellt.
1 der zum Schädel aufsteigende Theil. 2 der kleine Brustmuskel. 3 der große Brustmuskel. 4 der vordere Sägemuskel.

Unter einigen Berufsgymnastikern eines Cirkus, deren Athmungsfähigkeit ich maß, hatten zwei Reckturner, die erstaunliche Leistungen im Hang ausführten, pro Kubikdecimeter Körpervolum 33,77, pro Centimeter Körperhöhe 19,90, pro Centimeter mittleren Brustumfang 38,03 ccm; Vitalcapacität und der Umfangsunterschied der Brust zwischen tiefster Ausathmungs- und höchster Einathmungsstellung betrug bei ihnen im Durchschnitt 8 ½ cm. Bei einem dritten, der im Hoch- und Weitsprung sich ausgebildet, also Fußgymnastik getrieben hatte, betrug die Vitalcapacität pro Volumeinheit 39,73, also + 5,96 = 17,8 %, pro Centimeter Körperhöhe 25,25, also + 5,35 = 21 %, pro Centimeter Brustumfang 47,11, also + 8,03 = 21 % und der Umfangsunterschied 11 cm, also + 2 ½ = 31 %.

Hiezu kommt, daß die Armgymnastik nothwendig den Athmungsrhythmus stört, namentlich zu längerem Anhalten des Athmens zwingt, mit den nachtheiligen Folgen, namentlich für die Lungenspitzen, die wir oben kennen lernten.

Diese Uebelstände fallen bei der Fußgymnastik fort, denn deren Ausübung hindert weder den Athmungsrhythmus, noch beeinflußt er die Rippenstellung nachtheilig.

Hiezu kommt folgendes: Aus Kapitel 24 haben wir erfahren, daß ein gewisser W u ch s ein nothwendiges Erforderniß für die Leibestüchtigkeit ist, nämlich ein solcher, welcher die Wirbelsäule, insbesondere deren Lendenabschnitt, und die Beine verlängert. Dieser Art von Wuchs ist nur die Fußgymnastik förderlich, und aus diesem Grunde muß sie beim Schulturnen im wachsenden Alter, wo allein eine Beeinflussung des Wuchses möglich ist, unbedingt vorangestellt werden. Von Armgymnastik soll das Schulturnen nur so viel erhalten, als zur Vermeidung der Eintönigkeit des Turnunterrichtes, zur Erzielung von Handfertigkeit und Erreichung von Torsionen der Wirbelsäule und zur Erlernung des Faustkampfes (siehe später) nöthig ist. Daß vollends bei dem weiblichen Geschlecht die Fußgymnastik mit Rücksicht auf die Erweiterung der Geburtswege fast ausschließlich zur Geltung kommen muß, haben wir schon früher gehört.

Ein weiterer Grund, warum beim Knabenturnen die Fußgymnastik zu überwiegen hat, liegt in der Rücksicht auf die militärische Erziehung. Es steht in vollkommener Harmonie mit den Anforderungen der Gesundheitspflege, daß jetzt die Marschirfähigkeit als eine der wichtigsten militärischen Fähigkeiten angesehen wird, und dem hat die Turnschule vorzuarbeiten. Je schnellfüßiger und langfüßiger der Jüngling zum Militär kommt, um so rascher wird er zum kräftigen und gewandten Mann und Soldaten und später zum rüstigen Arbeiter werden.

Hier kommt noch ein eigener Punkt in das Spiel, nämlich der Bau des Vorderfußes. Dieser ist im Gegensatz gegen die andern Körpertheile in seiner Entwicklung durch das ihn umfassende Kleidungsstück, den Schuh, in hohem Maße beeinflußt. Weil der harte Lederschuh dem Wachsthumsdruck nicht nachgibt, so ist das wachsende Kind der Gefahr der Verkrüpplung seines Pedals ausgesetzt, und zwar in doppelter Weise.

1. Durch den Schnitt des Schuhes. Es ist ein allgemeiner Unfug, bei Kindern es für unnöthig zu halten, dem linken und rechten Schuh einen verschiedenen Schnitt zu geben. Die nothwendige Folge ist, daß die Zehen zur Annahme einer falschen Stellung gezwungen werden (siehe Figur 12). Zur Erklärung diene folgendes: Soll ein Schuh an beide Füße passen, so muß sein vorderes Ende symmetrisch gebildet sein, wie 2 der Figur. Da nun bei der natürlichen Zehenstellung, wie sie 1 der Figur zeigt, die große Zehe seitlich stärker vorspringt als die kleine, so ist sie zu einer Verschiebung gegen die Mittelachse des Fußes gezwungen, wie das in 2 der Figur angegeben ist. Jetzt ist die Achse der großen Zehe nicht mehr eine Verlängerung der Achse

des sie tragenden Mittelfußknochens, sondern bildet einen Winkel mit ihr. Der große Nachtheil dieser Stellungsveränderung liegt darin, daß die große Zehe, anstatt bei der Abwicklung des Trittes die Last vom Mittelfußknochen zu übernehmen und den letzten Abstoß zu geben, nicht blos das nicht thun kann, sondern bei jedem Tritt gegen die Mittellinie seitlich verschoben wird, was eine jedesmalige

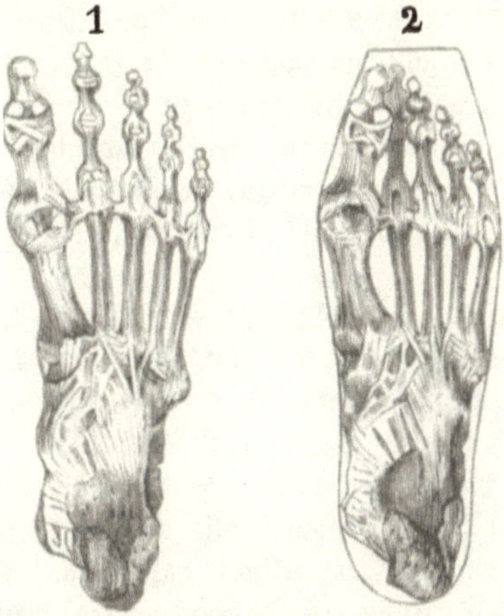

Fig. 12.

Zerrung des inneren Gelenkbandes und eine Reibung des Zehenrückens am Leder zur Folge hat; kurz gesagt: anstatt mitzuarbeiten, wird die große Zehe blos geschunden.

Für die übrigen Zehen ergibt sich ähnliches. Entweder werden sie aus ihrer natürlichen Stellung verschoben, oder wenn sie nicht weichen, so schiebt sich die große Zehe über die nächste her, so daß letztere bei jedem Schritt von ersterer getreten wird. Dann kann man sich durch Versuch an den Fingern der Hand leicht von folgendem überzeugen.

Wenn man die Finger in derselben Weise zu verschieben sucht, wie es bei den Zehen auf 2 der Fig. 12 geschehen ist, so wird man finden, daß dies leichter gelingt, wenn der kleine Finger und seine Nachbarn einen Katzenbuckel machen. Das thun nun die Zehen von selbst, sie krallen sich zusammen, und die nothwendige Folge ist, daß die vorstehenden Höcker gegen das Oberleder drücken und Druckschäden (Hühneraugen und Blasen) bekommen müssen. Wollen sie dem ausweichen, so kann dies nur durch Niederlegen des Bogens geschehen, wobei naturnothwendig jede Zehe mit ihrer Spitze unter ihre Nachbarin nach innen zu liegen kommt, also bei jedem Schritt getreten wird. Kurz auch hier: statt bei der Abwicklung des Trittes mitzuarbeiten und ihm Sicherheit und Elasticität zu geben, fallen auch diese Zehen dem Schund anheim.

2. Durch die Größe des Schuhes. Der Fuß des Kindes wächst, der Schuh nicht. Für den Querschnitt ist das nicht so sehr schlimm, hier schafft sich der Fuß durch Dehnung des Leders eher noch Raum, allein in der Länge geht es schlechter, hier sucht sich der Fuß durch Beugung der Zehen zu helfen, wodurch alle die Uebelstände eintreten, die wir in der vorigen Alinea anführten. Das Mißliche ist, daß diese Stellung eine dauernde wird, weil die Beugesehnen der Zehen in ihrem Wachsthum sich der anhaltenden Beugestellung accomodiren und eine Streckung der Zehen jetzt gar nicht mehr möglich wird, auch wenn ein neuer genügend langer Schuh die äußere Möglichkeit dazu bieten würde.

Der Eintritt dieser Fußverkrüpplung wird dadurch ganz besonders begünstigt, daß das Kind im schulpflichtigen Alter vorwiegend zum Sitzen gezwungen ist — nicht blos in der Schule, sondern auch zu Haus. Während des Sitzens ist die Belästigung des Fußes durch einen falschen und zu engen

Schuh weit geringer als im Stehen und Gehen; namentlich können die Zehen sich zusammenkrümmen, da der Schund mit der Bewegung wegfällt. Das Kind hilft sich weiter beim Sitzen dadurch, daß es den Schuh halb oder ganz auszieht — selbst in der Schule thun die in den hinteren Bänken sitzenden Knaben es oft genug. Für den kurzen Weg zwischen Schule und Haus fügt man sich schließlich in das Unvermeidliche des Schmerzens, und so schreitet die Verkrüpplung ruhig ihren Weg; ja sie wird deshalb so bedeutend: der Unverstand der Eltern weigert sich, neue Schuhe machen zu lassen, ehe die alten zerrissen sind. Je mehr nun das Kind, durch das Schmerzen der Füße gezwungen, das Stehen, Gehen und Laufen unterläßt, desto mehr conservirt es seine Folterwerkzeuge.

Der Fluch dieser Situation besteht nun nicht blos darin, daß der Vorderfuß immer mehr verkrüppelt, sondern auch noch darin, daß der ganze Körper den schädlichen Einwirkungen der sitzenden Lebensweise und des Aufenhaltes in der Zimmerluft anheimfällt, und zwar nicht etwa blos zeitweilig: Leute, deren Vorderfüße definitiv verkrüppelt sind, haben sich damit ein Gebrechen angeschafft, welches ihnen zeitlebens die für die Gesundheit so äußerst wichtige ausgiebige Bewegung in freier Luft erschwert und verbittert und sie der Siechthum bewirkenden sitzenden Lebensweise definitiv überantwortet.

Dieses Elend zu zermalmen, ist eine der wichtigsten Aufgaben des Schulturnens, und auch darum muß sie den Schwerpunkt auf die Laufgymnastik legen. Armgymnastik leistet natürlich hier nichts. Wird dagegen das Kind zu energischer Laufgymnastik angehalten, so muß das Uebel weichen. Einmal treten die Schmerzen und Uebelstände greller zu Tage und das Kind wird dem Unverstand der Eltern energischer zu Leibe gehen, und um so mehr, als hinter ihm auch noch der Turnlehrer mit seiner Forderung steht. Weiter ist das Leder nicht absolut unnachgiebig; eine energische Laufgymnastik schafft dem Fuß Raum, indem es den Schuh ausweitet. Endlich verkürzt die Laufgymnastik das Leben des Schuhes: soll ein Kind sich richtig entwickeln, so muß es seine Schuhe total zerrissen haben, ehe sie ihm zu kurz werden.

Die zwei letzten Punkte enthalten zugleich das Verdammungsurtheil für den Mißbrauch, den Knaben den Gebrauch eigener Turnpantoffel und den Mädchen die Anwendung besonderer Tanzschuhe zu gestatten. Diese Mode dient nur dazu, dem Alltagsschuh das Leben zu verlängern, und läßt die günstigste Gelegenheit versäumen, für Ausweitung des letzteren zu wirken. Die Sache ist um so lächerlicher, weil natürlich der Tanzschuh und Turnpantoffel auch mit der Zeit zu klein werden und bei der Seltenheit des Gebrauchs und bei dem Umstand, daß sie immer trocken und hart bleiben, ein zäheres Leben und eine geringere Dehnbarkeit haben, also der Uebelstand, wegen dessen man sie erfand, erst recht nicht beseitigt wird.

Schuhfrage und Turnfrage hängen übrigens auch noch mit einer andern Frage zusammen, mit der Schulbank. Wenn die Kinder in der Schule zum Stehen gezwungen wären, anstatt zum Sitzen, so würde die Schuhcalamität viel bälder gehoben sein. Das Kind wäre außer Stand gesetzt, sich dem Schuhdruck zu entziehen, und so würde auf allen Seiten geholfen: der anhaltende Druck beim Stehen würde den Schuh stärker dehnen und derselbe würde stärker abgenützt, also bälder verbraucht. Weiter: wenn man das Kind an das Stehen gewöhnt, so wird ihm das zum Bedürfniß, und das ist das wirksamste Mittel gegen sitzende Lebensweise mit ihren nachtheiligen Folgen. Der Einwand, des Stehen sei ermüdender als das Sitzen und es werde dadurch den Kindern zu viel zugemuthet, ist total falsch. Der beste Beweis ist der: die Kinder sind, ehe sie in die Schule kommen, den ganzen Tag auf den Beinen; einem Knaben von 4—5 Jahren kann man das Höchste versprechen, wenn er auch nur eine Minute ganz still sitze — er ist es absolut nicht im Stande. Das anhaltende Sitzen muß das Kind erst in der Schule lernen; die sitzende Lebensweise ist also ein Fluch der Schule, welche die Kinder an das Sitzen gewöhnt.

Dem gegenüber muß gesagt werden, daß das Stehen für die Gesundheit und für die Entwicklung des Körpers weit zweckmäßiger ist als das Sitzen. Es ist das schon an und für sich und dann noch deshalb, weil es die Vorschule für das Gehen und Laufen ist, dessen sanitären Werth wir nach allen Seiten hin erkannt haben. Warum das Stehen zuträglicher ist als das Sitzen, liegt in folgendem.

1. ist beim Sitzen durch die Beugung in der Leiste der Rückfluß des Blutes aus den Beinen gehemmt, während beim Stehen der Weg hiefür frei ist.

2. Das Sitzen ist immer mit einer nach vorn gekrümmten Haltung der Wirbelsäule verbunden, durch welche die Eingeweidehöhle zusammengepreßt wird, so daß der Blutumlauf in mehrfacher Weise gehemmt ist. Einmal stehen die großen Blutgefäße des Bauches unter stärkerem Seitendruck, so daß namentlich der Auftrieb des Blutes von unten her nothleidet. Dann ist eine Vermehrung des positiven Druckes in der Bauchhöhle gleichbedeutend mit einer Verminderung des von der Lunge ausgeübten Saugdrucks in der Brusthöhle; damit leidet die Erweiterung des Herzens und der Hohladern, so daß der Abfluß aus dem ganzen Venensystem gehemmt ist. All das fällt beim aufrechten Stand weg, weil er die Einziehung des Kreuzes als die für das Stehen

commodere Haltung erzwingt und bei dieser die Bauchhöhle erweitert statt verengert wird.

3. Die Beeinträchtigung des Blutlaufes in und aus der unteren Körperhälfte disponirt schon an und für sich zu Stauungsleiden in den Unterleibsorganen. Hiezu kommt die abnorme Warmhaltung des Gesäßes und der Geschlechtstheile beim Sitzen, wodurch deren Durchblutungsmaß erhöht wird. Bei verhockten, kurzbeinigen männlichen Personen fällt in der Regel die abnorme Größe ihres Begattungsgliedes auf, im Vergleich zu dem geringen Umfang, den dasselbe bei hochgewachsenen Personen hat. Vorzeitige Geschlechtsreife mit den daran anschließenden physischen und moralischen Gebrechen gehören zu den schlimmsten Folgen der Schulbank, die mit der Einführung des Stehpultes sich sofort mindern werden: der Blutlauf wird sich mehr in die Beine als in die Beckenorgane entladen, und in dem Maße, als die Beine sich besser entwickeln, wird die Entwicklung der Geschlechtstheile sich verzögern und in engeren Schranken bleiben.

4. Wie schon im vorigen Punkt angedeutet, gewinnt beim Stehen das Wachsthum der Beine, und wir wissen aus Kapitel 24, daß damit ein dauernder Vortheil geschaffen ist. Der Vorschub, den das Beinwachsthum durch das Stehen erhält, beruht einmal auf der größeren Freiheit der Blutcirkulation durch die Beine und dann darauf, daß das Längewachsthum der Knochen durch die mit der höheren Belastung verbundene Arbeitsvermehrung zunimmt.

5. Die in Nummer 2 geschilderte Beeinträchtigung des Blutumlaufes ist nachtheilig für die zum Lernen nöthige Geistesarbeit, indem sie gleichbedeutend ist mit einer venösen Stauung gegen das Gehirn.

6. Die so nachtheiligen seitlichen Verkrümmungen der Wirbelsäule treten bei anhaltendem Sitzen viel leichter ein

als im Stand. Beim Stehen ist man gezwungen, die Last des Körpers bald auf das eine, bald auf das andere Bein zu verlegen, und das hat zur Folge, daß auch die Wirbelsäule bald nach rechts, bald nach links ausgebogen wird und keine dieser Krümmungen auf die Dauer festzuhalten vermag.

Angesichts dieser überwiegenden Vortheile des Stehens vor dem Sitzen ist hoffentlich die Ersetzung der Schulbank durch das Stehpult nur eine Frage der Zeit, und wird es wohl gelingen, die Macht des Vorurtheils zu brechen und die vergleichsweise sehr unbedeutenden disciplinarischen und technischen Bedenken in den Hintergrund zu drängen. Dies herbeizuführen ist aber in erster Linie die Turnlehrerschaft berufen. Sobald diese die klare Einsicht hat, daß die Seele des Schulturnens die Laufgymnastik ist, so wird sie immer schärfer an die Schule die Forderung stellen, mit der Schulbank ein Haupthinderniß für den Turnplatz zu beseitigen und durch die Einführung des Stehpultes den verhängnißvollen Antagonismus zwischen körperlicher und geistiger Ausbildung auf sein richtiges Maß zurückzuführen. Auch an der Militärverwaltung wäre es mit Rücksicht auf ihre Zwecke, der Forderung der Turnlehrerschaft den Nachdruck zu geben, der dazu gehört, um mit zäh eingewurzelten Institutionen, die von einem weit ausgedehnten einflußreichen Stand pietätvoll gehegt werden, aufzuräumen.

Wenden wir uns nun zu einer anderen Forderung, die an das Turnen, insbesondere an das Schulturnen zu stellen ist; sie bezieht sich auf die Theilnahme des Nervensystems. Da auch in diesem Punkte Vorurtheile der richtigen Praxis entgegenstehen, so will ich auch hier etwas ausführlicher sein.

Unter den Erfordernissen der allgemeinen Arbeitsfähigkeit steht nach dem Grundsatz „Zeit ist Geld“ die Geschwindigkeit oben an, und sie hat ihren Schwerpunkt im Nervensystem und zwar nicht blos in einem Theil desselben, sondern in allen Abschnitten; denn bei der Arbeitsgeschwindigkeit kommt es nicht blos auf die rasche Abwicklung der Bewegung an, sondern noch weit mehr auf die Raschheit, mit der der Arbeitsimpuls von den Sinnesorganen aufgefaßt und der Arbeitsentschluß im Seelenorgan reift. Diese Theile des Nervenapparates können nur auf Eine Weise zu höherer Leistungsfähigkeit gebracht werden, nämlich durch das Befehlsturnen.

Die Freiübungen, bei welchen es dem Turnenden völlig überlassen ist, den Zeitpunkt der Aktion zu wählen wie er will, bilden keine Handhabe für Uebung der Entschlossenheit, und die Sinne sind vollends ganz außer Uebung, man braucht weder Auge noch Ohr dabei. Auch um eine Beschleunigung in der Abwicklung des ausführenden Theils herbeizuführen, sind die eigenem Entschluß entspringenden Uebungen durchaus ungeeignet: Es muß hinter dem Turnenden eine beschleunigend wirkende, fremde Macht stehen, namentlich in der ersten Zeit, und die geeignetste ist die des commandirenden Lehrers, neben welcher, in Abwechslung, als zweite der wetteifernde Genosse steht.

Man hat dem Befehlsturnen den sonderbaren Vorwurf gemacht, es sei eine Nachäfferei des militärischen Exercitiums; als ob es eine Schande wäre, etwas zweckmäßiges nachzuahmen! Man hat ihm weiter vorgeworfen, es unterdrücke die Individualität und strebe eine Uniformität an. Dieser Einwand ist kein Vorwurf: Wenn man beim Turnen den individuellen Neigungen freien Spielraum läßt, so wird gerade das nicht erreicht, was die oberste Aufgabe des Schulturnens ist, nämlich eine harmonische Entfaltung des Gesammtkörpers: das Turnen wird einseitig betrieben und dadurch der Körper einseitig entwickelt. Als Beispiel möge der Hinweis auf das über den Schuh Gesagte dienen: Wenn einen Jungen der Schuh drückt, so wird er sich freilich mehr zu Reck und Barren als zu Sprung und Lauf hingezogen fühlen. Nun ist der Junge aber gerade deshalb, weil ihn der Schuh drückt, der Gefahr ausgesetzt, seine Beine nicht ordentlich zu entwickeln, wenn der Turnlehrer nicht einschreitet. Kurzum, die individuellen Liebhabereien im Turnen, die sich bei dem Knaben einstellen, wenn sie Uebungsmaß und Art selbst bestimmen können, beruhen meist darauf, daß die Schwäche eines Körpertheils ihm gewisse Uebungen erschwert, die Stärke eines andern ihm andere Uebungen erleichtert. Wenn man diesen Liebhabereien nachgibt, so wird der Unterschied noch größer, jedenfalls der schwächere Theil nicht stärker. Noch mehr gilt aber das folgende:

Wenn das Turnen nicht befehlsmäßige Massenübung ist, so tritt hauptsächlich eine quantitative Differenzirung ein: die eifrigeren kommen vorwärts, aber an die faulen und trägen kommt nichts hin, sie bleiben was sie sind, nämlich Quark. Bei richtigem Befehlsturnen wird von den ersteren ebensoviel erzielt, ohne daß dies auf Kosten der schwächeren geschieht. Einen gesunden, kräftigen Körper braucht jeder Mensch, und durch die Mannigfaltigkeit, welche die Krüppel, Lahmen, Siechen, Faulen und Schwachen in die anthropologische Bildfläche bringen, wird die Welt weder schöner noch besser, und so weit wird es ohne Einführung des spartanischen Kindermordes doch nicht kommen, daß Mangel an abschreckenden Beispielen entstünde. Zur Herstellung eines gesund entwickelten Leibes und Geistes gibt es eben nur Eine Methode, und daß diese uniformirend wirkt, ist kein Unglück.

Die Wirkung des Befehlsturnens im Gegensatz zum freien, ungebundenen Turnen ist die Herstellung eines richtigen Verhältnisses zwischen Nervensystem und Muskelapparat, nämlich das der Superiorität des ersteren über das letztere oder, um mich poetischer auszudrücken, die Etablirung der Herrschaft des Geistes über das Fleisch. Während die Athletik stumpfsinnige, geistesarme Fleischklötze erzeugt, hat die Gymnastik der Thatsache Rechnung zu tragen, daß des Menschen wichtigste Waffe im Kampf ums Dasein nicht seine Muskeln sind, sondern sein Nervensystem. So gewiß der Turnlehrer verlangen kann, daß ihm die Schule durch Einführung des Stehpultes in die Hände arbeitet, so verlangen Schule und Leben, daß der Turnlehrer seinerseits diejenigen Qualitäten des Arbeitsmechanismus entwickelt, von denen die Lernfähigkeit und später die Erwerbsfähigkeit abhängt.

Das Befehlsturnen räumt die Leitungshindernisse im ganzen Nervensystem hinweg, es schärft die Sinne, es putzt nach zwei Richtungen, wie das Sprichwort sagt, den Kopf aus, indem es die Urtheilsfähigkeit und die Energie der Willensorgane erhöht. Damit tritt eine Steigerung der Lernfähigkeit auch für die Aufgaben der Schule ein. Wem auf dem Turnplatz das Gehör geschärft worden ist, überhört auch in der Schule nicht mehr so leicht etwas. Wer auf dem Turnplatz in der Unterscheidung der verschiedenen Befehle geübt wird, unterscheidet auch leichter in der Schule und die Raschheit der Befehlsausführung sichert der Schule auch rasches Sprechen, rasches Schreiben, überhaupt rasches Arbeiten, aber nicht im Sinne des sogenannten Hudeln: Wenn der Turnlehrer den Knaben daran gewöhnt, die Befehle nicht blos rasch, sondern auch ganz genau auszuführen, so gewinnt damit auch die Präcision der Schularbeit.

Die erhöhte Entwicklung des Nervensystems durch das Befehlsturnen ist jedoch nicht blos ein Vortheil in der Richtung der Lern- und Arbeitsfähigkeit, sondern auch ein sanitärer Gewinn. Die Rührigkeit und Lebendigkeit, die es erzeugt, wirkt beschleunigend auf den Stoffwechsel und tritt den nachtheiligen Wirkungen der Berufsarbeit, die großentheils in der Richtung eines gehemmten Stoffwechsels liegen, auf die Dauer entgegen. Solche Leute sind selbst, wenn sie ihr Beruf zu sogenannter sitzender Lebensweise zwingt, besser daran, weil die Lebendigkeit ihres Geistes und ihrer Sinne (wie die Physiologie sich ausdrückt, der erhöhte Cerebrospinalreiz) einen gewissen Ersatz für die mangelnde Leibesbewegung bildet, abgesehen davon, daß er für sie ein Sporn ist, sich auch die nöthige Erholung mittelst ausgiebiger Körperbewegung angedeihen zu lassen, zu der Leute mit trägem Temperament und torpidem Nervensystem sich so schwer entschließen. In letzterer Beziehung kommt noch in Betracht, daß die allgemeine Rührigkeit diesen Leuten die Berufsarbeit fördert, und ihnen deshalb auch Zeit genug für Erholungsarbeit übrig bleibt, während dem trägen mit der Lust auch die Zeit mangelt. Kurz gesagt: die durch das Befehlsturnen in der Jugend erzielte stärkere Entwicklung des Nervensystems ist ein dauernder Schutz gegen Geistes- und Leibesträgkeit mit ihren verderblichen Folgen für Gesundheit und Arbeitsfähigkeit.

Man wird vielleicht einwenden, daß schon die Schule für eine erhöhte Entwicklung des Nervensystems sorge, es somit hier der Beihilfe durch das Turnen nicht bedürfe, im Gegentheil: weil das Lernen vorzugsweise Nervenarbeit sei, so habe gerade das Turnen, um der einseitigen Ausbildung entgegen zu wirken, sich mit den andern Theilen des Körpers zu befassen.

Dieser Einwand ist nicht zutreffend. Beim Lernen in der Schule handelt es sich vorwaltend um die Projektion der Sinneserregung in die Seelencentra und ihre dort erfolgende gedächtnißmäßige Fixirung und verstandesmäßige Verknüpfung, und hiebei wird nur ein Theil des Nervensystems, der perceptive, entwickelt, während die Transmissionen von hier zu den Willenscentren und von diesen zu den Bewegungscentren vernachlässigt sind. Das bloße schulmäßige Lernen erzeugt deshalb vorwaltend contemplative Naturen, die ohne äußeren Zwang zur Anhäufung todten Wissens in ihrem Ingenium hinneigen und im übrigen unpraktische Naturen sind. Das Befehlsturnen hat nun den Werth, die Bahnen frei zu machen, auf welchen, um mich so auszudrücken, das Wissen in die Glieder fährt, d. h. zur Handlung führt, lebendig wird.

Das ist ein großer Gewinn 1) für das betreffende Individuum, weil es dadurch erwerbsfähiger gemacht wird. Denn nur dasjenige Wissen trägt praktische Früchte für das Individuum, das nach außen hin den Nebenmenschen Vortheil bringt, und so ist dasselbe 2) auch ein Gewinn für die menschliche Gesellschaft. Warum müssen so viele Gelehrte, Dichter, verunglückte Genie's 2c. zeitlebens am Hungertuch nagen, trotzdem daß sie vielleicht an Schulwissen ihre besser situirten Mitmenschen weit übertreffen und in der Schule stets obenan waren? Weil eben der Theil des Nervensystems nicht entwickelt wird, der das Wissen zum Können, die Wissenschaft zur Schaffensmacht werden läßt. Bei der großen Wichtigkeit der Sache will ich noch einige Worte zum Verständniß hinzufügen.

Wir sahen früher, daß der psychische Mechanismus aus lauter Antagonismen d. h. Hemmungs- und Beschleunigungscentren 2c. zusammengesetzt ist. Von deren Wettstreit hängt es nicht blos ab, ob überhaupt etwas geschieht, sondern auch was geschieht, und sie bewirken außerdem, daß stets gewissermaßen nur das eine geschieht, das andere unterlassen wird; z. B.: Soll ein Mensch etwas gedächtnißmäßig erfassen, so muß die vom Sinnesorgan in den Seelenmechanismus eintretende Erregung den Weg zu den Herden des Gedächtnisses einschlagen, und damit ist der Weg in die Glieder ausgeschlossen; denn geht sie wie ein Reflexreiz sofort in die Glieder, so haben die Gedächtnißherde nichts oder sehr wenig davon. Wie uns die Beobachtung des Thieres und des Kindes vor Beginn der Schulzeit zeigt, ist der natürlichere Weg für die Erregung der in die Glieder. In der Schule wird nun durch Kräftigung eines Hemmungscentrums dieser Weg gewissermaßen gesperrt und zwar im Interesse der intellektuellen Entwicklung.

Wird nun dieses Hemmungscentrum durch fortdauernde Uebung immer weiter gekräftigt, so gewinnt es ein derartiges Uebergewicht, daß es zu einem bleibenden Hinderniß für die Ueberführung der seelischen Erregung in eine Handlung wird. Eine harmonische Entwicklung des Menschen verlangt nun, daß der Antagonist dieses Hemmungscentrums d. h. ein Beschleunigungscentrum in ebenmäßiger Weise gekräftigt wird, und das ist nur möglich durch Anstoß von den Sinnesorganen aus.

Hieraus ergibt sich auch noch einmal die Forderung, daß das Turnen Geschwindigkeitsgymnastik, nicht Kraftgymnastik zu sein hat, denn die Kräftigung eines Beschleunigungscentrums kann nur durch eine beschleunigende Methode erfolgen.

Die Forderung der Befehlsmäßigkeit des Turnens ergibt sich auch noch mit Rücksicht auf die Entwicklung des Bewußtseinscentrums. Zum ganzen Mann gehört, daß er sich gewöhnt hat, all sein Thun und Lassen stets unter der Controle des Selbstbewußtseins und der Aufmerksamkeit zu haben. Dies ist nur durch Befehlsgymnastik, welche fortwährende Aufmerksamkeit auf das Commando und dessen Ausführung verlangt, zu erreichen. Sind dagegen die gymnastischen Bewegungen ganz dem Belieben des Schülers anheimgestellt, so verfällt er zu leicht in jene gedankenlose Pendelung, die uns in ihrer krassesten Form bei ein=

gebauerten wilden Thieren (Bären, Eichhörnchen, Mardern) 2c., oft genug aber auch — wenngleich weniger grell — beim Menschen entgegentritt (das gedankenlose Weinen, Hüpfen, Pfeifen 2c. der Kinder, das Stricken der Frauen, monotone Fabriksbeschäftigungen u. s. f.). Das höchste Ziel der Entwicklung des Menschen ist die Gewinnung möglichster Willensfreiheit und Selbstbeherrschung. Wie nun der höchste Grad der Willensfreiheit darin besteht, daß die antagonistischen Willenscentra d. h. die Hemmungs- und Beschleunigungscentra möglichst genau balancirt sind, so wird die Selbstbeherrschung nur dadurch erzielt, daß der Mensch während seiner Ausbildung zeitweilig unter die Herrschaft eines andern gestellt wird, der mittelst Wink und Befehl den strengsten Contakt zwischen dem Befehlscentrum des Schülers d. h. seinem Selbstbewußtsein und den untergeordneten Centren seines Seelenmechanismus herstellt, entsprechend der sprichwörtlichen Sage, daß nur der befehlen kann, welcher zuerst strikte gehorchen gelernt hat.

Weitere Gesichtspunkte für die Erziehungsgymnastik ergeben sich aus den moralischen Bedingungen der Arbeitsfähigkeit. Eine solche ist der Muth zur Arbeit. Die Gymnastik hat den Knaben daran zu gewöhnen, Hindernisse zu überwinden, ohne sich von den etwa damit verbundenen Gefahren abhalten zu lassen; denn der physische Muth ist die Basis, auf welcher sich der moralische Muth und der Arbeitsmuth aufbaut, und legt auch den Grund zum Selbstvertrauen, ohne das Wissen und Können einem Messer ohne Heft gleicht. Mangel an Muth und Selbstvertrauen ist auf allen Gebieten eines der schwersten moralischen und ökonomischen Gebrechen eines Menschen und stellt sich zu leicht ein, wenn eine einseitige intellektuelle Ausbildung sich mit Vernachlässigung der körperlichen Erziehung verbindet. Das Bewußtsein der physischen Schwäche lastet als hemmender Alb auf der ganzen Thätigkeitssphäre eines solchen Menschen.

Zur Entfaltung von Muth und Selbstvertrauen ist es erforderlich, daß aus dem Betrieb der Gymnastik nicht alles Gefahr- und Schmerzbringende entfernt werden darf und daß sie nicht blos die Ueberwindung künstlicher Hindernisse, sondern auch die von natürlichen sich zur Aufgabe zu stellen hat. Das was ich meine läßt sich am besten an einem bestimmten Beispiel darthun.

Der Hochsprung wird auf unseren Turnplätzen an einem künstichen Geräthe erlernt, dessen zu überwindendes Hinderniß ein Seil ist, so angebracht, daß das Mißlingen des Springes lediglich keine unangenehmen Folgen nach sich zieht, weil das Seil auf den geringsten Anstoß fällt. Daß ein solches Geräthe durchaus nicht im Stande ist, Muth zum Spring und Vertrauen auf die Sprungfähigkeit zu erzeugen, kann man leicht beweisen. Stellt man einem Knaben, der nur gewöhnt worden ist, über den Strick zu springen, einen unnachgiebigen Gegenstand, einen Balken, eine Mauer, einen spitzen Staketenzaun als Objekt für den Hochsprung gegenüber, so versagt ihm seine Kunst den Dienst selbst dann, wenn die Höhe dieses Hindernisses oft kaum die Hälfte von der beträgt, die er am Sprungstrick mit Sicherheit bewältigt: es hat sich das Moment der Gefährlichkeit und des Ungewohnten hinzugesellt.

Im Leben und bei der Berufsarbeit kommt es nun aber gerade darauf an, daß man sich die Ausübung seiner Handlungen weder durch das Moment der Gefahr, noch durch das Auftauchen ungewohnter Hindernisse beeinflussen läßt, daß man gelernt hat, auch bei Eintritt solcher Vorkommnisse seine Pflicht nach bestem Wissen und Können zu thun. In dem oben genannten Fall beim Hochsprung sieht man deutlich, daß kein äußerer reeller Grund vorliegt, warum der Junge, der über ein Seil von einem Meter Höhe sicher und anstandslos jedesmal wegspringt, nicht auch über einen eben so hohen spitzen Zaun sollte springen können. Die physische Leistung ist in beiden Fällen genau die gleiche, denn es kommt lediglich darauf an, wie hoch er überhaupt springen kann. Das eingetretene Arbeitshinderniß ist ein rein psychologisches, eingebildetes; aber darin liegt es gerade: die Gymnastik ist nicht Selbstzweck wie beim Berufsathleten, sondern Mittel zum Zweck. Sie soll alle in dem Menschen selbst liegenden Hindernisse für die Arbeitsausführung und zwar nicht blos die physischen, sondern, was noch viel wichtiger, auch die psychologischen Hemmnisse aus dem Wege räumen, denn diese sind gerade die erbärmlichsten; erbärmlich ist es ja, wenn ein Mensch die physische Fähigkeit zu einer Leistung vollkommen besitzt und nur die Feigheit ihn davon zurückhält. Seit jeher hat denn auch mit Recht die Feigheit sich der vollen Verachtung der öffentlichen Meinung zu erfreuen gehabt. Ein feiger Mensch ist einem Werkzeug gleich zu achten, das stets dann seine Dienste versagt, wenn man sie am nöthigsten braucht, und das gilt nicht blos für seine Beziehungen zu andern Menschen, sondern auch für seinen eigenen Wirkungskreis.

Aus dem genannten Grunde halte ich die ausschließliche Anwendung solcher Turngeräthe, bei welchen die Gefahr auf ein Minimum reducirt ist, für pädagogisch verwerflich. Der Hochsprung soll z. B. nur an festen Hindernissen erlernt werden, und in der Anbringung von Schutzvorrichtungen soll man nicht weiter gehen, als die Abwendung von Lebensgefahr und die Verhütung schwerer Verletzungen erfordert.

Es handelt sich jedoch bei der Ausbildung der genannten Eigenschaft nicht blos um das Moment der Gefahr, sondern, worauf schon hingewiesen wurde, auch um das Moment des Gewohntseins, und in dieser Richtung ist an den künstlichen Turngeräthschaften und Turnstätten eine Ausstellung zu machen. Bleiben wir bei dem Beispiel vom Hochsprung.

Auf der Turnstätte ist ebener Boden, unter Umständen sogar liegt vor dem Hochsprunggeräthe ein Sprungbrett und auf der Aufsprungsstelle ist weicher Lohgrund. Hat sich ein Knabe an diese stereotypen Bedingungen gewöhnt, was sehr bald geschehen ist, so genirt ihn jede Veränderung derselben, z. B. die Abwesenheit des Sprungbrettes oder ein neues Sprungbrett oder die Aufforderung einen Hochsprung auf unebenem Boden 2c. auszuführen, kurz jede Veränderung der Nebenumstände raubt ihm das Selbstvertrauen. Hat dagegen ein Junge den Hochsprung nicht blos auf der Turnstätte am Geräthe geübt, sondern an natürlichen Hindernissen in der freien Natur, an Hecken, Mauern, Zäunen 2c., wo jedesmal die Nebenumstände für Anlauf, Absprung und Aufsprung wieder anders sind, so hat er mit der Gewandtheit seinen Sprung diesen wechselnden Verhältnissen anzupassen, auch das prompte Vertrauen gewonnen, den Sprung jedesmal, mögen die Verhältnisse liegen, wie sie wollen, auszuführen.

Die Arbeit im Beruf verhält sich nun gerade so wie der Hoch- oder Weitsprung im Freien, d. h. sie ist nicht immer von genau den gleichen, stereotypen Nebenumständen begleitet, sondern von wechselnden Verhältnissen, und sobald diese den Menschen stutzig machen, sobald er sich nicht unter allen diesen Verhältnissen zu bewegen und sich in sie zu finden versteht, so ist seine Thatkraft gelöhmt. Solche Gewohnheitsmenschen kommen sofort aus dem Concept, wenn nicht alles liegt, wie sie es gewöhnt sind oder wie sie es sich gedacht haben. Diesen Fehler, nämlich Gewohnheitsmenschen heranzubilden, hat die Erziehungsgymnastik sorgfältig zu vermeiden und zwar dadurch, daß sie das Turnen an der stereotypen Geräthschaften und auf der stereotypen

Turnstätte wenn nicht ersetzt, so doch ergänzt durch das, was ich das Feldturnen nennen möchte.

Ich selbst hatte das Glück vom meinem 13ten bis 14ten Lebensjahre in diese Turnweise eingeführt zu werden und habe sie eine Reihe von Jahren fortgesetzt. Nur die älteste Klasse durfte daran theilnehmen, und es bestand die Sache darin, daß wir außer den obligaten Uebungsstunden auf dem Turnplatz etwa alle 3—4 Wochen mit einer Springstange bewaffnet vom Turnlehrer auf ein coupirtes Terrain, das Hindernisse aller Art bot, geführt wurden und nun die Uebung im Nehmen der Hindernisse, theils mit Springstange, theils ohne solche, sowie theils mit, theils ohne Wettbewerb in Bezug auf Geschwindigkeit begann. Es wurden Gräben, Hecken, Feldmauern, Felsblöcke &c. übersprungen oder erstürmt, Wettrennen über Hindernisse veranstaltet, Gefechte — Winters mit Schneeballen &c. — aufgeführt.

In besonders dankbarer Erinnerung als Schule des Muthes bewahre ich unsere Methode des Gerwurfs: Statt der Reihe nach auf den todten Gerkopf zu werfen, theilte sich die Riege in zwei feindliche Theile, jeder hatte seinen Gegner und das Zielobjekt war der gegnerische Kopf, dessen Träger die Aufgabe hatte, sich nicht treffen zu lassen und zwar womöglich, ohne seinen Stand zu verlassen. Da die Gere aus Eschenholz waren und Eisenbeschläge hatten, so war die Sache ziemlich ernst; es kam aber nie eine ernstliche Beschädigung vor, und diese Uebung war uns eine der liebsten. Allerdings durften an ihr auch nur die Angehörigen der ältesten Klasse theilnehmen.

Dieses Gefahr- und Feldturnen entwickelte nicht blos unseren physischen Muth und physisches Selbstvertrauen, sondern die genannte Schule war im ganzen Land dadurch bekannt, daß bei den öffentlichen Prüfungen, an welchen Angehörige aller Schulen des Landes concurrirten, ihre

Zöglinge zu den gefürchtetsten gehörten: wahrscheinlich nicht weil sie mehr wußten, sondern weil sie sich durch die ungewohnte Situation der Prüfung an fremdem Ort und durch fremde Examinatoren nicht aus der Fassung bringen ließen. Wenn ich mich selbst als armer Leute Kind per tot discrimina rerum so leidlich durchs Leben geschlagen habe, so glaube ich um so weniger fehl zu gehen, wenn ich jenem Turnunterricht einen großen Theil des gebührenden Dankes schulde, als auch meine Klassenkameraden von damals mit sehr wenig Ausnahmen sich in der Schule des Lebens bewährt haben.

Das Feldturnen im Gegensatz zum Schulturnen hat auch noch eine sanitäre Seite.

Beim Turnen im geschlossenen Raum befinden sich die Leute selbst bei der sorgfältigsten Reinlichkeit unvermeidlich in einer durch Staubtheile verunreinigten Luft, und bei dem Umstand, als eine richtige Gymnastik Maximalathmung erzeugen muß, fällt diese Verunreinigung ganz besonders in das Gewicht, weshalb das Turnen im Freien unbedingt dem in Turnhallen vorgezogen werden muß.

Aber auch das Turnen auf freien Turnplätzen schafft noch nicht die günstigsten Verhältnisse. Unsere Turnplätze sind allgemein viel zu klein, als daß auf ihnen eine Rasendecke entstehen und sich halten könnte. Ihr Boden producirt deshalb viel zu leicht ebenfalls Staub, sobald, wie das sein muß, das Turnen vorwaltend Laufgymnastik ist. Hiezu kommt, daß bei Sonnenschein der nackte Boden sich viel stärker erwärmt als der beraste, und durch Rückstrahlung des Lichtes auch die Sehwerkzeuge übermäßig reizt, so daß in der heißen Jahreszeit die Benützung der Turnplätze sehr erschwert ist. Beschattung durch Bäume mindert zwar die Sache bedeutend, allein da sie den Boden länger feucht erhält, so schafft sie ein anderes Hinderniß, außerdem daß eine dichte Bestockung mit Bäumen Bewegungshindernisse für die Massenübungen bildet.

Dem gegenüber muß gesagt werden, daß allen sanitären und technischen Anforderungen nur ein frei und luftig gelegener, dicht bewachsener Rasenplatz, dessen Pflanzenwuchs durch Weidevieh stets kurzgehalten wird, entspricht. Auf ihm kann selbst im Sonnenbrand geturnt werden, und der Regen kann ihn nur sehr vorübergehend unbenützbar machen.

Am besten entsprechen die Schafweiden diesen Anforderungen, und wo sich eine solche findet, ist sie, vorausgesetzt daß auch nur ein einigermaßen großer Theil derselben genügende Ebnung besitzt, das geeignetste Turnfeld und um so geeigneter, wenn ein Theil des Terrains Hindernisse bildet oder die Erstellung von Hindernissen, die den natürlichen entsprechen, gestattet.

Ueberall da, wo solche Turnfelder nicht vorhanden sind, sollten im öffentlichen Interesse solche erstellt werden. Dem Einwand, daß hindurch größere Bodenflächen der Produktion entzogen werden, kann keck entgegnet werden, daß die Produktion von Arbeitskraft und Gesundheit weit mehr werth sei als das, was im günstigsten Fall auf diesem Boden wachsen könne. Wir werden übrigens sogleich noch zu einer andern Verwendung dieser Turnfelder kommen.

Der Erziehungsgymnastik erwächst gerade auf deutschem Boden noch eine eigenartige *sittliche* Aufgabe. Der Lebensberuf stellt den Menschen nicht blos natürlichen Hindernissen gegenüber, sondern auch *persönlichen*. So gewiß es nun oberstes Gebot der Nächstenliebe ist, persönliche Conflikte zu vermeiden, auch es im nationalökonomischen Interesse liegt, auf dem Wege der Arbeitstheilung zusammen, anstatt gegen einander zu arbeiten, so ist eben so gewiß, daß das soziale Leben Conflikte persönlicher Art gebären muß, und jene Utopisten, welche von allgemeinem Weltfrieden,

Abschaffung des Krieges und allen Uebels träumen, beweisen nur, daß selbst der höchste Bildungsgrad nicht vor Thorheit schützt, wenn eine Vernachlässigung des Naturstudiums den Menschen der Wirklichkeit so entrückt, daß er überall seine Wünsche an die Stelle der Thatsachen setzt, mit welchen der Mensch zu rechnen gezwungen ist.

Der Prüfstein für den Sittlichkeitsgrad eines Menschen ist sein Verhalten in Confliktsfällen. Die Sittlichkeit verlangt von ihm unbedingt, daß er auch dem persönlichen Conflikt nicht aus dem Wege geht, wenn es gilt, das Gute gegen das Schlechte, das Recht gegen das Unrecht, die Schwachheit gegen die Gewalt zu vertheidigen. Wird aber der Kampf aufgenommen, so verlangt die Sittlichkeit eine ganz bestimmte Kampfesmethode: Unbedingt zu verwerfen ist ungezügelter Ausbruch der Leidenschaft, welche den Menschen über das zu erstrebende Ziel hinaus fortreißt. Das Ziel soll nie die Vernichtung des Gegners, sondern nur seine Zurückweisung und Züchtigung sein, und das soll so geschehen, daß der Gegner gleichfalls das Bewußtsein hat, daß es sich um nichts weiter handelt und daß ihm für seine Vertheidigung die nöthigen Chancen gegeben sind; denn nur in diesem Fall wird auch bei ihm der Ausbruch gefährlicher Leidenschaft und Anwendung von Mitteln, die über das Ziel hinausschießen, vermieden werden.

Das einzige Mittel hiezu ist der offene, ehrliche Zweikampf, sei es mit physischen Waffen, sei es mit geistigen. Mit Recht gilt es von jeher in gebildeten Kreisen als eine Gemeinheit, wenn ein Haufen einen einzelnen Gegner niederschreit, statt ihn im ehrlichen Wortzweikampf mit Gründen zu schlagen, und für eine Gemeinheit, wenn ein Haufen einen einzelnen Gegner zu Boden prügelt. Es widerspricht der Sittlichkeit, wenn ein so blindes, rein zufälliges Moment wie die Ueberlegenheit der Zahl im Confliktsfall den Ausschlag gibt, und zwar deshalb, weil die Sittlichkeit verlangt, daß beim Kampf die Güte der Sache oder der Person entscheidet; denn nur so weicht das Schlechte dem Gutem; andernfalls hängt es nur vom Zufall ab, daß eben so gut auch das Schlechte, weil es im Moment die Zahl für sich hat, die Oberhand gewinnt.

Liest man die Verhandlungen vor den Schwurgerichten, so entrollt sich in den meisten Gegenden Deutschlands das traurige Bild einer niedrigen Sittlichkeit unseres Volkes in diesem Stück. Statt des ehrlichen offenen höchstens blaue Male hinterlassenden Zweikampfes herrscht fast überall die gemeine Sitte der planlosen Massenschlägereien und des Mißbrauchs der Ueberzahl mit der naturgemäßen Consequenz, daß tödtliche Waffen gebraucht werden. Wären das blos Akte des Auswurfs der Bevölkerung, so könnte man es zwar beklagen, aber begreiflich finden; das Unbegreifliche und Beschämende ist aber, daß diese Vorkommnisse auf dem Boden des soliden Kerns der Bevölkerung, des Bauern-, Handwerker- und Arbeiterstandes, ja und selbst höher hinauf bis in studentische Kreise hinein beobachtet werden.

Daß das nicht nothwendig so sein muß, zeigt uns ein Blick auf die betreffenden Verhältnisse in England. Dort ist nicht blos in den gebildeten Kreisen, sondern selbst bis in die tiefsten, den Auswurf der Gesellschaft bildenden Tiefen der Bevölkerung hinunter der Mißbrauch der Ueberzahl strengstens verpönt; selbst der Garotter bedient sich im Verkehr mit seines gleichen im Confliktfall nur des Zweikampfes, und zwar nur des mit einer nicht tödtlichen Waffe, nämlich mit der Faust und unter strenger, jeden Ausbruch brutaler, blinder, kopfloser Leidenschaft oder unehrlicher Hinterlist verbietender Einhaltung genauer Kampfesregeln, deren Verletzung kein Anwesender dulden würde. Wir beklagen mit Recht den geringen Respekt vor dem Gesetz und dessen

Wächtern auf deutschem Boden und bewundern den oft ans Komische grenzenden Gesetzesrespekt der Engländer. Meiner Ansicht zufolge ist letzterer hauptsächlich das Ergebniß dieser in England allgemeinen Volkssitte, welche den Menschen zwingt, auch in dem Falle höchster Erregung, im physischen Kampf, das Gesetz und den Gebrauch strengstens zu achten, während bei uns in solchen Fällen nichts gilt als die rohe, zügellose Leidenschaft.

Dieser deutschen Unsitte kann auf gesetzlichem Wege nicht das Handwerk gelegt werden, sondern nur auf dem Wege der Jugenderziehung, und hiebei fällt dem Turnlehrer die Hauptaufgabe zu, indem er dem Zweikampf einen ebenbürtigen Rang auf dem Turnplatz einräumt und an seine Schüler die kategorische Forderung stellt, sich auch im Fall ernstlichen Conflikts niemals einer andern Kampfesmethode als der genau von ihm vorgezeichneten zu bedienen, bei schwerster Strafe. Bei privaten Conflikten appellirt nur derjenige an Stein, Prügel, Messer oder Revolver, welcher sich seiner natürlichen Waffe, der Faust, nicht zu bedienen weiß. Diesem Uebelstand kann nur der Turnlehrer abhelfen, wenn jeder im Faustkampf geübt wird. Solange man den physischen Kampf nicht aus der Welt schaffen kann — und das wird nie möglich sein — ist es unter allen Umständen sittlicher, ihn unter den Bann des regelrechten Zweikampfes mit der Faust zu stellen, der im schlimmsten Fall ein eingeschlagenes Nasenbein oder ein paar Zahnlücken hinterläßt, als der tödtlichen Waffe noch länger zu gestatten, Menschenleben zu verderben und die Zuchthäuser zu füllen.

Die Leute, welche behaupten, durch die Unterrichtung der Jugend im Zweikampf werde nur die Lust zu Kampf und Streit geweckt und die Rohheit vermehrt, können einerseits auf England verwiesen werden: In keinem Lande wird so viel Gewicht auf Anstand des Benehmens, auf Beherrschung seiner Leidenschaft gelegt und, wie schon bemerkt, so sehr Gesetz, Herkommen und Gebrauch geachtet, und kein Volk ist so leicht zu regieren wie das englische, aus dem einfachen Grunde, weil jeder von Jugend auf im Zweikampf gelernt hat sich selbst zu beherrschen und weil die Zahl keine Rolle spielt, sondern nur die individuelle Tüchtigkeit.

Aber auch eine einfache Erwägung ergibt, daß diese Einführung der Sitte des Zweikampfes der Rohheit Abbruch thut. Die meisten Rohheiten entspringen dem Mißbrauch der Ueberzahl, und die meisten dieser Fälle würden nicht stattfinden, wenn jeder wüßte, daß er stets, unter allen Umständen, allein Mann gegen Mann zu fechten hat. Auch der Rauflustigste, Uebermüthigste überlegt sich das zweimal und mißt seinen Gegner, ehe er es wagt. Auf der andern Seite ist Mangel an Wehrhaftigkeit eine Verlockung für übermüthig und roh angelegte Naturen, und die fällt sofort weg, wenn jeder seine natürlichen Waffen geübt hat.

Hierein muß meiner Ansicht nach der Schwerpunkt des Turnens in der Volksschule gelegt werden. Es hat die Axt an die Unsitten des Volkslebens zu legen und nebst der Zucht des Leibes und des Geistes auch Zucht und Ordnung in die bisher zuchtloseste Seite des Volkslebens zu bringen. Es genügt durchaus nicht, blos die gebildeteren Klassen dem sittigenden Einfluß der Zweikampfgymnastik zu unterwerfen. Der ihr entspringende Segen des Gesetzes- und Nächstenrespektes und gesitteteren Betragens wird nur eintreten, wenn es gelingt, in die Wurzeln des Volkslebens mit dieser Sittenänderung einzudringen.

Ein letzter Punkt bei der Erziehungsgymnastik, namentlich in ihrer Anwendung auf die unteren Volksklassen, ist die Pflege solcher gymnastischen Spiele, welche geeignet sind, auch die reifen Altersklassen und die Erwachsenen zu fesseln. Wir haben im Kapitel 28 gesehen, wie fast alle Berufsarbeit der Ergänzung durch eine Erholungsarbeit bedürftig ist, um die Rüstigkeit und Widerstandsfähigkeit des Körpers zu erhalten und zu pflegen.

Für die höheren Klassen der menschlichen Gesellschaft eignet sich hiezu das, was der Engländer „Sport" nennt, am besten, und in den Schulen, welche die Kinder dieser Klassen besuchen, muß darauf gehalten werden, daß die Erziehungsgymnastik Fühlung mit der Sportgymnastik gewinnt.

Für die mittleren und unteren Schichten der Bevölkerung ist das gymnastische Spiel und zwar das gymnastische Wettspiel die geeignetste Form, unter der sich die Erholungsarbeit in die höheren Altersklassen hinein fortsetzen läßt. Ueberall da, wo das gymnastische Kampfspiel Volkssitte ist, wie das Rankeln in manchen deutschen Gebirgsgegenden, das Hosenlupfen und Steinstoßen in der Schweiz, der Schäferwettlauf in Schwaben, sehen wir als Frucht davon eine kernfeste, arbeitsfähige und widerstandskräftige Bevölkerung.

Natürlich ist es sehr schwierig, solche Gebräuche volksthümlich zu machen; aber wenn es überhaupt gelingen soll, so ist die Erziehungsgymnastik berufen, die Bahn zu brechen. Sie hat beim Knaben die Befähigung und die Lust dazu zu entwickeln und die Methode zu schaffen. Das schreibt der Erziehungsgymnastik wiederum vor, nicht die Uebungen an künstlichen Geräthen in den Vordergrund zu stellen, sondern die Elementargymnastik, den Wettlauf, Wettsprung, Wettwurf und Zweikampf und ein oder das andere gymnastische Massenspiel, wie beispielsweise das Cricketspiel der Engländer eines ist.

Ich sagte schon früher, bei den alten Römern habe es geheißen, das Volk brauche panem et circenses; dieser Satz ist noch heute richtig, aber der Fortschritt gegen jene Zeit soll darin bestehen, daß die handelnden Personen bei den Circenses nicht Berufsgladiatoren sind, sondern das

Volk selbst, das sich durch diese Spiele stärkt zur Arbeit und erholt von der Arbeit. Es ist nicht zu leugnen, daß in dieser Richtung manche Anfänge zu verzeichnen sind, nämlich die Turnvereine mit ihren Turnfesten; allein das, was hier getrieben wird, ist noch nicht überall urwüchsig und populär genug, um die Masse des Volkes zu ergreifen. Das künstliche Geräth und das Kunststück spielen noch eine viel zu große Rolle. Soll die Gymnastik national werden, so muß sie in der Abstreifung des Schulmäßigen, Künstlichen und Geräthschaftlichen noch weiter gehen und reine Elementargymnastik treiben, zu der nichts gehört als das freie Turnfeld, von dem wir oben sprachen und das darin eine neue segensreiche Verwendung finden wird, daß es der Ort für die Abhaltung der ländlichen circensischen Spiele ist, aus denen die nationale Arbeitskraft ihre besten Säfte ziehen wird.

Es liegt natürlich nicht in der Aufgabe dieser Schrift, auf Grund der im bisherigen erhobenen allgemeinen physiologischen und psychologischen Anforderungen ein Turnsystem auszuführen, und ich kann es um so mehr unterlassen, als mein Bruder ein im allgemeinen diesen Anforderungen entsprechendes Turnsystem zusammengestellt und veröffentlicht hat*).

30. Das Militärwesen.

Seit das Soldatsein nicht mehr blos eine bestimmte Berufsart, sondern durch Einführung der allgemeinen Wehrpflicht wenn auch nicht für alle, so doch für den Kern der

*) Prof. Dr. O. H. Jäger, Neue Turnschule. Stuttgart 1876.

Bevölkerung zu einem Stück Erziehung geworden ist, wie die Schule, darf das Militärwesen nicht mehr blos vom Standpunkt der militärischen Interessen des Staates beurtheilt werden, sondern es muß allseitige Klarheit darüber herrschen, was im Heer für Hebung der menschlichen Arbeitskraft und Gesundheit geschieht, geschehen kann und anzustreben ist, ohne die Erreichung des militärischen Ziels zu zu schmälern.

Daß diese allseitige Klarheit noch nicht besteht, darüber belehrt uns nicht blos die zeitungsbekannte Thatsache, daß den Lobrednern des Militärwesens fort und fort Stimmen und Parteien entgegentreten, welche das Militärwesen vom sanitären und nationalökonomischen Standpunkt als der Uebel größtes bezeichnen, man kann sogar diese Unklarheit bis in einzelne Köpfe hinein verfolgen, die über diese Frage gewissermaßen mit sich selbst im Hader liegen, wovon ich ein hübsches Beispiel meiner Schilderung voransenden will.

In seinem im Jahre 1871 erschienenen „System der Hygieine" sagt E. Reich (S. 191) über die Gymnastik:

„Wir müssen zurückgehen in das Alterthum, um die Wurzeln der Leibesübung zu erkennen, zu finden; wir müssen zu den alten Griechen uns begeben, um die Wirkung der Gymnastik auf die ganze Bevölkerung zu ermessen; wir müssen endlich das preußische Heer der Gegenwart betrachten, um zu ersehen, welche großartigen Wirkungen eine gut geleitete Trainirung ausübt."

„Die Gymnastik, das ist: die systematische Uebung der Muskeln, gehört innerhalb des civilisirten Lebens zu den unerläßlichen Voraussetzungen gesundheitsgemäßer Entwicklung des Leibes. Vernachlässigung der Gymnastik hat nicht selten Siechthum und Leiden zur Folge. Es ist deshalb vortrefflich, die systematische Leibesübung zum Gegenstand der Erziehung zu machen."

In einem zweiten, 1877 erschienenen Werk des gleichen Verfassers „Die Ursachen der Krankheiten“ liest man nun S. 167 mit Erstaunen:

„Der Stand der Soldaten ist ein sehr ungesunder. Im Frieden die Tagedieberei und das faule Lungern, verbunden mit dem ewigen Einerlei des geisttödtenden Exercierens, im im Kriege die Strapazen, das Hungern, andrerseits die Uebersättigung, ferner die Erkältungen, die Ueberanstrengung der Kräfte &c. — dies alles bewirkt den schlechtesten Gesundheitszustand bei den stehenden Heeren.“

Auf S. 169 des gleichen Werkes folgt nun der Passus:

„Ueber die Sterblichkeit und Todesursachen in der preußischen Armee liegt eine Abhandlung von J. L. Casper (1876) vor. Wir entnehmen derselben, daß Krankheits- und Sterblichkeitsverhältnisse in keiner Armee so günstig sind wie in der preußischen, und daß überhaupt jenes Kriegsheer, in welchem verhältnißmäßig die geringste Sterblichkeit herrscht, nicht nur die am besten mit Aerzten versehene, sondern die auch am besten disciplinirte und verwaltete Armee ist.“

Man glaubt nun, der Verfasser werde wohl diese letztere Thatsache mit dem Hinweis auf den ausgiebigeren Betrieb der Gymnastik im preußischen Heere erklären und das Verdammungsurtheil an der Spitze des Paragraphen seiner Allgemeinheit entkleiden. Aber nein, er fährt auf S. 173 fort:

„Von Freunden des Soldatenthums werden zuweilen statistische Belege in Form absoluter Zahlen beigebracht, um zu beweisen, daß die Kriegerprofession keine so gesundheitsnachtheilige sei, als allgemein geglaubt wird. So finden wir bei Alexander Layet folgende Tabelle, geltend für Frankreich.“

Sterblichkeit pro Mille.

		Civil		Militär			
Von 17 – 19	Jahren	7,41	. .	3,13	. .	4,28	zu Gunsten des Militärs
„ 20 – 24	„	8,42	. .	5,73	. .	2,49	„ „ „ „
„ 25 – 29	„	9,21	. .	8,01	. .	1,20	„ „ „ „
„ 30 – 34	„	10,23	. .	12,26	. .	2,03	zu Gunsten des Civils
„ 35 – 39	„	11,63	. .	16,35	. .	4,72	„ „ „ „
„ 40 – 44	„	13,35	. .	19,60	. .	6,07	„ „ „ „

„Ueber die wir folgendes denken: Die Civilbevölkerung ohne weiteres enthält alle Gesunden, Halbgesunden, Kränklichen, Kranken, Siechen, Krüppel, Wichte, Schelme, Unholde, mit einem Worte: allerhand gutes und elendes Gethier. Die Militärbevölkerung besteht aus sorgfältig auserlesenen Zweihändern von guter Constitution und größerem Widerstandsvermögen. Wenn der erste Theil jener Tabelle zu Gunsten des Militärs spricht, ist dies nur scheinbar; denn die Zahlen haben nicht absolute, sondern ausschließlich relative Bedeutung und weisen in dieser letzteren gerade auf das Gegentheil von Gesundheitsgemäßheit des Kriegerhandwerks“.

Es fällt ihm also nicht bei, daß diese Tabelle sich auf Frankreich bezieht, ein Land, von dem er weiß, daß sein Heer weit ungünstigere Gesundheitsverhältnisse hat als das preußische, weil ganz andere Einrichtungen. (Für den Leser füge ich bei: Im Jahre 1867 betrug die Erkrankungshäufigkeit pro Kopf und Jahr in Preußen 1,125, in Frankreich 2,120, war also fast doppelt so groß*).) Es fiel ihm auch folgendes nicht ein:

Auch in Frankreich sind mit dem dreißigsten Lebensjahre die meisten Soldaten längst zum Civilstand zurückgekehrt; was nach diesem Alter beim Militär bleibt, sind außer dem

*) Statistischer Sanitätsbericht über die kgl. preußische Armee für 1867 Berlin 1870. S. XV.

Offizierstand jene Berufssoldaten, die durch Ehelosigkeit und ausschweifenden Lebenswandel natürlich wenig Anspruch auf ein hohes Lebensalter sich erwerben, während weitaus die Mehrzahl der durch die soldatische Erziehung gekräftigten Männer innerhalb der Civilbevölkerung stecken, wodurch deren Mortalitätsziffer günstiger werden muß.

Auch folgenden Widerspruch merkt der Verfasser nicht: Während in dem Eingangspassus auf S. 167 von der Tagedieberei und dem faulen Lungern der Soldaten gesprochen ist, redet er S. 170 von der Ueberanstrengung durch Märsche, Exercitien ꝛc.

In diesen Widersprüchen spiegelt sich die Zerfahrenheit der öffentlichen Meinung getreu wider, und es sollen deshalb in Folgendem die wichtigsten Punkte klargelegt werden, von denen die Beurtheilung auszugehen hat. Hiebei sind zwei Dinge gesondert zu behandeln: die Kasernirung und die militärische Dressur.

a) Die Kaserne.

Ein Uebelstand beim Militärwesen ist die Zusammenhäufung großer Menschenmassen auf kleinem Raum in den Kasernen, wodurch die Insassen der Verderbniß der Luft, des Bodens und des Trinkwassers besonders ausgesetzt sind. Es ist dies zwar der gleiche Uebelstand, an welchem auch die Schulen kranken, allein er fällt bei den Kasernen schwerer ins Gewicht, weil der Soldat länger, namentlich die ganze Nacht durch in der Kaserne ist. Das ist nun aber ein Uebelstand, welcher durchaus nicht in der Natur der Sache liegt, sondern gehoben werden kann. Gerade so wie man angefangen hat, an die Stelle von vollgepfropften Schulspelunken große, freie, luftige, gut ventilirte, kurz allen Anforderungen der Gesundheitspflege entsprechende Neubauten zu setzen, so muß man eben daran gehen, auch in den Kasernen die aus einer verständnißlosen Zeit überkommenen Uebelstände zu bekämpfen. Daß diese — namentlich in Kasernen aus älterer Zeit — groß sind, ist begreiflich. So lange die Heere nur durch Conscription aus den unteren Volksklassen sich rekrutirten, ja so lange sie nur geworbene Söldner, also vorzugsweise gesellschaftlicher Auswurf waren, machte man mit denselben wenig Federlesens und stellte die Kasernen in hygienischer Beziehung auf gleiche Stufe mit den Gefängnissen. Heute liegt die Sache anders: Wir überantworten den Kasernen die Blüthe und den Kern der Nation und damit ist es für diese nicht blos Ehrensache, sondern Pflicht der Selbsterhaltung, keine Opfer zu scheuen, um die Kasernen auf den Rang von hygienischen Musteranstalten zu erheben.

Daß in dieser Beziehung auf deutschem Boden Vieles geschehen ist, namentlich relativ zu den gebotenen Mitteln und zu dem zähen Widerstand, welchen die öffentliche Meinung den Ausgaben für Militärzwecke entgegenstellt, unterliegt keinem Zweifel, und namentlich ist der allseitig anerkannte günstige Sanitätszustand der preußischen Armee ein Beweis, daß man dort nicht blos von Seite der Verwaltung, sondern allmählich auch von Seite des Volkes begriff, was noth thue. Ein Blick in den letzten, 1876 ausgegebenen Sanitätsbericht der preußischen Armee gibt uns die angenehme Beruhigung, daß diese Armee, deren Gesundheitszustand schon früher der beste unter allen europäischen Heeren war, auch neuerdings in dieser Richtung gefördert worden ist. Es betrug nämlich in dem Zeitraum von 1846—63 die jährliche Sterblichkeit 9,49 pro Tausend, in dem Zeitraum von 1867 bis incl. 1872, aber mit Hinweglassung des Kriegsjahres vom 1. Juli 1870 bis 1. Juli 1871, nur 6,82 pro Tausend. Das ist ein Verhältniß wie 100 : 71,8, also eine Besserung der Mortalität um 28,2 %! Ein Resultat, auf das die deutsche

Armee stolz sein darf. Allein es gilt nicht nur auf dem eingeschlagenen Wege fortzufahren und die sanitären Verhältnisse der Kasernen immer günstiger zu gestalten, sondern es scheint mir auch der Ueberlegung werth, ob nicht im Prinzip Verbesserungen zu schaffen wären, und hierüber möchte ich einige Worte sagen.

Es mag manche pekuniäre und administrative Vortheile haben, möglichst viele Leute zusammenzudrängen und durch gemeinschaftliche Einrichtungen zu verknüpfen, allein dem stehen auch viele sanitäre und moralische Nachtheile gegenüber, die meiner Ansicht nach viel schwerer wiegen. Wir haben bei den Krankenhäusern die Erfahrung gemacht, daß die Verhältnisse sich um so günstiger gestalten, je weniger man die Leute zusammenhäuft; wir wissen, daß eine Dissemination der Kranken in zahlreiche kleinere Krankenhäuser günstiger ist als die Cumulirung in großen Krankenkasernen. Was für den Kranken gilt, gilt auch für den Gesunden; Beweis dafür ist, daß in den Ländern, wo die Civilbevölkerung in Miethkasernen zusammengepfercht ist, die sanitären und moralischen Verhältnisse viel ungünstiger liegen als da, wo das Familienhaussystem herrscht (England, Holland rc.), worüber im folgenden Kapitel einiges gesagt werden soll. Vorläufig will ich nur anführen: In London, dieser Riesenstadt, wo sich alle möglichen gesundheitsschädlichen Umstände in einer Weise häufen wie in keiner andern europäischen Großstadt, sterben jährlich doch nur 24 vom Tausend, in dem im allgemeinen viel gesünder gelegenen und beschaffenen Paris 28, in dem viel kleineren, weit und luftig gebauten Berlin 25, in Petersburg 41 und endlich in Wien 47 vom Tausend. Ich möchte diesen großen Unterschied zumeist darin finden, daß in London auf ein Haus nur 8 Köpfe, in Berlin 32, in Paris 35, in Petersburg 52 und in Wien 55 Köpfe kommen.

Zur Minderung dieser nachtheiligen Zusammenhäufung lassen sich natürlich verschiedene Wege einschlagen: einerseits die Vermehrung der Garnisonsorte, andrerseits die Ersetzung der Regiments- und Bataillonskasernen durch Compagniehäuser — da ja ohnedies die Compagnie die ökonomische Einheit erster Ordnung ist; endlich aber die Ersetzung der Kasernen durch Barackenquartiere mit noch weiterer Parzellirung in Korporalschaftsbaracken. Bezüglich der Baracken erinnere ich wieder daran, daß sich die Barackenspitale gegenüber den soliden, massiven Lazarethen ganz entschieden bewährt haben. Erinnern wir uns doch auch daran, daß die Zigeuner die gesündesten Menschen sind. Der Hauptnachtheil, der aus der Zusammenhäufung vieler Menschen in geschlossenem Raum entspringt, ist die Luftverderbniß, und die ist um so geringer, je größer die Porenventilation durch die Mauerwände ist. In einem geschlossenen Raume, der rundum an die freie Luft stößt, ist diese Ventilation 5mal so groß als in einem Zimmer, das nur Eine Außenwand hat.

Es ist eine bekannte Thatsache, daß epidemische Krankheiten oft mit großer Hartnäckigkeit in bestimmten Zimmern eines Hauses, ja sogar in bestimmten Ecken eines Zimmers auftreten, und ich kann zu letzterem ein Beispiel aus meinem eigenen Hause aufführen.

Dasselbe wurde in diesem Frühjahr fertig und von meiner Familie am 15. April bezogen. Um das Haus trocken zu machen, wurde vor dem Beziehen desselben durch mehrere Monate fortwährend geheizt und zwar mit einer durch alle Stockwerke gehenden, eine lebhafte Ventilation erzeugenden Centralluftheizung. Dabei zeigte sich eine Ecke im Schlafzimmer meiner Knaben da, wo das Haus an das benachbarte stieß, ganz besonders hartnäckig; das Zimmer konnte erst 4 Wochen nach den andern Zimmern des Stockwerks gemalt werden, weil diese Ecke absolut nicht trocknen wollte. In diese Ecke kam später das Bett meines ältesten Sohnes zu stehen, der gewöhnt war Sommer und Winter neben dem geöffneten Fenster zu schlafen. Trotzdem daß nun nur 1,2 Meter davon das Fenster offen war, klagte er nach der ersten Nacht „er könne nicht athmen“ und nach einigen Tagen erkrankte er richtig an einem hartnäckigen mit Gelbsucht sich verbindenden Gastroduodenalkatarrh. Als ich dann durch eine bauliche Veränderung die Ventilation dieser Zimmerecke erzwang, wurde der Knabe gesund und ist es seither geblieben.

Solche insalubre Zimmer und Zimmerecken sind die Hauptkrankheitsherde der Kasernen und die fallen beim Barackensystem vollständig weg, weil alle Wände an die freie Atmosphäre stoßen.

Ich erinnere weiter an die notorische Thatsache, daß der Krankenstand der Armee zu keiner Zeit geringer ist als während der Manöver. Um dem Laien diese dem Militär wohlbekannte Thatsache ziffermäßig vorzuführen, greife ich aus dem oben erwähnten Sanitätsbericht folgendes über die monatliche Krankenbewegung in der deutschen resp. preußischen Armee heraus.

Tabelle des monatlichen Krankenzuganges in der preußischen Armee.

Jahr	Januar	Febr.	März	April	Mai	Juni
1867						
1868	48661	41312	40956	32960	31675	31881
1869	40388	36666	34661	35802	32045	31060
1872	40784	37328	31113	30767	28521	29594
1868, 1869 und 1872 zusammen	129833	115306	106730	99529	92241	92544
prozentisch	12,1	10,8	10,0	9,3	8,6	8,7

Jahr	Juli	August	Septbr.	Oktober	Novbr.	Dezbr.
1867		15483	15240			
1868	34123	29628	19124	19180	23966	21026
1869	30703	25738	17882	17575	21998	24576
1872	31923	29340	19104	17405	21944	25993
1868, 1869 und 1872 zusammen	96749	84706	56110	54160	67908	71595
prozentisch	9,0	7,9	5,2	5,0	6,3	6,7

Zur Erläuterung diene folgendes: Der September ist der Manövermonat, in welchem sich die Mannschaft im Freien aufhält, und wir sehen, wie in den drei Jahrgängen 1868, 67 und 72 der Krankenzugang gegenüber dem vorhergehenden Monat August sofort herunterschnellt: im Jahre 1868 und 72 von 29 auf 19 Tausend, im Jahre 1869 von 25 auf 17 Tausend, in der Summe aller drei Jahre von 84 auf 56 Tausend, das heißt genau um ein Drittel. Das belehrendste und jede andere Deutung dieser Zifferndifferenz abwehrende ist, daß im Jahre 1867 siehe oben, in welchem des vorangegangenen Kriegsjahres wegen die Manöver ausfielen, die Krankenziffern dieser beiden Monate gleich sind. Wenn der Monat Oktober in Bezug auf den Krankenzugang dem Manövermonat gleich kommt, so liegt der Hauptgrund darin, daß im Oktober durch den Austritt des ältesten Jahrganges der Mannschaftstand beträchtlich niedriger wird und der zurückbleibende Rest noch von der durch die Manöver erzeugten Kräftigung zehrt.

Da diese Zunahme des Gesundheitsstandes durch das Verlassen der Kasernen und den andauernden Aufenthalt in der freien Luft nicht blos für die militärische Frage interessant ist, sondern auch den Werth der Luftveränderung, der Erholungsreisen und der freien Luft gegenüber der Wohnungsluft illustrirt, so lohnt es sich, einen Blick auf die Krankenregister des Militärs zu thun, um zu sehen, welche Krankheitsgruppen durch diesen Aufenthalts- und Thätigkeitswechsel gemindert werden.

Hier ist nun die Thatsache schlagend, daß dies gerade die Erkältungskrankheiten sind. Wenn man bedenkt, daß die Truppen während der Manöver oft gezwungen sind, im schlechtesten Wetter zu biwakiren und der von dem Volksaberglauben so sehr gefürchteten Nachtluft sich auszusetzen, so liegt darin ein neuer Beweis für meine früher gegebene Darlegung der Erkältung, daß es sich bei ihr weit mehr um eine schlechte Körperbeschaffenheit, als um eine äußere Schädlichkeit handle. Als ziffermäßigen Beleg gebe ich aus den betreffenden Sanitätsberichten folgendes:

Während die Erkältungsfieber in dem manöverlosen Jahre 1867 im August und September gleich zahlreich sind (546 und 542), gehen sie im Jahre 1868 von 871 im August auf 628 im September, im Jahrgang 1869 von 651 im August auf 503 im September, im Jahre 1872 von 691 im August auf 358 im September, in Summa von 2213 auf 1489, also um ein Drittel zurück.

Bei den Katarrhen der Luftwege, die ja ebenfalls der Hauptsache nach zu den Erkältungskrankheiten gerechnet, aber auch durch Luftverunreinigung erzeugt werden, sehen wir in dem manöverlosen Jahre 1867 für die beiden Monate die Ziffern 1101 und 1005, in den Manöverjahren dagegen: **1868** 1854—839; **1869** 1496—845; **1872** 1864—903; in Summa 4414—2587, ein Verhältniß etwa wie 11 : 6,3 also einen Rückgang auf fast die Hälfte.

Bei dem hitzigen Gliederweh (akutem Rheumatismus) stellt sich die Sache so: **1867** (kein Manöver) 852 bis 802; **1868** 1063—594; **1869** 1107—649; **1872** 1158 bis 710; in Summa 3328—1953, also ein Verhältniß wie 11 : 6,2.

Die einfachen Diarrhöen, die wir ebenfalls der Mehrzahl nach als Erkältungskrankheiten zu betrachten haben, nehmen im manöverlosen Jahre 1867 sogar vom August mit 911, im September mit 1274, also im Verhältniß wie 3 : 4 zu, was ganz damit harmonirt, daß der September mit seinen kühlen Nächten und heißen Tagen leichter Erkältungen setzt als der warme August. Dagegen zeigen die Manöverjahre, trotzdem daß der während der Manöver sicher reichlicher erfolgende Genuß von Obst der Entstehung von Diarrhöen in diesem Monat entschieden günstiger ist, das Gegentheil: **1868** 2922—967; **1869** 1743—875; **1872** 2788—1654; in Summa 7453—3496, also ein Rückgang von weit über die Hälfte.

Ziemlich in dieselbe Kategorie gehört die katarrhalische Gelbsucht: die Gesammtziffern der drei Manöverjahre sind August 276, September 143, also Rückgang fast auf die Hälfte.

Die Kräftigung des Verdauungsapparates durch die mit den Manövern gesetzte Luftveränderung und Abhärtung spricht sich nicht nur in den obigen Ziffern der Diarrhöen aus, sondern auch noch in den Ziffern des fieberlosen Magenkatarrhes. Im manöverlosen Jahre 1867 sind die Ziffern 1189 und 1103, dagegen: **1868** 2704—1488; **1869** 2150—1120; **1872** 2535—1324; Summa 7389—3932, ein Verhältniß etwa wie 41 : 21. Weiter belege ich das noch mit den Ziffern für die akuten Magen- und Darmkrankheiten: Im manöverlosen Jahre **1867** 146—176, also eine Zunahme von etwa 4 : 5; in den Manöverjahren dagegen: **1868** 503—206; **1869** 306—174; **1872** 445 bis 231, Summa 1254—611, mithin Rückgang auf unter die Hälfte. Endlich füge ich die gastrisch-biliösen Fieber hier an: 1867 (kein Manöver) 383—394, dagegen **1868**

730—557; **1869** 478—390; **1872** 653—485; Summa 1861—1432, ein Rückgang im Verhältniß von 9 : 7.

Interessant sind weiter die Ziffern des Wechselfiebers, bei dessen Entstehung man die Nachtluft sich besonders betheilt denken darf. Hier figurirt das manöverlose Jahr 1867 mit den Ziffern 346 und 246; das Manöverjahr 1868 mit 908 und 1005, also gegenüber dem Rückgang von 1867 eine beträchtliche Zunahme; allein dagegen stehen das Jahr 1869 mit 1500 gegen 721 und das Jahr 1872 mit 1169 gegen 636, also beide Jahre zusammen mit 2769 gegen 1357, d. h. mit einem Rückgang auf unter die Hälfte, so daß vielleicht nur eine nicht zweckmäßige Wahl der Manövrirterrains im Jahre 1868 ein scheinbar ungünstiges Resultat ergeben hat.

Noch lohnt es sich, einen Blick auf diejenigen Krankheiten zu werfen, welche in den Sterblichkeitstabellen mit den höchsten Ziffern figuriren.

1. Typhus. Bei dieser Krankheit liegt die Sache natürlich so: Wenn in einer Kaserne eine Typhusepidemie ausbricht, so werden wenigstens seit den Jahren, um die es sich hier handelt, umfassende Maßregeln getroffen, um den Ansteckungsherd zu zerstören; bei der Civilbevölkerung geschieht dies im allgemeinen nicht, und deshalb sind dort überall Ansteckungsherde. Bei den Manövern steigert sich deshalb durch die vermehrte Berührung des Militärs mit der Civilbevölkerung die Ansteckungsgefahr. Dies kann bei dem einen Armeekorps zu einer Steigerung der Typhuserkrankung während des Manövermonates führen, während bei einem andern Armeekorps, das ungesunde Kasernen und ein ziemlich seuchenfreies Manöverterrain hat, das umgekehrte eintritt. Dies zeigt uns nun auch die Krankentabelle der einzelnen Armeekorps; z. B. im Jahre 1868 sanken die Typhuserkrankungen durch die Manöver bei dem Gardekorps von 102 auf 53, beim 8ten Armeekorps von 74 auf 20, beim 9ten

von 35 auf 19, während sie beim 1. Armeekorps von 18 auf 37, beim 2ten von 40 auf 58, beim 4ten von 28 auf 55 stiegen und bei den übrigen Armeekorps wenig und zwar bald auf bald ab sich änderten. Das gleiche zeigen auch die Jahre 1869 und 72. Faßt man die Gesammtziffern ins Auge, so ergibt sich deshalb wenig Unterschied. In den Manöverjahren finden wir die Ziffern: **1868** 433—467; **1869** 219—213; **1872** 261—332, in Summa 913—1012, also fast genau dasselbe Verhältniß (9 : 10) wie in dem manöverlosen Jahre 1867, wo die Ziffern 171 und 195 stehen. Aber in so fern ist dies Ergebniß doch beachtenswerth, als es die Anschauung gründlich widerlegt, daß die mit den Manövern verbundenen Strapazen die Widerstandsfähigkeit gegen die genannte Seuche vermindern.

2. Lungenentzündung. Bei dieser Krankheit fällt auf, daß sie nicht wie die obigen leichten Erkältungskrankheiten alle durch die Manöver gemindert, sondern entschieden etwas gesteigert wird, wie folgende Ziffern lehren: **1867** (ohne Manöver) 98—76; **1868** 141—167; **1869** 174—236; **1872** 121—97; Summa der drei Manöverjahre 436—490 (wie 6,2 : 7). Bei der ganz verwandten Rippenfellentzündung, die man wohl als reine Erkältungskrankheit ansehen darf, zeigt sich sogar ein fast völliges Gleichbleiben: **1868** 57—54; **1869** 68—61; **1872** 72—65; Summa der drei Manöverjahre 197—180 (wie 6,6 : 6) gegen das Jahr 1867 mit 42—37 (wie 7 : 6,1). Vielleicht dürfen wir die Sache so anansehen: Im August ist zwar die Erkältungsfähigkeit der Mannschaften größer als im September, aber die Gefahr sich stark zu erstärken ist im August wegen der größeren Wärme und des Schlafens im Schutz der Kaserne geringer als in den schon herbstlich kalten Septembernächten im Freien, und so dürfen wir immerhin die Thatsache, daß die Zahl

der Brustentzündungen während der Manövermonate trotz der entschieden gesteigerten Gefahr nur sehr unbedeutend zunimmt, als Beweis dafür ansehen, daß die Widerstandsfähigkeit der Mannschaft durch die Manöver gesteigert wird. Zu dieser Erklärung ist jedoch anzumerken, daß man neuerdings die Lungenentzündung im Verdacht hat, eine Infektionskrankheit zu sein.

3. Lungenschwindsucht. Auch die Ziffern dieser Krankheit sprechen entschieden für den günstigen Einfluß der Manöver. Die Ziffern sind: **1868** 81—59; **1869** 65—43; **1872** 60—55; Summa der drei Manöverjahre 206—157, also ein Verhältniß wie 4 : 3 gegen das manöverlose Jahr 1867 mit 44—69, also einem Verhältniß von 2 : 3, was einer Herabminderung des Erkrankungsverhältnisses auf die Hälfte entspricht! Ein sicher überraschendes Resultat gegenüber der weitverbreiteten Ansicht von der Gefährlichkeit der Witterungswechsel bei dieser Krankheit, aber ganz in Uebereinstimmung mit der in Kapitel 28 entwickelten Ansicht der Lungentuberkulose als einer exquisiten Stubensitzerkrankheit. Dann muß bei der Schwindsucht noch hervorgehoben werden, daß der vom Reinigen der Montur entstehende Staub in den vielzimmerigen Kasernen sich viel zäher hält als in den Manöverquartieren.

4. Die Ruhr. Für diese Krankheit, die im Sterberegister den 5ten Rang einnimmt und ihrer Natur nach neben dem Typhus steht, gilt natürlich bezüglich der Ansteckungsgefahr dasselbe, was von dem Typhus gesagt wurde. Ja die Tabellen zeigen, daß bei dieser Krankheit die Ansteckungsverhältnisse fast ganz allein maßgebend sind und die mit den Manövern gesetzte Veränderung des Körperregimes fast ganz ohne Einfluß ist. Bei der Wichtigkeit der Krankheit sei dies mit den betreffenden Ziffern belegt. In der Totalsumme des manöverlosen Jahres 1867 finden wir den kolos-

salen Unterschied von 24 Erkrankungen im August gegen 237 gegen den September. Bei der Durchsicht der Tabellen der 12 einzelnen Armeekorps ergibt sich, daß fast alle Erkrankungen auf das 7te mit 13 und 193 und auf das 8te Armeekorps mit 1—25 fallen, während 8 Armeekorps fast ganz ruhrfrei waren. Im Manöverjahr 1868 blieben nur 3 Armeekorps fast ganz ruhrfrei, aber nur in 3 Armeekorps (dem Gardekorps mit 31—21, dem 7ten Armeekorps mit 18—10 und im 10ten mit 39—70) kommen mäßige Epidemien vor, bei denen einmal der Manövermonat, zweimal der Kasernenmonat bedeutend überwiegt. Im Manöverjahr 1869 bleiben 3 Armeekorps völlig ruhrfrei, 3 fast ganz; nur im 1. Armeekorps mit den Ziffern 3—14 und im 10ten Armeekorps mit 20—8 finden wir kleine Epidemien, bei denen derselbe Gegensatz herrscht: das eine Mal überwiegt die Ziffer des Manövermonats bedeutend, das andere Mal die des Kasernenmonats. Im Manöverjahr 1872 sind stärker befallen das Gardekorps mit 36—18, das 3te Armeekorps mit 22—42, das 7te mit 25—66, das 8te mit 132—113, das 10te mit 146—141, die hessische Division mit 89—10, die würtembergische Division mit 36—92, also wieder mit durchaus keinem Anzeichen dafür, daß das Manöverregime irgend einen Einfluß nimmt: bald fast völlige Gleichheit der Ziffern, bald Ueberwiegen des Manövermonats, bald Ueberwiegen des Kasernenmonats. Wenn also überhaupt hier aus den Ziffern etwas für unsere Frage sich ergibt, so ist es, daß im manöverlosen Jahr 1867 die Epidemie des 7ten Armeekorps durch Verbleiben in der Kaserne die höchste Ziffer aller beobachteten Epidemien erreicht, daß es also unstreitig sich empfiehlt, Kasernen, in denen eine Ruhrepidemie ausgebrochen ist, zu verlassen.

Neuerdings ist der Plan gefaßt worden, für die deutsche Armee eine Anzahl größerer ständiger Lager zu bilden, auf welchen die Soldaten in Baracken untergebracht werden. Von diesem Plan ist der eine Theil, die Barackirung, nach dem obigen unbedingt zu empfehlen, allein im Ganzen halte ich denselben doch nicht für richtig.

Wollte man die Armee das ganze Jahr, Sommer und Winter, in diesen Lagern belassen, so wäre das ein Verzicht auf den belebenden und bildenden Verkehr der Soldaten mit der Civilbevölkerung, ein Verzicht, der sich namentlich in schlimmster Weise beim Offizierkorps geltend machen würde. Bei diesem ist ohnedies mehr als bei einem andern Beruf Hang und Gelegenheit vorhanden, sich abzusondern, und Absonderung ist für jeden Stand nachtheilig.

Wäre aber der Plan so zu fassen, daß der Aufenthalt im Lager nur einige Sommermonate dauern soll, so wäre das zwar an und für sich eine ganz zweckmäßige hygienische Maßregel; allein für wichtiger halte ich die gänzliche Ersetzung der Kasernen durch Baracken deshalb, weil die Nachtheile der vielzimmerigen Kasernen gerade in der kalten Jahreszeit am intensivsten zu Tage treten. Kurz, das wichtigste ist die Aenderung des Winterquartiers, nicht die des Sommerquartiers. Es wäre meiner Ansicht nach nicht blos eine halbe, sondern eine Viertelsmaßregel, Baracken zu bauen, die den größten Theil des Jahres leer stehen, während die Mannschaften in den ungesunden Kasernen bleiben. Will man das Geld, daß die Baracken kosten, mit vollem Nutzen ausgeben, so müssen die Baracken so situirt werden, daß die Kasernen dadurch überflüssig werden. Das hätte dann auch den Vortheil geringerer Kostspieligkeit, da die Kasernen zu andern Zwecken verwendet und zum Theil verkauft werden könnten.

b) Die militärische Erziehung.

Den wichtigsten Punkt bei der Beurtheilung des Militärwesens bilden die Veränderungen, welche die militärische

Schulung bei den Soldaten erzeugt. Wird die Qualität des Menschen in Bezug auf Arbeitskraft und Widerstandsfähigkeit des Körpers durch sie verschlechtert, so ist das Militärwesen allerdings ein Krebsschaden unserer Kulturstaaten; wird sie dagegen erheblich verbessert, so ist es eine segensreiche Einrichtung, welcher bei der großen Ausdehnung auf die Bevölkerung keine andere an die Seite gestellt werden kann.

Rufen wir uns in das Gedächtniß zurück, was über den Einfluß der Berufsarbeit in Kapitel 28 gesagt worden ist, und andererseits das, was wir in Kapitel 26 über die Abhärtung und in Kapitel 29 über das Turnen erfuhren, so legt sich schon dadurch der Schluß nahe, daß die militärische Erziehung von vortheilhaftem Einfluß auf die menschliche Arbeitskraft sein muß und zwar aus folgenden Gründen.

Die militärische Erziehung ist zu einem sehr erheblichen Theil gleichbedeutend mit Gymnastik, und zwar entspricht die militärische Gymnastik den meisten Anforderungen, die wir in Kapitel 28 für die Gymnastik aufstellten.

In erster Linie ist sie Befehls- und Beschleunigungsgymnastik und äußert deshalb einen günstigen Einfluß auf das Nervensystem in Bezug auf Erregbarkeit und Leitungsgeschwindigkeit. Sie erhöht die Sinnesschärfe, die Entschlossenheit, Raschheit und Gewandtheit der Körperbewegungen, erhöht das Temperament und verhilft dem Nervensystem zu einer möglichsten Beherrschung des Gesammtkörpers, ja sie hat in dem Stück vor dem Schulturnen einiges voraus, worüber ein paar Worte am Platze sein dürften, da man gerade in dieser Richtung mißfällige Urtheile hört.

Es werden nämlich eine Menge von Vorschriften und Gepflogenheiten beim Militär als unnöthige, ja geradezu lächerliche Pedanterien und Quälereien bezeichnet, während sie meiner Ansicht nach nothwendige Bestandtheile der Nervengymnastik sind. Das Wesen jeder Gymnastik ist Uebung des betreffenden Theils durch fortgesetzte angestrengte, nur durch das zur Erholung absolut nöthige Maß von Ruhe unterbrochene Thätigkeit. Bei der Nervengymnastik ist nun der Centralpunkt, auf dessen Ausbildung es ankommt, das Centrum des ganzen nervösen Mechanismus, und das ist das Bewußtseinscentrum. Es genügt durchaus nicht, daß von dem Soldaten während der Uebungen gespannte Aufmerksamkeit und pünktlichste Ausführung aller Uebungsbefehle verlangt wird. Vielmehr sind Vorkehrungen zu treffen, daß er auch dann, wenn er sich selbst überlassen ist, niemals in Geistesabwesenheit zurückversinken darf, sondern seine Aufmerksamkeit unablässig in Spannung zu erhalten gezwungen ist. Denken wir uns z. B. den Dienst des Schildwachstehens im Frieden: nur dadurch, daß der Soldat angewiesen ist, vor allen Militärpersonen die ihnen gebührenden Ehrenbezeugungen abzugeben, daß man von ihm verlangt, sich ganz genau nur so und so viel Schritt von einem Posten seitwärts zu bewegen und was dergleichen vielleicht sachlich ganz gleichgültige Anweisungen sind, wird er gezwungen, den Blickpunkt seiner Aufmerksamkeit in steter Bewegung zu erhalten, ihn von Punkt zu Punkt laufen zu lassen, sich der Bewegung seiner Glieder, der Haltung seines Körpers, der Objekte, die in seinem Sehfeld auftauchen, der Geräusche, die an sein Ohr schlagen, stets bewußt zu bleiben.

Es ist ganz richtig, daß es für das Sachliche des Schildwachstehens vielleicht völlig gleichgültig ist, wie viel Abstand der Mann von seinem Posten nehmen kann, ob er eine jenseits der Straße passirende Militärperson übersieht und nicht salutirt; aber von der größten Wichtigkeit ist es nicht blos für ihn als Soldaten im Ernstfall des Krieges, sondern auch später bei der Berufsarbeit, daß er nie in gedankenloses

Nichtsthun oder gedankenloses, mechanisches Arbeiten versinkt, sondern daß er bei allem Thun sich stets alles und jedes präsent hält, auf was es bei der Arbeit irgendwie ankommen kann. Hievon hängt nicht blos die Qualität und Quantität der Arbeit ab, sondern das ganze Thun und Lassen eines Menschen überhaupt: strikteste Ordnung, Pünktlichkeit, Reinlichkeit, sorgfältige Beachtung aller Umstände, promptes, entschlossenes Handeln, klares Erfassen der Situation sind um so sicherer die Früchte einer Nervengymnastik, je chikanöser — um mich dieses Ausdrucks zu bedienen — sie ist.

Allerdings eines ist richtig; wenn der militärische Erzieher sein einziges Augenmerk auf die kleinlichen Nebenumstände richtet, nicht stets auch das ganze Verhalten des Mannes im Auge hat, wenn er zu böswilliger Chikane greift, d. h. das zur Strafe macht, was nur Erziehungsmittel sein soll, wenn er den Dienst zum inhaltslosen Formalismus herabdrückt, statt den Soldaten als ein Gefäß zu betrachten, das er mit Muth, Kraft, Selbstvertrauen, Ehr- und Pflichtgefühl, Diensteifer, Opferwilligkeit, Gemeingeist, Vaterlandsliebe, kurz mit allen Tugenden zu füllen hat, wenn er durch Taktlosigkeit und Rücksichtslosigkeit den Soldaten von sich stößt und nur sklavischen Gehorsam erzwingt, anstatt ihm Anhänglichkeitsgehorsam und Achtung abzuringen, dann ist der Erfolg ein sehr unvollständiger. Aber selbst in diesem schlimmsten Fall hat die Petanderie die eine Wirkung: nerviger, temperamentöser, geistig regsamer, sinnestüchtiger und arbeitsfähiger ist der Mann doch geworden.

Stellen wir hier einen Vergleich mit der Schule an. Mit der Annahme des Prinzips, daß die Aufgabe der Schule die Unterrichtung sei, die Erziehung dagegen den Eltern bleiben solle, hat die Schularbeit vollends den einseitigen Charakter einer Berufsarbeit angenommen, so daß für sie in Bezug auf die sanitäre Wirkung dasselbe gilt, was wir in Kapitel 28 von der Berufsarbeit sagen mußten. Man hat das auch erkannt und als Gegenmittel das Schulturnen eingeführt. Daß damit vieles gebessert wird, unterliegt keinem Zweifel, allein ich stehe nicht an zu behaupten, daß die militärische Erziehung bei irgendwie richtiger Handhabung in Bezug auf allgemeine Arbeitsfähigkeit und Constitutionskraft weit mehr zu erzielen vermag als die Schule sammt ihrem Schulturnen und zwar gerade deshalb, weil sie einen hervorragend erzieherischen Charakter hat.

Die Erziehung verlangt unbedingt die stetige Unterordnung unter einen Erzieher, der das ganze Thun und Lassen des Zöglings regelt und überwacht und über genügende Mittel verfügt, um seinen Anordnungen überall und jederzeit Befolgung zu sichern. Diese Erziehung muß natürlich eine einheitliche, in einer Person gipfelnde sein. Diese Bedingungen fehlen in der Schule völlig: Hier sind 3—4 fast völlig von einander unabhängige Erzieher: der Schullehrer, der Turnmeister, die Eltern und allenfalls der Polizeidiener, deren Erziehungsgrundsätze sicher in den wenigsten Fällen harmoniren. Somit kann von einer einheitlichen Erziehung lediglich keine Rede sein und damit überhaupt von keiner Erziehung, es sei denn, daß es den Eltern gelingt, einen dominirenden Einfluß zu gewinnen. Das wird aber meist nur auf Kosten der gesundheitlichen Entwicklung gehen und zwar darum:

Der Rayon des elterlichen Einflusses ist das Haus und läßt sich nur schwer weiter ausdehnen. Damit ist eine Verbannung des Zöglings in das Haus und damit eine ungenügende Bewegung in freier Luft nahe gelegt, ja überhaupt ein ungenügendes Bewegungsmaß, weil das Haus naturgemäß kein Tummelplatz ist. Dieser Fall ist um so nachtheiliger, weil die Schule in gleichem Maße bewegungseinschränkend und einsperrend wirkt und dem sich nun auch der dritte im Bunde, der Polizeidiener, gesellt: auch er tritt dem Tummel der Jugend in freier Luft entgegen und treibt sie in Schule und Haus zurück. Dem Turnmeister endlich gestehen die übrigen, auf ihre Autorität eifersüchtigen Faktoren der Erziehung keinen Einfluß über die Schwelle des Turnplatzes hinaus zu, und die Zeit, während welcher die Jungen ihm unterstellt sind, bildet einen kaum nennenswerthen Bruchtheil der gesammten Thätigkeitszeit.

Die Folge dieser Situation ist, daß die Produkte der Schule nur selten eine ebenmäßige körperliche und geistige Entwicklung zeigen. Speziell charakteristisch ist für sie der Mangel an Nervosität, der sich in dem Mangel an Haltung und Führung auf allen Gebieten zeigt, worüber ich kurz folgendes angeben will.

Eine der sinnfälligsten Charaktere eines ungenügenden Cerebrospinalreizes ist die Haltung des Gesammtkörpers. Es ist falsch, wenn man glaubt, die stramme, aufrechte Haltung sei einfach Folge einer mechanischen Knochen- und Muskeldressur und Gewöhnung; im Gegentheil: sie ist das Produkt der Hirngymnastik. Um dies klar zu machen, erinnere ich an die bekannte Erscheinung, daß ein Mensch sofort aus gebückter, schlaffer Körperhaltung in stramme, aufrechte Stellung übergeht, wenn der Cerebrospinalreiz durch irgend einen Umstand verstärkt wird, sei es durch einen stärkeren Sinnesreiz, z. B. ein auffälliges Geräusch, eine Anregung des Sehorgans, sei es durch ein erhebendes Gefühl oder den belebenden Eindruck, den frische Luft auf den Tastsinn macht 2c. Wie leicht sieht man einem Schüler schon an der Haltung an, ob er aufmerkt! Ein Hauptsymptom der Geistesabwesenheit und Gedankenlosigkeit ist Schlaffheit der Haltung, und wir sagen nicht umsonst „gespannte Aufmerksamkeit“, weil der in der Aufmerksamkeit gelegene Cerebrospinalreiz thatsächlich die Muskeln spannt, auch ohne daß eine Bewegung beabsichtigt wird.

Immer fällt schlappe Körperhaltung und haltlose Bewegung zusammen mit geringer Entwicklung der Sinnesthätigkeit; es mangelt solchen Leuten an Auge und Ohr für das, was um sie her vorgeht. Entweder ziehen sie theilnahmlos ihres Weges, wenn keine lebhaftere Erregung ihr Inneres durchzieht, oder wenn sie erregt sind, verfallen sie in planloses und rücksichtsloses Tollen, bei welchem wieder klar zu Tage tritt, daß sie weder Auge noch Ohr für das haben, was außer ihnen ist. Wir sprechen in solchem Falle von läppischem, kindischem Wesen; genauer gesagt aber ist es die Folge der Stumpfsinnigkeit, welche einer ungenügenden Schulung des Gesammtnervensystems entspringt.

Die mangelhafte Herrschaft der Seele über den Körper spricht sich dann auf allen möglichen anderen Gebieten aus: körperliche Ungeschicklichkeit, linkisches Wesen, Versagen von Rede und Antwort, einerseits Verzagtheit, andererseits unbesonnenes Aufbrausen.

Auf dem intellektuellen Gebiet sehen wir bei solchen Leuten dann dieselbe Haltlosigkeit: sie wissen nicht, was sie wollen, verfallen bald auf das, bald auf jenes und haben auch quantitativ keine Führung: ohne äußeren Zwang bewegen sie sich zwischen Extremen, zwischen absolutem Zeittodtschlagen, unterbrochen durch Anfälle von Arbeitswuth.

Am ungetrübtesten tritt dieses keineswegs günstige Ergebniß unseres Schulwesens auf den Universitäten zu Tage, wo der Wegfall des Schulzwanges den Menschen so zeigt, wie ihn die bloße Erziehung durch die Schule macht; denn eine andere hat der angehende Student noch nicht genossen. Es sind deshalb auch längst dort durch den Zwang des Bedürfnisses in Form der studentischen Verbindungen Einrichtungen entstanden, welche durch die Stellung, die sie den sog.

„Füchsen" anweisen, und durch den gleichfalls den Anstrich des Pedantischen tragenden „Comment" das gut zu machen suchen, was die Schule in der Regel vernachlässigt. Allein es liegt in der Natur der Sache, daß diese Einrichtungen, theils weil post festum kommend, theils weil der Eintritt in sie freiwillig ist, theils weil der Altersunterschied zwischen den Erziehern und den zu Erziehenden zu gering ist, theils aus andern Gründen nicht alle Nachtheile des früheren Zustandes aufzuheben vermögen; namentlich klebt ihnen allen der Makel der Einseitigkeit an und zwar in dem Stück: die sog. Corps pflegen mit ihrem Paukwesen mehr die körperliche Erziehung und die Ausbildung von Willenstugenden und neigen zur Vernachlässigung der intellektuellen Entwicklung, während bei den nichtpaukenden Verbindungen gewöhnlich die Entwicklung des Körpers und des savoir faire zu kurz kommt.

Daß die energische aktive militärische Erziehung weit mehr leistet als die Erziehung durch die studentischen Verbindungen, das zeigt sich in dem Unterschied zwischen den Studenten, die ihr Militärjahr hinter sich haben, und denen, welche der militärischen Erziehung nicht theilhaftig geworden sind, ganz auffallend, er fällt in jedem Stück zu Gunsten der ersteren aus, und auf den süddeutschen Hochschulen hat sich im ganzen Studentenleben eine Wendung zum Bessern eingestellt, seit durch Einführung der allgemeinen Wehrpflicht die militärische Erziehung einen propädeutischen Einfluß auf die Hochschulangehörigen gewonnen hat.

Es soll übrigens mit Vorstehendem nicht gesagt sein, daß damit das studentische Verbindungswesen gegenstandslos geworden sei; ich halte dasselbe auch jetzt noch für eine hochwichtige erzieherische Einrichtung, die nur dadurch gewonnen hat, daß der junge Nachschub in einem „gehobelteren" Zustand in sie eintritt und die Verbindungen so der Mühe enthoben sind, ihn erst ganz aus dem Rohen heraus zu arbeiten.

Auch noch ein anderes Mißverständniß, das sich an das oben Gesagte knüpfen könnte, muß ich vermeiden. So wenig ich den Zustand der Erziehungslosigkeit bei der landläufigen Form des Schulwesens billige, eben so wenig halte ich die Kasernirung der Schuljugend in Instituten, Seminarien, Kadettenhäusern zc., wobei sie dem Contakt mit dem Elternhause fast ganz entzogen ist, für das Richtige, da hiedurch die Entwicklung des Gemüthslebens und damit eine der wichtigsten sozialen Eigenschaften des Menschen verkümmert und der Verbreitung jugendlicher Laster Thür und Thor geöffnet wird. Die Reform unseres Schulwesens hat meiner Ansicht nach dahin zu gehen, daß die erzieherischen Befugnisse und Verpflichtungen des Lehrpersonals erweitert und die Jugend einer einheitlicheren und harmonischeren d. h. weniger einseitigen Leitung unterstellt wird. Der Lehrer soll nicht blos die Arbeit, sondern auch die Erholungsthätigkeit der Jugend leiten und in der Lage sein, auf die ganze Führung und Haltung derselben einen maßgebenden Einfluß zu nehmen. Durch zweckmäßige Organisation der Ortsschulbehörde läßt sich das sicher machen, ohne die Uebelstände eines Autokratenthums herbeizuführen und ohne dem Elternrecht mehr Abbruch zu thun, als nützlich und nöthig ist und im eigensten Interesse der Eltern liegt.

In den Kreisen, in welchen mit dem 14ten Lebensjahr an die Stelle der Schule die Berufsarbeit tritt, ist die Sache in einem Stück besser: die Leitung wird eine einheitlichere und die Befehls- und Geschwindigkeitsgymnastik läßt häufig und namentlich so lange der Lehrjunge als Mädchen für alles benützt wird, wenig zu wünschen übrig; allein mit dem Eintritt in die eigentliche selbständigere Berufsarbeit kommt die Einseitigkeit dieser immer mehr zur Geltung und drückt dem Körper und Geist den Stempel auf, der den Rekruten fast durch die Bank im Vergleich zum fertigen Soldaten als ein wenig gelungenes Ebenbild Gottes erscheinen läßt.

Das Bild eines Rekrutenhaufens ist genau so kaleidoskopartig bunt als die Arbeitstheilung in die verschiedenen Berufsbranchen. Jede Berufsart drückt dem Menschen, der sich ihr noch im wachsenden Alter zugewandt hat, einen eigenartigen Charakter auf und zwar um so sicherer, je früher der Uebergang zum Beruf stattgefunden hat. Ein geübtes Auge erkennt ohne weiteres, welcher Berufsart ein Rekrut angehört.

Den Bauernburschen verräth die gesunde Gesichtsfarbe, der etwas stumpfsinnige, einfältige Gesichtsausdruck, die grobknochige Gestalt, die deshalb besonders hervortritt, weil die Muskelentwicklung in der Regel eine spärliche ist, die eckigen, namentlich wenn es sich um Drehungen handelt, höchst unbehilflichen Bewegungen. Die Zöglinge der Werkstatt kennt man an dem lebhafteren, intelligenteren Blick, der ungesunden Farbe, dem schmächtigeren Gliederbau, der verhockten Haltung, dem flinkeren, im allgemeinen anstelligeren Wesen. Aber wie mannigfaltig wird das Bild im einzelnen! Welche Unterschiede zwischen dem schmächtigen, schlanken aber doch meist ebenmäßig gewachsenen zarthändigen Schneider, dem kurzbeinigen, breitschultrigen, grobhändigen, buckligen Schuster, dem dürren, langarmigen Schreiner, dem kurzhalsigen, hochschultrigen, fast immer einseitigen, knochigen Schlosser, dem Schmied mit seinen vom Schauen ins Feuer veränderten eigenthümlichen Augenausdruck, den nervigen Armen und Fäusten und der meist ebenmäßigen schlanken, nicht ungeschmeidigen Gestalt und Haltung, dem fleischigen, plumpen, rothbackigen Metzger mit seiner in der Regel etwas forschen Haltung, dem gebückten vierschrötigen, wohlgenährten aber bleichen Bäcker mit den durch das Teigkneten athletisch gewordenen Armen u. s. w.

In seiner vollen Einseitigkeit kommt aber der Berufshabitus bei uns gar nicht mehr zur Entwicklung und zwar eben dank der militärischen Erziehung. Wenn man denselben in seiner ganzen Fratzenhaftigkeit sehen will, dann muß man die bildlichen Darstellungen aus dem Volksleben des Mittelalters zu Rathe ziehen, als es noch keine militärische Erziehung der Gesammtbevölkerung, sondern nur einen Soldatenstand gab, dem sich einer auf Lebenszeit widmete. Es sind nicht etwa absichtlich ins Lächerliche gezogene Figuren, die uns die Künstler jener Zeit als Repräsentanten der Zünfte und Gewerbe auf der Leinwand hinterließen, sondern die getreuen Abbilder des Zustandes, in welchen schließlich unausgesetzte, durch Generationen fortgesetzte Berufsarbeit den Menschen versetzt.

Schon ein oberflächlicher Vergleich zwischen einer Abtheilung Rekruten und einer Abtheilung gedienter Soldaten lehrt uns, daß die militärische Erziehung der Einseitigkeit der physischen und psychischen Entwicklung durch die Berufsarbeit energisch entgegentritt: die Bildfläche ist bei den gedienten Soldaten eine viel weniger bunte, und die eingetretenen Veränderungen sind durchaus vortheilhafte. Es herrscht durch die Bank eine gesunde, frische Hautfarbe vor. Von den Gesichtern ist der stumpfe Ausdruck des Bauern ebenso geschwunden wie der krankhaft nervöse Ausdruck im Gesicht gewisser Handwerker. Die bei den Rekruten fast allgemein vorhandene falsche Krümmung der Wirbelsäule, über deren Bedeutung wir schon früher das Nähere erfuhren, hat eben so allgemein der richtigen Platz gemacht. Die Gegensätze in dem Fleischansatz haben sich bedeutend gemindert. Der Bauernbursche und der Handwerker sind muskulöser geworden, und was der Metzger, der Bierbrauer, der Bäcker ꝛc. zu viel hatte, ist geschwunden. Alle mit einander haben an Rührigkeit, Schnelligkeit und Gewandtheit, kurz an allen Faktoren der allgemeinen Arbeitsfähigkeit gewonnen, auch an den mehr moralischen, der Ordnungsliebe, Pünktlichkeit und Willigkeit, weshalb in Preußen, wo die militärische Erziehung schon länger sich im allgemeinen die richtigen Ziele gesteckt hat, ceteris paribus der gediente Soldat überall als Arbeiter dem nichtgedienten vorgezogen wird.

Es wäre im höchsten Grade wünschenswerth, wenn man in größerem Umfang mittelst exakter, ziffermäßige Fixirung zulassender Methoden feststellen würde, welche Veränderungen diejenigen Eigenschaften und Fähigkeiten, welche den ökonomischen Werth eines Menschen bilden, durch die militärische Erziehung erfahren. Nicht nur wäre es von hohem wissenschaftlichen Interesse für die Beurtheilung der Gebrauchswirkung, sondern es würde eine solche auch nach den verschiedensten Richtungen hin werthvoll sein. Für den militärischen Instruktor würden sich die zu erreichenden Ziele qualitativ und quantitativ viel genauer bestimmen lassen und dadurch manche Mißgriffe verhindert werden. Bei der Civilbevölkerung würden ungerechtfertigte Vorurtheile verschwinden, sobald eine klarere Einsicht ermöglicht ist, und endlich könnte die Heilkunde und die Diätetik aus solchen Untersuchungen werthvolle Anhaltspunkte gewinnen; ich habe selbst einige einschlägige Untersuchungen vorgenommen und will darüber im folgenden einige Mittheilungen machen und einige Bemerkungen daran anknüpfen.

Eine der von mir untersuchten Fähigkeiten ist die Athmungsfähigkeit. Ich habe zweimal, das erste Mal vor 3 Jahren, das zweite Mal vor einigen Wochen, eine Compagnie Soldaten spirometrisch untersucht und Rekruten und gediente Mannschaft gegen einander gestellt. Die erste

Messung, die mit einem auf Blutwärme gebrachten Blechspirometer ausgeführt wurde, ergab einen geringen Unterschied zu Gunsten der gedienten Mannschaft, nämlich pro Liter Körperinhalt athmeten die Rekruten 38,11 ccm, die Gedienten 40,56, was einen Fortschritt von 6,4 % bedeutet. Es stellte sich mir jedoch bald auf Grund anderweitiger Erfahrungen über die Steigerbarkeit der Athmungsfähigkeit die Vermuthung ein, die Geringfügigkeit des Unterschiedes rühre davon her, daß die Rekruten zur Zeit der Messung (Weihnachten) bereits einige Wochen in Dressur waren, also schon an Athmungsfähigkeit gewonnen hatten. Diese Vermuthung ist durch die diesjährige Messung, die mir durch die Beihilfe des Herrn Secondelieutenants Wundt diesmal rechtzeitig ermöglicht wurde, bestätigt. Eine absolute Vergleichung mit den Ziffern der ersten Messung ist nicht möglich, da ein Kautschukspirometer ohne Anwendung vom Warmwasser benützt und zur Bestimmung des Volums statt des einzigen Brustumfanges 5 Umfänge genommen wurden.

Bei 35 Rekruten betrug die Athmungsfähigkeit pro Liter Körpervolum 47,7 ccm, bei 30 Gedienten im Mittel 57,5 ccm, also ein Mehr von 19,6 %. Nach der Körperhöhe allein berechnet kommen bei den Rekruten auf den Centimeter 20,5, bei den Gedienten 23,15 ccm, also ein Fortschritt von 15 %. Das darf als eine ganz erhebliche Steigerung der Leistungsfähigkeit eines der lebenswichtigsten Organe des Körpers angesehen werden, und wir werden später sehen, daß sich das auch aus der Sterblichkeitsstatistik ergibt.

Es ist weiter für die Beurtheilung wichtig, daß das keine Egalisirungserscheinung ist, d. h. blos dadurch herbeigeführt, daß nur die Brustschwachen sich gebessert, die mit kräftiger Brust nichts gewonnen haben. Unter den Rekruten hatten 6 Mann eine Athmungsfähigkeit von weniger als 3000 ccm (absolut), unter den Gedienten nur ein einziger.

Umgekehrt hatten bei den Rekruten nur 2 Mann 4000 und darüber und zwar mit im Mittel 4125, während bei den Gedienten 13 Mann mit 4238 im Mittel die Ziffer 4000 erreichten oder überschritten.

Eine weitere Messung bezieht sich auf das spezifische Gewicht, dessen Bedeutung für die Arbeitsfähigkeit und Widerstandsfähigkeit des Körpers wir an verschiedenen Stellen unserer bisherigen Erläuterungen zu würdigen in der Lage waren.

Bei meiner ersten Messung, wobei für die Bestimmung des Körpervolums außer der Höhe nur noch ein einziger als Kreis gedachter Umfang (der Brustumfang) benützt wurde, also das Volum absolut bedeutend zu groß ausfiel, kamen bei den Rekruten auf das Liter Körpervolum 643 g Gewicht, bei den gedienten Soldaten 672, also eine spezifische Gewichtszunahme von 4,5 %, oder bei gleichem Volum eine Gewichtszunahme von 3 Kilo pro Mann.

Bei der zweiten Messung wurde als Grundlage der Volumberechnung das Mittel aus dem Kopf-, Schulter-, Brust-, Hüften-, Knie- und Wadenumfang genommen: Bei den Rekruten kamen auf das Liter Körpervolum 852,5 g, bei der gedienten Mannschaft 934,7 g, was einer Zunahme des spezifischen Gewichts um 9,9 %! entspricht, oder bei einem mittleren Volum von 69,2 Liter eine absolute Gewichtszunahme von 5688 g! Das Volumen geht nämlich pro Mann von 70,7 bei den Rekruten auf 67,3 bei den Gedienten zurück, und das Gewicht steigt von 60,78 Kilo auf 62,95 beim Gedienten.

Nicht uninteressant ist der Unterschied in den verschiedenen Umfangsmaßen:

Umfänge	Rekruten	Gediente	Differenz
Kopf	55,54	53,86	— 1,68
Schultern . . .	103,31	102,75	— 0,56
Brust	86,87	87,10	+ 0,23
Hüfte	78,40	71,77	— 6,63
Kniee	57,37	56,51	— 0,86
Waden	58,44	56,17	— 2,27

Ueber diese Ziffern ist folgendes zu sagen:

Die Abnahme von Kopf- und Knieumfang weist auf eine Abnahme des Unterhautfettes hin, da bei diesen Körpertheilen nur Haut und Knochen das Messungsergebniß bestimmen. Der bedeutende Unterschied im Kopfumfang kann allerdings möglicherweise zum Theil durch angeborene Unterschiede in den Schädelumfängen bedingt sein, allein der Umstand, daß die beiden Kategorien dem gleichen Rekrutirungsbezirk entstammen und es der Durchschnitt aus 35 resp. 30 Mann ist, sowie daß am Knie dieselbe Erscheinung eintritt, läßt keinen Widerspruch gegen die Auffassung der Veränderung als einer Gebrauchswirkung zu, und zwar als einer günstigen, denn das Unterhautfett bildet ein beträchtliches Kreislaufhinderniß, wie wir früher zu sehen Gelegenheit hatten.

Charakteristisch ist weiter die bedeutende Reducirung von Wade und Hüfte, d. h. Bauch. Hier handelt es sich nicht blos um die Abnahme des Unterhautfettes — dazu ist die Differenz zu groß, sondern auch um Abnahme des Zwischenmuskelfettes und Gekrösfettes und Verdichtung der Muskelsubstanz durch Entwässerung.

Eine ganz besondere Bedeutung gewinnt die Abnahme des Bauchumfanges durch den Schwund des Gekrösfettes, weil letzteres den störendsten Einfluß auf Kreislauf- und Athmungsmechanik ausübt. Jeder weiß, daß dickbäuchige Leute kurzathmig sind und Lungenkrankheiten sehr rasch erliegen, und die Geschwindigkeit, mit welcher sie sich erhitzen und Kopfcongestionen sowie Krampfaderleiden bekommen, illustrirt die Hemmung, welche die Blutbewegung erfährt. Auch die Mechanik der Verdauungswerkzeuge leidet durch Ueberschuß von Gekrösfett und erhöhten Druck in der Eingeweidehöhle bedeutend.

Weiter charakteristisch und in Uebereinstimmung mit den spirometrischen Ergebnissen ist, daß der mittlere Brustumfang der einzige Umfang ist, welcher, wenn auch nur um eine Kleinigkeit, zunimmt, während alle andern Umfänge abnehmen; diese Zunahme erscheint um so beträchtlicher, wenn wir in Rechnung nehmen, daß die Abnahme des Unterhaut- und Zwischenmuskelfettes natürlich die Brust ebenso treffen muß wie den übrigen Körper; es deutet also dieses Messungsergebniß theils auf eine Verstärkung der Brustmuskeln, theils auf eine Querschnitterweiterung der Brusthöhle.

Eine weitere Bestätigung für die erhebliche Steigerung der Athmungsfähigkeit bilden die Unterschiede der Brustumfänge zwischen tiefster Ausathmung und höchster Einathmung. Bei den Rekruten ist die Umfangsdifferenz 5,02, bei den Gedienten 5,83. Das ist eine Zunahme der Beweglichkeit des Brustkorbes um 16%.

Eine vergleichende Messung der Muskelkräfte mittelst eines Stahlfederdynamometers ergab folgendes.

Die Druckkraft der beiden Fäuste war bei den Rekruten 67,08, bei den Gedienten 75,97; somit fand eine Zunahme um 13,3% statt. Die Kraft der vorderen Brustmuskeln, mit der die beiden Fäuste gegeneinandergedrückt werden können, betrug bei den Rekruten 46,34, bei den Gedienten 51,20, also ein Mehr von 10,5%. Die Kraft der Rücken- bez. Lendenmuskeln ergab eine auf den ersten Blick auffällige Abnahme: bei den Rekruten betrug sie 140,9, bei den Gedienten 133,9, also ein Minus von 5,2 %! Dieser Rückgang ist wohl so zu verstehen:

Bei der vorgebückten Haltung, welche ein allgemeines Kennzeichen des Berufsarbeiters ist, ist den Rückenmuskeln fortwährend die Arbeit zugewiesen, den Oberkörper zu halten, damit er nicht vorn übersinkt. Bei der aufrechten militärischen Haltung mit der stärkeren Einziehung und Höhlung der Lendenwirbelsäule wird der Oberleib frei auf dem Kreuzbein balancirt, und hiebei sind die Lendenmuskeln entlastet. Diese Verminderung ihrer Arbeit hat eine Abnahme ihrer Kräfte nach dem Gesetz des Mindergebrauchs zur Folge. Dazu kommt wohl, daß der Soldat im allgemeinen nicht dazu angehalten ist, schwere Lasten vom Boden aufzuheben, während dies bei vielen Berufsarten eine ziemliche Rolle spielt. Dies zeigt ein Blick in die Beschäftigungsliste bei den Rekruten.

Die mindeste Rückenkraft hatten: ein Xylograph 106, ein Färber 115, ein Maurer 115, ein Taglöhner 115.

Die höchste Ziffern hatten: ein Bauernknecht 185, ein Großuhrenmacher 180, ein Mechaniker 170, ein Gürtler 170, ein Bierbrauer 160, ein Gärtner 160. Bei letzterem kommt die anhaltend tiefgebeugte Stellung in Betracht.

Weiter aufklärend ist folgendes. Scheidet man als Kreuzschwache in beiden Listen diejenigen aus, deren Kreuzkraft 120 und weniger beträgt, so sind das bei den Rekruten 10 Mann mit einer durchschnittlichen Kreuzkraft von 117, bei den Gedienten dagegen nur 5 Mann mit einer durchschnittlichen Kreuzkraft von 112; also liegt an der unteren Reihe der Kraftskala eine Besserung vor.

Scheidet man als Kreuzstarke in beiden Listen diejenigen aus, welche 160 und mehr ausweisen, so sind das bei den Rekruten 7 Mann mit 169,2 im Mittel, bei den Gedienten ist nur noch einer mit 170 vorhanden.

Darin sehen wir eine Egalisirung: Die Schwächlinge, welche ihr Kreuz wenig arbeiten lassen, haben gewonnen; die dagegen, deren Berufsarbeit ein kräftiges Kreuz entwickelt, haben verloren. Die Egalisirung tritt auch in dem Abstand von Maximal- und Minimalziffer zu Tage. Bei den Rekruten ist das Minimum 106, das Maximum 185, also Differenz 79; bei den Gedienten ist das Minimum 110, das Maximum 170, also die Differenz 60.

Wie sollen wir nun diese Veränderung vom Gesichtspunkt der Arbeitsfähigkeit ansehen? Ich glaube, der Hauptsache nach ist sie günstig zu beurtheilen und zwar darum:

Wenn der Mensch seinen Oberkörper so trägt, daß er Muskelkräfte aufzuwenden hat, um ihn zu halten, so ist das eine Verschwendung von Arbeitskraft, sofern er in der Lage ist, dasselbe ohne Aufwand von Muskelkraft durch günstige Verrückung des Schwerpunktes zu thun, abgesehen von dem in Kapitel 24 geschilderten großen Gewinn aufrechter Haltung. Es gibt nun allerdings Berufsarten, bei denen es ohne gebückte Haltung eben nicht zu machen ist; z. B. die Gärtnerei, allein das sind doch relativ nicht sehr viele Berufsarten, und wenn nur so viel gewonnen wird, daß der Mann sich nur bückt, wenn er muß, im übrigen aber, d. h. außerhalb der Arbeit und während der Arbeit, so weit es geht, sich aufrecht und mit eingezogenem Kreuze trägt, so hat er einen bleibenden Nutzen sowohl für seine Arbeitsfähigkeit — weil er bei ganz aufrechter Stellung völliger ruht als in gekrümmter —, als auch hauptsächlich für seine Gesundheit.

Ich habe zwar schon in Kapitel 24 genauer dargelegt, welche Bedeutung die durch militärisch aufrechte Haltung herbeigeführte Vergrößerung des Eingeweideraumes hat, aber ich möchte doch auch hier noch besonders betonen, daß meiner Ansicht zufolge diese Haltung vom sanitären Standpunkt als eine der wichtigsten der durch die militärische Erziehung herbeigeführten Aenderungen ist.

Wenn die preußische Armee schon vor ihrer Erweiterung zur deutschen Armee die günstigste Morbidität und Mortalität hatte, so schreibe ich dies nicht zum wenigsten dem Umstand zu, daß bei den preußischen Soldaten mit Einführung des Stechschrittes die aufrechteste Haltung zu wege gebracht worden ist. In allen Armeen, welche in der jüngsten Zeit von der preußischen Armee geschlagen wurden, war die Haltung eine weniger aufrechte. Besonders groß war der Contrast zwischen dem preußischen und den durch die Bank in Nacken und Kreuz sich bucklig haltenden Franzosen — die Haltung des französischen Soldaten darf geradezu als die eines Ouvrier bezeichnet werden; ob es jetzt besser ist, weiß ich nicht. Die österreichische Armee trägt sich entschieden besser als die französische, aber konnte sich im Jahre 1866 an aufrecht militärischer Haltung mit den Preußen nicht messen, und kann es nach einer Wahrnehmung im Jahre 1876 noch jetzt nicht; namentlich trägt der österreichische Soldat den Kopf lange nicht so hoch wie der deutsche, was die Athmungsfähigkeit beeinträchtigt und in Bezug auf die Oekonomie der Muskelkräfte aus demselben Grunde unvortheilhaft ist wie die ungenügende Aufrichtung im Kreuz: Statt daß der Kopf ohne Aufwendung von Muskelkraft balancirt wird, muß er mittelst Muskelkraft gehalten werden. Auch gewinnt durch hohe Kopftracht die Circulationsfreiheit zwischen Rumpf und Kopf, was ein durchaus nicht unwichtiger sanitärer Umstand ist.

Uebrigens muß bezüglich der Abnahme der Kreuzkraft doch noch folgendes gesagt werden. Dieselbe ist zwar eine *natürliche* Consequenz der Entlastung der Lendenmuskeln durch bessere Haltung, allein *keine nothwendige*: d. h. aufrechte Haltung und Kraft der Lenden können recht wohl neben einander bestehen, und da letztere doch immer etwas wünschenswerthes und durch zweckmäßige Gymnastik auch leicht erreichbares ist, so liegt in diesem Messungsergebniß, sofern es eine allgemeine Erscheinung und nicht blos eine zufällige, für diese spezielle Compagnie geltende ausdrückt, eine Aufforderung an die Turnmeister der Armee, der Entwicklung der Kreuzkraft durch Einschaltung entsprechender Turnübungen eine größere Aufmerksamkeit zuzuwenden als bisher.

Einen weiteren Anhaltspunkt für den nationalökonomischen Werth der militärischen Erziehung gibt uns die Sanitätsstatistik; aber freilich ist es ein mißlicher Umstand, daß in den von der deutschen resp. preußischen Armeeverwaltung bisher veröffentlichten Sanitätsberichten, die schon im vorigen Kapitel Erwähnung fanden, in den Erkrankungstabellen die verschiedenen Jahrgänge nicht auseinandergehalten sind, sondern nur in den Sterblichkeitstabellen; wir können somit für die Beurtheilung der Veränderungen, welche die militärische Erziehung an der Mannschaft hervorbringt, nur die letztere benützen, wobei aber folgende Reserven nöthig sind.

Erstens können nur drei Altersklassen benützt werden, die höheren nicht, da die Unteroffiziere, um welche es sich bei den höheren Altersklassen fast allein handelt, unter ganz andern Bedingungen stehen als die Mannschaft.

Zweitens erfordert die Verschiedenheit der Kopfzahl der einzelnen Jahrgänge eine Umrechnung der absoluten Ziffern der Tabellen; ich habe als Grundlage hiefür den Mannschaftsstand des würtembergischen Armeekorps vom Frühjahr 1875 benützt. Hier zählte der erste Jahrgang 5908, der zweite 5776, der dritte 4117. Nach mündlichen Angaben dürfte das aus diesen Ziffern sich ergebende Stärkeverhältniß der drei Jahrgänge in so fern nicht ganz genau das der ganzen deutschen Armee sein, als bei der preußischen Armee etwas mehr in den ersten Jahrgang eingestellt und dafür etwas mehr im letzten beurlaubt werden; doch dürfte der Unterschied nur gering sein.

Drittens darf bei Beurtheilung der Ziffern nicht vergessen werden, daß sich in den drei Jahren ein Reinigungsprozeß vollzieht, indem die schwächlichen theils wegsterben, theils wegen Schwächlichkeit und Dienstuntauglichkeit entlassen werden. Dem ersten Jahrgang fallen nun eben die schwächlichen zur Last und machen seine Mortalitätsziffer ungünstig, während der zweite und dritte Jahrgang nur aus solchen Leuten besteht, welche von Hause aus widerstandsfähiger waren. Aus diesem Grunde wird auch ein größeres Gewicht auf den Unterschied in der Mortalität zwischen dem zweiten und dritten Jahrgang als auf den zwischen den zwei ersten Jahrgängen zu legen sein, da jedenfalls beim zweiten Jahrgang der Reinigungsprozeß der Hauptsache nach als abgeschlossen betrachtet werden kann.

Um eine Vergleichung auch der einzelnen Krankheitssorten zu ermöglichen, habe ich die Mortalitätsziffern nicht blos auf den gleichen Mannschaftsstand, sondern auch prozentisch in der Weise berechnet, daß die Todesfallziffer des ersten Jahrganges gleich 100 gesetzt und die der andern Jahrgänge im gleichen Verhältniß umgerechnet ist.

Das Totalergebniß aus den Jahren 1867—1873 (mit Ausschluß des Kriegsjahres vom 1. Juli 1870 bis 1. Juli 1871) sind absolut 3055 Todesfälle im ersten Jahrgang, 1916 im zweiten, 994 im dritten; prozentisch umgerechnet auf gleichen Mannschaftsstand: erster Jahrgang 100, zweiter 64,1, dritter 42. Also im Sterblichkeitsrückgang vom ersten zum zweiten Jahr um 35,9 %, vom zweiten auf den dritten um weitere 22 %, oder wenn man die Ziffer des zweiten Jahrganges gleich 100 setzt, nochmals ein Rückgang um 33,8 %.

Dies wirft ein höchst günstiges Licht auf den sanitären Werth der militärischen Erziehung, denn ein totaler Rückgang der Mortalitätsziffer um 58% ist enorm. Weiter zeigen uns die Ziffern, daß die durch die militärische Erziehung zu erzielende Besserung mit zweijähriger Uebung noch lange nicht erreicht ist und daß also von dieser Seite durchaus keine Aufforderung vorliegt, die dreijährige Präsenz abzukürzen. Folgerichtig liegt aber dann auch keine Forderung nach Abkürzung der Präsenz vom nationalökonomischen Standpunkt vor, denn eine derartige Festigung der Gesundheit, wie sie sich in dem Rückgang der Mortalität um 33,8% vom zweiten zum dritten Jahrgang ausspricht, muß unbedingt eine Verlängerung der Lebensdauer um weit mehr als ein Jahr erzielen, so daß der aus der verlängerten Präsenz sich ergebende Zeitverlust reichlich aufgewogen wird. Diese Ansicht darf ein Fachmann in so lange unweigerlich festhalten, bis ihm nicht die Statistik das Gegentheil schwarz auf weiß bewiesen hat. Ja ich gehe noch weiter und behaupte, daß der gesammte mit der Militärpräsenz verbundene Zeitverlust einfach durch die Verlängerung der Lebensdauer aufgewogen wird, also von einem nationalökonomischen Nachtheil des Militärwesens selbst dann keine Rede sein könnte, wenn die individuelle Arbeitsfähigkeit unverändert bliebe. Da aber diese letztere nach dem früher Gesagten auch zum Besseren sich ändert und zwar nach Kraft und Geschwindigkeit, so deckt das nicht blos die Kosten, sondern es bleibt ein effektiver Gewinn.

Es wäre von höchstem Interesse, wenn durch geeignete Aenderung der Mortalitätsstatistik der Civilbevölkerung die Frage ziffermäßig entschieden werden könnte, ob die militärische Erziehung die Lebensdauer erhöht. Allein leider ist dies ein sehr schwieriges statistisches Problem, da bei einer Scheidung der männlichen Bevölkerung in Gediente und Nichtgediente unter den ersteren die von Hause aus kräftigen und unter den letzteren die von Hause aus schwächlichen sich befinden. Man dürfte zum Vergleich mit den Gedienten nur diejenigen heranziehen, welche nicht wegen Kränklichkeit und Körperschwäche, sondern aus Familien- oder andern Rücksichten nicht zum Militärdienst ausgehoben wurden, und deren Ausscheidung dürfte vorerst nicht gelingen.

Außer der Totalsumme der Todesfälle der Armee verdienen aber auch noch die einzelnen Rubriken der tödtlichen Krankheiten näher ins Auge gefaßt zu werden; denn wir gelangen dadurch nicht blos zur näheren Einsicht, in welcher Weise die Festigung der Gesundheit erzielt wird, sondern diese Betrachtung ist geeignet, uns eine noch größere Hochachtung vor der sanitären Wirkung der militärischen Erziehung abzugewinnen und zwar darum.

Es gibt einige Krankheiten, die den Soldaten nicht erst während seines Militärlebens befallen und tödten, sondern deren Keime er mit sich bringt und die ihn — wenn auch vielleicht nicht so rasch — getödtet hätten, auch wenn er nicht Soldat geworden wäre. Unter diesen Krankheiten steht die Lungenschwindsucht obenan, und sie verdient als eine der verderlichsten Krankheiten des Culturmenschen eine besondere Besprechung.

Der sechste Theil aller Soldaten, die in dem angegebenen Zeitraum überhaupt starben, sind an der Lungenschwindsucht gestorben, nämlich 941 von 5965. Da diese Krankheit zu einem guten Theil eine angeborene ist, so wären diese Leute so wie so an ihr gestorben, und wenn auch angenommen werden darf, daß die militärischen Strapazen den tödlichen Ausgang dieser Krankheit etwas beschleunigen, so darf das eher als ein Vortheil denn als ein Nachtheil bezeichnet werden, weil die Krankheit sich von den Eltern auf die Nachkommen vererbt: die, welche als Soldaten sterben, sind verhindert, die Krankheit auf ihre Kinder zu vererben, was auf eine freilich unvollständige Purifikation der Bevölkerung hinausläuft. Außerdem sehen wir, daß die Mortalitätsziffer dieser Krankheit bei den verschiedenen Jahrgängen nur wenig verschieden ist: setzen wir die Mortalität des ersten Jahrganges an dieser Krankheit gleich 100, so ist die des zweiten gleich 91, die des dritten gleich 83,7; ein Unterschied, der rein nur als Purifikationswirkung betrachtet werden darf.

Aehnliches wie von der Schwindsucht, nämlich daß die Krankheit schon vor dem Eintritt in das Militär erworben ist und so wie so zum Tode geführt hätte, gilt auch von den Herzkrankheiten (prozentische Jahrgangsziffer 100, 51 und 77). Nimmt man diese Krankheiten d. h. die Lungenschwindsucht, andere chronische Lungenkrankheiten und die Herzkrankheiten aus der Mortalitätstabelle heraus, so gestalten sich die prozentischen Ziffern der drei Jahrgänge noch bedeutend besser, nämlich: erster Jahrgang 100, zweiter Jahrgang 57,4, dritter Jahrgang 32,2; das ist eine Besserung der Mortalität um 67,8 %! also ein Rückgang der Todesfälle unter 1/3, oder anders gesagt eine Erhöhung der Widerstandsfähigkeit gegen Tödtung durch Krankheiten auf das Dreifache!

Nach Abzug der Lungenschwindsucht, Herzkrankheiten 2c. können wir füglich den Rest der tödtlichen Krankheiten, mit wenig Ausnahmen, in zwei Kategorien bringen: die Erkältungskrankheiten und die Infektionskrankheiten.

Betrachten wir zuerst die Ziffern der Todesfälle durch Erkältungskrankheiten: Lungenentzündung (die übrigens von einigen neuerdings für eine Infektionskrankheit gehalten wird) 100, 54,8, 31; Brustfellentzündung (die allerdings nicht durchweg als Erkältungskrankheit angesehen werden darf) 100, 68,8, 48,41; Nierenentzündung (auch nicht durchweg Erkältungskrankheit) 100, 81, 59; Katarrh und Entzündung der Luftwege 100, 60, 40; hitziges Gliederweh 100, 36,8, 41,6. Diese Ziffern constatiren ganz entschieden eine beträchtliche Abnahme der Erkältungsfähigkeit, die aber auch im Hinblick auf die oben constatirte Zunahme des spezifischen Gewichts völlig erklärlich ist.

Wenden wir uns zu den Infektionskrankheiten: Unter diesen steht der Typhus oben an; ja nicht blos unter dieser Krankheitengruppe, sondern unter allen Krankheiten stellt er das größte Contingent der Todesfälle, nämlich ein volles Drittheil aller in diesem Zeitraum vorgekommenen (2031 von 5965). Die relativen Ziffern der Typhustodesfälle in den drei Jahrgängen sind nun 100, 62, 31; für die Ruhr 100, 25, 10! für Cholera 100, 51, 25; für Diphtheritis 100, 57, 14! für Eiterfieber 100, 50, 16!

Diese Ziffern scheinen mir nach verschiedenen Seiten hin der höchsten Beachtung werth; sie werfen einmal ein glänzendes Licht auf die militärische Erziehung, geben zweitens einen hoch zu beherzigenden diätetischen Wink und drittens einen unerwarteten Aufschluß über das Verhältniß des menschlichen Körpers zu den Infektionsgiften. Bei der großen Wichtigkeit der Sache müssen wir hiebei einen Augenblick verweilen.

Für den Typhus ist es bekannt, daß die Ansteckungsfähigkeit des Menschen während stärkerer körperlicher Anstrengungen bezw. im ermüdeten Zustand größer ist. Nun wissen wir auf das bestimmteste, daß während der Arbeit der Wassergehalt der Muskeln **zunimmt.** Damit stimmt nun obiger Befund beim Militär völlig überein, d. h. er liefert uns den umgekehrten Beweis, daß nämlich mit **Abnahme des Wassergehaltes** die Ansteckungsfähigkeit des Menschen für Typhus abnimmt. Es ist ja wohl darüber kein Zweifel möglich, daß die durch meine Messungen constatirte Zunahme des spezifischen Gewichtes beim Soldaten neben einer Verminderung des spezifisch leichteren Fettes auch eine Verminderung des Wassergehaltes anzeigt.

Sicher ist es erlaubt, mit dieser Thatsache eine andere in Verbindung zu bringen.

Nägeli sagt in seinem epochemachenden Werk über „die niederen Pilze in ihren Beziehungen zu den Infektionskrankheiten und der Gesundheitspflege“ Seite 29:

„Auch alle Nährstoffe wirken, so weit sie im Ueberschuß d. h. über eine bestimmte Concentration hinaus vorhanden sind, nicht mehr als Nährstoffe, sondern schädlich. In den besten Nährlösungen kann man die Hefenwirksamkeit oder das Wachsthum der niederen Pilze durch hinreichenden Zusatz von Zucker unterbrechen.“

„Die Wirkung der nicht nährenden Stoffe erklärt uns die Erscheinungen, die wir beim theilweisen Eintrocknen einer organischen Masse beobachten. In einer nassen oder feuchten Substanz (Fleisch, Brod ꝛc.) ist es die darin enthaltene Nährstofflösung, welche das Wachsthum der Pilze möglich macht. Läßt man die Substanz langsam eintrocknen, so wird die Lösung durch Verdunsten des Wassers concentrirter und es treten nach und nach solche Concentrationsgrade ein, bei denen die verschiedenen Funktionen der verschiedenen Pilze aufhören. Frisches Fleisch fault durch Spaltpilze; trocknet man es bis auf einen gewissen Grad aus, so kann es blos noch schimmeln; dieser Zustand wird schon bei geringer Wasserentziehung erreicht, wenn man einen Theil der Fleischflüssigkeit durch Kochsalz ersetzt (Einsalzen) und bei noch geringerer, wenn man zu der Wirkung des Kochsalzes noch diejenige der Karbolsäure hinzufügt (Räuchern). Das theilweise oder vollständige Austrocknen hat für das Conserviren von Lebensmitteln und für die Desinfektion eine große Bedeutung. Eine genaue Kenntniß der Wirkung, welche Wasserentziehung im Substrat auf die niederen Pilze ausübt, erlaubt auch, uns eine Vorstellung über die Vorgänge zu machen, welche in dem verunreinigten Boden vor sich gehen."

Seite 72 heißt es von den Infektionspilzen: „Diese Pilze bedürfen, um zu wachsen und sich zu vermehren, einer ausreichenden Wassermenge und zwar einer größeren als die Schimmelpilze. An einer trockenen Oberfläche (Wand, Mauer) oder einer trockenen, porösen Substanz (Erdboden, Mauerwerk) wachsen gar keine Pilze. Nimmt die Feuchtigkeit zu, so bilden sich zuerst Schimmelpilze, und erst wenn wirkliche Benetzung eintritt, so daß für Schimmelbildung zu viel Wasser vorhanden ist, entstehen Spaltpilze."

Im weiteren Verlauf weist Nägeli darauf hin, daß Jauchegruben, Versitzgruben ꝛc. viel weniger gefährlich seien als solche verdünnte Nährstofflösungen, wie sie uns in Form von Sümpfen entgegentreten. Für die Infektionspilze ist nach ihm wesentliche Bedingung, daß die Nährstofflösung ja nicht zu concentrirt werde, denn jede Vermehrung der Concentration lasse nur noch die (relativ) unschädlichen Fäulnißpilze gedeihen. Er weist darauf hin, daß Bauerndörfer, deren Boden völlig von Jauche durchdrungen sei, sich einer auffallenden Freiheit von Seuchen erfreuen, während Orte, wie München, in dessen Boden ein im Vergleich zu Jauche sehr verdünntes Grundwasser sich befinde, in hohem Maße von Infektionskrankheiten heimgesucht werden.

Dadurch erweitert sich uns unsere in Kapitel 26 enthaltene Vorstellung von der sanitären Wirkung der Abhärtung ganz bedeutend. Die mit der Verminderung des Gewebswassers verbundene Eindickung der Gewebssäfte bedeutet den Infektionskeimen gegenüber eine ihrer Entwicklung schädliche Concentration der Nährstofflösung. Wir haben jetzt um so mehr Veranlassung, die Abhärtung, deren Bewerkstelligung in Kapitel 26 geschildert worden ist, als eine der wichtigsten sanitären Maßregeln zu betrachten und nichts gering zu achten, was in dieser Richtung auf den Körper wirkt.

Weiter will ich als Beweis für die ausgedehnt sanitäre Wirkung der militärischen Abhärtung die Ziffern einiger andern tödlichen Krankheiten anführen.

Die Häufigkeit des Todes durch Hitzschlag nimmt von 100 im ersten Dienstjahr auf 60 im zweiten und 16,7 im dritten Dienstjahr ab. Tod durch Lungenblutung von 100 auf 61 im zweiten und 52 im dritten Jahrgang; Gehirnentzündung von 100 auf 70 und dann auf 31,5. Bei Gehirnschlagfluß sind die Ziffern 100, 39, 55; bei Leberkrankheiten 100, 70, 70.

Neben diesen positiven Angaben der Statistik verdient auch noch die Thatsache Beachtung, daß keine einzige tödliche Krankheit in der Liste vorkommt, bei der die Mortalitätsziffer mit der Zunahme des Dienstalters steigen würde. Die ungünstigsten Ziffern hat die Lungenschwindsucht mit 100, 91 und 83; dann folgen die Herzkrankheiten mit 100 auf 77, Leberkrankheiten mit 100 auf 70.

Ziehen wir nun das Facit, so erweist sich die militärische Erziehung während die Präsenzzeit als eine der großartigsten Sanirungsmaßregeln und zugleich als eine der wichtigsten Einrichtung für Produktion nationalökonomischer Werthe; denn darüber wird kein Zweifel sein, daß unter allen Dingen die menschliche Arbeitskraft das werthvollste nationalökonomische Objekt ist, da sie alle andern Werthe erst schafft.

Von diesem Standpunkt ist nur zu bedauern, daß nicht die gesammte männliche Bevölkerung der militärischen Erziehung und Abhärtung unterworfen wird, und ich halte die Herbeiführung der absolut allgemeinen Wehrpflicht für noch viel wichtiger als die Durchführung der absolut allgemeinen Schulpflicht. Unter absolut allgemeiner Dienstpflicht meine ich nicht blos die Einziehung aller im bisherigen Sinne diensttauglicher männlicher Individuen. Es versteht sich zwar von selbst, daß man Krüppel, Kretinen, Blinde, Lahme und Taube nicht einstellen und unsere Heereseinrichtungen nicht zu einer orthopädischen Anstalt erweitern kann, allein zwischen dem evidenten Krüppel und den im gewöhnlichen Sinne Diensttauglichen liegt sehr viel Menschenmaterial mitten inne, und zwar gerade ein Material, das eine erzieherische Sanirung noch in viel höherem Maße nöthig hätte als die Diensttauglichen. Natürlich ginge es nicht an, diese defekten Personen mit den absolut Diensttauglichen in Reih und Glied zu stellen, da dies die Erziehung nicht blos erschweren, sondern auch beeinträchtigen würde. Sie müßten als eigene Truppenkörper gesondert einexercirt und in besonderer Weise im Dienst der Armee nützlich gemacht werden. Vielleicht könnte man für sie eine sog. Landwehrpräsenz einführen und die Drillung der defekten Mannschaft den Landwehroffizieren überweisen.

Man könnte nun freilich sagen, so viel liege nicht an dem Sanitätszustand des einzelnen Menschen und in der menschlichen Gesellschaft gäbe es eine Menge Plätze, die auch von schwächlichen Personen nützlich ausgefüllt werden können, es genüge also, wenn nur ein hinreichend großer Bruchtheil durch militärische Erziehung constitutionskräftiger und arbeitsfähiger gemacht werde. Allein ich möchte dagegen einen weiteren Umstand geltend machen.

Die Erhöhung der Constitutionskraft durch das Militärwesen hat nicht blos für das betreffende Individuum seine Bedeutung, sondern auch für die von ihm erzeugte Nachkommenschaft. Es ist schon im Kapitel 27 darauf aufmerksam gemacht worden, daß die militärische Schulung des Mannes die für die Constitutionskraft der Kinder so wichtige Differenzirung der Geschlechter steigert, daß sie den Werth einer Blutauffrischung besitzt, also die Rasse verbessert. Damit haben wir einen weiteren beträchtlichen Nutzen des Militärwesens zu constatiren, der nicht hoch genug angeschlagen werden kann. Diesem rasseverbessernden Einfluß der gedienten Leute steht nun in den Nichtgedienten ein rasseverschlechternder Einfluß gegenüber, der bei der Natur der Sache nicht auf bestimmte Familien beschränkt bleibt, sondern überall den verbessernden Einfluß, der von den Gedienten ausgeht, wieder durchkreuzt und so die Krankheitsdispositionen gewissermaßen verewigt. Dem würde ein bedeutender Riegel vorgeschoben, wenn die Zahl der Nichtgedienten auf das mindest mögliche Maß zurückgeführt würde. Ich will das spartanische Prinzip, die Schwächlinge zu tödten, durchaus nicht als Muster aufstellen, ich würde es sogar für einen Fehler halten, das schwächliche und kränkliche Element ganz aus der menschlichen Gesellschaft zu verdrängen, weil wenig Dinge so veredelnd auf den Menschen wirken als die Pflege des Elends und der Krankheit. Allein eben so sicher ist es ein öffentliches Interesse, jede irgend anwendbare Maßregel zu ergreifen, welche die Constitutionskraft, Arbeitskraft und Salubrität nicht blos einzelner Individuen, sondern der Gesammtbevölkerung zu heben im Stande ist, und daß es sich bei obigem um eine solche handelt, kann nach allen Erfahrungen der Biologie nicht blos auf menschlichem Gebiet, sondern auch an unseren Hausthieren ganz unmöglich bezweifelt werden.

Zum Schluß muß noch auf einen weiteren günstig wirkenden Umstand bei dem Militärwesen hingewiesen werden, nämlich auf die zeitweilige Widereinberufung der bereits entlassenen Mannschaften zu den jährlichen Uebungen. Wir haben bereits früher auf die ungemein günstige Wirkung hingewiesen, welche die Manöver auf die präsente Mannschaft ausüben, indem sie die Erkrankungsfähigkeit um ein volles Drittel herabmindern. Nicht blos den gleichen, sondern einen noch um einiges stärkeren günstigen Einfluß muß die Einberufung zu den Manövern auf die unpräsenten Mannschaften ausüben und zwar deshalb, weil es eine Unterbrechung der Berufsarbeit ist. Wenn schon der präsente Soldat, der unter dem günstigen Einfluß der militärischen Abhärtung steht, also in günstiger Condition sich befindet, durch die Manöver in seinem Befinden so hoch gehoben wird, wie viel mehr muß dies der Fall sein bei dem unter der sanitären Ungunst der Berufsarbeit stehenden! Bei ihm vertreten die Herbstmanöver vollständig die in ihrem sanitären und ökonomischen Werth längst, wenn auch noch nicht voll anerkannten Erholungs- und Badereisen der Civilbevölkerung. Das Militärwesen gewährt so eine Wohlthat, die sonst nur dem engen Kreis der Bemittelteren zu gute kommt, auch den Kreisen, welche sich sonst „einen derartigen Luxus", wie man es fälschlicherweise nennt, nicht erlauben dürfen. Dabei dürfen wir nicht vergessen, daß die körperliche und geistige Kräftigung der unpräsenten Mannschaften durch die Einberufung zu den Herbstübungen nicht blos den Individuen zu gute kommt, sondern auch rasseverbessernd wirkt und zwar darum:

Die mehrwöchentliche Trennung der Ehegatten wirkt allein schon günstig auf das sexuelle Leben. Dazu kommt, daß die während der Manöver stattfindende Hebung der Constitutionskraft beim Manne gleichbedeutend mit einer stärkeren Differenzirung der Zeugungsstoffe ist, also den Werth einer rasseverbessernden Blutauffrischung für das nach der Wiedervereinigung der Ehegatten erzeugte Kind hat.

Von diesem Standpunkt, d. h. von dem sanitären und volkswirthschaftlichen aus ist somit dieser Eingriff des Militärwesens in die Erwerbs- und Berufsthätigkeit nicht blos nicht zu beklagen — was Uneinsichtige so häufig thun —, sondern zu wünschen, daß die Einberufung zu den Herbstübungen auf alle Jahrgänge bis mindestens zum vierzigsten Lebensjahre ausgedehnt wird und jeden Gedienten jedes Jahr trifft.

Die Befürchtung, als wären die im obigen vorgeschlagenen Erweiterungen des „Militarismus", um mich dieses Schlagwortes zu bedienen, gleichbedeutend mit einer Störung und Schmälerung des Erwerbslebens der Nation, ist meiner Ansicht nach durchaus ungerechtfertigt, im Gegentheil. In puncto Störung ist zu sagen: Je allgemeiner die Wehrpflicht wird, um so geringer wird die Störung, weil eben dann alle Einrichtungen des Erwerbslebens sich um so sicherer den Anforderungen der Wehrpflicht accomodiren. In puncto „Schmälerung" gilt: Wenn die Maßnahmen, worüber kaum ein Zweifel zulässig, die Arbeitsfähigkeit nicht nur des Individuums, sondern der ganzen Nation erhöhen, so ist nicht nur der Zeitverlust, sondern sind auch die Kosten gedeckt. In dieser Richtung wäre ein Einwand nur dann gestattet, wenn ein Staat, um mich so auszudrücken, allein auf der Welt und mit allem auf sich angewiesen wäre; dann könnte man sagen: Was nützt mich die erhöhte Arbeitsfähigkeit, wenn sich nicht im gleichen Maße die Arbeitsmöglichkeit und der Absatz für die Produkte der Arbeit vergrößert? Dank der hohen Entwicklung der Verkehrsmittel und der Hand in Hand damit gehenden Entwicklung des Handelsverkehrs ist der erhöhten Arbeitsfähigkeit ein so unbegränztes Absatzgebiet eröffnet, daß die Gefahr, es möchte eine Ueberproduktion von menschlicher Arbeitskraft stattfinden, äußerst fern liegt. Es werden natürlich von Zeit zu Zeit Constellationen eintreten, wo die menschliche Arbeitskraft im Werthe sinkt, weil die Nachfrage nach ihr und ihren Produkten nachläßt; allein auch in dem Fall wird derjenige Staat am besten sich befinden, welcher über die intensivste Arbeitskraft verfügt, sie also am billigsten offeriren kann: er ist auch in solcher Situation der concurrenzfähigste.

Endlich möchte ich darauf hinweisen: die Entwicklung der Wehrkraft eines Staates ist nicht nur gleichbedeutend mit der Entwicklung seiner Arbeitskräfte, sondern sie ist einerseits ein Schutz für die Arbeit gegen die gefährlichste Störung der Arbeit, nämlich die durch den Krieg, und andrerseits eine Garantie für die Gewinnung des ausgedehntesten Wirkungsfeldes für die Arbeit: Je kräftiger ein Staat, um so sicherer gelingt es ihm, von andern Staaten Concessionen für den Absatz seiner Arbeitsprodukte zu erhalten. Wehrkraft, politische Macht und nationalökonomische Kraft und Concurrenzfähigkeit stehen nicht im Verhältniß der Ausschließung, sondern in dem von Ursache und Wirkung.

---

31. Die äußeren Schädlichkeiten.

In einer Schilderung der Umstände, von denen die menschliche Arbeitskraft abhängt, können die Einflüsse nicht unbesprochen bleiben, welche als Krankheitserzeuger der Arbeitsfähigkeit hemmend entgegentreten. Ehe wir sie aber im einzelnen ansehen, soll eine allgemeine Bemerkung über sie gemacht werden.

Ob durch eine äußere Schädlichkeit eine Krankheit erzeugt wird, hängt nicht blos von der Quantität und Qualität derselben ab, sondern mindestens eben so sehr von der Qualität des menschlichen Körpers, auf den sie einwirkt. Es gibt allerdings fast bei jeder äußeren Schädlichkeit einen Stärkegrad, welcher kein menschlicher Organismus zu widerstehen vermag, allein auf der andern Seite gibt es keine, gegen welche sich der Mensch nicht bis zu einem gewissen Grade so zu wappnen vermöchte oder ohne sein Wissen und Wollen so gewappnet ist, daß er Stärkegraden derselben zu trotzen vermag, denen gegenüber andere Menschen wehrlos sind.

Die tödlichsten Seuchengifte, wie die von Pest und Cholera, erweisen sich, wenn sie irgendwo auftreten, meist mehr als der Hälfte der Bevölkerung gegenüber absolut machtlos. Wenn in einer Stadt Pest oder Cholera wüthet, können wir uns nicht denken, daß irgend ein Mensch übrig bleibt, der nicht mit dem Seuchengift in Berührung gekommen wäre, und doch erkrankt selten auch nur die Hälfte. Bei der Choleradiarrhöe haben wir Leute vor uns, in die der Infektionskeim notorisch eingedrungen ist und die charakteristischen Darmentleerungen erzeugt, aber ihr sonstiges völliges Wohlbefinden beweist, daß es dem Gift nicht gelungen ist, wie bei andern ins Blut einzudringen und den ganzen Organismus zu vergiften.

Wir sehen Feuerarbeiter eine Widerstandsfähigkeit gegen Hitzegrade erlangen, die auf andere absolut zerstörend einwirken: sie sind im Stande, flüssiges Metall anzugreifen und in Temperaturen zu arbeiten, in welchen andere in kurzem vom Hitzschlag tödlich getroffen würden. In Irkutsk sah der Leiter der russisch-amerikanischen Telegraphenexpedition die Leute bei 36° Kälte in einer Kleidung aus Stiefeln, Hemd und kurzem Pelzrock, welche der Kälte zum größten Theile der Beine freien Zutritt gestattete, sich vollkommen wohl befinden.

Wir hören soeben von dem russisch-türkischen Kriegsschauplatz, daß bei den türkischen Soldaten Wunden der schwersten Art mit einer für andere Menschen unbegreiflichen Leichtigkeit heilen, und die chirurgische Casuistik ist überreich an Fällen, in denen Verletzungen, die für die meisten unbedingt tödlich sind, ohne weiteres heilen. Ich will nur einen solchen extremen Fall einführen. Einem Steinbrecher flog in Folge der Entladung eines Sprengschusses ein Brecheisen von 6 Fuß Länge und 1 ¹/₂ Zoll Stärke am dicken Ende, mit dem er den Schuß lud, von unten an der Kehle herein durch den ganzen Kopf und das Gehirn hindurch am Scheitel heraus: die Wunde heilte und der Mann lebte noch 16 Jahre.

Werfen wir einen Blick auf die zahlreichen Dinge, die man als Schädlichkeiten kennen gelernt hat, und namentlich auf die große Schwierigkeit, ja bisweilen Unmöglichkeit, die Schädlichkeiten direkt zu bekämpfen und zu vermeiden, so ist es entschieden sehr tröstlich, zu wissen, daß es fast gegen alles einen Zustand des Körpers gibt, den man als Immunität bezeichnet und der darin besteht, allen diesen Schädlichkeiten Trotz bieten zu können.

Selbstverständlich wäre es thöricht, wenn der Einzelne und die Gesellschaft es unterlassen wollte, äußere Schädlichkeiten, wo sie sich finden, zu bekämpfen und dadurch die Gefahr, von ihnen verletzt und geschädigt zu werden, auf das mindeste Maß zurückzuführen. Auch wäre es thöricht, sich ohne Noth einer als solcher klar erkannten äußeren Schädlichkeit auszusetzen; aber noch thörichter wäre es, sich auf diese Bekämpfung und Vermeidung der Schädlichkeiten zu verlassen und darüber die Entwicklung und Steigerung der Immunität zu vernachlässigen. Leider wissen wir im einzelnen noch zu wenig genau, worauf die Immunität beruht und wie sie herbeizuführen und festzuhalten ist; allein das, was wir wissen, ist doch schon ganz respektabel und gibt uns eine Reihe von Anhaltspunkten für die Praxis des Lebens, wovon im bisherigen Theil unserer Schilderungen schon vieles berührt worden ist. Indem wir nun der Reihe nach die wichtigsten und allgemeinsten äußeren Schädlichkeiten Revue passiren lassen, soll nicht blos das äußerlich gegen sie Vorzukehrende, sondern auch das wesentlichste über die Gewinnung der Immunität kurz beigefügt bezw. auf das früher hierüber Gesagte hingewiesen werden.

Die allgemeinsten äußeren Schädlichkeiten sind die Temperaturextreme, von denen wir zuerst die Kälte ins Auge fassen wollen.

Gegen die Kälte haben wir fünferlei Waffen: die Kleidung, die Heizung, die Ernährung, die Körperbewegung und die Abhärtung.

Von der Kleidung ist bereits früher das nöthigste gesagt worden. Wir haben dort gesehen, daß im Schutz durch Kleidung leicht des guten zu viel gethan werden kann, d. h. daß durch zu warme und namentlich durch eine Kleidung, welche das Entweichen des Hautwasserdampfes verhindert, die Immunität des Körpers geschädigt wird. In dieser Beziehung will ich noch vor dem Gebrauch des Pelzwerkes warnen. Zu ihm soll man nur dann greifen, wenn die Kleiderluft ein ganz besonderes Bestreben zum Entweichen hat, also bei stark bewegter Luft, die einen, wie man sagt, „ausbläst“, und dann bei sehr starker Kälte: bei dieser ist der Temperaturunterschied und damit auch der Unterschied im spezifischen Gewicht zwischen der äußeren Luft und der Kleiderluft so stark, daß die letztere auch schon durch die kleinsten Poren und Lücken der Bekleidung entweicht. Bei mäßiger Kälte und ruhiger Luft dagegen wirkt Pelzwerk verweichlichend. Nie verlasse man sich zum Schutz gegen Kälte auf die Kleidung allein, sondern sorge durch eine reichliche und zweckmäßig zusammengesetzte **Nahrung** für Steigerung der Wärmebildung, worüber früher das nöthigste gesagt wurde. Namentlich ist noch hervorzuheben, daß bei Kälte das Fett in der Nahrung vermehrt werden soll und daneben das Eiweiß, ersteres weil es die größte Wärmemenge enthält, letzteres weil es als Sauerstoffanzieher den Verbrennungsprozeß im Körper steigert. Heiße und stärkere alkoholische Getränke sind sehr zweckmäßige Schutzmittel gegen Kälte; allein da sie keine Wärme bilden, sondern nur die Haut auf Kosten des Körperinnern wärmen, taugen sie nicht zu nachhaltiger Warmhaltung.

Körperbewegung, namentlich eine solche, welche mit Frottirung der Haut verbunden ist, steigert die Wärmebildung und vermehrt den Wärmezufluß aus der Tiefe des Körpers in die Haut und die Extremitäten, ist also, genügende Ernährung vorausgesetzt, ein treffliches Mittel, der Kälte Widerstand zu leisten. Für die der Kältewirkung am meisten ausgesetzten Extremitäten (Füße und Hände) sind namentlich außer der Frottirung schwingende und pendelnde Bewegungen von Vortheil, weil das Einströmen des wärmenden Blutes durch die centrifugirende Wirkung dieser Bewegungen unterstützt wird. Für Hände und Füße ist auch das Reiben mit Schnee ein probates Mittel, weil dieser Hautreiz mächtig zur Erweiterung der Blutbahnen und damit zur Herbeischaffung der Wärme aus dem Innern des Körpers beiträgt.

Ueber die **Abhärtung** haben wir im früheren so ausführlich gesprochen, daß hier nichts weiter zu sagen erübrigt; dagegen muß über die bisher noch nicht besprochene **Heizung** das nöthigste angegeben werden.

Bei dieser liegt die Sache ganz ähnlich wie bei der Kleidung: der durch sie geschaffene Schutz gegen Kälte wird leicht dadurch illusorisch, daß sie verweichlichend wirkt, also die Immunität gefährdet. Zudem gesellt sich, da zu der Heizung der Natur der Sache nach der Aufenthalt in abgeschlossenen Räumen kommt, noch die Gefahr der Luftverderbniß, und zwar die durch die Verbrennungsgase und die durch die menschliche Ausdünstung.

Zunächst gilt für die Heizung, daß die Temperatur für Wohnräume 18 Grad Celsius nicht übersteigen darf, wenn sie nicht verweichlichend wirken soll. Ist die Arbeit mit erheblicher Körperbewegung verbunden, so sollen die Arbeitsräume nicht über 12—14° C. erwärmt werden.

Offene Feuer sind nur in Räumen unschädlich, welche eine höchst ergiebige Ventilation haben, weil die Verbrennungsgase größtentheils schädlicher Natur sind; weniger die Kohlensäure, die erst bei starker Concentration giftig zu wirken anfängt, als vielmehr das Kohlenoxydgas, das sich bei gehemmter Verbrennung entwickelt. Bei der jetzt in Aufnahme kommenden Feuerung mit Gas ist im allgemeinen die Gefahr der Luftverunreinigung erheblich geringer als bei Holz- und Kohlenfeuer, weil sich kein Kohlenoxyd dabei entwickelt; dagegen kommt es auch hier im Fall einer nicht vollständigen Verbrennung zur Bildung eines Gases, des Acetylen, das schon in geringer Menge lebhaft auf den Organismus wirkt, indem es Kopfschmerz erzeugt. Bei gutem Bunsen'schen oder noch besser bei Griffith'schen Brennern ist dagegen die Verbrennung nach meiner Erfahrung eine so vollständige, daß sie unbedenklich zur Zimmerheizung als offene Feuer verwendet werden können.

In geschlossenen Räumen muß, mit Ausnahme der genannten Gasfeuerung, jede Feuerung so eingeschlossen werden, daß die Verbrennungsgase sich der Zimmerluft nicht mittheilen können. Hiebei ist es wichtig, zu wissen, daß eiserne Oefen diese Anforderung nur so lange erfüllen, als sie nicht zum Glühen kommen, denn glühendes Eisen läßt das giftige Kohlenoxydgas durch. Verläßlich sind deshalb blos Thonöfen.

Eine andere der Heizung entspringende Luftverunreinigung verbindet sich mit den eisernen Oefen. Sobald dieselben zu heiß werden, so verbrennen die organischen Staubtheile, die in der Luft suspendirt sind, und zwar unter Lieferung von unvollständigen Verbrennungsprodukten; deshalb sind solche Oefen besonders in solchen Werkstätten zu vermeiden, wo durch die Arbeit viel Staub erzeugt wird.

Ein weiterer Punkt bei der Heizung ist die Rücksichtnahme auf den Gehalt der Luft an Wasserdampf, und zwar nach zwei Richtungen, dem zu viel und dem zu wenig. Wo durch die Heizung zugleich viel Wasser verdampft, wie in Küchen und Werkstätten, hemmt eine völlige Sättigung der Luft mit Wasserdampf die Hautausdünstung und gefährdet nach dem, was wir über Abhärtung gehört haben, die Immunität des Körpers; deswegen ist in solchem Falle ausgiebige Ventilation erforderlich. Auf der andern Seite erzeugt die trockene Heizung trockene Luft und zwar deshalb: je wärmer die Luft, desto mehr Wasserdampf braucht sie zu einem bestimmten Sättigungsgrad. Erwärmen wir deshalb eine Luft, die den richtigen Sättigungsgrad hat, so wird derselbe um so ungenügender, je größer der Betrag der Erwärmung war. Es ist deshalb an jeder Heizung ein Apparat anzubringen, in welchem eine mäßige Menge Wasser verdampft.

Noch muß die Wirkung der Heizung auf die Luftbewegung angeführt werden. Wie wir die Luft erwärmen, machen wir sie leichter und vermehren so ihr Bestreben in die Höhe zu steigen. Dies wird um so stärker, je größer der Unterschied zwischen der Luftwärme und der Zimmerwärme ist. Wir können diesen Umstand mit Vortheil benützen, um eine Lufterneuerung der Wohnräume, also eine

Hintanhaltung der Luftverderbniß herbeizuführen; allein es kann dadurch auch das Gegentheil eintreten: der aufsteigende Luftstrom wirkt ansaugend auf die schwere Bodenluft in den unteren Räumen des Hauses, der Keller, Erdgeschosse ꝛc. Sobald nun diese letztere Krankheitskeime enthält — wovon später —, so werden diese mitgeführt und in die geheizten Räume, die hier gewissermaßen als Aspiratoren wirken, verschleppt. Aus diesem Grunde gebietet die Vorsicht, darauf zu halten, daß nicht nur überhaupt in diesen unteren Räumen Reinlichkeit herrscht, sondern daß namentlich vor Beginn der kalten Jahreszeit dort alles entfernt wird, was Krankheitskeime erzeugen kann.

Bei dem andern Temperaturextrem, der Hitze, kommen ebenfalls mehrere Punkte in Betracht.

Für die Kleidung habe ich bereits früher das nöthigste gesagt. Zu leichte Sommerkleidung ist eben so zu verwerfen wie zu warme Winterkleidung, weil sie die Immunität des Körpers durch Unterdrückung der Wasserabgabe durch die Haut hemmt und auch zu große Schwankungen in der Wärmeabgabe zuläßt. Die Sommerkleidung soll warm genug sein, um ein Zurücktreten des Blutes aus der Haut in die Tiefe zu verhindern. Gerade in großer Hitze ist es wichtig, daß die Haut stets reichlich durchblutet ist, um so möglichst viel Wärme durch Strahlung, Leitung und Wasserverdunstung abgeben zu können. Diese Bedingung erfüllen nur wollene Bekleidungsstoffe, und es soll deshalb bei großer Hitze weder Leinwand noch Baumwolle einen wesentlichen Bestandtheil der Kleidung bilden.

Bezüglich der Ernährung verlangt die Hitze einmal geringeres Quantum, dann andere Qualität. Fett ist am meisten zu meiden, aber auch der Eiweißgehalt soll vermindert werden, um die Wärmebildung herabzusetzen. Dagegen ist im Sommer der Zucker an seinem Platze. Weil er unter allen Nahrungsstoffen dem Darmkanal die allergeringste Arbeit zumuthet, so wird jene mit der Verdauungsarbeit verbundene Aenderung der Blutvertheilung vermieden, die in einer Vermehrung der Darmdurchblutung auf Kosten der Durchblutung der Haut besteht und naturgemäß gleichbedeutend ist mit einer Herabsetzung der Wärmeabgabe durch die Haut. Deshalb muß überhaupt bei der Hitze vor schwerverdaulichen Nahrungsmitteln gewarnt werden. Weiter empfiehlt sich bei der Hitze der Genuß von säuerlichen Speisen und Getränken, weil die Säuren die Wärmebildung im Körper verlangsamen. Eine besondere Berücksichtigung verdienen bei der Hitze die Gewürze, sie erhöhen den Tonus der Gewebe des Darmkanals, die bei großer Hitze ganz besonders schädlicher Erschlaffung durch zu hohe Steigerung der inneren Wärme ausgesetzt sind. Schon dadurch treiben sie das Blut mehr in die Haut, wo es sich abkühlen kann. Außerdem kommt aber bei der bekannten Congestion zur Haut, welche die Gewürze erzeugen, auch noch deren Wirkung auf die Entwässerung in Betracht. Wie wichtig die scharfen Gewürze in der Hitze sind, beweist der Umstand, daß Europäer, die bei der Uebersiedlung in heiße Länder es versäumen, den dort gebräuchlichen Gewürzgenuß mitzumachen, sehr leicht der Hitze erliegen. Selbstverständlich ist, daß dem gesteigerten Wasserverlust bei der Hitze eine gesteigerte Wasserzufuhr entsprechen muß, denn eine zu starke Eindickung des Blutes erzeugt den bekannten Hitzeschlag; allein das Getränke soll womöglich Beisätze enthalten, welche etwas reizend auf die ersten Wege wirken (Kohlensäure, Pflanzensäure, Zucker, Alkohol 2c.).

Einen besonderen Faktor im Schutz gegen die Hitze bildet die Hautpflege, eben weil die Wärmeabgabe hauptsächlich durch diesen Körpertheil besorgt werden muß. Das Waschen und Baden wirkt nicht blos durch die hiebei momentan stattfindende Wärmentziehung, sondern auch dadurch nachhaltig, daß es die Schweißporen öffnet, die Oberhaut, die ein sehr schlechter Wärmeleiter ist, durch Entfernung der äußersten Schichte und der blos noch leicht haftenden Hautschuppen verdünnt und das Blutgefäßnetz der Haut erweitert, so daß Wärme- und Wasserverlust flotter von Statten geht. Am nöthigsten haben selbstverständlich solche Leute eine sorgsame Hautpflege, welche ihr Beruf einer stärkeren Beschmutzung der Haut durch Staub und Schweiß aussetzt.

Als Gegenstück zur Heizung bei Kälte können wir den Gebrauch des Eises bei der Hitze kaum anführen, da er viel zu beschränkt ist und fast nur als Abkühlungsmittel für die Getränke in Betracht kommt; dagegen besitzen wir in dem Erdboden ein Kältereservoir, da dieser in einer je nach der Bodenbeschaffenheit wechselnden Tiefe einen constanten, der mittleren Jahrestemperatur entsprechenden, also gegenüber der Sommerhitze bedeutend niedrigeren Wärmegrad hat. In der freien Luft und auf dem besonnten Boden kommt diese niedere Bodentemperatur nicht zur Geltung, dagegen sehr bedeutend in den Wohnräumen; sie ist die Ursache, daß im Sommer die Erdgeschosse, Keller und sonstigen unterirdischen Räume bedeutend kühler sind als die freie Luft. Aus diesem Grunde dienen uns die Wohnungen nicht blos zum Schutz gegen die Kälte, sondern auch zum Schutz gegen die Hitze, und zwar nicht blos die der Sonnenstrahlen, sondern auch gegen die Luftwärme. Am unmittelbarsten können wir natürlich die Bodenkühle zur Bekämpfung der Hitze verwenden, wenn wir uns im Sommer in den unteren Räumen der Häuser aufhalten, und darin liegt einer der vielen Vorzüge, welche das englische Wohnhaussystem vor der Uebereinanderschichtung der Wohnungen bei den continentalen Miethhauskasernen voraus hat. Allein bis zu einem gewissen Grad sind wir im Stande, die Bodenkühle auch in die oberen Räume des Hauses heraufzuheben. Die Mittel hiezu sind einmal Abzugskanäle, welche die erwärmte unter der Zimmerdecke sich ansammelnde Luft nach oben in das Freie entweichen lassen (Sommerventilationsröhren), und Kanäle, die von den unteren Räumen des Hauses aufsteigen, was freilich wieder nur bei dem englischen Wohnsystem leicht durchzuführen ist. Werden nun die übrigen Oeffnungen der Wohnräume möglichst gut geschlossen, so findet ein Aufsteigen der in den unteren Räumen sich abkühlenden Luft statt, das mitunter, wie ich mich durch Versuche überzeugt habe, sehr lebhaft werden kann. Hiebei ist auf ein sonderbares Mißverständniß hinzuweisen. In manchen Gegenden, z. B. in meiner Heimat Schwaben, glaubt man, doppelte Fenster seien nur als Schutz gegen die Winterkälte verwendbar, und entfernt sie im Sommer; das ist durchaus falsch. Sie leisten gegen die Sommerhitze einen zweifachen Dienst; erstens verhindern sie das Eindringen der überhitzten Luft in die Wohnräume, und zweitens erzeugt die durch sie ermöglichte dichtere Abschließung ein viel wirksameres Aufsteigen der Bodenkühle in die Wohnräume. Ein „Aber" ist jedoch bei der Verwendung der Bodenkühle zur Bekämpfung der Sommerhitze, daß mit der Bodenluft Krankheitskeime aufsteigen können, wenn der Boden ein siechhafter ist. Wo man es deshalb notorisch mit einem solchen zu thun hat, sind die später anzugebenden Vorsichtsmaßregeln nöthig.

Wenden wir uns nun zur Immunitätsfrage. Daß es nicht nur eine Abhärtung gegen die Kälte, sondern auch eine solche gegen Hitze gibt, ist außer Frage, und meiner Ansicht nach kommt hier außer dem in Kapitel 26 Gesagten noch folgendes in Betracht.

1. ist es notorisch, daß magere Leute viel widerstandsfähiger gegen die Hitze sind als fette, und das ist völlig

begreiflich, da die Oxydation des Fettes fast doppelt so viel Wärme entbindet als die von Eiweiß und Zucker, und daß bei der Hitze viel Fett im Körper umgesetzt wird, sehen wir daran, daß fette Leute in heißen Klimaten rasch ihr Fett verlieren.

2. handelt es sich bei der größeren Widerstandsfähigkeit der mageren Leute darum, daß hier das Verhältniß zwischen wärmeerzeugender Körpermasse und wärmeabgebender Oberfläche zu Gunsten der letzteren verändert ist.

3. spielt sicher die Athmungsfähigkeit eine große Rolle; die Athmung wirkt namentlich in trockener Hitze durch Wasserverdunstung ganz bedeutend abkühlend auf das Blut. Dann hängt von ihr die Abfuhr der Kohlensäure aus dem Körper ab, und da Anhäufung dieses Gases Herzaufregung und Steigerung der Wärmeproduktion zur Folge hat, so wirkt sie auch in dieser Richtung schützend.

4. ist Circulationsfreiheit ein Faktor der Immunität gegen Hitze. Alles was zur Steigerung des Blutdrucks und damit zu vermehrtem Herzschlag Anlaß geben kann, legt die Gefahr vermehrter Wärmebildung nahe, und alles was sich der Durchblutung der Haut in den Weg stellt, beeinträchtigt die Wärmeabgabe. Damit stimmt wieder die Thatsache, daß fette Leute, bei denen das Körper- und Unterhautfett ein Circulationshinderniß ist, gegen die Hitze weniger widerstandsfähig sind als hagere, und daß die militärische Abhärtung auch die Widerstandsfähigkeit gegen Hitze hebt, was aus der S. 509 angegebenen Abnahme der Todesfälle durch Hitzschlag mit zunehmendem Dienstalter hervorgeht.

Eine Schädlichkeit anderer Art ist jäher T e m p e r a t u r - w e c h s e l, namentlich plötzliche Steigerung des Wärmeverlustes durch die Haut, wie ihn eine rasche Abkühlung durch Entkleidung, durch Benetzung sei es von außen, sei es durch Schweiß, oder rasche Steigerung der Ventilation der Kleiderluft durch plötzliche Versetzung aus ruhender Luft in starke bewegte hervorbringt. Diese Schädlichkeit, die die sog. Erkältung bedingt, haben wir in Kapitel 22 zur Genüge besprochen.

Ueber den Feuchtigkeitsgehalt der Luft gilt folgendes. Eine zu trockene Luft, namentlich wenn sie zugleich kalt ist, wirkt hauptsächlich schädlich auf die Athmungswege und zwar deren obere Abschnitte, indem die rasche Austrocknung und große Wärmeentziehung einen örtlichen bis zur Entzündung gehenden Reiz ausüben kann. Zu feuchte Luft ist keine unmittelbare Schädlichkeit; allein da sie die Wasserabgabe durch Haut und Lunge beeinträchtigt, so ist sie die größte Feindin der Immunität des Körpers, worüber aus Kapitel 26 und 30 das nähere zu entnehmen ist.

Ueber die schädlichen gasförmigen Beimengungen zur Luft haben wir gleichfalls schon und zwar in Kapitel 11 gesprochen und ebenso über die staubförmigen, von diesen sollen nur die belebten — aber erst weiter unten — noch eine Besprechung finden; hier ist nur die Bemerkung am Platz, daß die staubförmigen Beimengungen deshalb so wichtig sind, weil wir kein äußeres Medium in solch kolossalen Quantitäten täglich in unseren Leib einführen wie die Luft: Jeder Athemzug bringt mindestens 300 Kubikcentimeter Luft in den Körper, macht pro Tag rund 4000 Liter.

Eine weitere sehr allgemeine äußere Schädlichkeit bilden die Krankheitskeime, die von außen in und auf den Körper gelangen. Sie erfordern eine eingehendere Besprechung, da wir im bisherigen nur wenig Gelegenheit fanden, auf sie aufmerksam zu machen.

Die greifbarsten und bereits am längsten genauer bekannten Krankheitskeime sind die, welche in das Thierreich gehören: die thierischen Schmarotzer, von denen man die auf der äußeren Haut lebenden Epizoen nennt, während die innerlich wohnenden als Entozoen bezeichnet werden.

Unter den Epizoen können wir die Läuse, Flöhe und Wanzen bei Seite lassen, da sie nur lästig sind und vielleicht mit einziger Ausnahme der übrigens auf deutschem Boden nicht heimischen Auszehrungslaus keine eigentlichen Krankheiten erzeugen; das thun von den Epizoen nur die Krätzmilben, von denen in Deutschland nur Eine Art vorkommt. Dieses mikroskopisch kleine Thierchen gräbt sich in die Oberhaut des Menschen Gänge, in welchen es wohnt, sich häutet, begattet und seine Eier ablegt. Dadurch entsteht örtliche Entzündung der Haut, die durch das Kratzen des Patienten noch verstärkt wird und bei langer Dauer die ganze Körperoberfläche ergreift. In der Regel siedeln sich die Krätzmilben zuerst an den Händen und zwar in den Einsattlungen zwischen den Fingern an. Von anderem Schutz als allgemeine Reinlichkeit läßt sich hier nicht sprechen, sondern nur davon, daß man beim Erscheinen eines juckenden Ausschlags an den Händen rasch ärztliche Hilfe in Anspruch nimmt. Die früher so gefürchtete und schwierig sowie schmerzhaft zu behandelnde Krankheit ist jetzt, seit man die Ursache kennt, prompt und leicht durch Tödtung der Thiere zu heilen. Ob es eine Immunität gibt, ist sehr zweifelhaft, auch praktisch gleichgiltig.

Von den Entozoen ist hier zu Lande das gefährlichste die erst seit stark einem Jahrzehnt bekannt gewordene Trichine, die mit dem Genuß von trichinösem Schweinefleisch in den menschlichen Körper gelangt. Wie die Trichine in den Leib des Schweines kommt, wissen wir nicht, jedenfalls geschieht es auch von außen. In diesem Fall finden wir in dem Fleisch dieser Thiere winzige spiralig zusammengerollte, noch nicht geschlechtlich entwickelte Würmchen in eine Kapsel eingeschlossen, die für das bloße Auge zwar nicht ganz unsichtbar, aber nicht erkennbar sind, und zwar ist ein solches Schwein gewöhnlich von Millionen solcher Würmchen durchsetzt, die den Tod des Schweines ungemein lange überleben, auch weder durch Räuchern noch Einsalzen, sondern nur durch völliges Durchkochen und Durchbraten des Fleisches getödtet werden können. Genießt der Mensch das Fleisch, so werden die Würmchen durch die Verdauung aus ihrem Gefängniß befreit, reifen rasch heran, begatten sich und dann gebiert jedes Weibchen 200—300 Junge, die sofort die Wände des Darms durchbohren und durch den Körper sich zerstreuen, um sich in das Muskelfleisch einzubohren, wo sie sich einkapseln. Die Folge ist eine sehr schwere Krankheit, zuerst wegen der Verletzung des Darms, dann wegen der der Muskeln, und im Durchschnitt stirbt $^1/_3$ derer, die von dem Fleisch gegessen haben. Die, welche davon kommen, behalten zeitlebens die lebendigen Würmchen im Leib, ohne aber von denselben weiter genirt zu werden. Von einem Schwein können natürlich mehrere Hundert Personen angesteckt werden. Der Selbstschutz besteht darin, kein ungekochtes oder ungebratenes Schweinefleisch zu genießen. Außerdem gab die Gefährlichkeit dieses Entozoon Veranlassung zu polizeilichen (Fleischschau) und gesetzlichen Maßregeln, indem man die Verkäufer von trichinosem Fleisch für fahrlässige Tödtung criminaliter und civiliter verantwortlich macht.

Von den anderen Entozoen erlangen nur die Bandwürmer, Spulwürmer und Leberegel und auch die durchaus nicht immer die Bedeutung von Krankheitsursachen.

Bei den Bandwürmern handelt es sich in der Kürze um folgendes. Die winzig kleinen und nach Millionen zählenden Eier des Bandwurms gelangen theils mit dem Kothe des Wirthes, theils dadurch daß stets Bandwurmglieder sich ablösen, auswandern und dort ihre Eier ablegen, ins Freie und zwar, da der Koth von Mensch und Vieh als Dünger verwendet wird, auf den Boden, auf welchem Cultur- und Weidepflanzen wachsen, und mit dem Staub an diese selbst. Werden nun die verunreinigten Pflanzen von einem Pflanzenfresser verzehrt, so entwickeln sich im Darm desselben die Eier und die daraus ausschlüpfenden bohnenförmigen, winzigen Embryonen bohren sich mit ihren Hornhaken durch die Darmwände, um sich irgendwo im Körper niederzulassen. In ihrer neuen Heimat wachsen sie zu sog. Blasenwürmern oder Finnen heran, von denen die einiger Arten winzig klein, die anderer aber ansehnlich, selbst faust- bis kopfgroß werden. Sie stellen eine rundliche mit Flüssigkeit gefüllte Blase vor, an welcher entweder ein einziger sog. Scolex oder Bandwurmkopf oder eine Vielzahl solcher sitzt. Der Blasenwurm wird ganz wie die Muskeltrichine erst durch den Tod ihres Wirthes erlöst, verharrt auch bis dahin im geschlechtslosen Zustand. Wenn nun ein Fleischesser mit dem Fleisch auch die Finnen oder auch nur die an der Blase hängenden Scolices lebend verschlingt, so wächst in dessen Darm jeder Scolex zu einem Bandwurm aus.

Der Mensch ist nun einer zweifachen Gefahr ausgesetzt: 1. kann es ihm passiren, daß er mit dem Fleisch seiner Schlachtthiere deren Finnen verzehrt und zu Bandwürmern entwickelt; 2. daß er mit seiner Pflanzennahrung oder mit dem Schmutz an seinen Händen Bandwurmeier verschluckt und sie zu Finnen heranreift.

In ersterer Richtung ist folgendes zu sagen. Von den dreierlei Bandwürmern, die in Deutschland zu Hause sind, lebt die eine Art als Finne im Schwein, die andere im Rind; den Sitz der dritten hat man noch nicht ermittelt, vermuthet aber, daß er in Flußfischen zu suchen sei. Die Finne des Schweines ist leicht zu sehen als eine bis erbsengrose Wasserblase, die des Rindes ist zu klein, als daß sie ins Auge fallen könnte. Finniges Schweinefleisch wird gegenwärtig polizeilich confiscirt; sicher ist man aber vor Bandwürmern nur, wenn man alles Fleisch vorher völlig durchkocht oder gar bratet; nur das Fleisch des Jagdwildes, der Gänse, Hühner und Enten ist in dem Stück auch im rohen Zustand gefahrlos.

In der zweiten Richtung hat der Mensch nicht blos die Eier seiner eigenen Bandwürmer zu fürchten, sondern auch die der Hundebandwürmer, und zwar gerade die gefährlichste Finne, der bis faustgroß werdende Leberblasenwurm, rührt von einem Hundebandwurm her. Hier schützt nur Reinlichkeit der Hände und sorgfältige Reinigung der Gemüse, und bei den Kindern muß man aus diesen wie aus anderen Gründen dem Lutschen an den Fingern energisch entgegentreten.

Die Lebensgeschichte der namentlich bei Kindern so häufigen Spulwürmer kennen wir trotz aller Bemühungen der Zoologen, namentlich Leukart's, noch nicht; wir wissen nur, daß Unreinlichkeit der Einwanderung dieses oft lästigen Parasiten erheblichen Vorschub leistet.

Auch die Lebensgeschichte des Leberegels ist noch nicht ganz sicher aufgeklärt; man hat nur gegründeten Verdacht, daß seine Larve im Leib kleiner an Wasserpflanzen lebender Schneckchen sitzt und daß mit der Brunnenkresse, falls sie nicht vorsichtig von Schnecken gereinigt wird, der Wurm seinen Einzug in den Leib des Menschen hält. Im ganzen ist das aber ein seltener Fall.

Ungleich bedeutsamer als diese kleinen thierischen Feinde des Menschen haben sich die pflanzlichen erwiesen. Es ist jetzt kaum ein Zweifel mehr darüber gestattet, daß die meisten und zwar gerade die gefährlichsten und verbreitetsten Seuchen dem Eindringen von belebten pflanzlichen Organismen kleinsten Kalibers, sog. Spaltpilzen, ihre Entstehung verdanken. Mit völliger Sicherheit steht dies allerdings bis jetzt nur für den Milzbrand, die Diphtheritis, das Eiterfieber und einige Hautkrankheiten fest; allein es besteht wenig ernstlicher Zweifel darüber, daß Pest, Cholera, Typhus, Ruhr, die Wechselfieberarten, die ansteckenden Hautkrankheiten wie Pocken, Masern und Scharlach, dann die Syphilis Spaltpilzerkrankungen sind. Endlich hat man neuerdings auch noch andere Erkrankungen wie die Tuberkelkrankheit, die Lungenentzündung, die Gesichtsrose, die „bösen Finger", die Erkrankungen der Herzklappen 2c. in Verdacht, der gleichen Ursache zu entspringen, weshalb diese kleinen Feinde jetzt unter allen äußeren Schädlichkeiten die größte Aufmerksamkeit auf sich ziehen.

Von den Spaltpilzen (Schizomyzeten, Fäulnißhefezellen, Micrococcus, Bacterium, Vibrio, Spirillum 2c.) sagt der Pilzforscher Nägeli: „Es sind kuglige Zellen, die durch Theilung sich vermehren und bald vereinzelt leben, bald zu unverzweigten Reihen (Stäbchen, Fäden), selten zu Würfeln vereinigt sind. Sie stellen die winzigsten bekannten Organismen dar, indem von den kleineren Formen im lufttrockenen Zustand 30000 Millionen kaum einen Milligramm wiegen." „Sie haben die Fähigkeit, gewisse lösliche organische Substanzen zu zersetzen (Hefewirkung). Während die Sproßpilze (Bierhefe, Weinhefe 2c.) den Zucker in Weingeist und Kohlensäure spalten, zerlegen die Spaltpilze den Zucker in Milchsäure, das Glycerin in Butylalkohol, Buttersäure und andere Verbindungen, den Harnstoff unter Wasseraufnahme in Ammoniak und Kohlensäure, die Eiweißstoffe bei der Fäulniß in zahlreiche Verbindungen (Leucin, Tyrosin, flüchtige Fettsäuren, Aminverbindungen, Ammoniak, Schwefelwasserstoff, Kohlensäure)."

Was ihre Existenzbedingungen betrifft, so sind sie derart, daß sie vollständig befähigt sind im Inneren eines lebendigen

Körpers zu existiren; sie finden dort alles, was sie von Nährstoffen gebrauchen, da sie auch bei Ausschluß von freiem Sauerstoff leben können. „Die Temperatur, sagt Nägeli, die sie dort antreffen, ist die ihnen am meisten zusagende, bei der sie am üppigsten sich vermehren und am kräftigsten Zersetzungen veranlassen. Die Spaltpilze haben unter den Pilzen weitaus die lebhafteste Vegetation: sie vermehren bei Körpertemperatur ihre Substanz und ihre Zahl in 20 bis 25 Minuten auf das doppelte und besitzen eine den Infusorien ähnliche Bewegung. Sie greifen die organischen Stoffe viel energischer an als alle andern Pilze.“

Am leichtesten kann man Spaltpilze sehen, wenn man Jauche unter das Mikroskop bringt: sie ist mit einem Gewimmel solcher Spaltpilze erfüllt.

Ein thätiges Leben können die Spaltpilze nur in wässrigen Flüssigkeiten führen; dagegen bewahren sie bei der Austrocknung lange Zeit die Fähigkeit, sich wieder zu beleben.

Es ist hier nicht der Ort, näher auf die verschiedenen Gründe einzugehen, warum man die Spaltpilze als die wirklichen Erzeuger der genannten Krankheiten und nicht als bloße Begleiterscheinung anzusehen hat, und warum man alle Ansteckungsstoffe nachgerade als Spaltpilze ansieht. Dagegen verdient folgendes davon allgemeiner bekannt zu sein.

Man unterscheidet drei biologisch verschiedene Formen.

1. Die Contagien, welche nur auf und in dem menschlichen Körper sich entwickeln und von einem Menschen auf den andern nur direkt übertragen werden. Dahin gehören die Contagien von Pocken, Scharlach, Masern, Syphilis. Je nachdem sie schwerer oder leichter übertragbar sind, nennt man sie mehr oder weniger fix.

2. Als Miasmen bezeichnet man solche, deren eigentlicher Vegetationsherd die freie Natur ist und die nur immer von da auf den Menschen übergehen, nie von einem

Menschen auf den andern. Als Vegetationsherde kennt man vorzugsweise die Sümpfe (Sumpffieber oder Wechselfieber) und ähnliche offene Wasser, in denen pflanzliche Stoffe, aber nicht in zu großer Menge, sich zersetzen.

3. Als miasmatisch-contagiös bezeichnet man die Krankheitskeime, welche sowohl im Freien als im Menschen vegetiren und von beiden Orten aus Ansteckung bewirken können; die bekanntesten derartigen Krankheiten sind Typhus und Cholera. Als ihre Vegetationsorte im Freien hat man ganz besonders das sog. Grundwasser im Verdacht.

In Bezug auf Vorbeugung müssen wir die drei genannten Gruppen gesondert betrachten.

Bei den Contagien handelt es sich zunächst um die Vermeidung der erkrankten Personen, und zwar müssen sie um so sorgfältiger gemieden werden, je weniger fix das Contagium ist. Das fixeste Contagium ist das syphilitische, das nur bei direkter Uebertragung auf die Schleimhäute wirkt und durch die Luft nicht transportirt werden kann. Dann verdient allgemeiner bekannt zu sein, daß die Lungenschwindsucht allem nach ebenfalls ansteckend sein kann — daß sie impfbar ist, steht fest —, und rathsam ist jedenfalls, schwindsüchtige Personen nicht zu küssen; der Ansteckungsstoff steckt im Auswurf der Kranken. Das Contagium von Pocken, Masern und Scharlach ist viel weniger fix und kann zweifellos durch die Luft transportirt, also eingeathmet und mit den Speisen aufgenommen werden; die Ansteckungsstoffe lösen sich vorzugsweise von der Haut des Kranken ab. Deshalb ist das Betreten der Krankenzimmer zu vermeiden und zum Schutz derer, welche das nicht unterlassen können, dringend zu rathen, 1. eine sehr reichliche Durchlüftung des Zimmers vorzunehmen, damit sich die Keime nicht ansammeln können; 2. sich fleißig Mund und Hände mit einem desinficirenden Waschwasser zu reinigen (am besten dient hiezu übermangansaures Kali); 3. sich einen mit desinficirendem Wasser befeuchteten Schwamm vor Mund und Nase zu binden; 4. die Wäsche zu desinficiren.

Bei den Miasmen gilt folgendes. Aus dem Wasser selbst können sie sich nicht in die Luft erheben, wohl aber durch das Trinken desselben in den Körper gelangen; dagegen steigen sie und zwar besonders Abends aus den austrocknenden Rändern der Sümpfe in die Höhe und natürlich ganz besonders massenhaft, sobald der Wasserstand rascher sinkt. Man trinke deshalb kein Sumpfwasser ohne es gekocht oder durch Alkoholzusatz unschädlich gemacht zu haben, vermeide die Sumpfränder Abends und Nachts, dulde in der Nähe der Wohnungen keine Sümpfe, selbst nicht die kleinsten.

Die heimtückischesten Krankheitskeime sind die miasmatisch-contagiösen. Bei diesen kommen drei Ansteckungsherde in Betracht: die kranken Menschen und ihre Auswurfsstoffe, die Luft und das Grundwasser. In Orten, welche auf festem Fels oder auf ganz undurchlässigem Boden stehen oder wo der Grundwasserspiegel sehr tief liegt, sind diese Krankheiten weniger zu fürchten; hier hat man sich blos vor der Berührung mit der erkrankten Person in gleicher Weise zu schützen, wie es oben bei den Contagien gesagt wurde. Bei Cholera, Typhus und Ruhr sitzt der Ansteckungsstoff hauptsächlich in den Excrementen, weshalb die Desinfektion derselben und der beschmutzten Wäsche und die der Aborte sorgfältig auszuführen ist. In den Aborten verlieren die Krankheitskeime bereits in wenigen Tagen ihre Ansteckungstüchtigkeit, so daß eine fortgesetzte Desinfektion der Aborte nirgends nothwendig erscheint. Auch bemerkt Nägeli, daß eine ungenügende Desinfektion schlechter sei als gar keine und zwar deshalb:

Unterläßt man alle Desinfektion, so sind, wie oben gesagt, die Krankheitskeime in wenigen Tagen harmlos geworden — nach Nägeli haben sie sich in gewöhnliche, relativ unschädliche Fäulnißpilze verwandelt. Bei ungenügender Desinfektion sind die Keime weder getödtet, noch können sie sich, da ihr Lebensprozeß vorläufig sistirt ist, in Fäulnißpilze umwandeln, so daß die unvollständige Desinfektion gleichbedeutend sei mit Conservirung der Keime.

Ueber den zweiten Ansteckungsherd für miasmatisch-contagiöse Krankheiten verdanken wir die näheren Aufschlüsse hauptsächlich Pettenkofer und Nägeli.

Nicht in jedem Grundwasser können die betreffenden Keime existiren, weder in solchem das sehr rein ist, noch in solchem das sehr reich an faulenden Substanzen ist (siehe S. 508); das günstigste ist schwach verunreinigtes. Der Wege, auf denen die Keime aus dem Grundwasser in den menschlichen Körper gelangen können, gibt es zwei.

Der eine ist der in das Trinkwasser. Nach Nägeli ist der wenig zu fürchten, er sagt, das Trinkwasser sei in der Regel viel zu arm an den Nährstoffen für Spaltpilze, als daß sie sich dort lange halten oder gar vermehren können; allein so gering, wie Nägeli die Gefahr der Ansteckung durch Trinkwasser darstellt, ist sie nicht. Ich kenne speziell 2 Typhusepidemien, die eine in Stuttgart, die andere in Birkach bei Stuttgart, in denen die Ansteckung zweifellos je von einem Brunnen ausging, auf dessen Sammelgebiet eine übermäßige Düngung mit Latrinenjauche stattfand.

Der zweite und ohne Zweifel häufigere Weg ist der durch die Luft. In diese gelangen die Keime in ähnlicher Weise wie die der Miasmenpilze: sobald das Grundwasser sinkt, bleiben die Keime an den Bodenpartikeln hängen, und wie sie trocken sind, genügen selbst ganz schwache Bewegungen der in den oberen Bodenschichten über dem Grundwasser stehenden Luft, um sie flott zu machen und in die Atmosphäre zu heben. Aus dieser Ursache nimmt die Häufigkeit der Erkrankungen sofort zu, sobald das Grundwasser sinkt, während im Gegentheil die Zahl der Erkrankungen abnimmt, sobald das Grundwasser steigt, denn dann ist ein Entweichen der Keime in die Bodenluft unmöglich.

Das gefährliche Element auf einem durch Grundwasser siechhaften Boden ist mithin die Bodenluft, und die gefährlichen Stellen sind die Punkte, wo die Bodenluft in die Höhe steigt. Das kann nun zwar überall stattfinden, selbst auf freiem Felde, am regelmäßigsten geschieht aber das Aufsteigen in den Häusern, weil dort durch das Heizen und Kochen eine Ansaugung der Bodenluft stattfindet.

Das wesentlichste, was auf Grund dieser Erfahrungen gegen diese Krankheitskeime unternommen werden kann, ist nach Nägeli kurz folgendes.

1. Möglichstes Tieflegen oder Entfernen des Grundwassers. Wo dies nicht möglich, Erhaltung des gleichen Niveau's und entweder Verhinderung jeder Verunreinigung desselben, oder, wenn dies nicht möglich, so starke Verunreinigung, daß die Krankheitspilze zu Fäulnißpilzen werden.

2. Maßregeln gegen das Aufsteigen der Bodenluft in die Häuser, wenn dieselben auf notorisch siechhaftem Boden stehen, durch Anbringung von Cement- oder Lettenschichten in den unteren Lokalen und um die Grundmauern, so daß die Bodenluft vom Innern luftdicht abgeschlossen ist.

Bezüglich der Immunität des Körpers gegen die eben geschilderten Krankheitsursachen ist bereits früher die Entwässerung (Abhärtung) als ein Hauptfaktor gekennzeichnet worden. Dann sind stärkere Ermüdungsgrade und solche Diätfehler zu vermeiden, welche durch Wasseraufstauung im Körper die Immunität gefährden; namentlich gefährlich für die Immunität sind Diarrhöen, weil in dem wässrigen Darminhalt die Pilze sich rasch vermehren.

www.ingramcontent.com/pod-product-compliance
Lightning Source LLC
La Vergne TN
LVHW092110300926
849161LV00002B/100